# Analytische Geometrie B

von

Rudolf Eckart
Franz Jehle
Wilhelm Vogel

Bayerischer Schulbuch-Verlag · München

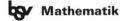 **Mathematik**

Gedruckt auf chlorfrei gebleichtem Papier

1994
1. Auflage
© Bayerischer Schulbuch-Verlag, München
Grafik der Zwischentitel: Horst Heilmann, Kempten
Satz und Druck: Tutte Druckerei GmbH, Salzweg-Passau
ISBN 3-7627-3794-0

# Inhalt

Vorwort mit Hinweisen zum Gebrauch und zu den Inhalten des Lehrbuches ....... 5

| | | |
|---|---|---|
| 1. | Vektoren .................................................................. | 7 |
| 1.1. | Vektoren im Anschauungsraum ......................................... | 8 |
| 1.1.1. | Pfeile und Vektoren ..................................................... | 8 |
| 1.1.2. | Vektoraddition ........................................................... | 10 |
| 1.1.3. | S-Multiplikation ......................................................... | 15 |
| 1.2. | Verallgemeinerung des Vektorbegriffs ................................. | 20 |
| 1.2.1. | Begriff der Gruppe ...................................................... | 20 |
| 1.2.2. | Vektorräume ............................................................. | 23 |
| *1.2.3. | Eine Anwendung des Vektorbegriffs ................................... | 28 |
| *1.3. | Untervektorräume ....................................................... | 30 |
| | | |
| 2. | Koordinaten ............................................................. | 33 |
| 2.1. | Linearkombinationen ................................................... | 34 |
| 2.2. | Erzeugendensysteme ................................................... | 37 |
| 2.3. | Lineare Abhängigkeit und Unabhängigkeit ........................... | 38 |
| 2.4. | Basis und Dimension ................................................... | 42 |
| 2.5. | Koordinaten bezüglich einer Basis .................................... | 46 |
| 2.6. | Ein Verfahren zur Lösung von Gleichungssystemen ................. | 51 |
| 2.6.1. | Koordinatenberechnung (Inhomogene Gleichungssysteme) ........ | 51 |
| 2.6.2. | Rechnerische Behandlung der linearen Unabhängigkeit (Homogene Gleichungssysteme) ...................................... | 54 |
| *2.6.3. | Praktische Anwendungen .............................................. | 61 |
| *2.7. | Determinanten ........................................................... | 67 |
| | | |
| 3. | Geometrische Anwendungen ......................................... | 75 |
| 3.1. | Zusammenhang zwischen Punkten und Vektoren .................. | 76 |
| 3.2. | Punktkoordinaten ....................................................... | 78 |
| 3.3. | Geometrische Figuren, lineare Unabhängigkeit als Beweisprinzip | 81 |
| 3.4. | Geraden, Strecken, Teilverhältnis ..................................... | 84 |
| 3.5. | Geraden und Ebenen ................................................... | 89 |
| 3.5.1. | Darstellungsformen von Geraden ..................................... | 89 |
| 3.5.2. | Lagebeziehungen zwischen zwei Geraden ........................... | 95 |
| 3.5.3. | Darstellungsformen von Ebenen ...................................... | 104 |
| 3.5.4. | Lagebeziehungen zwischen Geraden und Ebenen .................. | 109 |
| 3.5.5. | Lagebeziehungen zwischen zwei Ebenen ............................ | 115 |
| *3.5.6. | Ergänzungen zu Gleichungssystemen ................................ | 123 |
| 3.5.7. | Darstellung von Geraden und Ebenen im Schrägbild .............. | 124 |
| *3.5.8. | Bildschirmdarstellungen (1) ........................................... | 127 |
| *3.6. | Lineare Optimierung ................................................... | 129 |
| | | |
| 4. | Längen und Winkel .................................................... | 135 |
| 4.1. | Längenmessung durch eine Norm ................................... | 136 |
| 4.2. | Skalarprodukt ........................................................... | 142 |
| 4.3. | Betrag eines Vektors und Winkel zweier Vektoren ................. | 146 |

| | | |
|---|---|---|
| 4.4. | Anwendungen des Skalarprodukts in der Geometrie | 151 |
| 4.4.1. | Beweis elementargeometrischer Sätze | 151 |
| 4.4.2. | Kreis und Kugel | 154 |
| *4.5. | Skalarprodukt bezüglich einer Basis | 157 |
| 4.6. | Abstände im $\mathbb{R}^2$ und $\mathbb{R}^3$, Normalenformen | 163 |
| 4.6.1. | Normalenvektoren | 163 |
| *4.6.2. | Das Vektorprodukt im $\mathbb{R}^3$ | 165 |
| 4.6.3. | Normalenformen | 170 |
| *4.6.4. | Weitere Abstandsprobleme | 180 |
| *4.6.5. | Eine Anwendung: Ermittlung einer Ausgleichsgeraden | 184 |
| 4.7. | Winkel zwischen Geraden und Ebenen | 186 |
| *4.8. | Bildschirmdarstellungen (2) | 193 |

**Anhang: Ausgewählte Abiturprüfungsaufgaben** ............ 198

Lösungen zu den Verständnisaufgaben ............ 203

Sach- und Namenverzeichnis ............ 204

## Vorwort mit Hinweisen zum Gebrauch und zu den Inhalten des Lehrbuches

Das vorliegende Lehrbuch ist eine Neubearbeitung des seit langem in zahlreichen Bundesländern eingeführten Lehrbuches „Analytische Geometrie". In verstärktem Maße werden in dieser Neubearbeitung elementargeometrische Probleme behandelt. Die anwendungsbezogenen Themen wurden durch Abschnitte über lineare Optimierung, Bildschirmdarstellungen räumlicher Gegebenheiten und eine geometrische Methode zur Ermittlung von Ausgleichsgeraden ergänzt. Zur zusammenfassenden Wiederholung des Lehrstoffes enthält der Anhang Abiturprüfungsaufgaben, auch mit betont geometrischen Problemstellungen.

Wie das vorhergehende Lehrbuch ist auch diese Neubearbeitung für Grund- und Leistungskurse geeignet. Zur Erleichterung der Auswahl durch den Kursleiter sind sämtliche Teilabschnitte, Beispiele und Aufgaben, welche für einen Minimallehrgang nicht unbedingt erforderlich sind, durch * gekennzeichnet. Diese Abschnitte beinhalten teils Vertiefungen, teils Motivationen durch Ausblicke auf Anwendungsmöglichkeiten. Das Angebot ist so breit gefächert, daß man im allgemeinen weder in Leistungskursen sämtliche mit * gekennzeichneten Abschnitte zur Durchnahme auswählen, noch in Grundkursen auf sämtliche dieser Abschnitte verzichten wird. In Grundkursen kommen selbstverständlich die anwendungsbezogenen Abschnitte als erste Ergänzung des Basiswissens in Betracht. Eine andere Möglichkeit besteht darin, das Schwergewicht auf rein geometrische Fragestellungen zu legen.

In den Abschnitten 1.2. bis 2.5. sowie 4.1., 4.2. und 4.5. stehen die strukturellen Aspekte der modernen Mathematik im Vordergrund, welche in der Oberstufe des Gymnasiums exemplarisch beleuchtet werden sollten. Nach Abschnitt 1.1., der die Vektoraddition und S-Multiplikation am geometrischen Modell bereitstellt, wird in Abschnitt 1.2. am Beispiel von n-Tupeln und Polynomen aufgrund der gleichen Rechenstruktur der Begriff des Vektorraums erarbeitet und schließlich noch auf stetige Funktionen angewandt. Im Abschnitt 1.3. wird die Struktur des Vektorraums anhand seiner Unterräume verdeutlicht. Die folgenden Abschnitte bringen konkretes Arbeiten mit Vektoren, wobei theoretische Erkenntnisse anhand konkreter Rechenbeispiele erarbeitet werden. Hier und in den entsprechenden Abschnitten über metrische Probleme sind im Lehrtext Aufgaben [V] eingestreut, welche der sofortigen Überprüfung des Verständnisses dienen. Die Lösungen finden sich am Ende des Buches. Die Abschnitte 2.4. und 2.5., sowie 4.1., 4.2. und 4.5. sind anspruchsvoll, doch können hierbei mathematische Denkweisen bei relativer Einfachheit des Rechenaufwandes demonstriert werden. Die Abschnitte 4.1. und 4.2. vermitteln in einfachem Stoffzusammenhang einen Axiomatisierungsprozeß. Zur Bearbeitung der rechnerischen Probleme, die sich in Zusammenhang mit den Begriffen der linearen Unabhängigkeit und der Koordinaten ergeben, wird im Abschnitt 2.6. der Gaußsche Algorithmus zur Behandlung von linearen Gleichungssystemen eingeführt. Neben rechenpraktischen Erwägungen spricht für dieses Vorgehen auch die Tatsache, daß sich Lösbarkeitskriterien automatisch durch das Rechenverfahren ergeben. Ergänzend wird in Abschnitt 2.7. die Determinantenschreibweise eingeführt und auch in Abschnitt 4.6.2. für das Vektorprodukt benützt. Die Kenntnisse über Gleichungssysteme werden im Abschnitt 3.5. sowie anhand von Beispielen aus der Praxis vertieft und erweitert.

In den geometrischen Anwendungen stehen Anschauung und praktisches Rechnen im Vordergrund. Die Fragestellungen in Zusammenhang mit den Normalenformen von Geraden und Ebenen werden ausführlich motiviert und begründet. Eine Vielzahl von Aufgaben zu den Abschnitten 4.6. und 4.7. bietet Gelegenheit zu zusammenfassender Wiederholung.

## 1.1. Vektoren im Anschauungsraum

### 1.1.1. Pfeile und Vektoren[1]

Vom Physikunterricht her ist bekannt, daß bestimmte Größen, beispielsweise Kraft und Geschwindigkeit, nicht nur durch ihre Maßzahl und Einheit, sondern zusätzlich durch ihre Richtung charakterisiert sind. Diese „gerichteten" Größen werden durch Pfeile dargestellt, deren Länge ein Maß für die Größe ihrer Maßzahl ist (Fig. 1.1).

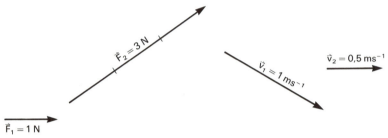

Fig. 1.1

Auch in der Geometrie finden diese Pfeile Anwendung, z. B. zur Beschreibung von Verschiebungen in einer Ebene (Fig. 1.2).

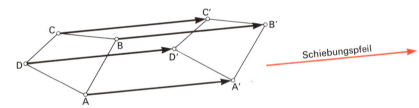

Fig. 1.2

Jeder einzelne Pfeil kann zur eindeutigen Angabe einer Verschiebung verwendet werden. Alle Schiebungspfeile ein und derselben Verschiebung sind gleich lang, zueinander parallel und zeigen in dieselbe Richtung. Man bezeichnet diese Menge von Pfeilen als „Schiebungsvektor". Einen einzelnen Pfeil nennt man einen „Repräsentanten" dieses Vektors.

Um die Geschwindigkeit eines fahrenden Autos (Fig. 1.3) durch einen Geschwindigkeitspfeil anzugeben, ist es gleichgültig, wo der Pfeil gezeichnet wird.

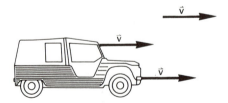

Fig. 1.3

---

[1] Die Grundlagen der Vektorrechnung wurden unabhängig voneinander von dem schottischen Astronomen Sir William Rowan Hamilton (1805–1865) und dem deutschen Gymnasiallehrer Hermann Günter Graßmann (1809–1877) entwickelt. Ihre moderne Form erhielt die Theorie vor allem durch die Arbeiten des amerikanischen Physikers Josiah Willard Gibbs (1839–1903) und des englischen Ingenieurs Oliver Heaviside (1850–1925).

## 1.1. Vektoren im Anschauungsraum

Wir können nun allgemein definieren (Fig. 1.4):

> Unter einem *Pfeilvektor* versteht man die *Menge aller zu einem Pfeil gleichsinnig paralleler und gleich langer Pfeile*.
> Ein *einzelner Pfeil* aus dieser Menge heißt *Repräsentant* dieses Vektors.

Statt „*gleich*sinnig *parallel* und *gleich* lang" sagt man auch „*parallelgleich*".

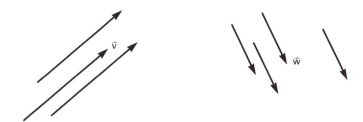

Fig. 1.4

**Bemerkungen:**

1. Man kann nie einen Vektor zeichnen, sondern nur einen Repräsentanten. Häufig wird in der Sprechweise aber nicht zwischen Vektor und Repräsentant unterschieden.

2. Die zeichnerische Darstellung eines Vektors ist folglich unabhängig von der Wahl des Repräsentanten.

3. Der physikalische Kraftvektor ist nach obiger Definition eigentlich kein Vektor, denn eine Kraft ist eindeutig festgelegt durch ihre Größe, ihre Richtung und ihren *Angriffspunkt*. Berücksichtigt man gerade diesen, so sind zwei verschiedene parallelgleiche Pfeile nicht mehr Repräsentanten der gleichen Kraft. Trotzdem werden wir uns im folgenden öfters von bekannten Verfahren beim „Umgang" mit Kräften zum entsprechenden „Umgang" mit Vektoren leiten lassen.

Mit Hilfe der Definition des Pfeilvektors können wir nun die *Gleichheit zweier Pfeilvektoren* definieren:

> Zwei Pfeilvektoren $\vec{a}$ und $\vec{b}$ sind genau dann gleich, wenn zwei beliebige Repräsentanten von $\vec{a}$ und $\vec{b}$ parallelgleich sind.

Die Fig. 1.5 zeigt alle möglichen Fälle.

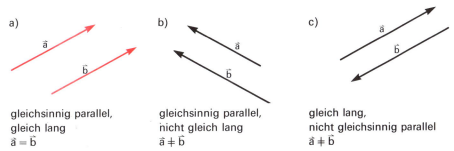

a) gleichsinnig parallel, gleich lang
$\vec{a} = \vec{b}$

b) gleichsinnig parallel, nicht gleich lang
$\vec{a} \neq \vec{b}$

c) gleich lang, nicht gleichsinnig parallel
$\vec{a} \neq \vec{b}$

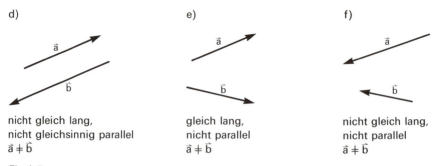

nicht gleich lang, nicht gleichsinnig parallel
$\vec{a} \neq \vec{b}$

gleich lang, nicht parallel
$\vec{a} \neq \vec{b}$

nicht gleich lang, nicht parallel
$\vec{a} \neq \vec{b}$

Fig. 1.5

Bezeichnet man *gleichsinnig parallele Pfeile* (Vektoren) als *Pfeile* (Vektoren) *mit „gleicher Richtung"*, kann man vereinfacht sagen:
Zwei Vektoren $\vec{a}$ und $\vec{b}$ sind genau dann gleich, wenn zwei beliebige Repräsentanten von $\vec{a}$ und $\vec{b}$ gleiche Richtung und gleiche Länge haben.

**Bemerkungen:**
1. Diese Gleichheitsdefinition führt beim Kraftvektor auch im Fall a) zur Ungleichheit, wenn man den Angriffspunkt berücksichtigt.
2. Wie Fig. 1.5e und 1.5f zeigen, ist die Gleichsinnigkeit nur von Bedeutung, wenn bereits Parallelität vorliegt.

Um mit Vektoren rechnen zu können, müssen wir (wie bei Zahlen) Rechenoperationen definieren, für die dann auch Rechengesetze zu finden sind.

## 1.1.2. Vektoraddition

**Beispiel 1.1.**

Zwei Kräfte, die an einem Massenpunkt angreifen, können ersetzt werden durch die „Resultierende", d.h. eine Ersatzkraft $\vec{F}$, welche dieselbe Wirkung hervorruft wie die Einzelkräfte zusammen (Fig. 1.6).

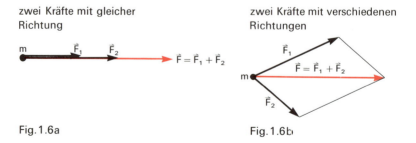

Fig. 1.6a                                Fig. 1.6b

Die Resultierende von zwei Kräften mit verschiedenen Richtungen kann mit Hilfe einer Diagonalen des Kräfteparallelogramms ermittelt werden. Diese Diagonale bestimmt die Richtung und die Größe der Ersatzkraft.

## 1.1. Vektoren im Anschauungsraum

**Beispiel 1.2.**

Die Nacheinanderausführung von zwei Verschiebungen kann ersetzt werden durch eine einzige Verschiebung (Fig. 1.7).

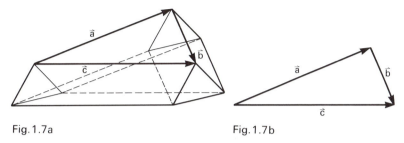

Fig. 1.7a                    Fig. 1.7b

Der Schiebungspfeil $\vec{c}$ kann, wie in Fig. 1.7b dargestellt, durch die Schiebungspfeile $\vec{a}$ und $\vec{b}$ bestimmt werden.

Es liegt nun nahe, die Ersatzkraft $\vec{F}$ als Summe der Kräfte $\vec{F}_1$ und $\vec{F}_2$, entsprechend den Schiebungspfeil $\vec{c}$ als Summe der Schiebungspfeile $\vec{a}$ und $\vec{b}$ zu bezeichnen und dafür zu schreiben:

$$\vec{F} = \vec{F}_1 + \vec{F}_2 \quad \text{bzw.} \quad \vec{c} = \vec{a} + \vec{b}$$

Beide Beispiele zeigen anschaulich, daß diese Art der Addition, die wir Vektoraddition nennen wollen, im allgemeinen nichts mit der Addition von Zahlen zu tun hat, denn die Länge des „Summenvektors" $\vec{F}_1 + \vec{F}_2$ muß nicht gleich der Summe der Längen der Vektoren $\vec{F}_1$ und $\vec{F}_2$ sein (vgl. dazu Fig. 1.6b).

Die Addition zweier Pfeilvektoren wird vielmehr geometrisch definiert (Fig. 1.8):

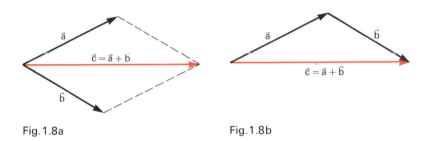

Fig. 1.8a                    Fig. 1.8b

Man wählt den Repräsentanten des Vektors $\vec{b}$ so, daß sein Fußpunkt mit der Spitze des Repräsentanten von $\vec{a}$ zusammenfällt und erhält als Repräsentanten von $\vec{c} = \vec{a} + \vec{b}$ den Pfeil, der vom Fußpunkt von $\vec{a}$ zur Spitze von $\vec{b}$ zeigt.

**Bemerkung:**

Die Vektoraddition ordnet jedem (geordneten) Paar von Vektoren $(\vec{a}, \vec{b})$ eindeutig einen Summenvektor $\vec{c}$ zu: $\vec{c} = \vec{a} + \vec{b}$.
Man spricht zunächst von einem geordneten Paar von Vektoren, d.h., man berücksichtigt die Reihenfolge der Vektoren, da nicht von vornherein klar ist, daß $\vec{a} + \vec{b} = \vec{b} + \vec{a}$.

Bezeichnen wir die Menge der Pfeilvektoren des Anschauungsraumes mit $V$, so ist die Vektoraddition eine *Verknüpfung*, die je zwei Vektoren $\vec{a}, \vec{b} \in V$ *eindeutig* einen Vektor $\vec{c} \in V$ zuordnet. Man sagt auch: Die Vektoraddition führt nicht aus der Menge $V$ heraus und nennt sie deshalb eine *innere Verknüpfung auf V*. Dies ist gleichbedeutend mit der Feststellung, daß *V abgeschlossen ist bezüglich der Vektoraddition*.

Einfache Beispiele für solche inneren Verknüpfungen sind die Addition und Multiplikation auf der Menge $\mathbb{N}$ (Menge der natürlichen Zahlen). Dagegen ist die Subtraktion auf $\mathbb{N}$ keine innere Verknüpfung, da z. B. $2-5 \notin \mathbb{N}$. Auch die Addition von Stammbrüchen ist wegen $\frac{1}{3} + \frac{1}{4} = \frac{7}{12}$ keine innere Verknüpfung auf der Menge der Stammbrüche, denn $\frac{7}{12}$ ist kein Stammbruch.

**Nullvektor und Gegenvektor**

**Beispiel 1.3.**

Greift an einem Massenpunkt m eine Kraft $\vec{F}$ an (Fig. 1.9), so erhält man Kräftegleichgewicht durch eine gleich große, aber entgegengesetzt gerichtete Kraft $-\vec{F}$ (Gegenkraft).

Fig. 1.9

Die Resultierende der beiden Kräfte $\vec{F}$ und $-\vec{F}$ ist dann Null. Die Gegenkraft $-\vec{F}$ läßt sich darstellen durch einen gleich langen, aber entgegengesetzt gerichteten Vektor, den sog. *Gegenvektor* $-\vec{F}$. Die Resultierende läßt sich darstellen durch einen Vektor mit der Länge Null, den sog. *Nullvektor* $\vec{o}$. Dabei gilt:

$$\vec{F} + (-\vec{F}) = \vec{o}.$$

In Anlehnung an dieses Beispiel können wir definieren:

Unter dem *Gegenvektor* $-\vec{a}$ eines Pfeilvektors $\vec{a}$ versteht man denjenigen Pfeilvektor, dessen Repräsentanten die *gleiche Länge*, aber die *entgegengesetzte Richtung* wie die Repräsentanten von $\vec{a}$ haben.
Der *Nullvektor* $\vec{o}$ hat die *Länge Null* und deshalb auch *keine Richtung*.
Für jeden Pfeilvektor $\vec{a}$ gilt: $\vec{a} + (-\vec{a}) = \vec{o}$ und $\vec{a} + \vec{o} = \vec{o} + \vec{a} = \vec{a}$

**Bemerkungen:**

1. Der Nullvektor hat für die Vektoraddition eine ähnliche Bedeutung wie die Zahl Null für die Addition reeller Zahlen.

2. Der Nullvektor läßt sich zeichnerisch nicht darstellen. Er ist die Menge aller Pfeile, bei denen Anfangs- und Endpunkt zusammenfallen.

## 1.1. Vektoren im Anschauungsraum

**Rechengesetze für die Vektoraddition**

Aufgrund der freien Wahl des Repräsentanten eines Pfeilvektors lassen sich die Rechengesetze für die Vektoraddition geometrisch sehr leicht begründen.

*Das Kommutativgesetz*
Für alle $\vec{a}, \vec{b} \in V$ gilt: $\quad \vec{a} + \vec{b} = \vec{b} + \vec{a}$

Fig. 1.10 zeigt die geometrische Begründung des Kommutativgesetzes.

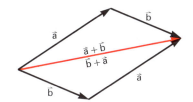

Fig. 1.10

*Das Assoziativgesetz*
Für alle $\vec{a}, \vec{b}, \vec{c} \in V$ gilt: $\quad (\vec{a} + \vec{b}) + \vec{c} = \vec{a} + (\vec{b} + \vec{c})$

Fig. 1.11 zeigt die geometrische Begründung des Assoziativgesetzes.

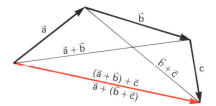

Fig. 1.11

Da bei der Vektoraddition die Klammern beliebig gesetzt werden dürfen, kann man sie auch weglassen:

$$(\vec{a} + \vec{b}) + \vec{c} = \vec{a} + (\vec{b} + \vec{c}) = \vec{a} + \vec{b} + \vec{c}.$$

Nun lassen sich auch Gleichungen der Form $\vec{a} + \vec{x} = \vec{b}$ lösen, denn die eindeutige Addition von $-\vec{a}$ auf beiden Seiten der Gleichung führt auf

$$(-\vec{a}) + \vec{a} + \vec{x} = (-\vec{a}) + \vec{b}$$
$$\vec{o} + \vec{x} = (-\vec{a}) + \vec{b}$$
$$\vec{x} = (-\vec{a}) + \vec{b} = \vec{b} + (-\vec{a}).$$

Wir schreiben statt $\vec{b} + (-\vec{a})$ vereinfacht $\vec{b} - \vec{a}$ und sagen:

**Ein Vektor wird subtrahiert, indem man seinen Gegenvektor addiert.**

Eine geometrische Interpretation dieser Aussage zeigt Fig. 1.12.

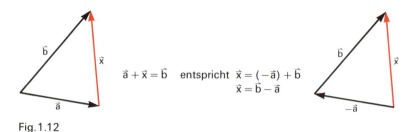

$$\vec{a} + \vec{x} = \vec{b} \quad \text{entspricht} \quad \vec{x} = (-\vec{a}) + \vec{b}$$
$$\vec{x} = \vec{b} - \vec{a}$$

Fig. 1.12

**Bemerkung:**
Für die Differenz zweier Vektoren kann man sich merken:
Der Differenzvektor zeigt (von der Spitze des 2. Vektors) zur Spitze des 1. Vektors (vgl. Fig. 1.12).

**Vektorketten**

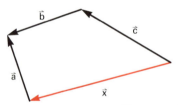

Fig. 1.13

Einen aus Vektoren bestehenden geschlossenen Polygonzug nennt man Vektorkette (Fig. 1.13).

Einen beliebigen Vektor einer Vektorkette kann man folgendermaßen berechnen:

**Durchläuft man, von einem beliebigen Punkt der Vektorkette ausgehend, alle Vektoren vorzeichenrichtig bis zum Ausgangspunkt, so erhält man den Nullvektor.**

Den Vektor $\vec{x}$ in Fig. 1.13 berechnet man beispielsweise so:

$$\vec{x} + \vec{a} + (-\vec{b}) + (-\vec{c}) = \vec{o}$$
$$\vec{x} + \vec{a} - \vec{b} - \vec{c} = \vec{o}$$
$$\vec{x} = \vec{b} + \vec{c} - \vec{a}$$

## 1.1.3. S-Multiplikation

**Beispiel 1.4.**

Wir betrachten zunächst wieder eine Kraft $\vec{F}$, welche an einem Massenpunkt m angreift (Fig.1.14):

Fig.1.14

Verdoppelt man diese Kraft, so wird sie nach unseren Vorstellungen durch einen Kraftpfeil mit gleicher Richtung und doppelter Länge dargestellt. Man schreibt: $2 \cdot \vec{F} = \vec{F} + \vec{F}$.
Die k-fache Kraft $k \cdot \vec{F}$ läßt sich entsprechend in der Form $k \cdot \vec{F} = \vec{F} + \vec{F} + \vec{F} + \ldots + \vec{F}$ schreiben, wobei zunächst $k \in \mathbb{N}$. Die rechte Seite der Gleichung ist eindeutig erklärt aufgrund der Vektoraddition und ist ein Vektor. Der Term $k \cdot \vec{F}$ ist aber kein Produkt wie bei Zahlen, auch wenn dieselbe Schreibweise verwendet wird. Hier wird ein Vektor mit einer Zahl „multipliziert", die wir im folgenden *Skalar* nennen wollen, und das Ergebnis dieser „Multiplikation" ist ein Vektor.

Wir verallgemeinern (Fig. 1.15):

> *S-Multiplikation (Multiplikation eines Vektors mit einem Skalar)*
>
> Es sei $k \in \mathbb{R}$ und $\vec{v} \in V$ ein Pfeilvektor.
> Dann hat der Vektor $k \cdot \vec{v}$ die $|k|$-*fache Länge* des Vektors $\vec{v}$.
> Für $k > 0$ haben $\vec{v}$ und $k \cdot \vec{v}$ die *gleiche Richtung*, für $k < 0$ haben $\vec{v}$ und $k \cdot \vec{v}$ *entgegengesetzte Richtung*.

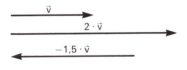

Fig.1.15

Es handelt sich aber bei der S-Multiplikation im Gegensatz zur Vektoraddition um eine Verknüpfung von zwei Elementen aus *verschiedenen* Mengen. Man bezeichnet eine solche Verknüpfung als *äußere Verknüpfung*.

**Bemerkungen:**

1. Die Verknüpfung S-Multiplikation ordnet jedem Paar $(k, \vec{a})$ mit $k \in \mathbb{R}$ und $\vec{a} \in V$ eindeutig ein Element $\vec{b} \in V$ zu: $k \cdot \vec{a} = \vec{b}$.
2. Die Definition bezieht sich nicht auf ein geordnetes Paar $(k, \vec{a})$, so daß $k \cdot \vec{a} = \vec{a} \cdot k$. Es ist aber üblich, den Skalar vor den Vektor zu schreiben.

3. Man beachte immer, daß der Multiplikationspunkt bei der S-Multiplikation eine andere Bedeutung als bei der Multiplikation zweier Zahlen (als innerer Verknüpfung) hat.

4. Man darf die S-Multiplikation nicht mit dem „Skalarprodukt" zweier Vektoren verwechseln, welches im Abschnitt 4. behandelt wird. Man sollte sich deshalb eine exakte Sprechweise angewöhnen.

### Beispiel 1.5.

Wir betrachten eine zentrische Streckung mit dem Zentrum Z und dem beliebigen Streckfaktor $k \in \mathbb{R}$ (Fig. 1.16).

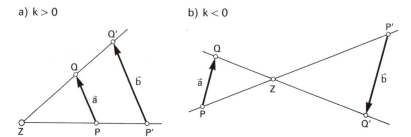

Fig. 1.16

Wir können in beiden Fällen den Vektor $\vec{b}$ als das Bild des Vektors $\vec{a}$ auffassen. Aufgrund der Gesetze der zentrischen Streckung folgt in beiden Fällen $\vec{b} = k \cdot \vec{a}$, d.h., die zentrische Streckung bewirkt nichts anderes als die S-Multiplikation des Vektors $\vec{a}$ mit dem Skalar k.

**Rechengesetze für die S-Multiplikation**

Mit Hilfe der zentrischen Streckung lassen sich die Rechengesetze für die S-Multiplikation geometrisch begründen.

*Das gemischte Assoziativgesetz*
Für alle $r, s \in \mathbb{R}$ und für alle $\vec{a} \in V$ gilt: $r \cdot (s \cdot \vec{a}) = (r \cdot s) \cdot \vec{a}$

Fig. 1.17 zeigt die geometrische Begründung des gemischten Assoziativgesetzes für $r > 0$, $s > 0$, $\vec{a} \neq \vec{o}$:

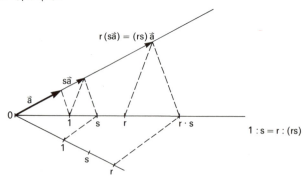

Fig. 1.17

Unterhalb des Zahlenstrahls ist die Hilfskonstruktion für das Produkt r · s mit dem Strahlensatz angegeben. Man beachte besonders die unterschiedliche Bedeutung der Multiplikationszeichen in den beiden Ausdrücken r · (s · $\vec{a}$) und (r · s) · $\vec{a}$.

> **Das S-Distributivgesetz**[1]
> Für alle r, s ∈ ℝ und für alle $\vec{a}$ ∈ V gilt:   (r + s) · $\vec{a}$ = r · $\vec{a}$ + s · $\vec{a}$

Fig. 1.18 zeigt die geometrische Begründung des S-Distributivgesetzes für r > 0, s > 0, $\vec{a}$ ≠ $\vec{o}$:

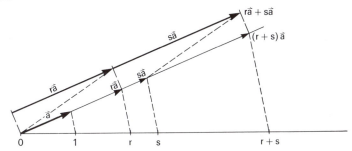

Fig. 1.18

Man beachte hier die unterschiedliche Bedeutung der Additionszeichen in (r + s) · $\vec{a}$ und r · $\vec{a}$ + s · $\vec{a}$.

> **Das V-Distributivgesetz**[2]
> Für alle r ∈ ℝ und für alle $\vec{a}, \vec{b}$ ∈ V gilt:   r · ($\vec{a}$ + $\vec{b}$) = r · $\vec{a}$ + r · $\vec{b}$

Fig. 1.19 zeigt die geometrische Begründung für das V-Distributivgesetz für r > 0, $\vec{a}$ ≠ $\vec{o}$, $\vec{b}$ ≠ $\vec{o}$:

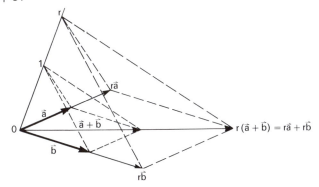

Fig. 1.19

Man beachte, daß hier auf beiden Seiten der Gleichung die Rechenzeichen die *gleiche* Bedeutung haben.

---

[1] Beim S-Distributivgesetz wird die Summe zweier **S**kalare mit einem Vektor multipliziert.
[2] Beim V-Distributivgesetz wird die Summe zweier **V**ektoren mit einem Skalar multipliziert.

*Das unitäre Gesetz*
für alle a ∈ V gilt: $1 \cdot \vec{a} = \vec{a}$

Dieses Gesetz ist unmittelbar einleuchtend.
Für das praktische Rechnen sind folgende Regeln von Bedeutung:

Für alle $k \in \mathbb{R}$ und für alle $\vec{a} \in V$ gilt:

1. a) $k \cdot \vec{o} = \vec{o}$
   b) $0 \cdot \vec{a} = \vec{o}$
2. $k \cdot \vec{a} = \vec{o} \Rightarrow k = 0$ oder $\vec{a} = \vec{o}$
3. $k \cdot (-\vec{a}) = (-k) \cdot \vec{a} = -(k \cdot \vec{a})$

**Beweise:**

1. a) Wegen $k \cdot \vec{o} = k \cdot (\vec{o} + \vec{o}) = k \cdot \vec{o} + k \cdot \vec{o}$ und der Eindeutigkeit der Vektoraddition folgt unmittelbar $k \cdot \vec{o} = \vec{o}$.

1. b) Wegen $0 \cdot \vec{a} = (0 + 0) \cdot \vec{a} = 0 \cdot \vec{a} + 0 \cdot \vec{a}$ und der Eindeutigkeit der Vektoraddition folgt unmittelbar $0 \cdot \vec{a} = \vec{o}$.

2. Wir setzen voraus, daß $k \cdot \vec{a} = \vec{o}$.
Ist $k = 0$, so sind wir offenbar fertig.
Ist $k \neq 0$, so ist auch $\frac{1}{k} \neq 0$. Dann gilt aber $\vec{a} = 1 \cdot \vec{a} = \left(\frac{1}{k} \cdot k\right) \cdot \vec{a} = \frac{1}{k} \cdot (k \cdot \vec{a}) = \frac{1}{k} \cdot \vec{o} = \vec{o}$.

3. Wegen 1.a ist $\vec{o} = k \cdot \vec{o} = k \cdot [\vec{a} + (-\vec{a})] = k \cdot \vec{a} + k \cdot (-\vec{a})$ und deshalb $k \cdot (-\vec{a})$ der Gegenvektor zu $k \cdot \vec{a}$, also $k \cdot (-\vec{a}) = -(k \cdot \vec{a})$.
Wegen 1.b ist $\vec{o} = 0 \cdot \vec{a} = [k + (-k)] \cdot \vec{a} = k \cdot \vec{a} + (-k) \cdot \vec{a}$ und deshalb $(-k) \cdot \vec{a}$ der Gegenvektor zu $k \cdot \vec{a}$, also $(-k) \cdot \vec{a} = -(k \cdot \vec{a})$.

Abschließend können wir feststellen, daß für die Vektoraddition und die S-Multiplikation formal die gleichen Rechengesetze gelten, wie sie von den reellen Zahlen bekannt sind. Deshalb vereinbart man, daß die S-Multiplikation stärker bindet als die Vektoraddition (Punkt vor Strich!) und läßt den Multiplikationspunkt bei der S-Multiplikation häufig weg.

## 1.1. Vektoren im Anschauungsraum

**Aufgaben zu 1.1.**

1. Man zeige, daß es bei einem Würfel 56 Pfeile von Ecke zu Ecke gibt. Wie viele Vektoren werden dadurch festgelegt?

2. Die Repräsentanten der Vektoren $\vec{a}, \vec{b}, \vec{c}, -\vec{a}$ bilden ein Fünfeck (vgl. Fig. 1.20). Man drücke $\vec{x}$ sowie die Vektoren, deren Repräsentanten die Diagonalen des Fünfecks bilden, durch $\vec{a}, \vec{b}, \vec{c}$ aus.

3. Ein Quader wird durch die Vektoren $\vec{a}, \vec{b}, \vec{c}$ „aufgespannt" (vgl. Fig. 1.21). Man drücke die Vektoren, deren Repräsentanten die Raumdiagonalen des Würfels bilden, durch $\vec{a}, \vec{b}, \vec{c}$ aus.

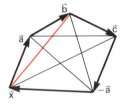
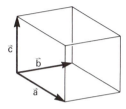

Fig. 1.20          Fig. 1.21

4. Man zeichne zwei Pfeile von 2 cm bzw. 4 cm Länge und dem Zwischenwinkel 30°. Man bestimme die Länge des Summenvektors zeichnerisch und rechnerisch mit Hilfe des Kosinussatzes.

5. Ein Flugzeug steuert mit $v_F = 400$ km/h genau nach Westen. Der Wind weht mit $v_W = 80$ km/h aus Nordwest.
   a) Welche Geschwindigkeit und welche Richtung gegenüber dem Erdboden hat das Flugzeug?
   b) Welche Richtung muß das Flugzeug steuern, damit es genau nach Westen fliegt?

6. Ein Schwimmer, der mit einer Geschwindigkeit von 1 m/s schwimmen kann, möchte einen 100 m breiten Fluß überqueren, der eine Fließgeschwindigkeit von 0,5 m/s hat.
   a) Wie weit wird der Schwimmer abgetrieben, wenn er immer in Richtung auf das gegenüberliegende Ufer (senkrecht zur Fließrichtung) schwimmt?
   b) In welcher Richtung muß er schwimmen, um den Fluß auf kürzestem Wege zu überqueren?
   c) Welche Möglichkeit ist die schnellere?

7. Lösen Sie nach $\vec{x}$ auf und fertigen Sie eine Skizze an, die das Problem veranschaulicht:
   a) $\vec{a} + \vec{b} + \vec{x} = \vec{c}$
   b) $\vec{x} - 2\vec{v} = \vec{w}$

8. Man löse nach $\vec{x}$ auf:
   a) $2\vec{x} - 3\vec{a} = 5\vec{a}$
   b) $(\vec{a} + \vec{b}) + \vec{x} = 3\vec{a} + 3\vec{b}$
   c) $(k + 1)\vec{x} = \vec{x} + k\vec{v}$
   d) $(s - 1)\vec{x} + \vec{u} + s\vec{v} = s\vec{u} + \vec{v}$

## 1.2. Verallgemeinerung des Vektorbegriffs

### 1.2.1. Begriff der Gruppe

Wir fassen die Ergebnisse der Addition von Pfeilvektoren zusammen:

Für eine Menge $V$ von Vektoren gilt:

$A_1$: Je zwei Vektoren $\vec{a}, \vec{b} \in V$ wird durch die Verknüpfung $+$ eindeutig ein Vektor $\vec{c} = \vec{a} + \vec{b} \in V$ zugeordnet.

$A_2$: Für die Verknüpfung $+$ gilt das Assoziativgesetz.

$A_3$: Es gibt *einen* Vektor, der sich bezüglich der Verknüpfung $+$ allen anderen Vektoren aus $V$ gegenüber *neutral* verhält, den Nullvektor $\vec{o}$: $\vec{a} + \vec{o} = \vec{o} + \vec{a} = \vec{a}$.

$A_4$: Es gibt zu *jedem* Vektor $\vec{a} \in V$ einen Gegenvektor $-\vec{a} \in V$ mit der Eigenschaft: $\vec{a} + (-\vec{a}) = \vec{o}$.

Man bezeichnet

1. die Eigenschaft $A_1$ als *Abgeschlossenheit* der Menge $V$ bezüglich der Verknüpfung $+$ und deshalb die Verknüpfung selbst als eine innere Verknüpfung,
2. den Nullvektor $\vec{o}$ als *neutrales Element* bezüglich der Verknüpfung $+$,
3. den Gegenvektor $-\vec{a}$ als *inverses Element* zu $\vec{a}$ bezüglich der Verknüpfung $+$.

Die Eigenschaften $A_1$ bis $A_4$, die in ihrer Gesamtheit die „Struktur der Menge $V$" kennzeichnen, finden wir auch bei anderen Mengen mit geeigneten Verknüpfungen.

**Beispiel 1.6.**

Für die Menge $\mathbb{Z}$ der ganzen Zahlen mit der Verknüpfung Addition gilt:

$A_1$: Die Summe zweier ganzer Zahlen ist wieder eine ganze Zahl.

$A_2$: Für die Addition ganzer Zahlen gilt das Assoziativgesetz.

$A_3$: Das neutrale Element ist die Zahl 0.

$A_4$: Zu jeder ganzen Zahl $z$ gibt es ein inverses Element, nämlich die Gegenzahl $-z$.

Diese Strukturgleichheit wird noch deutlicher, wenn wir jede ganze Zahl durch einen Pfeil darstellen, dessen Länge den Betrag und dessen Richtung das Vorzeichen der Zahl charakterisiert (Fig. 1.22).

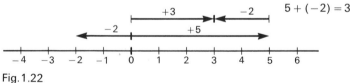

Fig. 1.22

Man nennt eine Menge zusammen mit einer Verknüpfung, welche die Forderungen $A_1$ bis $A_4$ erfüllt, eine *Gruppe*.
Da für ein und dieselbe Menge verschiedene Verknüpfungen möglich sind und umgekehrt, definieren wir allgemein den Begriff der Gruppe:

## 1.2. Verallgemeinerung des Vektorbegriffs

*Gruppe*

Eine nichtleere Menge $M$ von Elementen mit einer Verknüpfung $*$ heißt genau dann Gruppe $(M, *)$, wenn gilt:

$G_1$: Die Verknüpfung $*$ ordnet zwei beliebigen Elementen a, b $\in M$ eindeutig ein Element c $\in M$ zu:

$$c = a * b$$

$G_2$: Für die Verknüpfung $*$ gilt das Assoziativgesetz

$$a * (b * c) = (a * b) * c \quad \text{für alle } a, b, c \in M.$$

$G_3$: In $M$ existiert genau ein neutrales Element e mit der Eigenschaft

$$a * e = e * a = a \quad \text{für alle } a \in M.$$

$G_4$: In $M$ existiert zu jedem a $\in M$ genau ein inverses Element $\bar{a}$ mit der Eigenschaft

$$\bar{a} * a = a * \bar{a} = e.$$

Gilt für die Verknüpfung zusätzlich das Kommutativgesetz $a * b = b * a$, so nennt man $(M, *)$ eine *kommutative* oder *abelsche*[1] Gruppe.

**Bemerkungen:**

1. Die Forderung $G_1$ verlangt die Eindeutigkeit der Verknüpfung $*$ und die Abgeschlossenheit der Menge $M$ bezüglich $*$.

2. Nennt man die Verknüpfung Addition, so heißt das neutrale Element *Nullelement*; für das inverse Element zu a schreibt man $-a$.
Beispiele für solche Gruppen sind $(\mathbb{Z}, +)$, $(\mathbb{Q}, +)$, $(\mathbb{R}, +)$, $(V, +)$.
Dagegen ist $(\mathbb{N}, +)$ keine Gruppe.

3. Nennt man die Verknüpfung Multiplikation, so heißt das neutrale Element *Einselement*; für das inverse Element zu a schreibt man $a^{-1}$.
Beispiele für solche Gruppen sind $(\mathbb{Q}\setminus\{0\}, \cdot)$, $(\mathbb{R}\setminus\{0\}, \cdot)$.
Man überlege sich, weshalb die Zahl Null aus der Menge auszuschließen ist.
Dagegen ist $(\mathbb{Z}\setminus\{0\}, \cdot)$ keine Gruppe.

4. Das inverse Element zum neutralen Element ist stets das neutrale Element selbst.

**Weitere Beispiele für Gruppen**

Beispiel 1.7.

**Die Menge $\mathbb{R}^3$ der 3-Tupel[2] mit Elementen aus $\mathbb{R}$**

Wir schreiben ein 3-Tupel als Spalte $\begin{pmatrix} a_1 \\ a_2 \\ a_3 \end{pmatrix}$, $a_1, a_2, a_3 \in \mathbb{R}$, und definieren eine Verknüpfung „Addition" durch

---

[1] Niels Henrik Abel (1802–1827), norwegischer Mathematiker.
[2] Unter einem n-Tupel versteht man eine Zusammenfassung von n Elementen unter Berücksichtigung der Reihenfolge.

$$\begin{pmatrix} a_1 \\ a_2 \\ a_3 \end{pmatrix} + \begin{pmatrix} b_1 \\ b_2 \\ b_3 \end{pmatrix} = \begin{pmatrix} a_1 + b_1 \\ a_2 + b_2 \\ a_3 + b_3 \end{pmatrix}, \quad \text{z.B.} \quad \begin{pmatrix} 2 \\ 1 \\ -3 \end{pmatrix} + \begin{pmatrix} -1 \\ 0 \\ 2 \end{pmatrix} = \begin{pmatrix} 1 \\ 1 \\ -1 \end{pmatrix}.$$

Damit lassen sich die Gruppeneigenschaften nachweisen:

1. Eindeutigkeit der Addition und Abgeschlossenheit der Menge $\mathbb{R}^3$:
Da die $a_i \in \mathbb{R}$ und $b_i \in \mathbb{R}$ sind, ist auch die Summe $a_i + b_i \in \mathbb{R}$ und eindeutig. Folglich ist das Element $\begin{pmatrix} a_1 + b_1 \\ a_2 + b_2 \\ a_3 + b_3 \end{pmatrix}$ aus $\mathbb{R}^3$.

2. Nachweis des Assoziativgesetzes:

$$\begin{pmatrix} a_1 \\ a_2 \\ a_3 \end{pmatrix} + \left[ \begin{pmatrix} b_1 \\ b_2 \\ b_3 \end{pmatrix} + \begin{pmatrix} c_1 \\ c_2 \\ c_3 \end{pmatrix} \right] = \begin{pmatrix} a_1 \\ a_2 \\ a_3 \end{pmatrix} + \begin{pmatrix} b_1 + c_1 \\ b_2 + c_2 \\ b_3 + c_3 \end{pmatrix} = \begin{pmatrix} a_1 + (b_1 + c_1) \\ a_2 + (b_2 + c_2) \\ a_3 + (b_3 + c_3) \end{pmatrix} = \begin{pmatrix} (a_1 + b_1) + c_1 \\ (a_2 + b_2) + c_2 \\ (a_3 + b_3) + c_3 \end{pmatrix} =$$

$$= \begin{pmatrix} a_1 + b_1 \\ a_2 + b_2 \\ a_3 + b_3 \end{pmatrix} + \begin{pmatrix} c_1 \\ c_2 \\ c_3 \end{pmatrix} = \left[ \begin{pmatrix} a_1 \\ a_2 \\ a_3 \end{pmatrix} + \begin{pmatrix} b_1 \\ b_2 \\ b_3 \end{pmatrix} \right] + \begin{pmatrix} c_1 \\ c_2 \\ c_3 \end{pmatrix}$$

3. Existenz des neutralen Elementes:

Das Nullelement ist die Spalte $\begin{pmatrix} 0 \\ 0 \\ 0 \end{pmatrix}$.

4. Existenz der inversen Elemente:

Das inverse Element zu $\begin{pmatrix} a_1 \\ a_2 \\ a_3 \end{pmatrix}$ ist $- \begin{pmatrix} a_1 \\ a_2 \\ a_3 \end{pmatrix} = \begin{pmatrix} -a_1 \\ -a_2 \\ -a_3 \end{pmatrix}$.

5. Die Addition ist offensichtlich kommutativ, deshalb ist $(\mathbb{R}^3, +)$ mit der so definierten Addition eine kommutative Gruppe.

**Bemerkungen:**

1. Man kann dieses Beispiel erweitern auf die Menge $\mathbb{R}^n$ der n-Tupel $\begin{pmatrix} a_1 \\ \vdots \\ a_n \end{pmatrix}$ mit Elementen aus $\mathbb{R}$, d.h. auf die Gruppe $(\mathbb{R}^n, +)$.

2. Definiert man eine Addition durch $\begin{pmatrix} a_1 \\ a_2 \\ a_3 \end{pmatrix} + \begin{pmatrix} b_1 \\ b_2 \\ b_3 \end{pmatrix} = \begin{pmatrix} a_1 + 2b_1 \\ a_2 + 2b_2 \\ a_3 + 2b_3 \end{pmatrix}$, so ist $\mathbb{R}^3$ mit dieser Addition keine Gruppe! Warum?

* Beispiel 1.8.

**Die Menge $P_2$ der Polynome höchstens zweiten Grades**

Es sei $P_2 = \{p(x) \mid p(x) = a_2 x^2 + a_1 x + a_0; \, a_2, a_1, a_0 \in \mathbb{R}\}$.

So ist z.B. $p_1(x) = 2x^2 - 3x + 1 \in P_2$, $p_2(x) = 2x - 1 \in P_2$, $p_3(x) = 3 \in P_2$, aber $r(x) = \dfrac{2x + 1}{3x} \notin P_2$.

Wir definieren eine Verknüpfung Addition durch

$$p(x) + q(x) = (a_2 x^2 + a_1 x + a_0) + (b_2 x^2 + b_1 x + b_0) =$$
$$= (a_2 + b_2) x^2 + (a_1 + b_1) x + (a_0 + b_0),$$

z.B. $(3x^2 - 5x + 1) + (x^2 - 1) = 4x^2 - 5x$.

## 1.2. Verallgemeinerung des Vektorbegriffs

1. Aus der Definition folgt unmittelbar die Eindeutigkeit der Addition und die Abgeschlossenheit der Menge $P_2$ bezüglich dieser Addition, da sie auf das Rechnen mit Zahlen aus $\mathbb{R}$ zurückgeführt wird.
2. Das Assoziativgesetz läßt sich direkt nachweisen.
3. Das neutrale Element ist das Nullpolynom $o(x) = 0x^2 + 0x + 0$.
4. Das inverse Element zu $p(x)$ ist $-p(x) = (-a_2)x^2 + (-a_1)x + (-a_0) \in P_2$.
5. Die Addition ist kommutativ.

$(P_2, +)$ ist also eine kommutative Gruppe.

**Bemerkungen:**
1. Dieses Beispiel läßt sich mit einer analogen Definition für die Addition erweitern zur Gruppe $(P_n, +)$ der Polynome von höchstens n-tem Grad.
2. Die Strukturgleichheit der Gruppen $(P_2, +)$ und $(\mathbb{R}^3, +)$ erkennt man besonders deutlich, wenn man die Koeffizienten eines Polynoms $p(x)$ als 3-Tupel $\begin{pmatrix} a_2 \\ a_1 \\ a_0 \end{pmatrix}$ schreibt.
3. Man überlege sich, warum die Menge der Polynome genau zweiten Grades keine Gruppe bilden.

### 1.2.2. Vektorräume

Im Abschnitt 1.2.1. konnten wir für die 3-Tupel mit der Verknüpfung Addition die Struktureigenschaften einer Gruppe nachweisen. Dieselbe Struktur haben auch die Pfeilvektoren mit der Vektoraddition als Verknüpfung. Es ergibt sich die Frage, ob für die 3-Tupel eine der S-Multiplikation bei Pfeilvektoren entsprechende äußere Verknüpfung definiert werden kann.
Es zeigt sich, daß folgende naheliegende Definition geeignet ist:

$$s \cdot \begin{pmatrix} a_1 \\ a_2 \\ a_3 \end{pmatrix} = \begin{pmatrix} sa_1 \\ sa_2 \\ sa_3 \end{pmatrix}, \quad \text{z.B.} \quad 3 \cdot \begin{pmatrix} 2 \\ 0 \\ -5 \end{pmatrix} = \begin{pmatrix} 6 \\ 0 \\ -15 \end{pmatrix}.$$

Es gilt nämlich

1. das gemischte A-Gesetz:

$$r \cdot \left[ s \cdot \begin{pmatrix} a_1 \\ a_2 \\ a_3 \end{pmatrix} \right] = r \cdot \begin{pmatrix} sa_1 \\ sa_2 \\ sa_3 \end{pmatrix} = \begin{pmatrix} r(sa_1) \\ r(sa_2) \\ r(sa_3) \end{pmatrix} = \begin{pmatrix} (rs)a_1 \\ (rs)a_2 \\ (rs)a_3 \end{pmatrix} = (rs) \cdot \begin{pmatrix} a_1 \\ a_2 \\ a_3 \end{pmatrix},$$

2. das S-Distributivgesetz:

$$(r+s) \cdot \begin{pmatrix} a_1 \\ a_2 \\ a_3 \end{pmatrix} = \begin{pmatrix} (r+s)a_1 \\ (r+s)a_2 \\ (r+s)a_3 \end{pmatrix} = \begin{pmatrix} ra_1 + sa_1 \\ ra_2 + sa_2 \\ ra_3 + sa_3 \end{pmatrix} = \begin{pmatrix} ra_1 \\ ra_2 \\ ra_3 \end{pmatrix} + \begin{pmatrix} sa_1 \\ sa_2 \\ sa_3 \end{pmatrix} =$$

$$= r \cdot \begin{pmatrix} a_1 \\ a_2 \\ a_3 \end{pmatrix} + s \cdot \begin{pmatrix} a_1 \\ a_2 \\ a_3 \end{pmatrix},$$

das V-Distributivgesetz:

$$r \cdot \left[\begin{pmatrix} a_1 \\ a_2 \\ a_3 \end{pmatrix} + \begin{pmatrix} b_1 \\ b_2 \\ b_3 \end{pmatrix}\right] = r \cdot \begin{pmatrix} a_1 + b_1 \\ a_2 + b_2 \\ a_3 + b_3 \end{pmatrix} = \begin{pmatrix} ra_1 + rb_1 \\ ra_2 + rb_2 \\ ra_3 + rb_3 \end{pmatrix} = \begin{pmatrix} ra_1 \\ ra_2 \\ ra_3 \end{pmatrix} + \begin{pmatrix} rb_1 \\ rb_2 \\ rb_3 \end{pmatrix} =$$

$$= r \cdot \begin{pmatrix} a_1 \\ a_2 \\ a_3 \end{pmatrix} + r \cdot \begin{pmatrix} b_1 \\ b_2 \\ b_3 \end{pmatrix},$$

3. das unitäre Gesetz:

$$1 \cdot \begin{pmatrix} a_1 \\ a_2 \\ a_3 \end{pmatrix} = \begin{pmatrix} 1a_1 \\ 1a_2 \\ 1a_3 \end{pmatrix} = \begin{pmatrix} a_1 \\ a_2 \\ a_3 \end{pmatrix}.$$

Wir erkennen damit, daß die 3-Tupel sowohl bezüglich der Vektoraddition als auch bezüglich der S-Multiplikation dieselben Struktureigenschaften aufweisen wie die Pfeilvektoren.

Verallgemeinern wir den Vektorbegriff, so können wir auch die 3-Tupel als Vektoren auffassen und dafür schreiben: $\vec{a} = \begin{pmatrix} a_1 \\ a_2 \\ a_3 \end{pmatrix}$.

Die Pfeilvektoren sind dann nur noch ein Beispiel für „abstrakte" Vektoren, welche wir als die Elemente eines *Vektorraumes* ansehen, den wir folgendermaßen definieren:

$V$ sei eine nichtleere Menge von Elementen (Vektoren) und $\mathbb{R}$ der Körper[1] der reellen Zahlen (Skalare). In $V$ sei eine innere Verknüpfung Vektoraddition definiert und es gebe eine äußere Verknüpfung S-Multiplikation.

---

*Vektorraum*

Man nennt $V$ einen Vektorraum über $\mathbb{R}$ oder reellen Vektorraum, in Zeichen $(V, \mathbb{R}, +, \cdot)$, genau dann, wenn gilt:

1. $(V, +)$ ist eine kommutative Gruppe.

2. Die S-Multiplikation erfüllt

   a) das gemischte Assoziativgesetz,

   b) das S-Distributivgesetz,
      das V-Distributivgesetz,

   c) das unitäre Gesetz.

---

**Bemerkungen:**

1. Die Kommutativität der Gruppe $(V, +)$ eines Vektorraumes folgt schon aus der Gültigkeit des Assoziativ- und Distributivgesetzes (vgl. Aufgabe 2b).

---

[1] Beschränkt man sich beim Skalarkörper auf den Körper der reellen Zahlen, spricht man von einem „reellen Vektorraum". Eine allgemeinere Definition eines Vektorraumes findet man in Jehle, Spremann, Zeitler: Lineare Geometrie, Abschnitt 2.1.2.

## 1.2. Verallgemeinerung des Vektorbegriffs

2. Das Zeichen $+$ wird für die Vektoraddition, das Zeichen $\cdot$ wird für die S-Multiplikation verwendet.

### Beispiel 1.9.

**Der Vektorraum $\mathbb{R}^n$ der n-Tupel mit Elementen aus $\mathbb{R}$**

Wir definieren

als Vektoren die n-Tupel $\vec{a} = \begin{pmatrix} a_1 \\ \vdots \\ a_n \end{pmatrix}$ mit $a_i \in \mathbb{R}$,

die Vektoraddition $\vec{a} + \vec{b}$ durch $\begin{pmatrix} a_1 \\ \vdots \\ a_n \end{pmatrix} + \begin{pmatrix} b_1 \\ \vdots \\ b_n \end{pmatrix} = \begin{pmatrix} a_1 + b_1 \\ \vdots \\ a_n + b_n \end{pmatrix}$,

die S-Multiplikation $s \cdot \vec{a}$ durch $s \cdot \begin{pmatrix} a_1 \\ \vdots \\ a_n \end{pmatrix} = \begin{pmatrix} sa_1 \\ \vdots \\ sa_n \end{pmatrix}$ mit $s \in \mathbb{R}$.

Mit diesen Definitionen lassen sich die Vektorraumeigenschaften leicht nachprüfen (vgl. Beispiel 1.7.).

**Bemerkung:**
Die vollständige Schreibweise für diesen Vektorraum wäre $(\mathbb{R}^n, \mathbb{R}, +, \cdot)$. Künftig bezeichnen wir diesen Vektorraum nur mit $\mathbb{R}^n$ und betrachten insbesondere die beiden Vektorräume $\mathbb{R}^2$ und $\mathbb{R}^3$.

### Beispiel 1.10.

**Der Vektorraum $P_2$ der Polynome höchstens zweiten Grades mit Koeffizienten aus $\mathbb{R}$**

Wir definieren (vgl. Beispiel 1.8.)

als Vektoren die Polynome $p(x) = a_2 x^2 + a_1 x + a_0$ mit $a_2, a_1, a_0 \in \mathbb{R}$,
die Vektoraddition durch $p(x) + q(x) = (a_2 + b_2) x^2 + (a_1 + b_1) x + (a_0 + b_0)$,
die S-Multiplikation durch $s \cdot p(x) = sa_2 x^2 + sa_1 x + sa_0$ mit $s \in \mathbb{R}$.

Die Eigenschaft, daß $(P_2, +)$ eine kommutative Gruppe ist, wurde bereits im Beispiel 1.8. nachgewiesen.

Als Beispiel für den Nachweis der Rechengesetze der S-Multiplikation zeigen wir die Gültigkeit des V-Distributivgesetzes:

$s \cdot [p(x) + q(x)] = s \cdot [(a_2 + b_2) x^2 + (a_1 + b_1) x + (a_0 + b_0)] =$
$= sa_2 x^2 + sb_2 x^2 + sa_1 x + sb_1 x + sa_0 + sb_0 =$
$= s \cdot (a_2 x^2 + a_1 x + a_0) + s \cdot (b_2 x^2 + b_1 x + b_0) =$
$= s \cdot p(x) + s \cdot q(x)$.

**Bemerkungen:**
1. Die vollständige Schreibweise für diesen Vektorraum wäre $(P_2, \mathbb{R}, +, \cdot)$.
2. $P_2$ kann mit einer analogen Definition für die Vektoraddition und die S-Multiplikation erweitert werden zum Vektorraum $(P_n, \mathbb{R}, +, \cdot)$ der Polynome höchstens n-ten Grades mit Koeffizienten aus $\mathbb{R}$.

\* Beispiel 1.11.

### Der Vektorraum $F$ der auf ganz $\mathbb{R}$ stetigen reellen Funktionen

Wir definieren

als Vektoren die stetigen Funktionen f, g, ... mit $D_f = D_g = \ldots = \mathbb{R}$, welche durch ihre Funktionsterme f(x), g(x), ... angegeben werden;

z.B.  $f: x \mapsto x^2 = f(x), \quad f \in F$
$k: x \mapsto c$ (konstante Funktion), $\quad k \in F$

Dagegen:

$w: x \mapsto \sqrt{x} = w(x), \quad w \notin F$, da $D_w \neq \mathbb{R}$.

die Vektoraddition $f + g$ durch $(f + g)(x) = f(x) + g(x)$;

z.B.  $f: x \mapsto x^2$
$g: x \mapsto \sin x$ ergibt $f + g: x \mapsto x^2 + \sin x$
$k: x \mapsto c$ ergibt $f + k: x \mapsto x^2 + c$

die S-Multiplikation $s \cdot f$ durch $(s \cdot f)(x) = s \cdot f(x)$

z.B.  $f: x \mapsto x^2$ ergibt $3 \cdot f: x \mapsto 3x^2$

1. Die Gruppeneigenschaften lassen sich leicht nachweisen:

Aufgrund der Definition der Vektoraddition ist die Summe zweier stetiger Funktionen auf $\mathbb{R}$ wieder eine stetige Funktion auf $\mathbb{R}$, also ist $F$ abgeschlossen. Da die (Vektor)addition zweier Funktionen durch die Addition der Funktionsterme auf das Rechnen mit reellen Zahlen zurückgeführt wird, ergibt sich die Gültigkeit des Assoziativ- und Kommutativgesetzes aus den entsprechenden Gesetzen für die reellen Zahlen. Neutrales Element ist die Nullfunktion $o: x \mapsto 0$; inverses Element zu f ist $(-1) \cdot f$.

2. Genauso lassen sich auch die Gesetze für die S-Multiplikation begründen.

Häufig betrachtet man Funktionen nur auf einem bestimmten Intervall [a, b] mit a, b $\in \mathbb{R}$. Wir sprechen dann vom Vektorraum $F_{[a, b]}$ der auf dem Intervall [a, b] stetigen Funktionen. Die Vektorraumeigenschaften ergeben sich analog zu den Überlegungen für $F$. Zum Beispiel gehört $w: x \mapsto \sqrt{x}$ zu $F_{[0,1]}$, nicht aber zu $F_{[-1,1]}$. $q: x \mapsto \frac{1}{x}$ gehört zu $F_{[a, b]}$ falls $0 \notin [a, b]$.


### Aufgaben zu 1.2.

1. Es sei $(G, *)$ eine Gruppe. Zeigen Sie, daß
   a) $\bar{\bar{a}} = a$ für alle $a \in G$,
   b) $\overline{a * b} = \bar{b} * \bar{a}$ für alle $a, b \in G$

   Geben Sie die Schreibweise dieser Beziehungen für additive bzw. multiplikative Gruppen an.

2. Zeigen Sie, daß für einen Vektorraum $(V, \mathbb{R}, +, \cdot)$ gilt:
   a) $-\vec{a} = (-1) \cdot \vec{a}$
   b) Die Kommutativität der Gruppe $(V, +)$ folgt schon aus dem Assoziativgesetz und dem Distributivgesetz.

## 1.2. Verallgemeinerung des Vektorbegriffs

3. Für die Vektoren des Anschauungsraumes sei folgende „Addition" festgelegt: $\vec{a} \oplus \vec{b} = \vec{c}$, wobei die Länge von $\vec{c}$ gleich der Summe der Längen von $\vec{a}$ und $\vec{b}$ ist und $\vec{c}$ in Richtung der Winkelhalbierenden des spitzen Winkels zwischen $\vec{a}$ und $\vec{b}$ zeigt (vgl. Fig. 1.23).

   a) Für welche Paare von Vektoren ist dadurch noch keine Summe erklärt? Man treffe plausible Zusatzdefinitionen!
   
   b) Warum bildet die Menge der Pfeilvektoren bezüglich dieser Verknüpfung keine Gruppe?
   
   Fig. 1.23

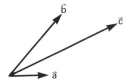

*4. Man zeige, daß die Menge der Funktionen $f_1, f_2, f_3, f_4$ mit $f_1(x) = x$, $f_2(x) = -x$, $f_3(x) = \frac{1}{x}$, $f_4(x) = -\frac{1}{x}$ eine kommutative Gruppe bildet, wenn man als Verknüpfung die Verkettung von Funktionen benutzt: $(f \circ g)(x) = f(g(x))$. Stellen Sie eine Verknüpfungstafel auf. Zeigen Sie anhand eines Beispiels, daß für beliebige Funktionen die Verkettung nicht kommutativ ist.

5. Man zeige daß die Menge der Drehungen eines gleichseitigen Dreiecks, welche dieses Dreieck auf sich selbst abbilden (Deckdrehungen) eine kommutative Gruppe bildet, wenn man als Verknüpfung die Hintereinanderausführung von Drehungen benutzt. (Tip für den Nachweis des Assoziativgesetzes: Wie verhalten sich die Drehwinkel bei der Hintereinanderausführung von Drehungen?) Stellen Sie eine Verknüpfungstafel auf.

6. Ist $\mathbb{R}^3 \setminus \left\{ \begin{pmatrix} 0 \\ 0 \\ 0 \end{pmatrix} \right\}$ mit $\begin{pmatrix} a_1 \\ a_2 \\ a_3 \end{pmatrix} \cdot \begin{pmatrix} b_1 \\ b_2 \\ b_3 \end{pmatrix} = \begin{pmatrix} a_1 b_1 \\ a_2 b_2 \\ a_3 b_3 \end{pmatrix}$ eine Gruppe?

7. In $\mathbb{R}$ sei folgende Verknüpfung definiert: $a \circ b = \frac{a+b}{2}$ (arithmetisches Mittel).

   a) Man zeige, daß die Verknüpfung kommutativ, aber nicht assoziativ ist.
   
   b) Man zeige, daß es für jedes $a \in \mathbb{R}$ ein Element $n_a \in \mathbb{R}$ gibt, so daß $a \circ n_a = a$. Gibt es ein neutrales Element?

8. Man löse nach $\vec{x}$ auf.

   a) $2\vec{x} - \begin{pmatrix} 1 \\ 2 \\ 5 \end{pmatrix} = \begin{pmatrix} 3 \\ 7 \\ 0 \end{pmatrix}$
   
   b) $\vec{x} + \begin{pmatrix} 1 \\ 2 \\ 4 \end{pmatrix} = \begin{pmatrix} 2 \\ 4 \\ 8 \end{pmatrix}$
   
   c) $\vec{x} + \begin{pmatrix} 1 \\ 2 \\ -1 \end{pmatrix} = \begin{pmatrix} 0 \\ 0 \\ 0 \end{pmatrix}$
   
   d) $2\vec{x} + 2\begin{pmatrix} 1 \\ 2 \\ 4 \end{pmatrix} = \begin{pmatrix} 6 \\ 0 \\ -4 \end{pmatrix}$

*9. Man löse nach $p(x)$ auf.

   a) $2 \cdot p(x) + (1 - x^2) = x^2 + 2x + 1$
   
   b) $p(x) - 2(x + 1) = x + 1$
   
   c) $2 \cdot p(x) + (2x^2 - 1) = 2x^2 - 1$
   
   d) $p(x) + (x + 1) = (x - 1)$

## *1.2.3. Eine Anwendung des Vektorbegriffs

**Modell einer Krankenversicherung**

Die Prämie (Versicherungsbeitrag) muß so berechnet sein, daß unter hinreichender Berücksichtigung des mit dem Alter wachsenden Risikos die *gesamte* Versicherungsgemeinschaft eines Tarifes gerade soviel an Mitteln zur Verfügung stellt, daß der von der gesamten Gemeinschaft verursachte Schaden gedeckt wird. Folgende Methode wird in der Praxis benutzt: Aus statistischen Erhebungen gewinnt man den sogenannten „Grundkopfschaden" G, d. h. den durchschnittlichen Betrag der in einem Jahr für einen Versicherten eines bestimmten Alters zu erwartenden Krankheitskosten. Dieser Grundkopfschaden wird für männliche und weibliche Versicherte getrennt bestimmt: $G_m$, $G_w$.

Da mit zunehmendem Alter des Versicherten seine „Schadenshäufigkeit" steigt, werden die Versicherungsprämien nach Eintrittsalter gestaffelt. (Die einmal vereinbarte Prämie des einzelnen Versicherten steigt nicht mit dem Alter; ein junger Versicherter zahlt eine Prämie, die relativ „zu hoch" ist, mit zunehmendem Alter wird die Prämie relativ zu den statistisch zu erwartenden Krankheitskosten immer niedriger. Tritt jemand später in die Versicherung ein, muß er mit höheren Prämien „aufholen", was der Versicherte mit niedrigerem Eintrittsalter im Laufe der Jahre schon vorausbezahlt hat.) Die Nettoprämien P für jedes Eintrittsalter werden aus dem Grundkopfschaden durch entsprechende Umrechnungsfaktoren berechnet. In der Praxis verwenden einige Krankenversicherungen z. B. 9 Altersstufen zu je 5 Jahren zwischen 20 und 65 Jahren. Wir wollen der Übersichtlichkeit halber nur zwei Altersstufen, nämlich „jung" und „alt" unterscheiden. Wir haben also die Altersanpassungsfaktoren $p_j$ und $p_a$ zu unterscheiden. Die verschiedenen Nettoprämien schreibt man als sogenannte „Matrix" an:

```
            Geschlecht
           ─────────────▶
Alter  |  P_{j,m}   P_{j,w}
       ↓  P_{a,m}   P_{a,w}
```

In der Praxis würde diese Matrix $2 \cdot 9 = 18$ Elemente besitzen.

Die Spalte der männlichen Nettoprämien $\begin{pmatrix} P_{j,m} \\ P_{a,m} \end{pmatrix}$ errechnet sich hierbei aus $G_m \cdot \begin{pmatrix} p_{j,m} \\ p_{a,m} \end{pmatrix}$, also S-Multiplikation des Grundkopfschadens mit dem Altersanpassungsvektor. Ein typischer Vektor dieser Art in der Praxis wäre:

$$\begin{pmatrix} 0{,}683 \\ 0{,}834 \\ 1{,}000 \\ 1{,}179 \\ 1{,}367 \\ 1{,}563 \\ 1{,}766 \\ 1{,}976 \\ 2{,}194 \end{pmatrix} \quad \begin{matrix} \text{Eintrittsalter} \\ \text{(männlich)} \\ 20-24 \\ 25-29 \\ 30-34 \\ 35-39 \\ 40-44 \\ 45-49 \\ 50-54 \\ 55-59 \\ 60-64 \end{matrix}$$

Die Zahl 1,000 in der dritten Zeile des Vektors bedeutet, daß der Grundkopfschaden für das entsprechende Eintrittsalter (30–34 Jahre) ermittelt wurde; dies könnte z. B. die Altersstufe sein, in der die meisten Versicherten sich befinden.

Dieser Vektor wird natürlich aus statistischen Erhebungen gewonnen und muß immer wieder überprüft werden. (Die Versicherer sind vom Bundesaufsichtsamt für Versicherungswesen gehalten, mindestens einmal pro Jahr die Verhältnisse eines jeden Tarifs getrennt zu untersuchen und offenzulegen. Jeder Versicherer muß dafür Sorge tragen, daß genügend statistisches Material vorhanden ist.)

## 1.2. Verallgemeinerung des Vektorbegriffs

Aus dem Nettoprämienvektor $\begin{pmatrix} P_j \\ P_a \end{pmatrix}$ errechnet sich der Bruttoprämienvektor $\begin{pmatrix} B_j \\ B_a \end{pmatrix}$ durch Addition von festen Kosten pro Versicherungsvertrag $\begin{pmatrix} \gamma_j \\ \gamma_a \end{pmatrix}$ (z. B. bestimmten Verwaltungskosten) und von zur Bruttoprämie proportionalen Kosten $\Delta \cdot \begin{pmatrix} B_j \\ B_a \end{pmatrix}$ (z. B. Regulierungskosten, Sicherheitszuschlag etc.). ($\Delta$ ist ein bestimmter Prozentsatz, s. Anmerkung).

$$\begin{pmatrix} B_j \\ B_a \end{pmatrix} = \begin{pmatrix} P_j \\ P_a \end{pmatrix} + \begin{pmatrix} \gamma_j \\ \gamma_a \end{pmatrix} + \Delta \begin{pmatrix} B_j \\ B_a \end{pmatrix}; \quad \text{hieraus folgt} \quad (1-\Delta)\begin{pmatrix} B_j \\ B_a \end{pmatrix} = \begin{pmatrix} P_j \\ P_a \end{pmatrix} + \begin{pmatrix} \gamma_j \\ \gamma_a \end{pmatrix} \quad \text{bzw.:}$$

$$\begin{pmatrix} B_j \\ B_a \end{pmatrix} = \frac{1}{1-\Delta}\begin{pmatrix} P_j + \gamma_j \\ P_a + \gamma_a \end{pmatrix}$$

Diese Rechnung wird natürlich für männliche und weibliche Versicherte getrennt ablaufen. Die Werte $G_m$, $G_w$ können sich jedoch von Jahr zu Jahr ändern, so daß der Tarif „neukalkuliert" werden muß. Geht man z. B. von einem allgemeinen Kostensteigerungsfaktor s aus (s = 1,05 bedeutet 5% Inflation), so ist zu prüfen, ob S-Multiplikation des Bruttoprämienvektors $\begin{pmatrix} B_j \\ B_a \end{pmatrix}$ mit s nicht ein schiefes Bild ergibt: Wegen $\begin{pmatrix} B_j \\ B_a \end{pmatrix} = \frac{1}{1-\Delta}\begin{pmatrix} P_j + \gamma_j \\ P_a + \gamma_a \end{pmatrix}$ bedeutet Multiplikation mit s, daß Krankheitskosten $\begin{pmatrix} P_j \\ P_a \end{pmatrix}$ und Verwaltungskosten $\begin{pmatrix} \gamma_j \\ \gamma_a \end{pmatrix}$ in gleichem Maße steigen, was nicht unbedingt realistisch zu sein braucht; eventuell sind zwei verschiedene Steigerungsfaktoren $s_p$, $s_\gamma$ angebracht. Steigen die Krankenhauskosten besonders stark, so werden ältere Versicherte davon stärker betroffen sein als jüngere, so daß eine S-Multiplikation s $\begin{pmatrix} B_j \\ B_a \end{pmatrix}$ überhaupt nicht mehr in Frage kommt. Aus ähnlichen Gründen hat es wenig Sinn, die Zeilen der Nettoprämienmatrix ($P_{jm}$, $P_{jw}$) bzw. ($P_{am}$, $P_{aw}$) als Vektoren zu betrachten, denn S-Multiplikation beschreibt hier nur selten die Realität.

Wie man sieht, werden Zahlenreihen dann sinnvoll als Vektoren betrachtet, wenn die Anwendung der Gesetze der Vektoraddition und S-Multiplikation beim Rechnen zu „brauchbaren" Ergebnissen führt. Man muß sich aber auch klar sein, daß der Praktiker das Recht hat, mit den Gesetzen der Mathematik etwas „frei" umzugehen, solange daraus resultierende Widersprüche oder Fehler bei seiner praktischen Fragestellung nicht stören. Kein Versicherungsmathematiker würde z. B. darüber nachdenken, daß seine Nettoprämienvektoren keinen Vektorraum bilden, da es keine negativen Prämien, also auch keine Gegenvektoren gibt.

Anmerkung:

Eine Versicherungsprämie darf nicht auf „Gewinn kalkuliert" sein, Überschüsse ergeben sich vorwiegend daraus, daß mit dem Kapital, welches die Versicherten zur Verfügung stellen und welches ja nicht sofort wieder durch Kostenerstattungen ausgegeben wird, „gut gewirtschaftet" wird.

## *1.3. Untervektorräume

Wir wollen uns nun mit Teilmengen von Vektorräumen befassen, welche selbst Vektorraumstruktur besitzen. Man bezeichnet solche Teilmengen als *Untervektorräume*.

**Beispiel 1.12.**

Die Teilmenge $U$ aller Elemente des $\mathbb{R}^3$, welche die Form $\begin{pmatrix} a \\ 0 \\ b \end{pmatrix}$ haben, bildet einen Untervektorraum des $\mathbb{R}^3$.

Begründung:
Die Vektoraddition und die S-Multiplikation sollen natürlich wie für die Vektoren des $\mathbb{R}^3$ definiert sein, also gelten auch in $U$ die entsprechenden Rechengesetze, da sie für alle Vektoren des $\mathbb{R}^3$ gelten. Es ist nur zu prüfen, ob $U$ bezüglich der Addition und der S-Multiplikation abgeschlossen ist, den Nullvektor enthält und zu jedem Vektor aus $U$ auch den Gegenvektor.

Es seien also $\vec{u} = \begin{pmatrix} u_1 \\ 0 \\ u_2 \end{pmatrix} \in U$ und $\vec{v} = \begin{pmatrix} v_1 \\ 0 \\ v_2 \end{pmatrix} \in U$.

Nun ist $\vec{u} + \vec{v} = \begin{pmatrix} u_1 + v_1 \\ 0 \\ u_2 + v_2 \end{pmatrix} \in U$, denn der Summenvektor hat eine Null in der zweiten Zeile, ist also von der Form $\begin{pmatrix} a \\ 0 \\ b \end{pmatrix}$.

Genauso ist mit beliebigem $\vec{u} \in U$ auch $k \cdot \vec{u} = \begin{pmatrix} ku_1 \\ 0 \\ ku_2 \end{pmatrix} \in U$ für beliebige $k \in \mathbb{R}$.

Es führt also weder die Addition noch die S-Multiplikation aus der Menge $U$ heraus, d.h., $U$ ist abgeschlossen bezüglich dieser beiden Verknüpfungen.
Da $k \cdot \vec{u} \in U$ für beliebige $k \in \mathbb{R}$ richtig ist, folgt für $k = 0$: $0 \cdot \vec{u} = \vec{o} \in U$ und für $k = -1$: $(-1) \cdot \vec{u} = -\vec{u} \in U$, d.h., der Nullvektor und der Gegenvektor zu $\vec{u}$ sind in $U$ enthalten. Mit anderen Worten: $U$ ist eine kommutative Gruppe bezüglich der Addition (da $\mathbb{R}^3$ kommutativ war) und deshalb (da die Gesetze der S-Multiplikation gelten) ein Vektorraum.

Wie wir gesehen haben, braucht man für den Nachweis, daß eine Teilmenge $U$ eines Vektorraumes $V$ ein Untervektorraum von $V$ ist, nicht alle Vektorraumgesetze nachzuprüfen. Es genügt, die Abgeschlossenheit der Verknüpfungen Vektoraddition und S-Multiplikation nachzuweisen. Es gilt daher der

Satz 1.1.

Es sei $U$ eine *Teilmenge eines Vektorraumes V*.
$U$ ist genau dann ein *Untervektorraum* von $V$, wenn gilt:
1. $U$ ist nicht leer,
2. $\vec{u} + \vec{v} \in U$ für beliebige $\vec{u}, \vec{v} \in U$,
3. $k \cdot \vec{u} \in U$ für beliebige $\vec{u} \in U$ und $k \in \mathbb{R}$.

## 1.3. Untervektorräume

### Beispiel 1.13.

Die Vektoren der Form $\begin{pmatrix} a \\ 0 \\ 0 \end{pmatrix}$, $a \in \mathbb{R}$, bilden einen Untervektorraum $U^*$ des $\mathbb{R}^3$.

Der Nachweis erfolgt wie im Beispiel 1.12., wobei man nur auf die „Bauart" der Vektoren zu achten hat.
Interessant ist hier noch die Beziehung $U^* \subset U \subset \mathbb{R}^3$, wobei $U$ der Untervektorraum aus Beispiel 1.12. ist.

### Beispiel 1.14.

Die Menge $U$ der Polynome der Form $p(x) = ax^2 + bx$; $a, b \in \mathbb{R}$, ist ein Untervektorraum von $P_2$:

1. $U$ ist nicht leer, denn z.B. $p(x) = x^2 \in U$.
2. $p(x) + q(x) = (a_1 x^2 + b_1 x) + (a_2 x^2 + b_2 x) =$
  $= (a_1 + a_2) x^2 + (b_1 + b_2) x \in U$, denn $a_1 + a_2 \in \mathbb{R}$ und $b_1 + b_2 \in \mathbb{R}$.
3. $k \cdot p(x) = kax^2 + kbx \in U$, denn $ka \in \mathbb{R}$ und $kb \in \mathbb{R}$.

### Beispiel 1.15.

Mit denselben Überlegungen wie im Beispiel 1.14. zeigt man, daß die Menge der linearen Funktionen $L = \{f \mid f(x) = ax + b; a, b \in \mathbb{R}\}$ ein Untervektorraum von $P_2$ ist.
$L$ ist aber nicht Untervektorraum des Vektorraumes $U$ aus Beispiel 1.14.

### Beispiel 1.16.

Faßt man ein Polynom als Funktion auf, so ist klar, daß $P_2$ ein Untervektorraum von $F$ ist, denn jedes Polynom ist Funktionsterm einer rationalen und damit stetigen Funktion auf $\mathbb{R}$.

### Beispiel 1.17.

Schreibt man einen beliebigen Vektor $\vec{a} = \begin{pmatrix} a_1 \\ a_2 \end{pmatrix}$ des $\mathbb{R}^2$ als Vektor $\vec{a} = \begin{pmatrix} a_1 \\ a_2 \\ 0 \end{pmatrix}$ des $\mathbb{R}^3$, so zeigt man wie in Beispiel 1.12., daß der $\mathbb{R}^2$ ein Untervektorraum des $\mathbb{R}^3$ ist. Man sagt auch, der $\mathbb{R}^2$ ist in den $\mathbb{R}^3$ „eingebettet".
Ebenso kann man den $\mathbb{R}^3$ als Untervektorraum in den $\mathbb{R}^n$ ($n \geq 3$) einbetten.

### Beispiel 1.18.

Ein Vektorraum, der Untervektorraum jedes Vektorraumes ist, ist der „Nullraum" $\{\vec{o}\}$, der nur aus dem Nullvektor besteht.
Es gilt nämlich:

1. $\{\vec{o}\}$ ist nicht leer.
2. $\vec{o} + \vec{o} = \vec{o} \in \{\vec{o}\}$.
3. $k \cdot \vec{o} = \vec{o} \in \{\vec{o}\}$ für beliebiges $k \in \mathbb{R}$.

## Aufgaben zu 1.3

1. Sind die folgenden Mengen Untervektorräume des $\mathbb{R}^2$ bzw. des $\mathbb{R}^3$?

   a) $\left\{ \begin{pmatrix} 0 \\ a \end{pmatrix} \middle| a \in \mathbb{R} \right\}$
   b) $\left\{ \begin{pmatrix} 1 \\ a \end{pmatrix} \middle| a \in \mathbb{R} \right\}$
   c) $\left\{ \begin{pmatrix} a \\ a^2 \end{pmatrix} \middle| a \in \mathbb{R} \right\}$

   d) $\left\{ \begin{pmatrix} x_1 \\ x_2 \end{pmatrix} \middle| 2x_1 - 3x_2 = 0 \right\}$
   e) $\left\{ \begin{pmatrix} x_1 \\ x_2 \end{pmatrix} \middle| 2x_1 - 3x_2 = 1 \right\}$
   f) $\left\{ \begin{pmatrix} v_1 \\ v_2 \\ v_3 \end{pmatrix} \middle| v_1 \cdot v_2 = 0 \right\}$

   g) $\left\{ \begin{pmatrix} v_1 \\ v_2 \\ v_3 \end{pmatrix} \middle| v_1 + v_2 = 0 \right\}$
   h) $\left\{ \begin{pmatrix} a \\ a \\ b \end{pmatrix} \middle| a, b \in \mathbb{R} \right\}$
   i) $\left\{ \begin{pmatrix} v_1 \\ v_2 \\ v_3 \end{pmatrix} \middle| v_1 + v_2 + v_3 = 0 \right\}$

2. Handelt es sich bei den folgenden Mengen um Unterräume des $P_2$?
   a) Alle Polynome der Form $p(x) = ax^2$.
   b) Alle Polynome der Form $p(x) = ax^2 + ax + a$.
   c) Alle Polynome der Form $p(x) = ax^2 - ax + b$.
   d) Alle Polynome der Form $p(x) = \pm(ax + b)^2$.

3. Es sei $D$ die Menge der in ganz $\mathbb{R}$ differenzierbaren Funktionen, $R$ die Menge der ganzrationalen Funktionen, $B$ die Menge aller beschränkten stetigen Funktionen, $M_s$ die Menge aller stetigen monoton wachsenden Funktionen, $M$ die Menge aller stetigen monotonen Funktionen, $P$ die Menge aller stetigen periodischen Funktionen mit Periode p.
   Untersuchen Sie, ob die genannten Mengen Untervektorräume von $F$ sind.

4. Untersuchen Sie, ob die folgenden Mengen Untervektorräume von $F$ sind.

   $G_0 = \{f(x) \mid f \in F \text{ und } \lim_{x \to \infty} f(x) = 0\}$,     $G_1 = \{f(x) \mid f \in F \text{ und } \lim_{x \to \infty} f(x) = 1\}$,

   $N_0 = \{f(x) \mid f \in F \text{ und } f(0) = 0\}$,     $N_1 = \{f(x) \mid f \in F \text{ und } f(0) = 1\}$.

   $I = \{f(x) \mid f \in F \text{ und } \int_0^1 f(x) \, dx = 0\}$.

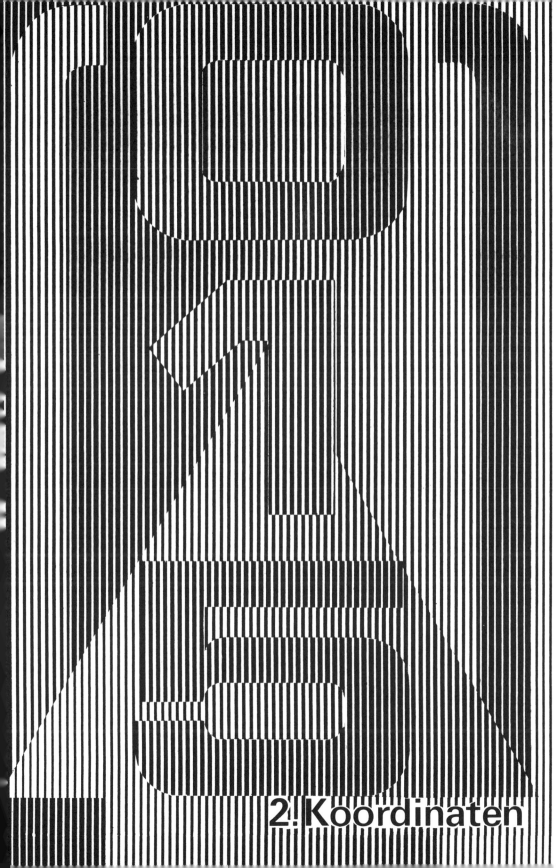

## 2.1. Linearkombinationen

Wir betrachten die Vektoren des Anschauungsraumes in Fig. 2.1:

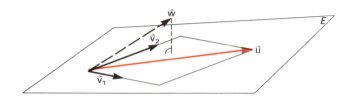

Fig. 2.1

$\vec{v}_1, \vec{v}_2, \vec{u}$ lassen sich in die Ebene $E$ legen und $\vec{u}$ läßt sich durch $\vec{v}_1$ und $\vec{v}_2$ ausdrücken: $\vec{u} = 2\vec{v}_1 + \frac{4}{3}\vec{v}_2$.
Man sagt, $\vec{u}$ ist dargestellt als Linearkombination von $\vec{v}_1$ und $\vec{v}_2$.
Der Vektor $\vec{w}$ läßt sich dagegen nicht als Linearkombination der Vektoren $\vec{v}_1$ und $\vec{v}_2$ darstellen, da es keine reellen Zahlen $k_1, k_2$ gibt, so daß $\vec{w} = k_1 \vec{v}_1 + k_2 \vec{v}_2$. ($\vec{w}$ läßt sich nicht in die Ebene $E$ legen.)
Sind $\vec{v}_1, \vec{v}_2, \ldots, \vec{v}_n$ Vektoren eines beliebigen Vektorraumes $V$ und $k_1, k_2, \ldots, k_n$ reelle Zahlen, so trifft man verallgemeinernd folgende Definition:

Der Vektor $\vec{v} = k_1 \vec{v}_1 + k_2 \vec{v}_2 + \ldots + k_n \vec{v}_n$ heißt *Linearkombination* der Vektoren $\vec{v}_1, \vec{v}_2, \ldots, \vec{v}_n$.

**Beispiel 2.1.**

a) $\begin{pmatrix} 1 \\ 1 \end{pmatrix} = 4 \begin{pmatrix} -2 \\ 1 \end{pmatrix} + 3 \begin{pmatrix} 3 \\ -1 \end{pmatrix}$
   
   b) $\begin{pmatrix} 0 \\ 0 \end{pmatrix} = 0 \begin{pmatrix} -2 \\ 1 \end{pmatrix} + 0 \begin{pmatrix} 3 \\ -1 \end{pmatrix}$

$\begin{pmatrix} 1 \\ 1 \end{pmatrix}$ bzw. $\begin{pmatrix} 0 \\ 0 \end{pmatrix}$ sind also Linearkombinationen der Vektoren $\begin{pmatrix} -2 \\ 1 \end{pmatrix}, \begin{pmatrix} 3 \\ -1 \end{pmatrix}$ des $\mathbb{R}^2$.

c) $\begin{pmatrix} 1 \\ 1 \end{pmatrix} = 2 \begin{pmatrix} -2 \\ 1 \end{pmatrix} + \begin{pmatrix} 3 \\ -1 \end{pmatrix} + 2 \begin{pmatrix} 1 \\ 0 \end{pmatrix}$

$\begin{pmatrix} 1 \\ 1 \end{pmatrix}$ ist also auch Linearkombination der Vektoren $\begin{pmatrix} -2 \\ 1 \end{pmatrix}, \begin{pmatrix} 3 \\ -1 \end{pmatrix}, \begin{pmatrix} 1 \\ 0 \end{pmatrix}$, die zugehörigen Skalare sind hier $k_1 = 2, k_2 = 1, k_3 = 2$.

d) Bei Kenntnis der Darstellung a) läßt sich $\begin{pmatrix} 1 \\ 1 \end{pmatrix}$ aus $\begin{pmatrix} -2 \\ 1 \end{pmatrix}, \begin{pmatrix} 3 \\ -1 \end{pmatrix}, \begin{pmatrix} 1 \\ 0 \end{pmatrix}$ noch leichter mit Hilfe der Skalare 4, 3, 0 linear kombinieren: $\begin{pmatrix} 1 \\ 1 \end{pmatrix} = 4 \begin{pmatrix} -2 \\ 1 \end{pmatrix} + 3 \begin{pmatrix} 3 \\ -1 \end{pmatrix} + 0 \begin{pmatrix} 1 \\ 0 \end{pmatrix}$.

e) $\begin{pmatrix} 1 \\ 1 \end{pmatrix}$ ist nicht Linearkombination der Vektoren $\begin{pmatrix} 1 \\ 0 \end{pmatrix}$ und $\begin{pmatrix} 2 \\ 0 \end{pmatrix}$, denn für jedes reelle Zahlenpaar $(k_1, k_2)$ ist bei $k_1 \begin{pmatrix} 1 \\ 0 \end{pmatrix} + k_2 \begin{pmatrix} 2 \\ 0 \end{pmatrix}$ die 2. Zeile gleich Null, also $k_1 \begin{pmatrix} 1 \\ 0 \end{pmatrix} + k_2 \begin{pmatrix} 2 \\ 0 \end{pmatrix} \neq \begin{pmatrix} 1 \\ 1 \end{pmatrix}$ für beliebige $k_1, k_2$.

## 2.1. Linearkombinationen

**Beispiel 2.2.**

$\begin{pmatrix} 1 \\ 2 \\ 1 \end{pmatrix}$ ist nicht Linearkombination der Vektoren $\begin{pmatrix} 1 \\ 1 \\ 0 \end{pmatrix}$ und $\begin{pmatrix} 0 \\ 0 \\ 1 \end{pmatrix}$ des $\mathbb{R}^3$, denn der Ansatz

$\begin{pmatrix} 1 \\ 2 \\ 1 \end{pmatrix} = k_1 \begin{pmatrix} 1 \\ 1 \\ 0 \end{pmatrix} + k_2 \begin{pmatrix} 0 \\ 0 \\ 1 \end{pmatrix}$ führt auf das Gleichungssystem

$$1 = 1 \cdot k_1 + 0 \cdot k_2, \quad \text{also} \quad k_1 = 1$$
$$2 = 1 \cdot k_1 + 0 \cdot k_2, \quad \text{also} \quad k_1 = 2$$
$$1 = 0 \cdot k_1 + 1 \cdot k_2, \quad \text{also} \quad k_2 = 1.$$

Das Gleichungssystem hat keine Lösung, denn es kann nicht gleichzeitig gelten: $k_1 = 1$ und $k_1 = 2$.

\* **Beispiel 2.3.**

$x^3$ ist nicht Linearkombination von $x^2$ und $x$ im Vektorraum $F$ der stetigen reellen Funktionen, denn $x^3$ läßt sich nicht durch einen Term der Form $k_1 x^2 + k_2 x$ darstellen.

$\sin \frac{x}{2}$ ist nicht Linearkombination von $\sin x$ und $\cos x$ in $F$, denn $k_1 \sin x + k_2 \cos x = \sin \frac{x}{2}$ (\*) ist nicht für alle $x \in \mathbb{R}$ erfüllbar, wovon man sich durch Einsetzen von $x = 0$ (daraus folgt $k_2 = 0$) und $x = \pi$ (daraus folgt $k_2 = -1$) überzeugt. (Man beachte, daß die Beziehung (\*) für beliebiges $x \in \mathbb{R}$ gelten soll, also auch für $x = 0$ und $x = \pi$.)

Wegen $3 \sin\left(x + \frac{\pi}{3}\right) = 3 \left(\sin x \cdot \cos \frac{\pi}{3} + \cos x \cdot \sin \frac{\pi}{3}\right) = 3 \left(\frac{1}{2} \sin x + \frac{\sqrt{3}}{2} \cos x\right) =$

$= \frac{3}{2} \sin x + \frac{3\sqrt{3}}{2} \cos x$ ist $3 \sin\left(x + \frac{\pi}{3}\right)$ Linearkombination von $\sin x$ und $\cos x$ in $F$.

Betrachten wir nochmals Fig. 2.1, so ist anschaulich klar, daß

1. sich nicht nur der Vektor $\vec{u}$, sondern jeder beliebige Vektor $\vec{v}$ der Ebene $E$ durch eine geeignete Linearkombination $\vec{v} = k_1 \vec{v}_1 + k_2 \vec{v}_2$ darstellen läßt,
2. die Summe $\vec{u}_1 + \vec{u}_2$ zweier Vektoren dieser Ebene und
3. das k-fache $k\vec{u}_1$ eines Vektors dieser Ebene ebenfalls Vektoren sind, die sich in die Ebene $E$ legen lassen. (Die Menge der Vektoren der Ebene $E$, d.h. die Menge aller Linearkombinationen der Vektoren $\vec{v}_1$ und $\vec{v}_2$ bildet also einen Untervektorraum des Anschauungsraumes.)

Unabhängig von der Anschauung beweist man:

\***Satz 2.1.**

> Die *Menge aller Linearkombinationen* der Vektoren $\vec{v}_1, \vec{v}_2, \ldots, \vec{v}_n$ eines Vektorraumes $V$ bildet einen Untervektorraum $U \subseteq V$,
> den von $\vec{v}_1, \vec{v}_2, \ldots, \vec{v}_n$ „aufgespannten" Untervektorraum.

**Beweis:**

Sei $\vec{u}_1 \in U$, also $\vec{u}_1 = k_1 \vec{v}_1 + k_2 \vec{v}_2 + \ldots + k_n \vec{v}_n$, und $\vec{u}_2 \in U$, also $\vec{u}_2 = l_1 \vec{v}_1 + l_2 \vec{v}_2 + \ldots + l_n \vec{v}_n$.

Dann gilt: $\vec{u}_1 + \vec{u}_2 = (k_1\vec{v}_1 + \ldots + k_n\vec{v}_n) + (l_1\vec{v}_1 + \ldots + l_n\vec{v}_n) = (k_1 + l_1)\vec{v}_1 + (k_2 + l_2)\vec{v}_2 + \ldots + (k_n + l_n)\vec{v}_n$. $\vec{u}_1 + \vec{u}_2$ ist also Linearkombination der Vektoren $\vec{v}_1, \vec{v}_2, \ldots, \vec{v}_n$, folglich $\vec{u}_1 + \vec{u}_2 \in U$.
Analog folgt $m\vec{u}_1 \in U$, denn $m\vec{u}_1 = (mk_1)\vec{v}_1 + (mk_2)\vec{v}_2 + \ldots + (mk_n)\vec{v}_n$. Mit $\vec{u}_1, \vec{u}_2 \in U$ ist also auch $\vec{u}_1 + \vec{u}_2 \in U$ und $m\vec{u}_1 \in U$, und da $U$ nicht leer ist (Aufgabe V1), folgt aus Satz 1.1., daß $U$ ein Untervektorraum von $V$ ist.

|V1| Zeigen Sie, daß $\vec{v}_1 \in U, \vec{v}_2 \in U, \ldots$ sowie $\vec{o} \in U$.

### * Beispiel 2.4.

Der Unterraum, der von den Vektoren $\begin{pmatrix}1\\0\end{pmatrix}$ und $\begin{pmatrix}2\\0\end{pmatrix}$ im $\mathbb{R}^2$ aufgespannt wird, besteht aus allen Vektoren der Form $\begin{pmatrix}r\\0\end{pmatrix}$, $r \in \mathbb{R}$, denn jeder Vektor $\begin{pmatrix}r\\0\end{pmatrix} = r \cdot \begin{pmatrix}1\\0\end{pmatrix} + 0 \cdot \begin{pmatrix}2\\0\end{pmatrix}$ ist Linearkombination von $\begin{pmatrix}1\\0\end{pmatrix}, \begin{pmatrix}2\\0\end{pmatrix}$ und jede Linearkombination $k_1\begin{pmatrix}1\\0\end{pmatrix} + k_2\begin{pmatrix}2\\0\end{pmatrix} = \begin{pmatrix}k_1 + 2k_2\\0\end{pmatrix}$ hat die Form $\begin{pmatrix}r\\0\end{pmatrix}$, wenn man für $r = k_1 + 2k_2$ setzt (vgl. auch Beispiel 2.1.e).

### * Beispiel 2.5.

Die Vektoren $\begin{pmatrix}1\\1\\0\end{pmatrix}, \begin{pmatrix}0\\0\\1\end{pmatrix}$ des $\mathbb{R}^3$ spannen einen Unterraum auf, der aus allen Vektoren der Form $\begin{pmatrix}k\\k\\l\end{pmatrix}$ besteht, da $k\begin{pmatrix}1\\1\\0\end{pmatrix} + l\begin{pmatrix}0\\0\\1\end{pmatrix} = \begin{pmatrix}k\\k\\l\end{pmatrix}$. Daß alle Vektoren, deren erste beiden Zeilen übereinstimmen, einen Unterraum des $\mathbb{R}^3$ bilden, läßt sich natürlich auch direkt mit Satz 1.1. nachweisen.

### * Beispiel 2.6.

Der Unterraum $L$ der linearen Funktionen in $F$ wird von den Funktionen x und 1 aufgespannt, denn eine beliebige lineare Funktion $ax + b$ läßt sich darstellen als $a \cdot x + b \cdot 1$.

### * Beispiel 2.7.

Die „Sinusfunktionen", der Unterraum $S$ der Funktionen der Form $a \sin x + b \cos x$ in $F$, wird von den Funktionen $\sin x$, $\cos x$ aufgespannt:
$S = \{f \mid f(x) = a \sin x + b \cos x; a, b \in \mathbb{R}\} \subset F = \{f \mid f \text{ stetig in } \mathbb{R}\}$.

### Aufgaben zu 2.1.

1. Man kombiniere aus den Vektoren $\begin{pmatrix}1\\1\end{pmatrix}$ und $\begin{pmatrix}-1\\1\end{pmatrix}$ die folgenden Vektoren:

    a) $\begin{pmatrix}0\\2\end{pmatrix}$     b) $\begin{pmatrix}1\\0\end{pmatrix}$     c) $\begin{pmatrix}1\\2\end{pmatrix}$

2. Man kombiniere $\begin{pmatrix}2\\1\end{pmatrix}$ aus den Vektoren $\begin{pmatrix}1\\2\end{pmatrix}$ und $\begin{pmatrix}1\\1\end{pmatrix}$.

3. Man kombiniere $\begin{pmatrix} 2 \\ 1 \end{pmatrix}$ aus den Vektoren $\begin{pmatrix} 1 \\ 0 \end{pmatrix}, \begin{pmatrix} 1 \\ 1 \end{pmatrix}, \begin{pmatrix} -1 \\ 1 \end{pmatrix}$ auf zweierlei Arten.

4. Man untersuche, ob die folgenden Vektoren Linearkombinationen von $\begin{pmatrix} 1 \\ 0 \\ -1 \end{pmatrix}, \begin{pmatrix} 0 \\ 1 \\ 0 \end{pmatrix}$ sind:

a) $\begin{pmatrix} -1 \\ 5 \\ 1 \end{pmatrix}$     b) $\begin{pmatrix} 0 \\ 1 \\ 0 \end{pmatrix}$     c) $\begin{pmatrix} 2 \\ 0 \\ -2 \end{pmatrix}$     d) $\begin{pmatrix} 1 \\ 1 \\ 1 \end{pmatrix}$

## 2.2. Erzeugendensysteme

**Beispiel 2.8.**

Im $\mathbb{R}^2$ läßt sich jeder Vektor $\begin{pmatrix} x_1 \\ x_2 \end{pmatrix}$ als Linearkombination der Vektoren $\begin{pmatrix} -2 \\ 1 \end{pmatrix}$ und $\begin{pmatrix} 3 \\ -1 \end{pmatrix}$ darstellen (vgl. Beispiel 2.1.), denn es gilt:

$$\begin{pmatrix} x_1 \\ x_2 \end{pmatrix} = (x_1 + 3x_2) \begin{pmatrix} -2 \\ 1 \end{pmatrix} + (x_1 + 2x_2) \begin{pmatrix} 3 \\ -1 \end{pmatrix}.$$

Man kann sich von der Gültigkeit dieser Beziehung leicht überzeugen; die erste Zeile liefert z.B.

$(x_1 + 3x_2) \cdot (-2) + (x_1 + 2x_2) \cdot 3 = -2x_1 - 6x_2 + 3x_1 + 6x_2 = x_1$.

Die Vektoren $\begin{pmatrix} -2 \\ 1 \end{pmatrix}$ und $\begin{pmatrix} 3 \\ -1 \end{pmatrix}$ spannen also den ganzen $\mathbb{R}^2$ auf, sie bilden ein „Erzeugendensystem" des $\mathbb{R}^2$. Wir verallgemeinern zur folgenden Definition:

> Falls die Vektoren $\vec{v}_1, \vec{v}_2, \ldots, \vec{v}_n$ den ganzen Vektorraum $V$ aufspannen, so nennt man $\{\vec{v}_1, \vec{v}_2, \ldots, \vec{v}_n\}$ ein *Erzeugendensystem* von $V$.

**Beispiel 2.9.**

Die Vektoren $\begin{pmatrix} 1 \\ 0 \end{pmatrix}$ und $\begin{pmatrix} 2 \\ 0 \end{pmatrix}$ erzeugen nicht den $\mathbb{R}^2$, da z.B. $\begin{pmatrix} 1 \\ 1 \end{pmatrix} \in \mathbb{R}^2$ nicht Linearkombination von $\begin{pmatrix} 1 \\ 0 \end{pmatrix}$ und $\begin{pmatrix} 2 \\ 0 \end{pmatrix}$ ist (vgl. Beispiel 2.1.).

$\left\{\begin{pmatrix} 1 \\ 1 \\ 0 \end{pmatrix}, \begin{pmatrix} 0 \\ 0 \\ 1 \end{pmatrix}\right\}$ ist kein Erzeugendensystem des $\mathbb{R}^3$ (vgl. Beispiel 2.2.).

Wegen $\begin{pmatrix} x_1 \\ x_2 \\ x_3 \end{pmatrix} = x_1 \begin{pmatrix} 1 \\ 0 \\ 0 \end{pmatrix} + x_2 \begin{pmatrix} 0 \\ 1 \\ 0 \end{pmatrix} + x_3 \begin{pmatrix} 0 \\ 0 \\ 1 \end{pmatrix}$ läßt sich jeder Vektor $\vec{x}$ des $\mathbb{R}^3$ aus den Vektoren $\begin{pmatrix} 1 \\ 0 \\ 0 \end{pmatrix}, \begin{pmatrix} 0 \\ 1 \\ 0 \end{pmatrix}, \begin{pmatrix} 0 \\ 0 \\ 1 \end{pmatrix}$ linear kombinieren; also ist $\left\{\begin{pmatrix} 1 \\ 0 \\ 0 \end{pmatrix}, \begin{pmatrix} 0 \\ 1 \\ 0 \end{pmatrix}, \begin{pmatrix} 0 \\ 0 \\ 1 \end{pmatrix}\right\}$ ein Erzeugendensystem des $\mathbb{R}^3$, auf das wir später noch zurückkommen werden.

Auch $\left\{\begin{pmatrix} 1 \\ 0 \\ 0 \end{pmatrix}, \begin{pmatrix} 0 \\ 1 \\ 0 \end{pmatrix}, \begin{pmatrix} 0 \\ 0 \\ 1 \end{pmatrix}, \begin{pmatrix} 1 \\ 2 \\ 3 \end{pmatrix}\right\}$ ist ein Erzeugendensystem des $\mathbb{R}^3$, da z.B. gilt:

$$\begin{pmatrix} x_1 \\ x_2 \\ x_3 \end{pmatrix} = x_1 \begin{pmatrix} 1 \\ 0 \\ 0 \end{pmatrix} + x_2 \begin{pmatrix} 0 \\ 1 \\ 0 \end{pmatrix} + x_3 \begin{pmatrix} 0 \\ 0 \\ 1 \end{pmatrix} + 0 \begin{pmatrix} 1 \\ 2 \\ 3 \end{pmatrix} \quad \text{oder}$$

$$\begin{pmatrix} x_1 \\ x_2 \\ x_3 \end{pmatrix} = (x_1 - 2) \begin{pmatrix} 1 \\ 0 \\ 0 \end{pmatrix} + (x_2 - 4) \begin{pmatrix} 0 \\ 1 \\ 0 \end{pmatrix} + (x_3 - 6) \begin{pmatrix} 0 \\ 0 \\ 1 \end{pmatrix} + 2 \begin{pmatrix} 1 \\ 2 \\ 3 \end{pmatrix}.$$

Jeder reelle Vektorraum $V \neq \{\vec{o}\}$ besitzt unendlich viele Erzeugendensysteme; selbstverständlich wird $V$ von der Menge aller seiner Vektoren aufgespannt. Wie Beispiel 2.9. zeigt, genügen aber schon drei Vektoren, um die unendlich vielen Vektoren des $\mathbb{R}^3$ zu erzeugen[1]. Künftig interessieren wir uns vor allem für Vektorräume, die von endlich vielen Vektoren erzeugt werden, wobei das Erzeugendensystem aus möglichst wenig Vektoren bestehen soll. Wir werden zeigen, daß ein Erzeugendensystem für den $\mathbb{R}^2$ mindestens zwei, für den $\mathbb{R}^3$ mindestens drei Vektoren enthält. In den Beispielen 2.8. und 2.9. haben wir solche Erzeugendensysteme mit einer Minimalanzahl von Vektoren bereits kennengelernt. Die folgenden, zum Teil abstrakten Überlegungen werden uns das Rechnen in Vektorräumen wesentlich erleichtern. Dazu müssen wir uns zunächst für Vektoren interessieren, aus denen sich durch eine geeignete Linearkombination der Nullvektor darstellen läßt.

**Aufgaben zu 2.2.**

1. Man zeige, daß $\left\{ \begin{pmatrix} 1 \\ 1 \end{pmatrix}, \begin{pmatrix} 2 \\ 2 \end{pmatrix} \right\}$ kein Erzeugendensystem des $\mathbb{R}^2$ ist.

*2. Man gebe ein Erzeugendensystem des angegebenen Untervektorraumes des $\mathbb{R}^3$ an:

a) $U_a = \left\{ \begin{pmatrix} a \\ 0 \\ b \end{pmatrix} \middle| a, b \in \mathbb{R} \right\}$ \qquad b) $U_b = \left\{ \begin{pmatrix} a \\ -a \\ b \end{pmatrix} \middle| a, b \in \mathbb{R} \right\}$

3. a) Wie muß man $k_1, k_2$ wählen, damit gilt: $\begin{pmatrix} x_1 \\ x_2 \end{pmatrix} = k_1 \begin{pmatrix} 1 \\ 0 \end{pmatrix} + k_2 \begin{pmatrix} 1 \\ 1 \end{pmatrix}$?

b) $\begin{pmatrix} x_1 \\ x_2 \end{pmatrix}$ ist ein beliebiger Vektor des $\mathbb{R}^2$.

Was läßt sich demnach über die Vektoren $\begin{pmatrix} 1 \\ 0 \end{pmatrix}, \begin{pmatrix} 1 \\ 1 \end{pmatrix}$ aussagen?

## 2.3. Lineare Abhängigkeit und Unabhängigkeit

Es seien $\vec{v}_1, \vec{v}_2, \ldots, \vec{v}_n$ Vektoren eines Vektorraumes $V$. Wegen $0\vec{v}_1 + 0\vec{v}_2 + \ldots + 0\vec{v}_n = \vec{o}$ läßt sich der Nullvektor aus beliebigen Vektoren aus $V$ linear kombinieren. Da alle Skalare $k_i$ ($i = 1, \ldots, n$) gleich Null sind, heißt eine solche Linearkombination *trivial*. Das folgende Beispiel (Fig. 2.2a, b) zeigt, daß sich der Nullvektor auch durch nichttriviale Linearkombinationen darstellen läßt.

---

[1] Man kann nachweisen, daß der in Beispiel 1.11. angegebene Vektorraum $F$ kein endliches Erzeugendensystem besitzt.

## 2.3. Lineare Abhängigkeit und Unabhängigkeit

**Beispiel 2.10.**

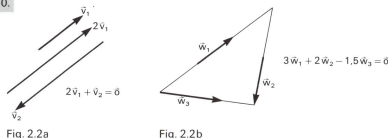

Fig. 2.2a    Fig. 2.2b

Der Grund, daß in Fig. 2.2a der Nullvektor aus $\vec{v}_1$ und $\vec{v}_2$ nichttrivial kombiniert werden kann, ist die Parallelität von $\vec{v}_1$ und $\vec{v}_2$; in Fig. 2.2b ist es die Tatsache, daß sich die drei Vektoren $\vec{w}_1, \vec{w}_2, \vec{w}_3$ in eine Ebene legen lassen.

**Beispiel 2.11.**

Die Vektoren $\begin{pmatrix} 1 \\ 1 \end{pmatrix}$ und $\begin{pmatrix} 1 \\ 0 \end{pmatrix}$ des $\mathbb{R}^2$ lassen sich nur trivial zum Nullvektor linear kombinieren, denn der Ansatz $k_1 \begin{pmatrix} 1 \\ 1 \end{pmatrix} + k_2 \begin{pmatrix} 1 \\ 0 \end{pmatrix} = \vec{o}$ führt auf das Gleichungssystem $\begin{matrix} k_1 + k_2 = 0 \\ k_1 \phantom{+ k_2} = 0 \end{matrix}$, woraus folgt: $k_1 = k_2 = 0$. Dagegen lassen sich die Vektoren $\begin{pmatrix} 1 \\ 1 \end{pmatrix}$ und $\begin{pmatrix} 2 \\ 2 \end{pmatrix}$ wegen $2 \begin{pmatrix} 1 \\ 1 \end{pmatrix} + (-1) \begin{pmatrix} 2 \\ 2 \end{pmatrix} = \vec{o}$ nichttrivial zum Nullvektor kombinieren.

Zur Vereinfachung der Sprechweise legen wir fest:

> n Vektoren heißen genau dann *linear abhängig*, wenn sie sich nichttrivial zum Nullvektor linear kombinieren lassen. Andernfalls heißen sie linear unabhängig.

Die Vektoren $\vec{v}_1, \vec{v}_2$ bzw. $\vec{w}_1, \vec{w}_2, \vec{w}_3$ aus Beispiel 2.10. sind also linear abhängig. Im Beispiel 2.11. sind die Vektoren $\begin{pmatrix} 1 \\ 1 \end{pmatrix}$ und $\begin{pmatrix} 1 \\ 0 \end{pmatrix}$ linear unabhängig, die Vektoren $\begin{pmatrix} 1 \\ 1 \end{pmatrix}$ und $\begin{pmatrix} 2 \\ 2 \end{pmatrix}$ linear abhängig.

**Beispiel 2.12.**

Wegen $2 \begin{pmatrix} 1 \\ 1 \\ 0 \end{pmatrix} + 1 \begin{pmatrix} -2 \\ 1 \\ 6 \end{pmatrix} + 3 \begin{pmatrix} 0 \\ -1 \\ -2 \end{pmatrix} = \begin{pmatrix} 0 \\ 0 \\ 0 \end{pmatrix}$ sind die Vektoren $\begin{pmatrix} 1 \\ 1 \\ 0 \end{pmatrix}, \begin{pmatrix} -2 \\ 1 \\ 6 \end{pmatrix}, \begin{pmatrix} 0 \\ -1 \\ -2 \end{pmatrix}$ linear abhängig. Dagegen sind die Vektoren $\begin{pmatrix} 1 \\ 1 \\ 0 \end{pmatrix}, \begin{pmatrix} -2 \\ 1 \\ 0 \end{pmatrix}, \begin{pmatrix} 0 \\ -1 \\ -2 \end{pmatrix}$ linear unabhängig, denn aus dem Ansatz $k_1 \begin{pmatrix} 1 \\ 1 \\ 0 \end{pmatrix} + k_2 \begin{pmatrix} -2 \\ 1 \\ 0 \end{pmatrix} + k_3 \begin{pmatrix} 0 \\ -1 \\ -2 \end{pmatrix} = \begin{pmatrix} 0 \\ 0 \\ 0 \end{pmatrix}$ folgt das Gleichungssystem

I) $k_1 - 2k_2 \phantom{+ k_3} = 0$
II) $k_1 + k_2 - k_3 = 0$ mit den Lösungen $k_3 = 0$ (aus III), $k_2 = 0, k_1 = 0$ (aus I, II).
III) $\phantom{k_1 + k_2} -2k_3 = 0$

Das Beispiel 2.12. illustriert ein allgemeines Kriterium für die lineare Unabhängigkeit von Vektoren:

> Die Vektoren $\vec{v}_1, \vec{v}_2, \ldots, \vec{v}_n$ sind genau dann *linear unabhängig*, wenn aus dem Ansatz $k_1\vec{v}_1 + k_2\vec{v}_2 + \ldots + k_n\vec{v}_n = \vec{o}$ folgt, daß $k_1 = k_2 = \ldots = k_n = 0$.

* **Beispiel 2.13.**

Im Vektorraum $P_2$ (bzw. im Vektorraum $F$) sind die Vektoren $x^2 + 1$, $x^2 - 1$, $1$ linear abhängig, denn $1 \cdot (x^2 + 1) - 1 \cdot (x^2 - 1) - 2 \cdot 1 = o(x)$.
Dagegen sind in $P_2$ die Vektoren $x^2 - 1$, $x + 1$, $1$ linear unabhängig, denn aus $k_1(x^2 - 1) + k_2(x + 1) + k_3 \cdot 1 = o(x)$ folgt $k_1 x^2 + k_2 x + (-k_1 + k_2 + k_3) = 0$ für alle $x \in \mathbb{R}$ und deshalb $k_1 = k_2 = k_3 = 0$.

* **Beispiel 2.14.**

Im Vektorraum $S$ (bzw. in $F$) sind die Vektoren $\sin x$, $\cos x$ linear unabhängig, denn aus dem Ansatz $k_1 \sin x + k_2 \cos x = o(x)$ folgt durch Einsetzen von $x = 0$ sofort $k_2 = 0$ und durch Einsetzen von $x = \frac{\pi}{2}$ sofort $k_1 = 0$.
(Man beachte, daß $k_1 \sin x + k_2 \cos x = o(x)$ gleichbedeutend ist mit der Aussage $k_1 \sin x + k_2 \cos x = 0$ für alle $x \in \mathbb{R}$.)

|V2| Man zeige, daß jede Menge von Vektoren, welche den Nullvektor enthält, aus linear abhängigen Vektoren besteht.

Die lineare Abhängigkeit zweier Vektoren, insbesondere Spaltenvektoren, läßt sich leicht feststellen:

> Zwei Vektoren $\vec{v}, \vec{w}$ sind genau dann linear abhängig, wenn der eine Vektor ein (skalares) Vielfaches des anderen Vektors ist.

**Beweis:**
Gilt z. B. $\vec{v} = k\vec{w}$, so folgt $1\vec{v} - k\vec{w} = \vec{o}$, also eine nichttriviale Linearkombination des Nullvektors und damit die lineare Abhängigkeit der Vektoren $\vec{v}, \vec{w}$.
Sind umgekehrt $\vec{v}, \vec{w}$ linear abhängig, also $k_1\vec{v} + k_2\vec{w} = \vec{o}$, wobei nicht beide Skalare Null sind, so folgt, falls z. B. $k_1 \neq 0$: $\vec{v} = -\frac{k_2}{k_1} \cdot \vec{w}$, also ist $\vec{v}$ ein (skalares) Vielfaches von $\vec{w}$.

So sind z. B. jeweils die beiden Vektoren $\begin{pmatrix}1\\1\end{pmatrix}, \begin{pmatrix}2\\2\end{pmatrix}$; $\begin{pmatrix}2\\-1\\0{,}5\end{pmatrix}, \begin{pmatrix}-4\\2\\-1\end{pmatrix}$; $\begin{pmatrix}0\\0\\0\end{pmatrix}, \begin{pmatrix}1\\2\\0\end{pmatrix}$ linear abhängig, dagegen $\begin{pmatrix}1\\1\end{pmatrix}, \begin{pmatrix}1\\0\end{pmatrix}$; $\begin{pmatrix}1\\1\\1\end{pmatrix}, \begin{pmatrix}-1\\1\\1\end{pmatrix}$; $\begin{pmatrix}1\\1\\1\end{pmatrix}, \begin{pmatrix}1\\2\\3\end{pmatrix}$ linear unabhängig.

Für die lineare Abhängigkeit dreier Spaltenvektoren gibt es ebenfalls ein algebraisches Kriterium (vgl. Abschnitt 2.6.), jedoch erfordert dieses ein wenig mehr an mathematischer Begriffsbildung.

## 2.3. Lineare Abhängigkeit und Unabhängigkeit

**V3** Der Vektor $\vec{u}$ sei eine Linearkombination der Vektoren $\vec{v}_1, \vec{v}_2, \ldots, \vec{v}_n$, also $\vec{u} = k_1\vec{v}_1 + k_2\vec{v}_2 + \ldots + k_n\vec{v}_n$. Man zeige, daß die Vektoren $\vec{u}, \vec{v}_1, \vec{v}_2, \ldots, \vec{v}_n$ linear abhängig sind.

In diesem Zusammenhang sei folgende Tatsache vermerkt:

> Sind die Vektoren $\vec{v}_1, \vec{v}_2, \ldots, \vec{v}_n$ linear unabhängig, so sind auch die Vektoren jeder Teilmenge von $\{\vec{v}_1, \ldots, \vec{v}_n\}$ linear unabhängig.

Wären z. B. die Vektoren $\vec{v}_1, \vec{v}_2$ linear abhängig, also $k_1\vec{v}_1 + k_2\vec{v}_2 = \vec{o}$, wobei $k_1$ oder $k_2$ ungleich Null wäre, so hätte man mit $k_1\vec{v}_1 + k_2\vec{v}_2 + 0\vec{v}_3 + \ldots + 0\vec{v}_n = \vec{o}$ eine nichttriviale Linearkombination des Nullvektors. Die Vektoren $\vec{v}_1, \vec{v}_2, \ldots, \vec{v}_n$ wären also linear abhängig, im Widerspruch zur Annahme.
Die Umkehrung gilt nicht. Teilmengen einer Menge linear abhängiger Vektoren können durchaus linear unabhängig sein; so sind z.B. die Vektoren $\begin{pmatrix}1\\0\end{pmatrix}, \begin{pmatrix}0\\1\end{pmatrix}, \begin{pmatrix}1\\1\end{pmatrix}$ linear abhängig, denn $\begin{pmatrix}1\\1\end{pmatrix} = 1\begin{pmatrix}1\\0\end{pmatrix} + 1\begin{pmatrix}0\\1\end{pmatrix}$, jedoch die Vektoren $\begin{pmatrix}1\\0\end{pmatrix}, \begin{pmatrix}0\\1\end{pmatrix}$ linear unabhängig.

**Beispiel 2.15.**

Zwei Kräfte $\vec{F}_1, \vec{F}_2$ wirken auf einen Körper (Fig. 2.3). Damit dieser in Ruhe bleibt, ist eine weitere Kraft $\vec{F} = -(\vec{F}_1 + \vec{F}_2) = -\vec{F}_1 - \vec{F}_2$ erforderlich. Es herrscht also ein Kräftegleichgewicht, falls $\vec{F}_1 + \vec{F}_2 + \vec{F} = \vec{o}$. Mathematisch bedeutet das: $\vec{F}$ läßt sich durch $\vec{F}_1, \vec{F}_2$ linear kombinieren, also sind $\vec{F}, \vec{F}_1, \vec{F}_2$ linear abhängig. Wegen $\vec{F} = -(\vec{F}_1 + \vec{F}_2)$ muß $\vec{F}$ in derjenigen Ebene liegen, die von $\vec{F}_1$ und $\vec{F}_2$ aufgespannt wird.

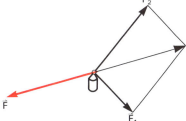

Fig. 2.3

Eine geometrische Interpretation der linearen Abhängigkeit zweier Vektoren ist nach Beispiel 2.10. ihre Parallelität. Die lineare Abhängigkeit dreier Vektoren des Anschauungsraumes bedeutet, daß sie sich in eine Ebene legen lassen (vgl. Beispiel 2.10. und Beispiel 2.15.). Ist dies nicht der Fall, so sind sie linear unabhängig.

**Aufgaben zu 2.3.**

1. Man zeige die lineare Abhängigkeit der Vektoren
   a) $\begin{pmatrix}1\\1\end{pmatrix}, \begin{pmatrix}-1\\1\end{pmatrix}, \begin{pmatrix}0\\2\end{pmatrix}$     b) $\begin{pmatrix}-1\\1\end{pmatrix}, \begin{pmatrix}2\\-2\end{pmatrix}$
   c) $\begin{pmatrix}1\\0\end{pmatrix}, \begin{pmatrix}0\\1\end{pmatrix}, \begin{pmatrix}a\\b\end{pmatrix}$, $a, b \in \mathbb{R}$     d) $\begin{pmatrix}1\\0\end{pmatrix}, \begin{pmatrix}1\\1\end{pmatrix}, \begin{pmatrix}2\\3\end{pmatrix}$

*2. Man zeige die lineare Abhängigkeit der Vektoren $(x+1)^2, x^2+1, x$ des $P_2$.

3. Für welche $k, l \in \mathbb{R}$ sind die Vektoren $\begin{pmatrix}1\\2\\k\end{pmatrix}, \begin{pmatrix}l\\3\\-1\end{pmatrix}$ des $\mathbb{R}^3$ linear abhängig?

4. Man zeige, daß die Vektoren $\begin{pmatrix}1\\0\\0\end{pmatrix}, \begin{pmatrix}1\\1\\0\end{pmatrix}, \begin{pmatrix}1\\1\\1\end{pmatrix}$ des $\mathbb{R}^3$ linear unabhängig sind.

Warum sind die Vektoren $\begin{pmatrix}1\\1\\0\end{pmatrix}$ und $\begin{pmatrix}1\\1\\1\end{pmatrix}$ linear unabhängig?

(Für den Nachweis gibt es drei Möglichkeiten.)

*5. Man zeige, daß die Vektoren $x$ und $\sin x$ in $F$ linear unabhängig sind.

## 2.4. Basis und Dimension

**Beispiel 2.16.**

Das Erzeugendensystem $\left\{\begin{pmatrix}1\\0\\0\end{pmatrix}, \begin{pmatrix}0\\1\\0\end{pmatrix}, \begin{pmatrix}0\\0\\1\end{pmatrix}, \begin{pmatrix}1\\2\\3\end{pmatrix}\right\}$ aus Beispiel 2.9. besteht aus linear abhängigen Vektoren, denn es gilt: $1\begin{pmatrix}1\\0\\0\end{pmatrix} + 2\begin{pmatrix}0\\1\\0\end{pmatrix} + 3\begin{pmatrix}0\\0\\1\end{pmatrix} - \begin{pmatrix}1\\2\\3\end{pmatrix} = \begin{pmatrix}0\\0\\0\end{pmatrix}$.

Man spricht von einem linear abhängigen Erzeugendensystem. Dagegen sind die drei Vektoren $\begin{pmatrix}1\\0\\0\end{pmatrix}, \begin{pmatrix}0\\1\\0\end{pmatrix}, \begin{pmatrix}0\\0\\1\end{pmatrix}$ linear unabhängig, denn aus $k_1\begin{pmatrix}1\\0\\0\end{pmatrix} + k_2\begin{pmatrix}0\\1\\0\end{pmatrix} + k_3\begin{pmatrix}0\\0\\1\end{pmatrix} = \begin{pmatrix}0\\0\\0\end{pmatrix}$ folgt sofort $k_1 = k_2 = k_3 = 0$. Sie bilden ein linear unabhängiges Erzeugendensystem des $\mathbb{R}^3$.

**Beispiel 2.17.**

Der (beliebige) Vektor $\begin{pmatrix}x_1\\x_2\\x_3\end{pmatrix}$ des $\mathbb{R}^3$ sei bezüglich des (linear abhängigen) Erzeugendensystems $\left\{\begin{pmatrix}1\\0\\0\end{pmatrix}, \begin{pmatrix}0\\1\\0\end{pmatrix}, \begin{pmatrix}0\\0\\1\end{pmatrix}, \begin{pmatrix}1\\2\\3\end{pmatrix}\right\}$ (vgl. Beispiele 2.9. und 2.16.) folgendermaßen dargestellt: $\begin{pmatrix}x_1\\x_2\\x_3\end{pmatrix} = x_1\begin{pmatrix}1\\0\\0\end{pmatrix} + x_2\begin{pmatrix}0\\1\\0\end{pmatrix} + x_3\begin{pmatrix}0\\0\\1\end{pmatrix} + 0\begin{pmatrix}1\\2\\3\end{pmatrix}$ (*)

Da das Erzeugendensystem linear abhängig ist, gibt es eine nichttriviale Linearkombination dieser Vektoren, welche den Nullvektor ergibt, z. B. $1\begin{pmatrix}1\\0\\0\end{pmatrix} + 2\begin{pmatrix}0\\1\\0\end{pmatrix} + 3\begin{pmatrix}0\\0\\1\end{pmatrix} - \begin{pmatrix}1\\2\\3\end{pmatrix} = \begin{pmatrix}0\\0\\0\end{pmatrix}$, woraus folgt $\begin{pmatrix}1\\0\\0\end{pmatrix} = -2\begin{pmatrix}0\\1\\0\end{pmatrix} - 3\begin{pmatrix}0\\0\\1\end{pmatrix} + \begin{pmatrix}1\\2\\3\end{pmatrix}$.

Dies setzen wir in (*) ein:

$\begin{pmatrix}x_1\\x_2\\x_3\end{pmatrix} = x_1\left[-2\begin{pmatrix}0\\1\\0\end{pmatrix} - 3\begin{pmatrix}0\\0\\1\end{pmatrix} + \begin{pmatrix}1\\2\\3\end{pmatrix}\right] + x_2\begin{pmatrix}0\\1\\0\end{pmatrix} + x_3\begin{pmatrix}0\\0\\1\end{pmatrix} + 0\begin{pmatrix}1\\2\\3\end{pmatrix} =$

$= -2x_1\begin{pmatrix}0\\1\\0\end{pmatrix} - 3x_1\begin{pmatrix}0\\0\\1\end{pmatrix} + x_1\begin{pmatrix}1\\2\\3\end{pmatrix} + x_2\begin{pmatrix}0\\1\\0\end{pmatrix} + x_3\begin{pmatrix}0\\0\\1\end{pmatrix} =$

$= (-2x_1 + x_2)\begin{pmatrix}0\\1\\0\end{pmatrix} + (-3x_1 + x_3)\begin{pmatrix}0\\0\\1\end{pmatrix} + x_1\begin{pmatrix}1\\2\\3\end{pmatrix}$.

## 2.4. Basis und Dimension

Der Vektor $\begin{pmatrix} x_1 \\ x_2 \\ x_3 \end{pmatrix}$ läßt sich also schon aus den Vektoren $\begin{pmatrix} 0 \\ 1 \\ 0 \end{pmatrix}, \begin{pmatrix} 0 \\ 0 \\ 1 \end{pmatrix}, \begin{pmatrix} 1 \\ 2 \\ 3 \end{pmatrix}$ linear kombinieren, und da $\begin{pmatrix} x_1 \\ x_2 \\ x_3 \end{pmatrix}$ ein beliebiger Vektor ist, bedeutet dies, daß auch $\left\{ \begin{pmatrix} 0 \\ 1 \\ 0 \end{pmatrix}, \begin{pmatrix} 0 \\ 0 \\ 1 \end{pmatrix}, \begin{pmatrix} 1 \\ 2 \\ 3 \end{pmatrix} \right\}$ ein Erzeugendensystem des $\mathbb{R}^3$ ist.

In linear abhängigen Erzeugendensystemen kann man offensichtlich die Anzahl der Vektoren verringern und behält trotzdem ein Erzeugendensystem.

**Satz 2.2.**

**Ein linear abhängiges Erzeugendensystem läßt sich verkleinern.**

**Beweis:**

$\{\vec{v}_1, \vec{v}_2, \ldots, \vec{v}_n\}$ sei ein linear abhängiges Erzeugendensystem eines Vektorraumes $V$, also $k_1 \vec{v}_1 + k_2 \vec{v}_2 + \ldots + k_n \vec{v}_n = \vec{o}$, wobei nicht alle Skalare $k_1, k_2, \ldots, k_n$ gleich Null sind. Ist z. B. $k_1 \neq 0$, dann gilt: $\vec{v}_1 = -\frac{1}{k_1}(k_2 \vec{v}_2 + \ldots + k_n \vec{v}_n)$.

Jeder Vektor $\vec{x} \in V$ läßt sich darstellen in der Form $\vec{x} = x_1 \vec{v}_1 + x_2 \vec{v}_2 + \ldots + x_n \vec{v}_n$. Setzt man in diese Gleichung den Ausdruck für $\vec{v}_1$ ein, so erhält man

$$\vec{x} = -\frac{x_1}{k_1}(k_2 \vec{v}_2 + \ldots + k_n \vec{v}_n) + x_2 \vec{v}_2 + \ldots + x_n \vec{v}_n =$$
$$= \left(x_2 - x_1 \frac{k_2}{k_1}\right) \vec{v}_2 + \left(x_3 - x_1 \frac{k_3}{k_1}\right) \vec{v}_3 + \ldots + \left(x_n - x_1 \frac{k_n}{k_1}\right) \vec{v}_n.$$

Ein beliebiger Vektor $\vec{x}$ läßt sich also durch eine Linearkombination der Vektoren $\vec{v}_2, \vec{v}_3, \ldots, \vec{v}_n$ darstellen, folglich ist $\{\vec{v}_2, \vec{v}_3, \ldots, \vec{v}_n\}$ ein Erzeugendensystem für $V$.
Falls $k_1 = 0$, so wählt man einen anderen Vektor $\vec{v}_r$ des Erzeugendensystems mit $k_r \neq 0$ und verfährt entsprechend.

Der Beweis des Satzes 2.2. gibt ein konstruktives Verfahren an, wie man die Anzahl der Vektoren eines linear abhängigen Erzeugendensystems schrittweise um eins erniedrigen kann. Nach diesem Verfahren verfährt man so lange, bis man ein linear unabhängiges Erzeugendensystem erhält.

**Beispiel 2.18.**

Das Erzeugendensystem $\left\{ \begin{pmatrix} 0 \\ 1 \\ 0 \end{pmatrix}, \begin{pmatrix} 0 \\ 0 \\ 1 \end{pmatrix}, \begin{pmatrix} 1 \\ 2 \\ 3 \end{pmatrix} \right\}$ aus Beispiel 2.17. ist linear unabhängig, denn

aus $k_1 \begin{pmatrix} 0 \\ 1 \\ 0 \end{pmatrix} + k_2 \begin{pmatrix} 0 \\ 0 \\ 1 \end{pmatrix} + k_3 \begin{pmatrix} 1 \\ 2 \\ 3 \end{pmatrix} = \vec{o}$ folgt $\begin{matrix} k_3 = 0 \\ k_1 + 2k_3 = 0 \\ k_2 + 3k_3 = 0 \end{matrix}$, also $k_1 = k_2 = k_3 = 0$.

Dieses Erzeugendensystem läßt sich also nicht mehr verkleinern.

Aufgrund ihrer besonderen Bedeutung für die Theorie der Vektorräume erhalten linear unabhängige Erzeugendensysteme einen eigenen Namen:

Ein linear unabhängiges Erzeugendensystem heißt *Basis*.

Beispiel 2.19.

Nach Beispiel 2.16. ist $\left\{\begin{pmatrix}1\\0\\0\end{pmatrix}, \begin{pmatrix}0\\1\\0\end{pmatrix}, \begin{pmatrix}0\\0\\1\end{pmatrix}\right\}$ eine Basis des $\mathbb{R}^3$, ebenso $\left\{\begin{pmatrix}0\\1\\0\end{pmatrix}, \begin{pmatrix}0\\0\\1\end{pmatrix}, \begin{pmatrix}1\\2\\3\end{pmatrix}\right\}$ nach Beispiel 2.18. Dagegen ist $\left\{\begin{pmatrix}1\\0\\0\end{pmatrix}, \begin{pmatrix}0\\1\\0\end{pmatrix}, \begin{pmatrix}0\\0\\1\end{pmatrix}, \begin{pmatrix}1\\2\\3\end{pmatrix}\right\}$ keine Basis des $\mathbb{R}^3$.

Auch $\left\{\begin{pmatrix}1\\1\\0\end{pmatrix}, \begin{pmatrix}0\\0\\1\end{pmatrix}\right\}$ ist keine Basis des $\mathbb{R}^3$ (aber Basis für den Untervektorraum (des $\mathbb{R}^3$) der Vektoren der Form $\begin{pmatrix}k\\k\\l\end{pmatrix}$, vgl. Beispiel 2.5.).

Auf die Beweise der beiden folgenden wichtigen Sätze wollen wir verzichten; der Beweisgedanke ähnelt dem des Beweises von Satz 2.2.

Satz 2.3.

Hat ein Vektorraum eine Basis mit n Vektoren, so hat jede andere Basis ebenfalls n Vektoren

Das bedeutet, daß jeder Vektorraum V durch eine Zahl n, die Anzahl seiner Basisvektoren charakterisiert wird; diese Zahl heißt *Dimension* von V. Man schreibt dim V = n und sagt: V ist n-dimensional.

Satz 2.4.

In einem Vektorraum der Dimension n bilden je n linear unabhängige Vektoren eine Basis.

Dieser Satz erleichtert die Suche nach einer Basis in Vektorräumen bekannter Dimension, denn es ist nur noch die lineare Unabhängigkeit von Vektoren zu untersuchen.

Beispiel 2.20.

dim $\mathbb{R}^3 = 3$, denn $\left\{\begin{pmatrix}1\\0\\0\end{pmatrix}, \begin{pmatrix}0\\1\\0\end{pmatrix}, \begin{pmatrix}0\\0\\1\end{pmatrix}\right\}$ ist Basis des $\mathbb{R}^3$. Auch $\left\{\begin{pmatrix}1\\1\\0\end{pmatrix}, \begin{pmatrix}-2\\1\\0\end{pmatrix}, \begin{pmatrix}0\\-1\\-2\end{pmatrix}\right\}$ ist eine Basis des $\mathbb{R}^3$, da die Vektoren linear unabhängig sind (vgl. Beispiel 2.12.). $\left\{\begin{pmatrix}1\\0\\0\end{pmatrix}, \begin{pmatrix}0\\1\\0\end{pmatrix}\right\}$ ist nicht Basis des $\mathbb{R}^3$, denn jede Basis des $\mathbb{R}^3$ enthält 3 Vektoren.

## 2.4. Basis und Dimension

dim $\mathbb{R}^2 = 2$, denn $\left\{ \begin{pmatrix} 1 \\ 0 \end{pmatrix}, \begin{pmatrix} 0 \\ 1 \end{pmatrix} \right\}$ ist Basis des $\mathbb{R}^2$. Auch $\left\{ \begin{pmatrix} 1 \\ 1 \end{pmatrix}, \begin{pmatrix} 1 \\ 0 \end{pmatrix} \right\}$ ist Basis des $\mathbb{R}^2$, da die Vektoren linear unabhängig sind (vgl. Beispiel 2.11.).

(Der Untervektorraum $U$, der aus den Vektoren der Form $\begin{pmatrix} k \\ k \\ l \end{pmatrix}$ besteht (vgl. Beispiel 2.19.) ist ein zweidimensionaler Untervektorraum des dreidimensionalen $\mathbb{R}^3$.)

* **Beispiel 2.21.**

Der Vektorraum der Sinusfunktionen $S$ hat die Dimension 2, da $\{\sin x, \cos x\}$ eine Basis ist (vgl. Beispiele 2.7. und 2.14.). Der Untervektorraum $L$ der linearen Funktionen in $F$ (vgl. Beispiel 2.6.) ist zweidimensional, da $\{x, 1\}$ eine Basis ist (Beweis!). Eine weitere Basis dieses Untervektorraumes wäre $\{x + 1, x - 1\}$, denn man zeigt leicht die lineare Unabhängigkeit dieser Funktionen: Aus $k_1(x+1) + k_2(x-1) = o(x)$ folgt $(k_1 + k_2)x + (k_1 - k_2) = 0$ für alle $x \in \mathbb{R}$. Setzt man $x = 0$, folgt $k_1 - k_2 = 0$; setzt man $x = 1$, folgt $k_1 + k_2 = 0$, und daraus $k_1 = k_2 = 0$.

* $\boxed{V4}$ Welche Dimension hat $P_2$? Geben Sie eine Basis von $P_2$ an.

Als Anwendung von Satz 2.4. beweisen wir:

**Satz 2.5.**

> In einem Vektorraum der Dimension n sind mehr als n Vektoren stets linear abhängig.

**Beweis:**

Wir gehen von der Annahme aus, die $n + 1$ Vektoren $\vec{v}_1, \vec{v}_2, \ldots, \vec{v}_{n+1}$ seien linear unabhängig. Dann sind sicher auch die Vektoren $\vec{v}_1, \vec{v}_2, \ldots, \vec{v}_n$ linear unabhängig, bilden also eine Basis. Bezüglich dieser Basis läßt sich $\vec{v}_{n+1}$ darstellen als Linearkombination $\vec{v}_{n+1} = k_1 \vec{v}_1 + k_2 \vec{v}_2 + \ldots + k_n \vec{v}_n$ bzw. $k_1 \vec{v}_1 + k_2 \vec{v}_2 + \ldots + k_n \vec{v}_n + (-1) \vec{v}_{n+1} = \vec{o}$. Man erhält eine nichttriviale Linearkombination des Nullvektors im Widerspruch zur Annahme der linearen Unabhängigkeit.

**Beispiel 2.22.**

Ohne jede Rechnung ist klar, daß die vier Vektoren $\begin{pmatrix} 1 \\ 0 \\ 2 \end{pmatrix}, \begin{pmatrix} 1 \\ 1 \\ 0 \end{pmatrix}, \begin{pmatrix} 3 \\ -1 \\ 1 \end{pmatrix}, \begin{pmatrix} 1 \\ 2 \\ 3 \end{pmatrix}$ linear abhängig sind, denn dim $\mathbb{R}^3 = 3$.

Aufgrund von Satz 2.5. ist es im $\mathbb{R}^2$ unmöglich, drei linear unabhängige Vektoren anzugeben.

**Zusammenfassung:**

Linear unabhängige Erzeugendensysteme eines Vektorraumes $V$ heißen Basen. Die Anzahl der Vektoren einer Basis heißt Dimension von $V$. Hat ein Vektorraum die Dimension n, so bilden genau n linear unabhängige Vektoren eine Basis (weniger als n Vektoren können keine Basis bilden, da sie kein Erzeugendensystem darstellen; mehr als n Vektoren können keine Basis bilden, da sie stets linear abhängig sind).

**Aufgaben zu 2.4.**

1. Welche der folgenden Mengen bildet eine Basis des $\mathbb{R}^3$?

   a) $\left\{ \begin{pmatrix} 1 \\ 2 \\ 3 \end{pmatrix}, \begin{pmatrix} 0 \\ 1 \\ 2 \end{pmatrix} \right\}$ 
   b) $\left\{ \begin{pmatrix} 1 \\ 0 \\ 0 \end{pmatrix}, \begin{pmatrix} 1 \\ 1 \\ 0 \end{pmatrix}, \begin{pmatrix} 1 \\ 1 \\ 1 \end{pmatrix} \right\}$ 
   c) $\left\{ \begin{pmatrix} 1 \\ 0 \\ 1 \end{pmatrix}, \begin{pmatrix} 0 \\ 1 \\ 1 \end{pmatrix}, \begin{pmatrix} 1 \\ 1 \\ 0 \end{pmatrix}, \begin{pmatrix} 0 \\ 1 \\ 0 \end{pmatrix} \right\}$

2. Es gilt $\begin{pmatrix} x_1 \\ x_2 \end{pmatrix} = x_1 \begin{pmatrix} 1 \\ 0 \end{pmatrix} + x_2 \begin{pmatrix} 0 \\ 1 \end{pmatrix} + 0 \begin{pmatrix} 1 \\ 1 \end{pmatrix}$, d.h., $\left\{ \begin{pmatrix} 1 \\ 0 \end{pmatrix}, \begin{pmatrix} 0 \\ 1 \end{pmatrix}, \begin{pmatrix} 1 \\ 1 \end{pmatrix} \right\}$ ist ein Erzeugendensystem des $\mathbb{R}^2$. Man zeige analog zu Beispiel 2.17., daß schon $\left\{ \begin{pmatrix} 1 \\ 0 \end{pmatrix}, \begin{pmatrix} 1 \\ 1 \end{pmatrix} \right\}$ ein Erzeugendensystem des $\mathbb{R}^2$ ist. (Warum ist dieses Verfahren nicht „elegant"?)

3. Für welche $a \in \mathbb{R}$ kann der Vektor $\vec{w} = \begin{pmatrix} 1 \\ 2 \end{pmatrix}$ als Linearkombination der Vektoren $\vec{v}_1 = \begin{pmatrix} 2 \\ 1 \end{pmatrix}$ und $\vec{v}_2 = \begin{pmatrix} a \\ 2 \end{pmatrix}$ dargestellt werden?

*4. Man gebe eindimensionale Untervektorräume des $\mathbb{R}^2$, $\mathbb{R}^3$, $P_2$ sowie einen vierdimensionalen Untervektorraum von $F$ an.

*5. Kann man dem Untervektorraum der auf ganz $\mathbb{R}$ differenzierbaren Funktionen in $F$ eine Dimension zuordnen?

## 2.5. Koordinaten bezüglich einer Basis

Mit Hilfe des Begriffs der Basis wollen wir uns nun das praktische Rechnen in Vektorräumen (wie im Abschnitt 2.2. angekündigt) erleichtern. Wir beschränken uns zunächst auf dreidimensionale Vektorräume, um die Überlegungen übersichtlicher zu gestalten, doch läßt sich alles ohne Schwierigkeiten auf beliebige Dimension n übertragen.

Es sei $B = \{\vec{b}_1, \vec{b}_2, \vec{b}_3\}$ eine Basis eines dreidimensionalen Vektorraumes $V$. Dann gilt der grundlegende

**Satz 2.6.**

> Ist $\vec{x}$ ein beliebiger Vektor aus $V$, so läßt sich $\vec{x}$ bezüglich der Basis $B$ *eindeutig* darstellen: $\vec{x} = x_1 \vec{b}_1 + x_2 \vec{b}_2 + x_3 \vec{b}_3$.

Das Wesentliche ist, daß durch einen Vektor $\vec{x}$ die Zahlen $x_1, x_2, x_3$, künftig Koordinaten von $\vec{x}$ genannt, bezüglich der vorgegebenen Basis eindeutig festgelegt sind.

**Beweis:**

Wir nehmen an, es gäbe noch ein weiteres Zahlentripel $x'_1, x'_2, x'_3$ mit $\vec{x} = x'_1 \vec{b}_1 + x'_2 \vec{b}_2 + x'_3 \vec{b}_3$. Von dieser Gleichung subtrahieren wir $\vec{x} = x_1 \vec{b}_1 + x_2 \vec{b}_2 + x_3 \vec{b}_3$ und erhalten $\vec{o} = (x'_1 - x_1) \vec{b}_1 + (x'_2 - x_2) \vec{b}_2 + (x'_3 - x_3) \vec{b}_3$. Da die Vektoren $\vec{b}_1, \vec{b}_2, \vec{b}_3$ linear unabhängig sind, muß gelten:
$x'_1 - x_1 = 0, \; x'_2 - x_2 = 0, \; x'_3 - x_3 = 0,$ also $x'_1 = x_1, \; x'_2 = x_2, \; x'_3 = x_3$.

## 2.5. Koordinaten bezüglich einer Basis

Zu jedem Vektor $\vec{x}$ gehören also (bezüglich einer Basis) genau drei Koordinaten $x_1, x_2, x_3$. Andrerseits gehört zu drei beliebigen Zahlen $x_1, x_2, x_3$ genau ein Vektor $\vec{x} = x_1\vec{b}_1 + x_2\vec{b}_2 + x_3\vec{b}_3$ (bezüglich einer Basis). Die Koordinaten $x_1, x_2, x_3$ werden häufig als Koordinatenspalte $\begin{pmatrix} x_1 \\ x_2 \\ x_3 \end{pmatrix}$ geschrieben, um anzudeuten, daß es auf ihre Reihenfolge ankommt.

Unsere Überlegungen lassen sich für einen dreidimensionalen Vektorraum $V$ folgendermaßen zusammenfassen:

Bezüglich einer vorgegebenen Basis $B$ gibt es zu jedem Vektor $\vec{x} \in V$ genau eine Spalte $\begin{pmatrix} x_1 \\ x_2 \\ x_3 \end{pmatrix} \in \mathbb{R}^3$ und zu jeder Spalte $\begin{pmatrix} x_1 \\ x_2 \\ x_3 \end{pmatrix} \in \mathbb{R}^3$ gibt es genau einen Vektor $\vec{x} \in V$.

Vektoren und Spalten entsprechen sich wechselseitig. Es gilt jedoch noch mehr:

Wegen $\quad k\vec{x} = k(x_1\vec{b}_1 + x_2\vec{b}_2 + x_3\vec{b}_3) = (kx_1)\vec{b}_1 + (kx_2)\vec{b}_2 + (kx_3)\vec{b}_3$

gehört zum Vektor $k\vec{x}$ die Spalte $\begin{pmatrix} kx_1 \\ kx_2 \\ kx_3 \end{pmatrix}$ und umgekehrt.

Wegen $\quad \vec{x} + \vec{y} = (x_1\vec{b}_1 + x_2\vec{b}_2 + x_3\vec{b}_3) + (y_1\vec{b}_1 + y_2\vec{b}_2 + y_3\vec{b}_3) =$
$= (x_1 + y_1)\vec{b}_1 + (x_2 + y_2)\vec{b}_2 + (x_3 + y_3)\vec{b}_3$

gehört zum Vektor $\vec{x} + \vec{y}$ die Spalte $\begin{pmatrix} x_1 + y_1 \\ x_2 + y_2 \\ x_3 + y_3 \end{pmatrix}$ und umgekehrt.

Das bedeutet:

> Rechnet man mit den Spalten als Vektoren im $\mathbb{R}^3$, so bekommt man dieselben Ergebnisse wie beim Rechnen im dreidimensionalen Vektorraum $V$.

Die Basis $\left\{ \begin{pmatrix} 1 \\ 0 \\ 0 \end{pmatrix}, \begin{pmatrix} 0 \\ 1 \\ 0 \end{pmatrix}, \begin{pmatrix} 0 \\ 0 \\ 1 \end{pmatrix} \right\}$ des $\mathbb{R}^3$ (vgl. Beispiel 2.19.) heißt **Standardbasis**, denn ein beliebiger Vektor $\vec{x} = \begin{pmatrix} x_1 \\ x_2 \\ x_3 \end{pmatrix} = x_1\begin{pmatrix} 1 \\ 0 \\ 0 \end{pmatrix} + x_2\begin{pmatrix} 0 \\ 1 \\ 0 \end{pmatrix} + x_3\begin{pmatrix} 0 \\ 0 \\ 1 \end{pmatrix}$ hat bezüglich dieser Basis die Koordinaten $x_1, x_2, x_3$. Die Zahlen des 3-Tupels sind also bereits die Koordinaten bezüglich der Standardbasis.

Stellt man die Vektoren eines dreidimensionalen Vektorraumes $V$ bezüglich einer beliebigen Basis $B = \{\vec{b}_1, \vec{b}_2, \vec{b}_3\}$ als Spalten dar, so erhält man für $\vec{b}_1$ die Spalte $\begin{pmatrix} 1 \\ 0 \\ 0 \end{pmatrix}$, für $\vec{b}_2$ die Spalte $\begin{pmatrix} 0 \\ 1 \\ 0 \end{pmatrix}$, für $\vec{b}_3$ die Spalte $\begin{pmatrix} 0 \\ 0 \\ 1 \end{pmatrix}$. Zu dieser Basis $B$ im Vektorraum $V$ gehört also die Standardbasis im $\mathbb{R}^3$.

### Beispiel 2.23.

Die Vektoren $\vec{x}$ und $\vec{y}$ (Fig. 2.4) sollen addiert werden. Bezüglich der Basis $B = \{\vec{b}_1, \vec{b}_2\}$ läßt sich $\vec{x}$ durch $\begin{pmatrix} \frac{2}{3} \\ 2 \end{pmatrix}$ und $\vec{y}$ durch $\begin{pmatrix} \frac{4}{3} \\ -1 \end{pmatrix}$ darstellen.

Es ist $\begin{pmatrix} \frac{2}{3} \\ 2 \end{pmatrix} + \begin{pmatrix} \frac{4}{3} \\ -1 \end{pmatrix} = \begin{pmatrix} 2 \\ 1 \end{pmatrix}$,

also $\vec{x} + \vec{y} = 2\vec{b}_1 + \vec{b}_2$, was sich in Fig. 2.4 unmittelbar verifizieren läßt.

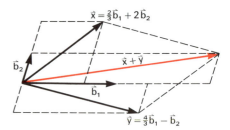

Fig. 2.4

Die Vektoren der Zeichenebene lassen sich also bei festgewählter Basis als Vektoren des $\mathbb{R}^2$ auffassen, die Vektoren des Anschauungsraumes als Vektoren des $\mathbb{R}^3$.

In diesem Zusammenhang soll auch der Begriff der Komponente eines Vektors erwähnt werden: Beziehen wir uns auf Fig. 2.4 im Beispiel 2.23., so versteht man unter der Komponente des Vektors $\vec{x}$ in Richtung von $\vec{b}_1$ den Vektor $\frac{2}{3}\vec{b}_1$, unter der Komponente des Vektors $\vec{x}$ in Richtung von $\vec{b}_2$ den Vektor $2\vec{b}_2$, also jeweils *den mit der zugehörigen Koordinate multiplizierten Basisvektor*. (Man vergleiche die Komponentenzerlegung von Kräften.)

Die folgende Übersicht soll die Begriffe nochmals verdeutlichen:

| Vektor | Koordinatendarstellung bezüglich einer Basis $\{\vec{b}_1, \vec{b}_2\}$ | Komponenten |
|---|---|---|
| $\vec{x} = \frac{2}{3}\vec{b}_1 + 2\vec{b}_2$ | $\begin{pmatrix} \frac{2}{3} \\ 2 \end{pmatrix}$ | $\frac{2}{3}\vec{b}_1$ und $2\vec{b}_2$ |
| $\vec{y} = \frac{4}{3}\vec{b}_1 - \vec{b}_2$ | $\begin{pmatrix} \frac{4}{3} \\ -1 \end{pmatrix}$ | $\frac{4}{3}\vec{b}_1$ und $-\vec{b}_2$ |
| $\vec{x} + \vec{y} = 2\vec{b}_1 + \vec{b}_2$ | $\begin{pmatrix} 2 \\ 1 \end{pmatrix}$ | $2\vec{b}_1$ und $\vec{b}_2$ |

Die Komponenten eines Vektors sind also selbst Vektoren, die Koordinaten dagegen sind Skalare.

### Bemerkung:

Bezüglich einer fest gewählten Basis identifiziert man häufig einen Vektor mit seiner Koordinatenspalte.

Im Beispiel 2.23. kann man dann schreiben: $\vec{x} = \begin{pmatrix} \frac{2}{3} \\ 2 \end{pmatrix}$, $\vec{y} = \begin{pmatrix} \frac{4}{3} \\ -1 \end{pmatrix}$, $\vec{x} + \vec{y} = \begin{pmatrix} 2 \\ 1 \end{pmatrix}$.

## 2.5. Koordinaten bezüglich einer Basis

**Beispiel 2.24.**

$U$ sei der Untervektorraum des $\mathbb{R}^3$, der von den Vektoren $\begin{pmatrix}1\\1\\0\end{pmatrix}$ und $\begin{pmatrix}0\\0\\1\end{pmatrix}$ aufgespannt wird (vgl. Beispiele 2.5. und 2.19.) mit der Basis $B = \left\{\begin{pmatrix}1\\1\\0\end{pmatrix}, \begin{pmatrix}0\\0\\1\end{pmatrix}\right\}$. Ein beliebiger Vektor aus $U$ hat, wie wir wissen, die Form $\begin{pmatrix}k\\k\\l\end{pmatrix} = k\begin{pmatrix}1\\1\\0\end{pmatrix} + l\begin{pmatrix}0\\0\\1\end{pmatrix}$, $k, l \in \mathbb{R}$. Bezüglich der Basis $B$ läßt sich dieser Vektor darstellen als $\begin{pmatrix}k\\l\end{pmatrix} \in \mathbb{R}^2$. Rechnet man im $\mathbb{R}^2$, so kann man jedes Ergebnis $\begin{pmatrix}a\\b\end{pmatrix}$ sofort in den $\mathbb{R}^3$ zurückübersetzen, denn zu $\begin{pmatrix}a\\b\end{pmatrix}$ gehört $a\begin{pmatrix}1\\1\\0\end{pmatrix} + b\begin{pmatrix}0\\0\\1\end{pmatrix} = \begin{pmatrix}a\\a\\b\end{pmatrix}$. Man sagt: $U$ und $\mathbb{R}^2$ sind „isomorph".

**Beispiel 2.25.**

Statt im Vektorraum $P_2$ die Polynome $3x^2 + x - 1$ und $-x^2 - x + 2$ zu addieren (Ergebnis: $2x^2 + 1$), kann man auch bezüglich der Basis $B_1 = \{1, x, x^2\}$ (Standardbasis des $P_2$) die Spalten benutzen: $\begin{pmatrix}-1\\1\\3\end{pmatrix} + \begin{pmatrix}2\\-1\\-1\end{pmatrix} = \begin{pmatrix}1\\0\\2\end{pmatrix}$. Zur Spalte $\begin{pmatrix}1\\0\\2\end{pmatrix}$ gehört im $P_2$ bezüglich $B_1$ der Vektor $2 \cdot x^2 + 0 \cdot x + 1 \cdot 1 = 2x^2 + 1$. Statt eines Polynoms $a_2 x^2 + a_1 x + a_0$ kann man also die Spalte $\begin{pmatrix}a_0\\a_1\\a_2\end{pmatrix}$ schreiben.

Es muß jedoch immer Klarheit darüber bestehen, welche Basis benutzt wird. Bezüglich der Basis $B_2 = \{x^2 - 1, x + 1, 1\}$ (vgl. Beispiel 2.13.) hat z.B. der Vektor $x^2 + 2x + 1 = 1(x^2 - 1) + 2(x + 1) + 0 \cdot 1$ die Koordinaten $1, 2, 0$, also die Darstellung $\begin{pmatrix}1\\2\\0\end{pmatrix}$.

> Bezüglich verschiedener Basen hat der gleiche Vektor verschiedene Koordinaten.[1]

**Beispiel 2.26.**

Welche Koordinaten hat $2\sin(x+1)$ bezüglich der Basis $B = \{\sin x, \cos x\}$ in $S$?
Wegen $2\sin(x+1) = 2(\sin x \cos 1 + \cos x \sin 1) = 2\cos 1 \sin x + 2\sin 1 \cos x$ entspricht also dem Vektor $2\sin(x+1)$ aus $S$ die Spalte $\begin{pmatrix}2\cos 1\\2\sin 1\end{pmatrix} \approx \begin{pmatrix}1{,}08\\1{,}68\end{pmatrix}$ aus $\mathbb{R}^2$.

Mit $\begin{pmatrix}-0{,}08\\-0{,}08\end{pmatrix} + \begin{pmatrix}1{,}08\\1{,}68\end{pmatrix} = \begin{pmatrix}1\\1{,}6\end{pmatrix}$ gilt z.B.

$-0{,}08(\sin x + \cos x) + 2\sin(x+1) \approx \sin x + 1{,}6\cos x$,

eine Beziehung, die ohne Spaltenschreibweise ziemlich undurchsichtig wirkt.

---

[1] Für die Koordinatenspalte kommt es auch auf die Reihenfolge der Basisvektoren an; trotzdem ist es üblich, für Basen Mengenklammern zu benutzen: $B = \{\vec{b}_1, \vec{b}_2, \ldots, \vec{b}_n\}$.

## Beispiel 2.27.

Der Vektor $\begin{pmatrix} 1 \\ 2 \\ -1 \end{pmatrix}$ hat bezüglich der Basis $B = \left\{ \begin{pmatrix} 1 \\ 2 \\ -1 \end{pmatrix}, \begin{pmatrix} 1 \\ 4 \\ 2 \end{pmatrix}, \begin{pmatrix} 0 \\ 0 \\ 1 \end{pmatrix} \right\}$ die Koordinatenspalte $\begin{pmatrix} 1 \\ 0 \\ 0 \end{pmatrix}$. Dagegen hat der Vektor $\begin{pmatrix} 1 \\ 0 \\ 0 \end{pmatrix}$ bezüglich $B$ die Koordinatenspalte $\begin{pmatrix} 2 \\ -1 \\ 4 \end{pmatrix}$, denn

$$\begin{pmatrix} 1 \\ 0 \\ 0 \end{pmatrix} = 2 \begin{pmatrix} 1 \\ 2 \\ -1 \end{pmatrix} - \begin{pmatrix} 1 \\ 4 \\ 2 \end{pmatrix} + 4 \begin{pmatrix} 0 \\ 0 \\ 1 \end{pmatrix}.$$

Verwirrend an diesem Beispiel ist die Verwendung der gleichen Schreibweise für den Vektor und seine Koordinatenspalte. Beides darf nicht miteinander verwechselt werden. Das Problem löst sich bei Verwendung der Standardbasis $\left\{ \begin{pmatrix} 1 \\ 0 \\ 0 \end{pmatrix}, \begin{pmatrix} 0 \\ 1 \\ 0 \end{pmatrix}, \begin{pmatrix} 0 \\ 0 \\ 1 \end{pmatrix} \right\}$. Bezüglich dieser Basis stimmen die Vektoren mit ihren Koordinatenspalten überein.

Künftig werden wir immer mit der Standardbasis arbeiten, falls nicht ausdrücklich eine andere Basis $B$ angegeben ist. In einem solchen Fall wird dies durch Angabe der Basis $B$ besonders gekennzeichnet (vgl. Beispiel 2.28).

**Zusammenfassung:**

1. Koordinaten eignen sich zur eindeutigen Darstellung von Vektoren eines Vektorraumes bezüglich einer Basis. Man schreibt sie häufig als Koordinatenspalte.

2. Der gleiche Vektor hat bezüglich verschiedener Basen auch verschiedene Koordinaten. Verschiedene Vektoren können bezüglich verschiedener Basen aber gleiche Koordinaten haben. Die Wahl der Basis bestimmt die Koordinaten.

3. Mit Koordinatenspalten kann man bezüglich einer Basis rechnen wie mit Vektoren.

## Aufgaben zu 2.5.

1. Berechnen Sie die Koordinaten der folgenden Vektoren bezüglich der Basis
$B = \left\{ \begin{pmatrix} 1 \\ 0 \\ 0 \end{pmatrix}, \begin{pmatrix} 1 \\ 1 \\ 0 \end{pmatrix}, \begin{pmatrix} 1 \\ 1 \\ 1 \end{pmatrix} \right\}$ des $\mathbb{R}^3$:

a) $\begin{pmatrix} 1 \\ 0 \\ 2 \end{pmatrix}$      b) $\begin{pmatrix} 3 \\ 2 \\ 1 \end{pmatrix}$      c) $\begin{pmatrix} 1 \\ 2 \\ 3 \end{pmatrix}$      d) $\begin{pmatrix} 1 \\ 1 \\ 0 \end{pmatrix}$

*2. Berechnen Sie die Koordinaten der folgenden Vektoren bezüglich der Basis
$B = \{x^2 - 1, x + 1, 1\}$ des $P_2$:

a) $x$      b) $x + 1$      c) $x^2$      d) $x^2 + 3x - 4$

*3. Berechnen Sie nach Beispiel 2.26. die Koordinaten von $\sin\left(x + \frac{\pi}{2}\right)$ bezüglich der Basis $B = \{\sin x, \cos x\}$ des $S$. Was stellen Sie fest?

*4. $B = \{\vec{b}_1, \vec{b}_2, \vec{b}_3\}$ sei Basis eines dreidimensionalen Vektorraumes.

a) Man zeige, daß dann auch $B' = \{\vec{b}_1', \vec{b}_2', \vec{b}_3'\}$ eine Basis ist, wenn
$$\vec{b}_1' = -2\vec{b}_1 + \vec{b}_2, \qquad \vec{b}_2' = 3\vec{b}_1 + 2\vec{b}_2, \qquad \vec{b}_3' = -2\vec{b}_3.$$

b) Bezüglich $B$ hat der Vektor $\vec{a}$ die Koordinatenspalte $\begin{pmatrix} 3 \\ 2 \\ 4 \end{pmatrix}$.
Welche Koordinaten hat $\vec{a}$ bezüglich $B'$?

## 2.6. Ein Verfahren zur Lösung von Gleichungssystemen[1]

### 2.6.1. Koordinatenberechnung (Inhomogene Gleichungssysteme)

Im Abschnitt 2.5. haben wir festgestellt, daß die Koordinaten eines Vektors eindeutig durch die Basis des Vektorraumes bestimmt sind. Wir wollen uns jetzt der Frage zuwenden, wie sich die Koordinaten eines Vektors bezüglich einer vorgegebenen Basis berechnen lassen. Aufgrund der Ergebnisse von Abschnitt 2.5. können wir uns auf den Vektorraum $\mathbb{R}^n$, insbesondere auf $\mathbb{R}^2$ und $\mathbb{R}^3$, beschränken.
Wir werden ein Verfahren entwickeln, das in seinen Grundzügen auf C. F. Gauß[1] zurückgeht und deshalb *Gaußscher Algorithmus* heißt. Dieses Verfahren eignet sich dann auch zur Untersuchung von Vektoren auf lineare Unabhängigkeit.

**Beispiel 2.28.**
Welche Koordinaten hat der Vektor $\vec{b} = \begin{pmatrix} -1 \\ -3 \end{pmatrix}$ bezüglich der Basis $B = \left\{ \begin{pmatrix} 3 \\ 2 \end{pmatrix}, \begin{pmatrix} 4 \\ 5 \end{pmatrix} \right\}$?
Ansatz: $x_1 \begin{pmatrix} 3 \\ 2 \end{pmatrix} + x_2 \begin{pmatrix} 4 \\ 5 \end{pmatrix} = \begin{pmatrix} -1 \\ -3 \end{pmatrix}$

Dieser Ansatz führt auf das zugehörige Gleichungssystem mit 2 Gleichungen und 2 Variablen, kurz (2, 2)-System genannt:

I) $3x_1 + 4x_2 = -1$
II) $2x_1 + 5x_2 = -3$

Zur Lösung verwenden wir das bekannte Additionsverfahren, bei dem die Gleichungen so mit geeigneten Faktoren multipliziert werden, daß die Koeffizienten einer Variablen entgegengesetzt gleich werden und deshalb diese Variable bei der Addition der Gleichungen eliminiert wird.

I) $3x_1 + 4x_2 = -1 \,|\cdot 5$      I) $15x_1 + 20x_2 = -5$
II) $2x_1 + 5x_2 = -3 \,|\cdot (-4)$    II) $-8x_1 - 20x_2 = 12$
                                                I + II)   $7x_1 \quad\quad = 7$
                                                               $x_1 = 1$

Einsetzen in Gleichung II ergibt $x_2 = -1$.

Ergebnis:
Der Vektor $\vec{b}$ hat bezüglich der Basis $B$ die Koordinaten $x_1 = 1$, $x_2 = -1$. Man schreibt dafür auch $\vec{b}_B = \begin{pmatrix} 1 \\ -1 \end{pmatrix}$.

**Beispiel 2.29.**
Welche Koordinaten hat $\vec{b} = \begin{pmatrix} 2 \\ 9 \\ -1 \end{pmatrix}$ bezüglich der Basis $B = \left\{ \begin{pmatrix} 1 \\ 1 \\ 2 \end{pmatrix}, \begin{pmatrix} 2 \\ 1 \\ 3 \end{pmatrix}, \begin{pmatrix} -1 \\ 2 \\ -3 \end{pmatrix} \right\}$?
Ansatz: $x_1 \begin{pmatrix} 1 \\ 1 \\ 2 \end{pmatrix} + x_2 \begin{pmatrix} 2 \\ 1 \\ 3 \end{pmatrix} + x_3 \begin{pmatrix} -1 \\ 2 \\ -3 \end{pmatrix} = \begin{pmatrix} 2 \\ 9 \\ -1 \end{pmatrix}$

---
[1] Carl Friedrich Gauß (1777–1855), der wohl bedeutendste deutsche Mathematiker.

Das zugehörige (3,3)-System lautet:  I) $x_1 + 2x_2 - x_3 = 2$
II) $x_1 + x_2 + 2x_3 = 9$
III) $2x_1 + 3x_2 - 3x_3 = -1$.

Wir nennen ein solches Gleichungssystem, bei dem die rechte Seite nicht nur aus lauter Nullen besteht, ein **inhomogenes Gleichungssystem**.

Das Verfahren, durch Elimination derselben Variablen aus je zwei Gleichungen ein (2,2)-System herzustellen und dieses zu lösen, ist relativ aufwendig.

Wir wollen ein „modifiziertes Additionsverfahren" anwenden, das seine Vorzüge erst später richtig zeigt[1].

Durch geschickte Multiplikation der Gleichungen (Zeilen) mit geeigneten Faktoren und anschließende Addition zu einer anderen Gleichung wollen wir das System auf „Diagonalform" bringen:

$1 \cdot x_1 + 0 \cdot x_2 + 0 \cdot x_3 = c_1$
$0 \cdot x_1 + 1 \cdot x_2 + 0 \cdot x_3 = c_2$ ,  $c_1, c_2, c_3 \in \mathbb{R}$.
$0 \cdot x_1 + 0 \cdot x_2 + 1 \cdot x_3 = c_3$

Für unser Beispiel erhalten wir:

$$\begin{array}{l} x_1 + 2x_2 - x_3 = 2 \\ x_1 + x_2 + 2x_3 = 9 \\ 2x_1 + 3x_2 - 3x_3 = -1 \end{array} \xrightarrow{(1)} \begin{array}{l} x_1 + 2x_2 - x_3 = 2 \\ 0x_1 - x_2 + 3x_3 = 7 \\ 0x_1 - x_2 - x_3 = -5 \end{array} \xrightarrow{(2)}$$

$$\begin{array}{l} x_1 + 0x_2 + 5x_3 = 16 \\ 0x_1 + x_2 - 3x_3 = -7 \\ 0x_1 + 0x_2 - 4x_3 = -12 \end{array} \xrightarrow{(3)} \begin{array}{l} x_1 + 0x_2 + 5x_3 = 16 \\ 0x_1 + x_2 - 3x_3 = -7 \\ 0x_1 + 0x_2 + x_3 = 3 \end{array} \xrightarrow{(4)}$$

$$\begin{array}{l} x_1 + 0x_2 + 0x_3 = 1 \\ 0x_1 + x_2 + 0x_3 = 2 \\ 0x_1 + 0x_2 + x_3 = 3 \end{array} \Rightarrow \begin{array}{l} x_1 = 1 \\ x_2 = 2 \\ x_3 = 3 \end{array}$$

Ergebnis:

Der Vektor $\vec{b}$ hat bezüglich der Basis $B$ die Koordinaten $x_1 = 1, x_2 = 2, x_3 = 3$. Man schreibt dafür auch $\vec{b}_B = \begin{pmatrix} 1 \\ 2 \\ 3 \end{pmatrix}$.

Dieses Verfahren wird übersichtlicher, wenn man nur die Koeffizienten und die rechte Seite als Schema schreibt, in dem jede Gleichung durch eine Zeile dargestellt wird und die Koeffizienten derselben Variablen bzw. die rechte Seite des Gleichungssystems in einer Spalte stehen.

$$\begin{array}{ccc|c} x_1 & x_2 & x_3 & \\ \hline 1 & 2 & -1 & 2 \\ 1 & 1 & 2 & 9 \\ 2 & 3 & -3 & -1 \end{array} \xrightarrow{(1)} \begin{array}{ccc|c} 1 & 2 & -1 & 2 \\ 0 & -1 & 3 & 7 \\ 0 & -1 & -1 & -5 \end{array} \xrightarrow{(2)} \begin{array}{ccc|c} 1 & 0 & 5 & 16 \\ 0 & 1 & -3 & -7 \\ 0 & 0 & -4 & -12 \end{array} \xrightarrow{(3)}$$

$$\begin{array}{ccc|c} 1 & 0 & 5 & 16 \\ 0 & 1 & -3 & -7 \\ 0 & 0 & 1 & 3 \end{array} \xrightarrow{(4)} \begin{array}{ccc|c} 1 & 0 & 0 & 1 \\ 0 & 1 & 0 & 2 \\ 0 & 0 & 1 & 3 \end{array} \Rightarrow \begin{array}{l} x_1 = 1 \\ x_2 = 2 \\ x_3 = 3 \end{array} .$$

---

[1] Dieses Verfahren ist zwar zweckmäßig; die im folgenden auftretenden Gleichungssysteme können jedoch selbstverständlich auch mit Hilfe anderer Methoden gelöst werden.

## 2.6. Ein Verfahren zur Lösung von Gleichungssystemen

Zum besseren Verständnis erläutern wir für dieses Beispiel, wie man bei jedem Schritt die neue Zeilen (Gleichungen) aus den vorhergehenden Zeilen erhält. (Mit I, II, III bezeichnen wir die Zeilen.)

Schritt (1): I abschreiben;
              I·(−1) + II und I·(−2) + III ergeben die neuen Zeilen II und III, in denen die Koeffizienten der Variablen $x_1$ Null sind.

Schritt (2): II·2 + I und II·(−1) + III ergeben die neuen Zeilen I und III, in denen die Koeffizienten der Variablen $x_2$ Null sind;

              II·(−1)                 ergibt die neue Zeile II, in welcher der Koeffizient der Variablen $x_2$ Eins ist.

Schritt (3): I und II abschreiben;
              III: (−4)                 ergibt die neue Zeile III, in welcher der Koeffizient der Variablen $x_3$ Eins ist.

Schritt (4): III abschreiben;
              III·(−5) + I und III·3 + II ergeben die neuen Zeilen I und II, in denen die Koeffizienten der Variablen $x_3$ Null sind.

Damit hat man für das Koeffizientenschema die Diagonalform erreicht und in der rechten Spalte steht nun die Lösung des Gleichungssystems.

---

Für dieses Lösungsverfahren sind folgende Zeilenumformungen zulässig:

1. Vertauschung zweier (kompletter) Zeilen,
2. Addition eines geeigneten Vielfachen einer Zeile zu einer anderen Zeile,
3. Multiplikation einer (kompletten) Zeile mit einer von Null verschiedenen Zahl.

---

**Bemerkungen:**

Auf den an sich nicht schwierigen Nachweis der Tatsache, daß sich die Lösungsmengen bei diesem Verfahren nicht ändern, verzichten wir hier.
Am folgenden Beispiel 2.30. werden wir noch zusätzlich eine Kontrollmöglichkeit erläutern, die sogenannte *Zeilensummenkontrolle*. Dazu fügt man als letzte Spalte die Zeilensummenspalte ZS an, deren Elemente die Summe der Zahlen der jeweiligen Zeile sind. An dieser Zeilensummenspalte werden dieselben Umformungen vorgenommen wie am Gleichungssystem. Nach jeder Umformung kann dann kontrolliert werden, ob die Zeilensumme noch stimmt.

**Beispiel 2.30.**
Welche Koordinaten hat $\vec{b} = \begin{pmatrix} 3 \\ 4 \\ 2 \end{pmatrix}$ bezüglich der Basis $B = \left\{ \begin{pmatrix} 2 \\ 1 \\ 1 \end{pmatrix}, \begin{pmatrix} 3 \\ 0 \\ -1 \end{pmatrix}, \begin{pmatrix} -1 \\ 2 \\ 0 \end{pmatrix} \right\}$?

Der Ansatz $x_1 \begin{pmatrix} 2 \\ 1 \\ 1 \end{pmatrix} + x_2 \begin{pmatrix} 3 \\ 0 \\ -1 \end{pmatrix} + x_3 \begin{pmatrix} -1 \\ 2 \\ 0 \end{pmatrix} = \begin{pmatrix} 3 \\ 4 \\ 2 \end{pmatrix}$ führt auf das Gleichungssystem

$$\begin{array}{rcl} 2x_1 + 3x_2 - x_3 &=& 3 \\ x_1 \phantom{+ 3x_2} + 2x_3 &=& 4 \\ x_1 - x_2 \phantom{+ 2x_3} &=& 2. \end{array}$$

Der Leser versuche anhand dieses Beispiels die einzelnen durchgeführten Schritte selbst zu finden.

$$\left[\begin{array}{rrr|r||r} 2 & 3 & -1 & 3 & 7 \\ 1 & 0 & 2 & 4 & 7 \\ 1 & -1 & 0 & 2 & 2 \end{array}\right] \xrightarrow{(1)} \left[\begin{array}{rrr|r||r} 1 & 0 & 2 & 4 & 7 \\ 2 & 3 & -1 & 3 & 7 \\ 1 & -1 & 0 & 2 & 2 \end{array}\right] \xrightarrow{(2)} \left[\begin{array}{rrr|r||r} 1 & 0 & 2 & 4 & 7 \\ 0 & 3 & -5 & -5 & -7 \\ 0 & -1 & -2 & -2 & -5 \end{array}\right] \xrightarrow{(3)}$$

$$\left[\begin{array}{rrr|r||r} 1 & 0 & 2 & 4 & 7 \\ 0 & 1 & -9 & -9 & -17 \\ 0 & -1 & -2 & -2 & -5 \end{array}\right] \xrightarrow{(4)} \left[\begin{array}{rrr|r||r} 1 & 0 & 2 & 4 & 7 \\ 0 & 1 & -9 & -9 & -17 \\ 0 & 0 & -11 & -11 & -22 \end{array}\right] \xrightarrow{(5)} \left[\begin{array}{rrr|r||r} 1 & 0 & 2 & 4 & 7 \\ 0 & 1 & -9 & -9 & -17 \\ 0 & 0 & 1 & 1 & 2 \end{array}\right] \xrightarrow{(6)}$$

$$\left[\begin{array}{rrr|r||r} 1 & 0 & 0 & 2 & 3 \\ 0 & 1 & 0 & 0 & 1 \\ 0 & 0 & 1 & 1 & 2 \end{array}\right] \Rightarrow \begin{array}{l} x_1 = 2 \\ x_2 = 0 \\ x_3 = 1 \end{array}, \text{ also } \vec{b}_B = \begin{pmatrix} 2 \\ 0 \\ 1 \end{pmatrix}.$$

**Bemerkungen:**

1. Das Ziel jeder Umformung ist zunächst eine 1 in der Diagonalen, mit der dann leicht die beiden anderen Elemente derselben Spalte zu 0 gemacht werden können.
So wurde im Beispiel 2.30. aus diesem Grund im Schritt (1) die erste Zeile mit der zweiten vertauscht, im Schritt (3) das 2-fache der 3. Zeile zur 2. Zeile addiert und im Schritt (5) die 3. Zeile durch $-11$ dividiert.
2. Eine Vertauschung von Spalten darf nicht vorgenommen werden, weil dadurch die Reihenfolge der Variablen vertauscht wird.
3. Das Verfahren ist einfach, erfordert aber *Übung*!

Die Beispiele 2.29. und 2.30. dienten uns im wesentlichen dazu, das Verfahren zur Berechnung der Koordinaten eines Vektors bezüglich einer neuen Basis zu entwickeln. Die eindeutige Lösbarkeit der Gleichungssysteme hatte ihren Grund darin, daß die Vektoren der neuen Basis linear unabhängig waren.
Wir werden uns deshalb jetzt damit befassen, die lineare Unabhängigkeit von Vektoren systematisch zu untersuchen.

### 2.6.2. Rechnerische Behandlung der linearen Unabhängigkeit
(Homogene Gleichungssysteme)

Die lineare Unabhängigkeit von *zwei* Vektoren des $\mathbb{R}^2$ bzw. $\mathbb{R}^3$ haben wir bereits im Abschnitt 2.3. behandelt. Wir wollen uns deshalb nur das Ergebnis in Erinnerung rufen:
Zwei Vektoren sind genau dann linear abhängig, wenn einer der Vektoren ein Vielfaches des anderen Vektors ist.
Wir untersuchen nun die *lineare Unabhängigkeit von drei Vektoren*.

## 2.6. Ein Verfahren zur Lösung von Gleichungssystemen

Hat der Vektorraum die Dimension 2, so sind drei Vektoren stets linear abhängig (vgl. Satz 2.5.).
Wir beschränken uns nun auf den Fall dim $V = 3$.

### Beispiel 2.31.

Man untersuche die Vektoren $\vec{a} = \begin{pmatrix} 1 \\ 1 \\ 2 \end{pmatrix}$, $\vec{b} = \begin{pmatrix} 2 \\ 1 \\ 3 \end{pmatrix}$, $\vec{c} = \begin{pmatrix} -1 \\ 2 \\ -3 \end{pmatrix}$

auf lineare Unabhängigkeit (vgl. Beispiel 2.29.).

Ansatz: $k_1 \vec{a} + k_2 \vec{b} + k_3 \vec{c} = \vec{o}$

Das zugehörige (3,3)-System lautet:
I) $k_1 + 2k_2 - k_3 = 0$
II) $k_1 + k_2 + 2k_3 = 0$
III) $2k_1 + 3k_2 - 3k_3 = 0$

Wir nennen ein solches Gleichungssystem, bei dem die rechte Seite aus lauter Nullen besteht, ein **homogenes Gleichungssystem.**
Zur Lösung wenden wir das bekannte Verfahren an:

$$
\begin{array}{ccc|c}
1 & 2 & -1 & 0 \\
1 & 1 & 2 & 0 \\
2 & 3 & -3 & 0
\end{array}
\rightarrow
\begin{array}{ccc|c}
1 & 2 & -1 & 0 \\
0 & -1 & 3 & 0 \\
0 & -1 & -1 & 0
\end{array}
\rightarrow
\begin{array}{ccc|c}
1 & 0 & 5 & 0 \\
0 & -1 & 3 & 0 \\
0 & 0 & -4 & 0
\end{array}
\rightarrow
$$

$$
\begin{array}{ccc|c}
1 & 0 & 5 & 0 \\
0 & -1 & 3 & 0 \\
0 & 0 & 1 & 0
\end{array}
\rightarrow
\begin{array}{ccc|c}
1 & 0 & 0 & 0 \\
0 & -1 & 0 & 0 \\
0 & 0 & 1 & 0
\end{array}
\Rightarrow
\begin{array}{l}
k_1 = 0 \\
k_2 = 0 \\
k_3 = 0
\end{array}
$$

Dieses homogene Gleichungssystem hat also nur die triviale Lösung, d.h., die Vektoren $\vec{a}, \vec{b}, \vec{c}$ sind linear unabhängig.

### Beispiel 2.32.

Man untersuche die Vektoren $\vec{a} = \begin{pmatrix} 1 \\ 1 \\ 2 \end{pmatrix}$, $\vec{b} = \begin{pmatrix} 2 \\ 1 \\ 3 \end{pmatrix}$, $\vec{c} = \begin{pmatrix} 0 \\ 1 \\ 1 \end{pmatrix}$ auf lineare Unabhängigkeit.

Ansatz: $k_1 \vec{a} + k_2 \vec{b} + k_3 \vec{c} = \vec{o}$

Wie aus Beispiel 2.31. zu entnehmen ist, kann auf das Anschreiben der Nullen auf der rechten Seite des Lösungsschemas verzichtet werden.

Lösung:

$$
\begin{array}{ccc}
1 & 2 & 0 \\
1 & 1 & 1 \\
2 & 3 & 1
\end{array}
\rightarrow
\begin{array}{ccc}
1 & 2 & 0 \\
0 & -1 & 1 \\
0 & -1 & 1
\end{array}
\rightarrow
\begin{array}{ccc}
1 & 2 & 0 \\
0 & 1 & -1 \\
0 & 0 & 0
\end{array}
\rightarrow
\begin{array}{ccc}
1 & 0 & 2 \\
0 & 1 & -1 \\
0 & 0 & 0
\end{array}
$$

Was bedeutet es nun, wenn die 3. Zeile des Schemas nur Nullen enthält? Ausführlich geschrieben erhalten wir:

$k_1 + 0k_2 + 2k_3 = 0$
$0k_1 + k_2 - k_3 = 0$
$0k_1 + 0k_2 + 0k_3 = 0$

Da die 3. Gleichung eine allgemeingültige Gleichung ist (für $k_1$, $k_2$, $k_3$ können beliebige Zahlen eingesetzt werden), kann das System reduziert werden auf 2 Gleichungen mit 3 Variablen. Offensichtlich war eine Gleichung des ursprünglichen Systems überflüssig. In der Tat erhält man im ursprünglichen System die Gleichung III durch Addition der Gleichungen I und II. Wir können jetzt die Variablen $k_1$ und $k_2$ durch $k_3$ ausdrücken, wobei $k_3$ frei wählbar ist. Setzen wir $k_3 = r$, so erhalten wir als Lösung des Gleichungssystems:

$$k_1 = -2r$$
$$k_2 = \phantom{-}r \quad , r \in \mathbb{R}.$$
$$k_3 = \phantom{-}r$$

Da r frei wählbar ist, gibt es sicher nichttriviale Lösungen.
Die drei Vektoren $\vec{a}, \vec{b}, \vec{c}$ sind also linear abhängig. Tatsächlich erhält man durch Einsetzen von $k_1, k_2, k_3$ in den Ansatz für die lineare Unabhängigkeit: $-2r\vec{a} + r\vec{b} + r\vec{c} = \vec{o}$ und damit $\vec{c} = 2\vec{a} - \vec{b}$.

**Bemerkung:**

Diese Untersuchungsmethode liefert ohne weitere Rechnung für dieses Beispiel die Aussage, daß $\vec{a}$ und $\vec{b}$ linear unabhängig sind. Läßt man nämlich die Spalte des Vektors $\vec{c}$ weg, so hat man

$$\begin{array}{cc} 1 & 2 \\ 1 & 1 \\ 2 & 3 \end{array} \rightarrow \begin{array}{cc} 1 & 2 \\ 0 & -1 \\ 0 & -1 \end{array} \rightarrow \begin{array}{cc} 1 & 2 \\ 0 & -1 \\ 0 & 0 \end{array} \rightarrow \begin{array}{cc} 1 & 0 \\ 0 & 1 \\ 0 & 0 \end{array} \text{ und damit } \begin{array}{l} k_1 = 0 \\ k_2 = 0 \end{array}.$$

Man erkennt aber auch unmittelbar an den Vektorspalten, daß $\vec{a}$ nicht Vielfaches von $\vec{b}$ ist.

**Beispiel 2.33.**

Man untersuche die Vektoren $\vec{a} = \begin{pmatrix} 1 \\ -1 \\ 2 \end{pmatrix}$, $\vec{b} = \begin{pmatrix} -2 \\ 2 \\ -4 \end{pmatrix}$, $\vec{c} = \begin{pmatrix} 3 \\ -3 \\ 6 \end{pmatrix}$ auf lineare Unabhängigkeit.

Ansatz: $k_1 \vec{a} + k_2 \vec{b} + k_3 \vec{c} = \vec{o}$

Lösung:

$$\begin{array}{ccc} 1 & -2 & 3 \\ -1 & 2 & -3 \\ 2 & -4 & 6 \end{array} \rightarrow \begin{array}{ccc} 1 & -2 & 3 \\ 0 & 0 & 0 \\ 0 & 0 & 0 \end{array}$$

Man erkennt hier, daß das System eigentlich nur aus der Gleichung $k_1 - 2k_2 + 3k_3 = 0$ besteht (die 2. und 3. Zeile des letzten Schemas stellen allgemeingültige Gleichungen dar). Es sind also zwei Variable frei wählbar.

Wir setzen $\begin{array}{l} k_2 = r \\ k_3 = s \end{array}$ und erhalten $\begin{array}{l} k_1 = 2r - 3s \\ k_2 = r \\ k_3 = \phantom{2r-3}s \end{array}$, $r, s \in \mathbb{R}$.

Da r und s frei wählbar sind, gibt es sicher nichttriviale Lösungen. Die Vektoren $\vec{a}, \vec{b}, \vec{c}$ sind also linear abhängig.
Man erkennt zusätzlich, daß auch je zwei dieser drei Vektoren linear abhängig sind, denn die zugehörigen Schemata lauten

für $\vec{a}, \vec{b}$:

$$\begin{array}{cc} 1 & -2 \\ 0 & 0 \\ 0 & 0 \end{array}$$

für $\vec{a}, \vec{c}$:

$$\begin{array}{cc} 1 & 3 \\ 0 & 0 \\ 0 & 0 \end{array}$$

für $\vec{b}, \vec{c}$:

$$\begin{array}{cc} -2 & 3 \\ 0 & 0 \\ 0 & 0 \end{array}$$

## 2.6. Ein Verfahren zur Lösung von Gleichungssystemen

Abschließend fassen wir zusammen:

> Drei Vektoren eines dreidimensionalen Vektorraumes sind genau dann linear unabhängig, wenn das zugehörige homogene Gleichungssystem nur die triviale Lösung hat. Das ist gleichbedeutend mit der Tatsache, daß beim Umformen des Systems auf Diagonalform im Schema keine Zeile mit lauter Nullen auftritt. *Das Auftreten einer Nullzeile bedeutet also, daß die drei Vektoren linear abhängig sind.*

Häufig tritt bei Aufgaben das Problem auf, zunächst Vektoren auf ihre Basiseigenschaft zu untersuchen und anschließend andere Vektoren auf die neue Basis umzurechnen. Beide Probleme lassen sich mit unserem Verfahren in einem Rechengang lösen.

### Beispiel 2.34.

Man untersuche, ob die Vektoren $\vec{a} = \begin{pmatrix} 5 \\ 3 \\ 2 \end{pmatrix}$, $\vec{b} = \begin{pmatrix} 2 \\ 1 \\ 0 \end{pmatrix}$, $\vec{c} = \begin{pmatrix} -2 \\ -3 \\ 1 \end{pmatrix}$ eine Basis $B$ des $\mathbb{R}^3$ bilden und berechne gegebenenfalls die Koordinaten der Vektoren $\vec{x} = \begin{pmatrix} -1 \\ -4 \\ 4 \end{pmatrix}$ und $\vec{y} = \begin{pmatrix} 2 \\ 3 \\ 4 \end{pmatrix}$ bezüglich der Basis $B = \{\vec{a}, \vec{b}, \vec{c}\}$.

Wir gehen wie folgt vor:
Wir lösen *gleichzeitig* die inhomogenen Systeme

$$x_1 \vec{a} + x_2 \vec{b} + x_3 \vec{c} = \vec{x} \quad \text{und} \quad y_1 \vec{a} + y_2 \vec{b} + y_3 \vec{c} = \vec{y},$$

indem wir nur die Koeffizienten und die beiden rechten Seiten anschreiben:

$$
\begin{array}{rrr|rr}
5 & 2 & -2 & -1 & 2 \\
3 & 1 & -3 & -4 & 3 \\
2 & 0 & 1 & 4 & 4
\end{array}
\xrightarrow{(1)}
\begin{array}{rrr|rr}
9 & 2 & 0 & 7 & 10 \\
9 & 1 & 0 & 8 & 15 \\
2 & 0 & 1 & 4 & 4
\end{array}
\xrightarrow{(2)}
$$

$$
\begin{array}{rrr|rr}
-9 & 0 & 0 & -9 & -20 \\
9 & 1 & 0 & 8 & 15 \\
2 & 0 & 1 & 4 & 4
\end{array}
\xrightarrow{(3)}
\begin{array}{rrr|rr}
-9 & 0 & 0 & -9 & -20 \\
0 & 1 & 0 & -1 & -5 \\
0 & 0 & 1 & 2 & -\tfrac{4}{9}
\end{array}
\xrightarrow{(4)}
$$

$$
\begin{array}{rrr|rr}
1 & 0 & 0 & 1 & \tfrac{20}{9} \\
0 & 1 & 0 & -1 & -5 \\
0 & 0 & 1 & 2 & -\tfrac{4}{9}
\end{array}
$$

Ergebnisse:
a) $\vec{a}, \vec{b}, \vec{c}$ bilden eine Basis (keine Nullzeile für das homogene System).
b) $x_1 = 1, x_2 = -1, x_3 = 2$ und $y_1 = \tfrac{20}{9}, y_2 = -5, y_3 = -\tfrac{4}{9}$ sind die Koordinaten der Vektoren $\vec{x}$ bzw. $\vec{y}$ bezüglich der Basis $B$, also $\vec{x}_B = \begin{pmatrix} 1 \\ -1 \\ 2 \end{pmatrix}$ bzw. $\vec{y}_B = \begin{pmatrix} \tfrac{20}{9} \\ -5 \\ -\tfrac{4}{9} \end{pmatrix}$.

Zur Erläuterung nochmals die einzelnen Schritte:
(1): III abschreiben; III · 3 + II, III · 2 + I ergeben 2 Nullen in der 3. Spalte.
(2): II, III abschreiben; II · (−2) + I ergibt die 2. Null in der 2. Spalte.
(3): I abschreiben; I + II, I · $\tfrac{2}{9}$ + III ergeben 2 Nullen in der 1. Spalte.
(4): I : (−9) ergibt Koeffizient 1 für die Variable $x_1$.

Die beiden folgenden Beispiele sollen die Leistungsfähigkeit unseres Rechenverfahrens auch im Zusammenhang mit der geometrischen Interpretation des Ergebnisses verdeutlichen.

**Beispiel 2.35.**

Man untersuche, ob die Vektoren $\vec{a} = \begin{pmatrix} 2 \\ 1 \\ 3 \end{pmatrix}$, $\vec{b} = \begin{pmatrix} -1 \\ 3 \\ -2 \end{pmatrix}$, $\vec{c} = \begin{pmatrix} 3 \\ -2 \\ 5 \end{pmatrix}$ eine Basis des $\mathbb{R}^3$ bilden

und berechne gegebenenfalls die Koordinaten des Vektors $\vec{z} = \begin{pmatrix} 1 \\ 1 \\ 1 \end{pmatrix}$ bezüglich dieser Basis.

Die Lösung des inhomogenen Gleichungssystems $x_1 \vec{a} + x_2 \vec{b} + x_3 \vec{c} = \vec{z}$ führt auf

$$\begin{array}{ccc|c} 2 & -1 & 3 & 1 \\ 1 & 3 & -2 & 1 \\ 3 & -2 & 5 & 1 \end{array} \rightarrow \begin{array}{ccc|c} 1 & 3 & -2 & 1 \\ 2 & -1 & 3 & 1 \\ 3 & -2 & 5 & 1 \end{array} \rightarrow \begin{array}{ccc|c} 1 & 3 & -2 & 1 \\ 0 & -7 & 7 & -1 \\ 0 & -11 & 11 & -2 \end{array} \rightarrow \begin{array}{ccc|c} 1 & 3 & -2 & 1 \\ 0 & 1 & -1 & \frac{1}{7} \\ 0 & 0 & 0 & -\frac{3}{7} \end{array}.$$

Das Auftreten einer Nullzeile im homogenen Teil bedeutet, daß die Vektoren $\vec{a}, \vec{b}, \vec{c}$ linear abhängig sind und deshalb keine Basis darstellen.
Die Unlösbarkeit der durch die 3. Zeile gegebenen Gleichung des inhomogenen Systems bedeutet, daß sich der Vektor $\vec{z}$ nicht durch eine Linearkombination der Vektoren $\vec{a}, \vec{b}, \vec{c}$ darstellen läßt. (Er gehört deshalb nicht dem von den Vektoren $\vec{a}, \vec{b}, \vec{c}$ erzeugten Untervektorraum an.)

**Beispiel 2.36.**

Man untersuche, ob die Vektoren $\vec{a} = \begin{pmatrix} 1 \\ 0 \\ -1 \end{pmatrix}$, $\vec{b} = \begin{pmatrix} 2 \\ -1 \\ 1 \end{pmatrix}$, $\vec{c} = \begin{pmatrix} 0 \\ -1 \\ 3 \end{pmatrix}$ eine Basis des $\mathbb{R}^3$ bilden

und berechne gegebenenfalls die Koordinaten des Vektors $\vec{y} = \begin{pmatrix} 4 \\ -1 \\ -1 \end{pmatrix}$ bezüglich dieser Basis.

Die Lösung des inhomogenen Gleichungssystems $x_1 \vec{a} + x_2 \vec{b} + x_3 \vec{c} = \vec{y}$ führt auf

$$\begin{array}{ccc|c} 1 & 2 & 0 & 4 \\ 0 & -1 & -1 & -1 \\ -1 & 1 & 3 & -1 \end{array} \rightarrow \begin{array}{ccc|c} 1 & 2 & 0 & 4 \\ 0 & -1 & -1 & -1 \\ 0 & 3 & 3 & 3 \end{array} \rightarrow \begin{array}{ccc|c} 1 & 2 & 0 & 4 \\ 0 & -1 & -1 & -1 \\ 0 & 0 & 0 & 0 \end{array}.$$

Hier zeigt sich bereits, daß die Vektoren $\vec{a}, \vec{b}, \vec{c}$ keine Basis bilden. Im Gegensatz zum vorhergehenden Beispiel tritt aber auch beim inhomogenen Gleichungssystem eine Nullzeile auf. Wir haben also effektiv nur zwei Gleichungen für drei Variable und deshalb eine Variable frei wählbar.
Nehmen wir als frei wählbare Variable beispielsweise $x_3 = r$ und bringen die dazugehörige Spalte unseres Schemas auf die rechte Seite, so lautet es nach dieser Umformung

$$\begin{array}{cc|c} 1 & 2 & 0r+4 \\ 0 & -1 & r-1 \end{array} \rightarrow \begin{array}{cc|c} 1 & 0 & 2r+2 \\ 0 & -1 & r-1 \end{array}$$

## 2.6. Ein Verfahren zur Lösung von Gleichungssystemen

und erhalten als Lösung: $x_1 = 2r + 2$
$x_2 = -r + 1$ mit $r \in \mathbb{R}$.
$x_3 = r$

Unser ursprüngliches inhomogenes Gleichungssystem hat zwar eine Lösung, aber keine eindeutige Lösung.
Für den Vektor $\vec{y}$ bedeutet das aber, daß er sich als Linearkombination der Vektoren $\vec{a}, \vec{b}, \vec{c}$ darstellen läßt. (Er gehört deshalb dem von den Vektoren $\vec{a}, \vec{b}, \vec{c}$ erzeugten Untervektorraum an.) Eine besonders einfache Darstellung erhält man mit $x_3 = r = 0$, was $x_1 = 2$ und $x_2 = 1$ zur Folge hat und deshalb $\vec{y} = 2\vec{a} + \vec{b}$.

Will man *nur* die lineare Unabhängigkeit von drei Vektoren untersuchen, so läßt sich das Verfahren etwas vereinfachen. Es reicht dann die Umrechnung des Koeffizientenschemas auf *Halbdiagonalform*.

### Beispiel 2.37.

Man zeige, daß die Vektoren $\vec{a} = \begin{pmatrix} 1 \\ 1 \\ 2 \end{pmatrix}$, $\vec{b} = \begin{pmatrix} 2 \\ 1 \\ 3 \end{pmatrix}$, $\vec{c} = \begin{pmatrix} -1 \\ 2 \\ -3 \end{pmatrix}$ linear unabhängig sind (vgl. Beispiel 2.29.).

Ansatz: $k_1 \vec{a} + k_2 \vec{b} + k_3 \vec{c} = \vec{o}$

Lösung: Das Gleichungssystem wollen wir nur soweit umformen, daß unterhalb der Diagonalen Nullen stehen.

$$\begin{array}{rrr} 1 & 2 & -1 \\ 1 & 1 & 2 \\ 2 & 3 & -3 \end{array} \to \begin{array}{rrr} 1 & 2 & -1 \\ 0 & -1 & 3 \\ 0 & -1 & -1 \end{array} \to \begin{array}{rrr} 1 & 2 & -1 \\ 0 & -1 & 3 \\ 0 & 0 & -4 \end{array}$$

Bereits hier erkennt man aus der dritten Zeile, daß $k_3 = 0$.
Aus der zweiten Zeile folgt dann aber $k_2 = 0$ und aus der ersten Zeile $k_1 = 0$.
Das Gleichungssystem hat nur die triviale Lösung; die Vektoren $\vec{a}, \vec{b}, \vec{c}$ sind also linear unabhängig.

### Beispiel 2.38.

Man zeige, daß die Vektoren $\vec{a} = \begin{pmatrix} 2 \\ 1 \\ 3 \end{pmatrix}$, $\vec{b} = \begin{pmatrix} -1 \\ 4 \\ -2 \end{pmatrix}$, $\vec{c} = \begin{pmatrix} 3 \\ -3 \\ 5 \end{pmatrix}$ linear abhängig sind.

Ansatz: $k_1 \vec{a} + k_2 \vec{b} + k_3 \vec{c} = \vec{o}$

Lösung:

$$\begin{array}{rrr} 2 & -1 & 3 \\ 1 & 4 & -3 \\ 3 & -2 & 5 \end{array} \to \begin{array}{rrr} 1 & 4 & -3 \\ 2 & -1 & 3 \\ 3 & -2 & 5 \end{array} \to \begin{array}{rrr} 1 & 4 & -3 \\ 0 & -9 & 9 \\ 0 & -14 & 14 \end{array} \to \begin{array}{rrr} 1 & 4 & -3 \\ 0 & -1 & 1 \\ 0 & 0 & 0 \end{array}$$

Das Auftreten einer Nullzeile bedeutet die Existenz einer frei wählbaren Variablen, hier zweckmäßigerweise $k_3$, und damit die Existenz einer nichttrivialen Lösung des Gleichungssystems. Folglich sind die Vektoren $\vec{a}, \vec{b}, \vec{c}$ linear abhängig.

## Aufgaben zu 2.6.

1. Welche Koordinaten hat der Vektor $\vec{v}$ bezüglich der Basis $B$?

   a) $\vec{v} = \begin{pmatrix} 5 \\ 0 \\ 3 \end{pmatrix}$, $B = \left\{ \begin{pmatrix} 3 \\ 1 \\ 4 \end{pmatrix}, \begin{pmatrix} 1 \\ 2 \\ 5 \end{pmatrix}, \begin{pmatrix} 1 \\ 0 \\ 2 \end{pmatrix} \right\}$

   b) $\vec{v} = \begin{pmatrix} 1 \\ 1 \\ 1 \end{pmatrix}$, $B = \left\{ \begin{pmatrix} 1 \\ 2 \\ -1 \end{pmatrix}, \begin{pmatrix} 0 \\ 1 \\ 4 \end{pmatrix}, \begin{pmatrix} -1 \\ 2 \\ 0 \end{pmatrix} \right\}$

   c) $\vec{v} = \begin{pmatrix} 5 \\ -3 \\ 2 \end{pmatrix}$, $B = \left\{ \begin{pmatrix} 2 \\ -1 \\ 0 \end{pmatrix}, \begin{pmatrix} 4 \\ 2 \\ 5 \end{pmatrix}, \begin{pmatrix} -1 \\ 3 \\ \frac{1}{2} \end{pmatrix} \right\}$

2. Man untersuche die folgenden Vektoren auf lineare Abhängigkeit bzw. Unabhängigkeit:

   a) $\begin{pmatrix} 3 \\ 2 \\ -1 \end{pmatrix}, \begin{pmatrix} 1 \\ -1 \\ 3 \end{pmatrix}, \begin{pmatrix} 1 \\ -4 \\ 0 \end{pmatrix}$
   b) $\begin{pmatrix} 2 \\ -7 \\ 3 \end{pmatrix}, \begin{pmatrix} -1 \\ 4 \\ -5 \end{pmatrix}, \begin{pmatrix} 1 \\ -2 \\ -9 \end{pmatrix}$

   c) $\begin{pmatrix} 2 \\ 1 \\ -2 \end{pmatrix}, \begin{pmatrix} 1 \\ 3 \\ 4 \end{pmatrix}, \begin{pmatrix} 0 \\ 1 \\ 2 \end{pmatrix}$
   d) $\begin{pmatrix} -3 \\ 2 \\ 5 \end{pmatrix}, \begin{pmatrix} -4 \\ 2 \\ \frac{1}{2} \end{pmatrix}, \begin{pmatrix} 2 \\ -3 \\ 5 \end{pmatrix}$

3. Man bestimme die Lösungen der folgenden Gleichungssysteme:

   a) $\begin{aligned} 3x_1 + x_2 - 5x_3 &= 1 \\ -2x_1 - 4x_2 + 3x_3 &= -1 \\ 5x_1 + 3x_2 - 7x_3 &= 3 \end{aligned}$
   b) $\begin{aligned} 2x_1 - 3x_2 + x_3 &= 1 \\ -5x_1 + 2x_2 - 8x_3 &= 2 \\ -x_1 + 3x_2 + x_3 &= 1 \end{aligned}$

   c) $\begin{aligned} 5x_1 + x_2 + 8x_3 &= 7 \\ 4x_1 - 3x_2 - 5x_3 &= 17 \\ -x_1 + 2x_2 + 5x_3 &= -8 \end{aligned}$

4. Man untersuche, ob die Vektoren $\vec{v}_1, \vec{v}_2, \vec{v}_3$ eine Basis des $\mathbb{R}^3$ bilden und berechne gegebenenfalls die Koordinaten von $\vec{u}$ bezüglich dieser Basis. (Falls $\vec{v}_1, \vec{v}_2, \vec{v}_3$ keine Basis bilden, entscheide man, ob $\vec{u}$ dem von $\vec{v}_1, \vec{v}_2, \vec{v}_3$ aufgespannten Untervektorraum angehört.)

   a) $\vec{v}_1 = \begin{pmatrix} 3 \\ 1 \\ 4 \end{pmatrix}, \vec{v}_2 = \begin{pmatrix} 1 \\ 2 \\ 5 \end{pmatrix}, \vec{v}_3 = \begin{pmatrix} 5 \\ 0 \\ 3 \end{pmatrix}, \vec{u} = \begin{pmatrix} 1 \\ 0 \\ 2 \end{pmatrix}$

   b) $\vec{v}_1 = \begin{pmatrix} 2 \\ 5 \\ 3 \end{pmatrix}, \vec{v}_2 = \begin{pmatrix} 5 \\ 3 \\ 1 \end{pmatrix}, \vec{v}_3 = \begin{pmatrix} 8 \\ 1 \\ -1 \end{pmatrix}, \vec{u} = \begin{pmatrix} 5 \\ -16 \\ -12 \end{pmatrix}$

   c) $\vec{v}_1 = \begin{pmatrix} 2 \\ 1 \\ -3 \end{pmatrix}, \vec{v}_2 = \begin{pmatrix} 4 \\ 7 \\ -1 \end{pmatrix}, \vec{v}_3 = \begin{pmatrix} 3 \\ 4 \\ -2 \end{pmatrix}, \vec{u} = \begin{pmatrix} -1 \\ -3 \\ -1 \end{pmatrix}$

5. Man untersuche, ob $\begin{pmatrix} -2 \\ 0 \\ 3 \end{pmatrix}, \begin{pmatrix} 0 \\ 2 \\ 3 \end{pmatrix}, \begin{pmatrix} 1 \\ 2 \\ 1 \end{pmatrix}$ eine Basis des $\mathbb{R}^3$ bilden und berechne gegebenenfalls die Koordinaten der Vektoren $\vec{a} = \begin{pmatrix} 0 \\ 3 \\ 4 \end{pmatrix}, \vec{b} = \begin{pmatrix} 1 \\ 0 \\ -1 \end{pmatrix}$ bezüglich dieser Basis.

6. a) Man löse nebenstehendes Gleichungssystem, wobei k ein reeller Parameter sei. (Fallunterscheidung!)

   $\begin{aligned} 2x_1 \phantom{+ x_2} + x_3 &= 2 \\ 2x_2 + 3x_3 &= 0 \\ x_1 + x_2 + kx_3 &= 0 \end{aligned}$

   b) Geben Sie eine vektorielle Interpretation der Ergebnisse.

7. Unter welchen Voraussetzungen hat ein Gleichungssystem mit n Gleichungen und n Variablen genau eine Lösung?

## 2.6. Ein Verfahren zur Lösung von Gleichungssystemen

### *2.6.3. Praktische Anwendungen

Lineare Gleichungssysteme werden in Mathematik, Physik und anwendungsbezogenen Wissenschaften in vielfältiger Weise benutzt. Beispiele für mathematische Anwendungen bieten sich neben den Problemen im vorliegenden Buch etwa in der Analysis beim Errechnen ganzrationaler Funktionen mit vorgegebenen Eigenschaften. Weiteren Einblick in die Anwendbarkeit linearer Gleichungssysteme mögen die folgenden Beispiele bieten.

**a) Ein Problem aus der Industrieproduktion**

In Industrieunternehmen herrschen häufig zwischen Roh-, Zwischen- und Fertigprodukten Zusammenhänge, wie sie vereinfacht im nebenstehenden „Gozinto-Graphen" dargestellt werden können (Fig. 2.5). Für unser Beispiel nehmen wir an, daß das Zwischenprodukt Z zu 70% aus dem Rohprodukt $R_1$, zu 20% aus dem Rohprodukt $R_2$ und zu 10% aus dem Fertigprodukt F besteht. Vom Zwischenprodukt Z fallen 80% als Fertigprodukt F an. (Der angegebene Fall, daß ein Rückfluß von Produkten höherer Produktionsstufe zu Produkten niederer Produktionsstufe vorliegt, tritt z. B. häufig in der chemischen Industrie auf.)

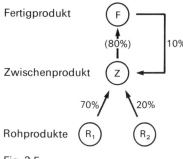

Fig. 2.5

Soll etwa eine Mengeneinheit (ME) des Fertigproduktes F produziert werden, so wird man nach den benötigten ME der Rohprodukte $R_1$, $R_2$ fragen müssen. Dies führt in folgender Weise auf ein lineares Gleichungssystem: Wir bezeichnen die Anzahl der eingesetzten ME der Rohprodukte $R_1$, $R_2$ mit $x_1$, $x_2$. Die Anzahl der ME des Fertigproduktes, die in die Produktion zurückfließen sei $x_3$, die Anzahl der erzeugten ME des Fertigproduktes sei $x_4$.
Um einen Überschuß von 1 ME des Fertigproduktes zu erzielen, muß offenbar gelten:

$$x_4 - x_3 = 1.$$

Die Prozentanteile der Rohprodukte bzw. des rückfließenden Fertigprodukts ergeben:

$$\frac{x_1}{x_2} = \frac{7}{2} \quad \text{und} \quad \frac{x_2}{x_3} = \frac{2}{1}.$$

Da aus dem Zwischenprodukt 80% der ME als Fertigprodukt anfallen, gilt:

$$x_4 = 0{,}8\,(x_1 + x_2 + x_3).$$

Nach entsprechenden Umformungen ergibt sich ein lineares Gleichungssystem mit folgendem Lösungsschema:

$$\begin{array}{cccc|c}
0 & 0 & 1 & -1 & -1 \\
2 & -7 & 0 & 0 & 0 \\
0 & 1 & -2 & 0 & 0 \\
0{,}8 & 0{,}8 & 0{,}8 & -1 & 0
\end{array}$$

Dies führt auf die Lösung $x_1 = 1$, $x_2 = \frac{2}{7}$, $x_3 = \frac{1}{7}$, $x_4 = \frac{8}{7}$.

Ergebnis: Für 1 ME Fertigprodukt sind 1 ME von Rohprodukt 1 und $\frac{2}{7}$ ME von Rohprodukt 2 erforderlich. Von den zunächst entstehenden $\frac{8}{7}$ ME des Fertigprodukts werden $\frac{1}{7}$ ME in den Prozeß zurückgeführt.

## b) Ein biologisches Problem

Eine Fliegenpopulation im Laborexperiment enthält Fliegen mit drei verschiedenen Merkmalen A, B, C (beispielsweise krankhafte Veränderungen o. ä.). Das Auftreten der Merkmale ist bedingt durch Vererbung und durch verschiedene, nicht näher zu erfassende Umwelteinflüsse. Beobachtungen über längere Zeit zeigen, daß die Vermehrungsrate durch die drei Merkmale nicht beeinflußt wird, und daß im statistischen Mittel die Weitergabe der Merkmale A, B, C durch folgende Matrix der Übergangswahrscheinlichkeiten beschrieben werden kann:

| von\zu | A | B | C |
|---|---|---|---|
| A | 0,7 | 0,4 | 0,4 |
| B | 0,1 | 0,5 | 0,2 |
| C | 0,2 | 0,1 | 0,4 |

Fliegen mit Merkmal A haben also mit 70% Wahrscheinlichkeit Nachkommen mit Merkmal A, mit 10% Wahrscheinlichkeit Nachkommen mit Merkmal B und mit 20% Wahrscheinlichkeit Nachkommen mit Merkmal C. Entsprechend interpretieren sich die 2. und 3. Spalte der Matrix[1].

Bezeichnen wir den Anteil der Fliegen mit Merkmal A mit $z_1$, den der Fliegen mit Merkmal B bzw. C mit $z_2$ bzw. $z_3$, so läßt sich die Verteilung ($z'_1$, $z'_2$, $z'_3$) der Fliegen in der darauffolgenden Generation durch die folgenden Gleichungen errechnen:

$$z'_1 = 0{,}7z_1 + 0{,}4z_2 + 0{,}4z_3$$
$$z'_2 = 0{,}1z_1 + 0{,}5z_2 + 0{,}2z_3 \quad (*)$$
$$z'_3 = 0{,}2z_1 + 0{,}1z_2 + 0{,}4z_3$$

Der Anteil $z'_1$ setzt sich zusammen aus dem Anteil der Fliegen, die von Fliegen mit Merkmal A abstammen, zuzüglich der „Zuwanderer", die von Fliegen mit Merkmalen B bzw. C abstammen. Entsprechend interpretieren sich die weiteren Gleichungen. Sind z. B. anfänglich die drei Merkmale gleich stark vertreten ($z_1 = z_2 = z_3 = 0{,}33$) so ergibt sich aus ($*$) in der ersten Generation $z'_1 = 0{,}50$, $z'_2 = 0{,}27$, $z'_3 = 0{,}23$ (gerundet), also eine Verteilung wie 50 : 27 : 23. Man kann nun zeigen, daß sich, ausgehend von einer beliebigen Anfangsverteilung ($z_1, z_2, z_3$), auf lange Sicht gesehen eine von der Anfangsverteilung unabhängige Endverteilung ($x_1, x_2, x_3$) einstellt, welche sich dann von Generation zu Generation nicht mehr ändert. Diese Endverteilung läßt sich aus dem folgenden Gleichungssystem errechnen, welches sich unter Benutzung von ($*$) und der Feststellung, daß sich die Endverteilung nicht mehr ändert, ergibt:

$$x_1 = 0{,}7x_1 + 0{,}4x_2 + 0{,}4x_3$$
$$x_2 = 0{,}1x_1 + 0{,}5x_2 + 0{,}2x_3 \quad (**)$$
$$x_3 = 0{,}2x_1 + 0{,}1x_2 + 0{,}4x_3$$

Das zugehörige Lösungsschema des homogenen Gleichungssystems
$$\begin{matrix} -0{,}3 & 0{,}4 & 0{,}4 \\ 0{,}1 & -0{,}5 & 0{,}2 \\ 0{,}2 & 0{,}1 & -0{,}6 \end{matrix}$$

führt nach entsprechenden Umformungen auf $\begin{matrix} 1 & -5 & 2 \\ 0 & 11 & -10 \\ 0 & 0 & 0 \end{matrix}$.

Eine Gleichung ist also überflüssig und es existiert eine nichttriviale Lösung. Bezeichnen wir z. B. $x_3$ mit r, so ergibt sich das inhomogene Gleichungssystem $\left.\begin{matrix} 1 & -5 \\ 0 & 11 \end{matrix}\right| \begin{matrix} -2r \\ 10r \end{matrix}$, woraus sich schließlich die Lösungen $x_1 = \frac{28}{11}r$, $x_2 = \frac{10}{11}r$, $x_3 = r$ errechnen. Die Anteile verhalten sich also auf längere Sicht gesehen wie 28 : 10 : 11. In Prozenten ausgedrückt: Merkmal A 57,1%, Merkmal B 20,4%, Merkmal C 22,4% (gerundet).

---

[1] Stochastische Prozesse, welche sich nach vorliegendem Modell beschreiben lassen, heißen Markow-Ketten. A. A. Markow (1856–1922) war zusammen mit P. L. Tschebyschew (1821–1894) und A. N. Kolmogorow (geb. 1903) einer der Begründer der modernen Wahrscheinlichkeitsrechnung.

## 2.6. Ein Verfahren zur Lösung von Gleichungssystemen

Die Anzahl der Generationen, die benötigt werden, um aus einem (willkürlichen) Anfangszustand in den errechneten Endzustand zu gelangen, läßt sich näherungsweise durch „Testen" finden: Beginnend mit der Anfangsverteilung $z_1 = z_2 = z_3 = \frac{1}{3}$ ermittelt ein programmierbarer Rechner die folgende Generationsfolge:

| Generation | 0 | 1 | 2 | 3 | 4 | 5 | 6 | 7 |
|---|---|---|---|---|---|---|---|---|
| Verteilungszustand | 0,333 | 0,500 | 0,549 | 0,564 | 0,569 | 0,570 | 0,571 | 0,571 |
| | 0,333 | 0,266 | 0,230 | 0,214 | 0,207 | 0,205 | 0,204 | 0,204 |
| | 0,333 | 0,233 | 0,220 | 0,221 | 0,223 | 0,224 | 0,224 | 0,224 |

Nach 6 Generationen ist also mit einer Genauigkeit von 3 Nachkommastellen der Endzustand erreicht.

**Bemerkungen:**

1. Mit den „Startvektoren" $\begin{pmatrix} 1 \\ 0 \\ 0 \end{pmatrix}, \begin{pmatrix} 0 \\ 1 \\ 0 \end{pmatrix}, \begin{pmatrix} 0 \\ 0 \\ 1 \end{pmatrix}$ wird der „Zielvektor" $\begin{pmatrix} x_1 \\ x_2 \\ x_3 \end{pmatrix}$ bei einer Genauigkeit von 3 Nachkommastellen nach spätestens 7 Generationen erreicht. Ein beliebiger Startvektor $\begin{pmatrix} z_1 \\ z_2 \\ z_3 \end{pmatrix} = z_1 \begin{pmatrix} 1 \\ 0 \\ 0 \end{pmatrix} + z_2 \begin{pmatrix} 0 \\ 1 \\ 0 \end{pmatrix} + z_3 \begin{pmatrix} 0 \\ 0 \\ 1 \end{pmatrix}$ sollte also nach etwa 7 Generationen den Zielvektor $z_1 \begin{pmatrix} x_1 \\ x_2 \\ x_3 \end{pmatrix} + z_2 \begin{pmatrix} x_1 \\ x_2 \\ x_3 \end{pmatrix} + z_3 \begin{pmatrix} x_1 \\ x_2 \\ x_3 \end{pmatrix} = (z_1 + z_2 + z_3) \begin{pmatrix} x_1 \\ x_2 \\ x_3 \end{pmatrix} = \begin{pmatrix} x_1 \\ x_2 \\ x_3 \end{pmatrix}$ erreichen. ($z_1, z_2, z_3$ bezeichnen die anfänglichen Anteile an der Gesamtpopulation, deshalb gilt $z_1 + z_2 + z_3 = 1$.)

2. Das Gleichungssystem $(**)$ läßt sich also auch näherungsweise durch sukzessives Einsetzen mit beliebigem Startvektor in $(*)$ lösen. Man spricht von einer iterativen Lösung. Wann dieses Verfahren für Gleichungssysteme zulässig ist, kann jedoch im Rahmen des vorliegenden Lehrbuchs nicht erörtert werden.

**Aufgabe:**

Man untersuche das vorliegende Problem für die folgenden Matrizen der Übergangswahrscheinlichkeiten:

| 0,8 | 0,8 | 0,8 | | 0,7 | 0,7 | 0,7 | | 0,8 | 0,1 | 0,1 |
|---|---|---|---|---|---|---|---|---|---|---|
| 0,1 | 0,1 | 0,1 | | 0,2 | 0,1 | 0,2 | | 0,1 | 0,8 | 0,1 |
| 0,1 | 0,1 | 0,1 | | 0,1 | 0,2 | 0,1 | | 0,1 | 0,1 | 0,8 |

### c) Ein Problem aus der Physik
(Gleichstromnetzwerke)

*Berechnung der Ströme und Spannungsabfälle in einem Gleichstromnetzwerk*

*Allgemeine Grundlagen*

Fig. 2.6 zeigt ein einfaches Gleichstromnetzwerk zur Erklärung der wichtigsten Begriffe. Durch jeden Widerstand $R_k$ fließt ein Strom $I_k$, der an diesem Widerstand einen Spannungsabfall $U_k$ hervorruft. Die Spannungsquellen bezeichnen wir mit $e_k$ bzw. $e$.

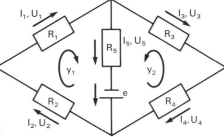

Fig. 2.6

Die Richtungen der Ströme werden willkürlich festgelegt und in das Netzwerk eingezeichnet. Dabei wird vereinbart, daß diese „Zählrichtung" für die Ströme $I_k$ und die Spannungsabfälle $U_k$ übereinstimmen soll.

Die Richtung der Spannungsquellen kann davon unabhängig gewählt werden (z. B. in Übereinstimmung mit der Polung).

Als *Knoten* bezeichnet man jede Leiterverzweigung. Unter Berücksichtigung der festgelegten Stromrichtungen gilt der

*Knotensatz:* Die Summe aller Ströme in einem Knoten ist Null.
(In einem Knoten ist die Summe aller zufließenden Ströme gleich der Summe aller abfließenden Ströme).

Als *Masche* bezeichnet man jeden geschlossenen Leiterkreis innerhalb des Netzwerkes. Unter Berücksichtigung der Spannungsrichtungen gilt der

*Maschensatz:* In einer Masche ist die Summe der Spannungsabfälle $U_k$ gleich der Summe der Spannungen $e_k$.

Zur Berechnung von Netzwerken brauchen wir zusätzlich noch den *Kirchhoffschen Satz:* In einem Leiter ist die Gesamtstromstärke gleich der Summe der Teilstromstärken.

Als Hilfsgrößen werden die sog. Maschenumlaufströme eingeführt, die man mit $y_i$ bezeichnet. Es werden aber nur so viele Maschenumlaufströme eingeführt, wie es voneinander *unabhängige Maschen* gibt. Diese unabhängigen Maschen findet man auf folgende Weise: Jede Masche, die man betrachtet hat, wird an einer beliebigen Stelle unterbrochen. Läßt sich aufgrund dieser Unterbrechungen keine geschlossene Masche mehr finden, so hat man alle voneinander unabhängigen Maschen erfaßt.

In den folgenden Beispielen zeigen wir, wie sich die Zweigströme $I_k$ und die Spannungsabfälle $U_k$ durch das Lösen von Gleichungssystemen ermitteln lassen.

1. Beispiel:

In Fig. 2.7 gelte:
$R_1 = R_2 = 4\,\Omega$; $R_3 = 10\,\Omega$;
$R_4 = 6\,\Omega$; $R_5 = 8\,\Omega$;
$e_1 = 30\,V$; $e_2 = 10\,V$.

Zur Ermittlung der unabhängigen Maschen beginnen wir mit Masche I (ABD) und unterbrechen ($\sim$) zwischen A und B.
Die Masche II (BCD) unterbrechen wir zwischen C und D.
Dann läßt sich keine weitere geschlossene Masche mehr finden.

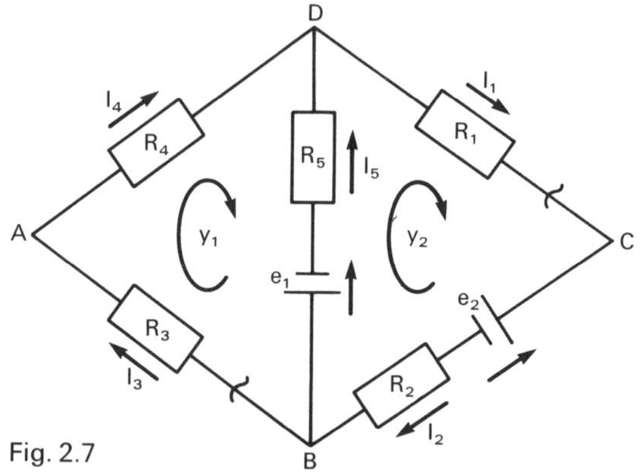

Fig. 2.7

Für Masche I gilt: $U_3 + U_4 - U_5 = -e_1$
Für Masche II gilt: $U_1 + U_2 + U_5 = e_1 - e_2$

Diese Gleichungen nennt man *Maschengleichungen*.
Nun drücken wir die *Zweigströme* $I_k$ durch die Maschenumlaufströme $y_i$ aus:

## 2.6. Ein Verfahren zur Lösung von Gleichungssystemen

$I_1 = y_2$, $I_2 = y_2$, $I_3 = y_1$, $I_4 = y_1$, $I_5 = y_2 - y_1$.

Mit Hilfe des Ohmschen Gesetzes lassen sich die *Spannungsabfälle* $U_k$ durch die Ströme $I_k$ und die Widerstände $R_k$ ausdrücken:

$U_1 = R_1 I_1 = R_1 y_2$, $\quad U_3 = R_3 I_3 = R_3 y_1$, $\quad U_5 = R_5 I_5 = R_5(y_2 - y_1)$
$U_2 = R_2 I_2 = R_2 y_2$, $\quad U_4 = R_4 I_4 = R_4 y_1$,

Diese Beziehungen setzen wir in die Maschengleichungen ein und erhalten ein *Gleichungssystem* zur Bestimmung *der Maschenumlaufströme*:

I) $R_3 y_1 + R_4 y_1 - R_5(y_2 - y_1) = -e_1$ $\quad$ oder $\quad$ $(R_3 + R_4 + R_5)y_1 - R_5 y_2 = -e_1$
II) $R_1 y_2 + R_2 y_2 + R_5(y_2 - y_1) = e_1 - e_2$ $\qquad\qquad -R_5 y_1 + (R_1 + R_2 + R_5)y_2 = e_1 - e_2$

Mit den angegebenen Widerstands- und Spannungswerten ergibt sich:

I) $24y_1 - 8y_2 = -30$
II) $-8y_1 + 16y_2 = 20$ $\quad$ und daraus $\quad y_1 = -1$ $\quad$ und $\quad y_2 = 0{,}75$.

Damit erhält man schließlich die *Zweigströme* und die *Spannungsabfälle*:

| | | |
|---|---|---|
| $I_1 =$ 0,75 A, | $U_1 =$ 3 V | Die Vorzeichen beziehen sich auf die willkürlich gewählte |
| $I_2 =$ 0,75 A, | $U_2 =$ 3 V | Stromrichtung. So bedeutet z. B. $I_3 = -1$ A, daß der Strom |
| $I_3 =$ $-1$ A, | $U_3 = -10$ V | in Wirklichkeit in der entgegengesetzten Richtung fließt |
| $I_4 =$ $-1$ A, | $U_4 = -6$ V | wie zunächst angenommen. |
| $I_5 =$ 1,75 A, | $U_5 =$ 14 V | |

Die Ergebnisse lassen sich mit Hilfe der Knotenregel überprüfen:

So gilt im Knoten B: $I_2 = I_5 + I_3$.

### 2. Beispiel:

In Fig. 2.8 gelte:
$R_1 = 2\,\Omega$,
$R_2 = 4\,\Omega$,
$R_3 = 6\,\Omega$,
$R_4 = R_6 = R_7 = 10\,\Omega$,
$R_5 = 8\,\Omega$,
$e = 20$ V

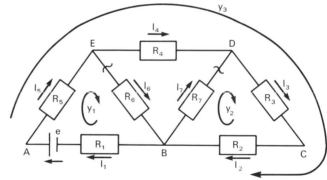

Fig. 2.8

Masche I: $\quad$ ABE $\qquad$ (unterbrechen zwischen B und E)
Masche II: $\quad$ BCD $\qquad$ (unterbrechen zwischen B und D)
Masche III: AEDCB

*Maschengleichungen:*

$U_1 + U_5 + U_6 = e$
$U_2 + U_3 + U_7 = 0$
$U_1 + U_2 + U_3 + U_4 + U_5 = e$

*Zweigströme:*

$I_1 = y_1 + y_3$
$I_2 = y_2 + y_3$
$I_3 = y_2 + y_3$
$I_4 = y_3$
$I_5 = y_1 + y_3$
$I_6 = y_1$
$I_7 = y_2$

*Spannungsabfälle:*

$U_1 = R_1 (y_1 + y_3)$
$U_2 = R_2 (y_2 + y_3)$
$U_3 = R_3 (y_2 + y_3)$
$U_4 = R_4 y_3$
$U_5 = R_5 (y_1 + y_3)$
$U_6 = R_6 y_1$
$U_7 = R_7 y_2$

*Gleichungssystem für die Maschenumlaufströme:*

$(R_1 + R_5 + R_6) y_1 + \qquad\qquad\qquad\qquad (R_1 + R_5) y_3 = e$
$\qquad\qquad (R_2 + R_3 + R_7) y_2 + (R_2 + R_3) y_3 = 0$
$(R_1 + R_5) y_1 + (R_2 + R_3) y_2 + (R_1 + R_2 + R_3 + R_4 + R_5) y_3 = e$

Mit den angegebenen Widerstands- und Spannungswerten ergibt sich:

$20 y_1 \qquad\quad + 10 y_3 = 20$
$\qquad 20 y_2 + 10 y_3 = 0$
$10 y_1 + 10 y_2 + 30 y_3 = 20$

Lösung:

$$\begin{array}{ccc|c} 20 & 0 & 10 & 20 \\ 0 & 20 & 10 & 0 \\ 10 & 10 & 30 & 20 \end{array} \rightarrow \begin{array}{ccc|c} 1 & 0 & 0,5 & 1 \\ 0 & 1 & 0,5 & 0 \\ 1 & 1 & 3 & 2 \end{array} \rightarrow \ldots \rightarrow \begin{array}{ccc|c} 1 & 0 & 0 & 0,75 \\ 0 & 1 & 0 & -0,25 \\ 0 & 0 & 1 & 0,5 \end{array} \Rightarrow$$

$y_1 = 0{,}75$ A
$y_2 = -0{,}25$ A
$y_3 = 0{,}50$ A

*Zweigströme:*

$I_1 = 1{,}25$ A $\qquad I_5 = 1{,}25$ A
$I_2 = 0{,}25$ A $\qquad I_6 = 0{,}75$ A
$I_3 = 0{,}25$ A $\qquad I_7 = -0{,}25$ A
$I_4 = 0{,}50$ A

*Spannungsabfälle:*

$U_1 = 2{,}5$ V $\qquad U_5 = 10{,}0$ V
$U_2 = 1{,}0$ V $\qquad U_6 = 7{,}5$ V
$U_3 = 1{,}5$ V $\qquad U_7 = -2{,}5$ V
$U_4 = 5{,}0$ V

### Aufgabe

In dem gezeichneten „Tetraedernetzwerk" haben alle Widerstände den Wert 1 Ohm, die Spannung e beträgt 1 Volt. Berechnen Sie die Zweigströme.

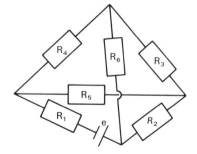

Fig. 2.9

## *2.7. Determinanten

Wir wollen uns im folgenden mit einer weiteren Möglichkeit zur Behandlung linearer Gleichungssysteme befassen. Im Vergleich zu dem (mehr praxisorientierten) Verfahren, welches in Abschnitt 2.6. vorgestellt wurde, eignen sich die anschließenden Überlegungen vor allem für theoretische Aussagen über die Lösbarkeit von Gleichungssystemen. Darüber hinaus gewinnen wir eine sehr elegante Formulierung für die lineare Abhängigkeit bzw. Unabhängigkeit von Vektoren.
Zur Vereinfachung der Sprechweise legen wir folgendes fest:
Schreibt man Zahlen in ein rechteckiges Schema, so spricht man von einer Matrix.

Beispiele sind: $\begin{pmatrix} 2 & 1 & 3 \\ 4 & 2 & 0 \end{pmatrix}$, $\begin{pmatrix} 1 & 2 & 4 \\ 6 & 2 & 3 \\ 0 & 4 & 7 \end{pmatrix}$, $\begin{pmatrix} 1{,}1 & -2{,}8 \\ 1{,}7 & 3{,}2 \\ -1{,}0 & 7{,}0 \end{pmatrix}$

Matrizen sind bei unseren bisherigen Überlegungen schon in den Abschnitten 1.2.3. und 2.6.3., vor allem aber als Lösungsschemata in Abschnitt 2.6. aufgetreten.
Die Zeilen und Spalten einer Matrix werden häufig als Vektoren aufgefaßt; die erste Matrix unseres Beispiels hat die Zeilenvektoren $\vec{z}_1 = (2, 1, 3)$, $\vec{z}_2 = (4, 2, 0)$ und die Spaltenvektoren $\vec{s}_1 = \begin{pmatrix} 2 \\ 4 \end{pmatrix}$, $\vec{s}_2 = \begin{pmatrix} 1 \\ 2 \end{pmatrix}$, $\vec{s}_3 = \begin{pmatrix} 3 \\ 0 \end{pmatrix}$. Zeilen und Spalten einer Matrix bezeichnet man auch als Reihen. Eine Matrix mit m Zeilen und n Spalten heißt (m, n)-Matrix.

Im folgenden beschränken wir uns auf quadratische (m = n) zwei- bzw. dreireihige Matrizen, welche allgemein in folgender Form geschrieben werden:

$\begin{pmatrix} a_{11} & a_{12} \\ a_{21} & a_{22} \end{pmatrix}$, z.B. $\begin{pmatrix} 1 & 7 \\ -2 & 5 \end{pmatrix}$ bzw. $\begin{pmatrix} a_{11} & a_{12} & a_{13} \\ a_{21} & a_{22} & a_{23} \\ a_{31} & a_{32} & a_{33} \end{pmatrix}$, z.B. $\begin{pmatrix} 1 & 0 & 7 \\ 5 & -3 & 2 \\ 3 & 4 & -1 \end{pmatrix}$

Der erste Index eines Matrixelementes (Zahl) gibt die Nummer der Zeile an, der zweite die Nummer der Spalte.

In $\begin{pmatrix} 0 & 5 \\ -2 & 8 \end{pmatrix}$ ist z.B. $a_{21} = -2$, da in der 2. Zeile und 1. Spalte die Zahl $-2$ steht.

Bei der Lösung von Gleichungssystemen wollen wir uns nun – wie schon in Abschnitt 2.6.1. – vom bekannten Additionsverfahren leiten lassen, diesmal jedoch eine andere Art der Formalisierung angeben.

Wir beschränken uns zunächst auf ein System mit zwei Gleichungen und zwei Variablen und treffen hierzu die folgende Definition:

Multipliziert man die Elemente jeder der beiden Diagonalen einer quadratischen zweireihigen Matrix und subtrahiert die entstehenden Produkte wie folgt, so erhält man die Determinante der Matrix:

$\begin{vmatrix} a_{11} & a_{12} \\ a_{21} & a_{22} \end{vmatrix} = a_{11} a_{22} - a_{21} a_{12}$     Beispiel: $\begin{vmatrix} 1 & 7 \\ 2 & 5 \end{vmatrix} = 1 \cdot 5 - 2 \cdot 7 = -9$

Dies führt, wie anschließend erläutert wird, zu einer sehr übersichtlichen Schreibweise bei Gleichungssystemen:

Beispiel:

$2x_1 + 5x_2 = 1$
$-3x_1 + 2x_2 = -11$

Allgemein:

$a_{11}x_1 + a_{12}x_2 = b_1$
$a_{21}x_1 + a_{22}x_2 = b_2$

Multiplikation der ersten Gleichung mit $a_{22}$ und der zweiten Gleichung mit $-a_{12}$ liefert mit anschließender Addition:

$19x_1 = 57$  $\qquad (a_{11}a_{22} - a_{21}a_{12})x_1 = b_1 a_{22} - b_2 a_{12}$

also $x_1 = 3$  $\qquad$ Hierfür können wir schreiben:

$$\begin{vmatrix} a_{11} & a_{12} \\ a_{21} & a_{22} \end{vmatrix} \cdot x_1 = \begin{vmatrix} b_1 & a_{12} \\ b_2 & a_{22} \end{vmatrix},$$

$D = 19, \quad D_1 = 57$  $\qquad$ oder abgekürzt: $D \cdot x_1 = D_1$.

D heißt Koeffizientendeterminante des Gleichungssystems. $D_1$ erhält man, indem man die 1. Spalte der Koeffizientendeterminante durch die Elemente der rechten Seite des Gleichungssystems ersetzt.

Multipliziert man andererseits die erste Gleichung mit $-a_{21}$ und die zweite Gleichung mit $a_{11}$, so erhält man mit anschließender Addition:

$19x_2 = -19$  $\qquad (a_{22}a_{11} - a_{12}a_{21})x_2 = b_2 a_{11} - b_1 a_{21}$

also $x_2 = -1$  $\qquad$ Hierfür können wir schreiben:

$$\begin{vmatrix} a_{11} & a_{12} \\ a_{21} & a_{22} \end{vmatrix} \cdot x_2 = \begin{vmatrix} a_{11} & b_1 \\ a_{21} & b_2 \end{vmatrix}$$

$D_2 = -19$  $\qquad$ oder abgekürzt: $D \cdot x_2 = D_2$.

$D_2$ erhält man, indem man in der Koeffizientendeterminante die 2. Spalte durch die Elemente der rechten Seite des Gleichungssystems ersetzt.
Man sieht sofort:
Für $D \neq 0$ hat das Gleichungssystems genau eine Lösung:

$x_1 = \dfrac{D_1}{D}, \ x_2 = \dfrac{D_2}{D}$ $\qquad$ (Cramersche Regel[1]).

Man überzeuge sich hiervon durch Einsetzen der Lösung in die Ausgangsgleichungen.
Für $D = 0$ ist das Gleichungssystem entweder unlösbar oder es hat unendlich viele Lösungen.

---

[1] Gabriel Cramer (1704–1752), schweizerischer Mathematiker.

## 2.7. Determinanten

**Beispiel 2.39.**

$3x_1 + 4x_2 = 2$
$2x_1 - 3x_2 = 7$
$\quad D = \begin{vmatrix} 3 & 4 \\ 2 & -3 \end{vmatrix} = -17, \quad D_1 = \begin{vmatrix} 2 & 4 \\ 7 & -3 \end{vmatrix} = -34, \quad D_2 = \begin{vmatrix} 3 & 2 \\ 2 & 7 \end{vmatrix} = 17$

Das Gleichungssystem hat die eindeutig bestimmte Lösung

$x_1 = \dfrac{D_1}{D} = \dfrac{-34}{-17} = 2, \quad x_2 = \dfrac{D_2}{D} = \dfrac{17}{-17} = -1$

$2x_1 + 5x_2 = 1$
$3x_1 + 7{,}5x_2 = 2$
$\quad D = 0, \quad D_1 = \begin{vmatrix} 1 & 5 \\ 2 & 7{,}5 \end{vmatrix} = -2{,}5 \neq 0$

Das Gleichungssystem hat keine Lösung.

$2x_1 + 5x_2 = 1$
$3x_1 + 7{,}5x_2 = 1{,}5$
$\quad D = 0, \quad D_1 = \begin{vmatrix} 1 & 5 \\ 1{,}5 & 7{,}5 \end{vmatrix} = 0, \quad D_2 = \begin{vmatrix} 2 & 1 \\ 3 & 1{,}5 \end{vmatrix} = 0$

Das Gleichungssystem hat unendlich viele Lösungen. (Die zweite Gleichung ist Vielfaches der ersten.)

Man überzeugt sich leicht, daß das Gleichungssystem genau dann keine Lösung hat, wenn $D = 0$ und $D_1 \neq 0$ oder $D_2 \neq 0$. Eine Lösung müßte ja die Gleichungen $0 \cdot x_1 = D_1$ und $0 \cdot x_2 = D_2$ erfüllen, was nur möglich ist, wenn beide Determinanten $D_1$ und $D_2$ gleich Null sind.

Um Gleichungssysteme mit drei Gleichungen und drei Variablen zu untersuchen, benötigt man dreireihige Determinanten, die auf zweireihige Determinanten zurückgeführt werden:
Unter dem *algebraischen Komplement* $A_{ij}$ zu einem Element $a_{ij}$ einer dreireihigen Determinante versteht man die mit $(-1)^{i+j}$ multiplizierte zweireihige Determinante (Unterdeterminante), die durch Weglassen der i-ten Zeile und j-ten Spalte entsteht.

**Beispiel 2.40.**

$\begin{vmatrix} 1 & 2 & -1 \\ 5 & 0 & 2 \\ -3 & 1 & 0 \end{vmatrix}, \quad a_{12} = 2, \quad A_{12} = -\begin{vmatrix} 5 & 2 \\ -3 & 0 \end{vmatrix}, \quad a_{31} = -3, \quad A_{31} = \begin{vmatrix} 2 & -1 \\ 0 & 2 \end{vmatrix}.$

Die dreireihige Determinante wird nun nach folgendem Schema berechnet:
Man wählt eine Spalte aus (z.B. die erste), multipliziert die Spaltenelemente $a_{ij}$ mit den zugehörigen algebraischen Komplementen $A_{ij}$ und addiert diese Produkte:

$\begin{vmatrix} a_{11} & a_{12} & a_{13} \\ a_{21} & a_{22} & a_{23} \\ a_{31} & a_{32} & a_{33} \end{vmatrix} = a_{11} \begin{vmatrix} a_{22} & a_{23} \\ a_{32} & a_{33} \end{vmatrix} - a_{21} \begin{vmatrix} a_{12} & a_{13} \\ a_{32} & a_{33} \end{vmatrix} + a_{31} \begin{vmatrix} a_{12} & a_{13} \\ a_{22} & a_{23} \end{vmatrix}$

Auf den Nachweis, daß es für die Berechnung der Determinante gleichgültig ist, welche Spalte man auswählt, wollen wir verzichten. Auch Zeilen können zur „Entwicklung der Determinante" benutzt werden *(Laplacescher[1] Entwicklungssatz)*.

---
[1] Pierre Simon Laplace (1749–1827), einer der bedeutendsten französischen Mathematiker.

**Beispiel 2.41.**

Entwicklung nach der 1. Spalte:
$$\begin{vmatrix} 1 & 2 & -2 \\ 3 & 5 & 3 \\ 4 & 1 & 7 \end{vmatrix} = \begin{vmatrix} 5 & 3 \\ 1 & 7 \end{vmatrix} - 3\begin{vmatrix} 2 & -2 \\ 1 & 7 \end{vmatrix} + 4\begin{vmatrix} 2 & -2 \\ 5 & 3 \end{vmatrix} = 32 - 3 \cdot 16 + 4 \cdot 16 = 48$$

Entwicklung nach der 1. Zeile:
$$\begin{vmatrix} 1 & 2 & -2 \\ 3 & 5 & 3 \\ 4 & 1 & 7 \end{vmatrix} = \begin{vmatrix} 5 & 3 \\ 1 & 7 \end{vmatrix} - 2\begin{vmatrix} 3 & 3 \\ 4 & 7 \end{vmatrix} - 2\begin{vmatrix} 3 & 5 \\ 4 & 1 \end{vmatrix} = 32 - 2 \cdot 9 - 2 \cdot (-17) = 48$$

Entwicklung nach der 2. Spalte:
$$\begin{vmatrix} 1 & 2 & -2 \\ 3 & 5 & 3 \\ 4 & 1 & 7 \end{vmatrix} = -2\begin{vmatrix} 3 & 3 \\ 4 & 7 \end{vmatrix} + 5\begin{vmatrix} 1 & -2 \\ 4 & 7 \end{vmatrix} - \begin{vmatrix} 1 & -2 \\ 3 & 3 \end{vmatrix} = -2 \cdot 9 + 5 \cdot 15 - 9 = 48$$

Entwicklung nach der 3. Zeile:
$$\begin{vmatrix} 1 & 2 & -2 \\ 3 & 5 & 3 \\ 4 & 1 & 7 \end{vmatrix} = 4\begin{vmatrix} 2 & -2 \\ 5 & 3 \end{vmatrix} - \begin{vmatrix} 1 & -2 \\ 3 & 3 \end{vmatrix} + 7\begin{vmatrix} 1 & 2 \\ 3 & 5 \end{vmatrix} = 4 \cdot 16 - 9 + 7 \cdot (-1) = 48$$

**Bemerkungen:**

1. Durch diese Definition wird die Berechnung einer dreireihigen Determinante auf die Berechnung zweireihiger Determinanten zurückgeführt. Dies läßt sich in analoger Weise auf n-reihige Determinanten erweitern und bietet ein Beispiel für eine rekursive[1] Definition.

2. Aus dem Berechnungsschema für dreireihige Determinanten läßt sich durch Umformung folgende Merkregel herleiten (Sarrus[2]-Regel):

Man schreibt neben die dritte Spalte noch einmal die erste und dann die zweite Spalte an und subtrahiert von der Summe der Produkte in Richtung der Hauptdiagonale die Summe der Produkte in Richtung der Nebendiagonale.

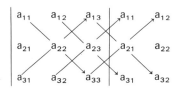
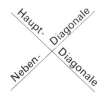

Für die Determinante aus Beispiel 2.41. ergibt sich nach diesem Schema:

$$D = (35 + 24 - 6) - (-40 + 3 + 42) = 53 - 5 = 48$$

---

[1] recurrere, lat., zurücklaufen.
[2] Pierre F. Sarrus (1798–1861), französischer Mathematiker.

## 2.7. Determinanten

Für das praktische Rechnen mit Determinanten sind die Aussagen des folgenden Satzes von Bedeutung.

**Satz 2.7.**

(1) Multipliziert man eine Reihe einer Determinante mit einer Zahl k, so wird der Wert der Determinante mit k multipliziert.

(2) Eine Determinante, bei welcher eine Reihe nur Nullen enthält, hat den Wert Null.

(3) Vertauscht man bei einer Determinante die Zeilen mit den entsprechenden Spalten, so ändert die Determinante ihren Wert nicht.

(4) Vertauscht man zwei Spalten (Zeilen) einer Determinante, so ändert die Determinante das Vorzeichen.

(5) Wird zu einer Spalte (Zeile) einer Determinante das k-fache einer anderen Spalte (Zeile) addiert, so ändert die Determinante ihren Wert nicht.

(6) Eine Determinante, bei der eine Spalte (Zeile) ein Vielfaches einer anderen Spalte (Zeile) ist, hat den Wert Null.

(7) Werden die Elemente $a_{ij}$ einer Spalte (Zeile) einer Determinante mit den entsprechenden algebraischen Komplementen einer *anderen* Spalte (Zeile) multipliziert und die Produkte addiert, so ergibt sich stets Null.

Die Aussagen (1) und (2) folgen sofort aus dem Berechnungsschema für Determinanten. Auf den Nachweis von (3), (4), (5) und (7), der zum Teil längere algebraische Umformungen erfordert, verzichten wir. Die Aussage (6) ergibt sich aus (5) und (2) oder aus (1) und (4), was in Aufgabe 11 durchgeführt werden soll.

Im folgenden Beispiel werden die Inhalte von Satz 2.7. verdeutlicht:

**Beispiel 2.42.**

Zu (1): $\begin{vmatrix} 2 & 0 & 1 \\ 4 & 1 & 3 \\ -6 & -1 & 4 \end{vmatrix} = 2 \cdot \begin{vmatrix} 1 & 0 & 1 \\ 2 & 1 & 3 \\ -3 & -1 & 4 \end{vmatrix}$  Zu (3): $\begin{vmatrix} 3 & 2 & 4 \\ 1 & 1 & 2 \\ 4 & 0 & 1 \end{vmatrix} = \begin{vmatrix} 3 & 1 & 4 \\ 2 & 1 & 0 \\ 4 & 2 & 1 \end{vmatrix}$

Zu (4): $\begin{vmatrix} 2 & 1 \\ 4 & 3 \end{vmatrix} = 2; \quad \begin{vmatrix} 4 & 3 \\ 2 & 1 \end{vmatrix} = -2; \quad \begin{vmatrix} 1 & 2 \\ 3 & 4 \end{vmatrix} = -2; \quad \begin{vmatrix} 3 & 2 & 4 \\ 1 & 1 & 2 \\ 4 & 0 & 1 \end{vmatrix} = - \begin{vmatrix} 2 & 3 & 4 \\ 1 & 1 & 2 \\ 0 & 4 & 1 \end{vmatrix}$

Zu (5): $\begin{vmatrix} 1 & 2 & -2 \\ 3 & 5 & 3 \\ 4 & 1 & 7 \end{vmatrix} = \begin{vmatrix} 1 & 2 & 0 \\ 3 & 5 & 9 \\ 4 & 1 & 15 \end{vmatrix} = \begin{vmatrix} 1 & 2 & 0 \\ 0 & -1 & 9 \\ 4 & 1 & 15 \end{vmatrix} = \begin{vmatrix} 1 & 2 & 0 \\ 0 & -1 & 9 \\ 4 & 0 & 24 \end{vmatrix}$
 (1. u. 3. Spalte)          (1. u. 2. Zeile)          (2. u. 3. Zeile)

Zu (6): $\begin{vmatrix} 1 & -2 & 1 \\ 0 & 0 & 1 \\ -2 & 4 & 1 \end{vmatrix} = 0$

Zu (7): $\begin{vmatrix} 1 & 2 & -2 \\ 3 & 5 & 3 \\ 4 & 1 & 7 \end{vmatrix} = 48;\quad 2\begin{vmatrix} 3 & 5 \\ 4 & 1 \end{vmatrix} - 5\begin{vmatrix} 1 & 2 \\ 4 & 1 \end{vmatrix} + \begin{vmatrix} 1 & 2 \\ 3 & 5 \end{vmatrix} = 2\cdot(-17) - 5(-7) - 1 = 0$

(Elemente der 2. Spalte; algebr. Kompl. der 3. Spalte)

Die angegebenen Sätze werden benutzt, um Determinanten so umzuformen, daß in einer Reihe möglichst viele Nullen auftreten, was die Berechnung der Determinanten stark erleichtert. Das Verfahren gleicht dem zur Lösung von Gleichungssystemen, nur sind bei Determinanten zusätzlich auch Spaltenumformungen erlaubt.

**Beispiel 2.43.**

$\begin{vmatrix} 1 & 2 & -2 \\ 3 & 5 & 3 \\ 4 & 1 & 7 \end{vmatrix} = \begin{vmatrix} 1 & 0 & 0 \\ 3 & -1 & 9 \\ 4 & -7 & 15 \end{vmatrix} = \begin{vmatrix} -1 & 9 \\ -7 & 15 \end{vmatrix} = -15 + 63 = 48$

$\begin{vmatrix} 3 & 2 & 4 \\ 1 & 1 & 2 \\ 4 & 0 & 1 \end{vmatrix} = \begin{vmatrix} -13 & 2 & 4 \\ -7 & 1 & 2 \\ 0 & 0 & 1 \end{vmatrix} = \begin{vmatrix} -13 & 2 \\ -7 & 1 \end{vmatrix} = -13 + 14 = 1$

$\begin{vmatrix} 1 & -2 & 1 \\ 0 & 4 & 4 \\ -1 & 3 & 0 \end{vmatrix} = \begin{vmatrix} 1 & -2 & 1 \\ 0 & 4 & 4 \\ 0 & 1 & 1 \end{vmatrix} = \begin{vmatrix} 1 & -2 & 1 \\ 0 & 0 & 0 \\ 0 & 1 & 1 \end{vmatrix} = 0$

Bei Gleichungssystemen mit drei Variablen kommt man nun zu analogen Ergebnissen wie im Falle von zwei Variablen:

$a_{11}x_1 + a_{12}x_2 + a_{13}x_3 = b_1$
$a_{21}x_1 + a_{22}x_2 + a_{23}x_3 = b_2$
$a_{31}x_1 + a_{32}x_2 + a_{33}x_3 = b_3$

Multipliziert man die 1. Gleichung mit dem algebr. Kompl. $A_{11}$, die 2. Gleichung mit dem algebr. Kompl. $A_{21}$ und die 3. Gleichung mit dem algebr. Kompl. $A_{31}$, so folgt durch Addition $D \cdot x_1 = D_1$.
Benutzt wurden Satz 2.7.(7) und die Definition der Determinante.
Entsprechend ergibt sich $D \cdot x_2 = D_2$, $D \cdot x_3 = D_3$.
Dabei sind analog zu (2,2)-Systemen D die Koeffizientendeterminante und $D_i$ die Determinante, die man aus D erhält, wenn man die i-te Spalte durch die rechte Seite des Gleichungssystems ersetzt.
Für $D \neq 0$ ergibt sich wieder genau eine Lösung: $x_1 = \dfrac{D_1}{D}$; $x_2 = \dfrac{D_2}{D}$; $x_3 = \dfrac{D_3}{D}$
(Cramersche Regel).

**Bemerkungen:**

1. Allgemein gilt: Hat ein Gleichungssystem mit n Gleichungen und n Variablen eine nichtverschwindende Koeffizientendeterminante ($D \neq 0$), so ist es eindeutig lösbar. Für $D = 0$ gibt es entweder keine Lösungen oder unendlich viele.
2. Beim Lösungsverfahren für Gleichungssysteme erkennen wir die Sonderfälle am Auftreten einer Nullzeile, was nichts anderes bedeutet als $D = 0$. Besitzt das Gleichungssystem weniger Gleichungen als Variable (Gleichungssystem unterbestimmt), so kann man die fehlenden Gleichungen in der Form $0x_1 + 0x_2 + \ldots + 0x_n = 0$ hinzufügen, ohne an der Lösungsmenge etwas zu verändern. Hierbei ergibt sich immer $D = 0$.

## 2.7. Determinanten

Abschließend behandeln wir die lineare Abhängigkeit von drei Vektoren im $\mathbb{R}^3$ mit Hilfe von Determinanten.

**Satz: 2.8.**

Drei Vektoren $\vec{u}, \vec{v}, \vec{w}$ des $\mathbb{R}^3$ sind genau dann linear abhängig, wenn $\det(\vec{u}, \vec{v}, \vec{w}) = 0$.

(Die Vektoren $\vec{u}, \vec{v}, \vec{w}$ bilden die Spalten der Determinante $\det(\vec{u}, \vec{v}, \vec{w})$.)

**Beweis:**

Der Ansatz $x_1 \vec{u} + x_2 \vec{v} + x_3 \vec{w} = \vec{o}$ führt auf das Gleichungssystem

$u_1 x_1 + v_1 x_2 + w_1 x_3 = 0$
$u_2 x_1 + v_2 x_2 + w_2 x_3 = 0$
$u_3 x_1 + v_3 x_2 + w_3 x_3 = 0$.

Für $\det(\vec{u}, \vec{v}, \vec{w}) = D \neq 0$ gibt es genau eine Lösung und zwar die triviale Lösung, da das Gleichungssystem homogen ist. Die Vektoren $\vec{u}, \vec{v}, \vec{w}$ sind also linear unabhängig. Falls $D = 0$, gibt es unendlich viele Lösungen, also auch nichttriviale, d.h., $\vec{u}, \vec{v}, \vec{w}$ sind linear abhängig. (Man beachte, daß ein homogenes Gleichungssystem immer mindestens eine Lösung hat und zwar die triviale.)

**Beispiel 2.44.**

Die Vektoren $\begin{pmatrix} 1 \\ 2 \\ 4 \end{pmatrix}, \begin{pmatrix} -3 \\ 7 \\ 0 \end{pmatrix}, \begin{pmatrix} 5 \\ -3 \\ 8 \end{pmatrix}$ sind linear abhängig, denn $\begin{vmatrix} 1 & -3 & 5 \\ 2 & 7 & -3 \\ 4 & 0 & 8 \end{vmatrix} = \begin{vmatrix} 1 & -3 & 3 \\ 2 & 7 & -7 \\ 4 & 0 & 0 \end{vmatrix} = 0$.

Der angegebene Satz läßt sich auf Vektoren des $\mathbb{R}^n$ erweitern:
Die Vektoren $\vec{v}_1, \vec{v}_2, \ldots, \vec{v}_n$ sind genau dann linear abhängig, wenn $\det(\vec{v}_1, \ldots, \vec{v}_n) = 0$.

**Aufgaben zu 2.7.**

1. Gegeben seien die folgenden Determinanten:

$D_1 = \begin{vmatrix} 2 & 4 & 0 \\ 1 & -2 & 1 \\ -1 & 3 & 0 \end{vmatrix}$, $D_2 = \begin{vmatrix} 4 & 4 & 0 \\ 2 & -2 & 1 \\ -2 & 3 & 0 \end{vmatrix}$, $D_3 = \begin{vmatrix} -6 & -12 & 0 \\ -3 & 6 & -3 \\ 3 & -9 & 0 \end{vmatrix}$,

$D_4 = \begin{vmatrix} 2 & 0 & 4 \\ 1 & 1 & -2 \\ -1 & 0 & 3 \end{vmatrix}$, $D_5 = \begin{vmatrix} 2 & 1 & -1 \\ 4 & -2 & 3 \\ 0 & 1 & 0 \end{vmatrix}$

a) Nach welcher Reihe wird man $D_1$ sinnvollerweise entwickeln? Man berechne $D_1$.

b) Man verifiziere den Laplaceschen Entwicklungssatz, indem man $D_1$ auch nach einer anderen Reihe entwickelt.

c) Man verifiziere Satz 2.7.(7) anhand der Determinante $D_1$.

d) Welche Werte haben die Determinanten $D_2$ bis $D_5$?

2. Man berechne die folgenden Determinanten:

a) $\begin{vmatrix} 1 & 0 & 2 \\ -1 & 3 & -2 \\ 2 & 5 & 4 \end{vmatrix}$ 
b) $\begin{vmatrix} 2 & 3 & 4 \\ 4 & 1 & 2 \\ 2 & 2 & 3 \end{vmatrix}$ 
c) $\begin{vmatrix} 2 & 1 & 4 \\ 1 & 3 & -3 \\ 3 & 4 & 1 \end{vmatrix}$

d) $\begin{vmatrix} 1 & 3 & 1 \\ -17 & -7 & 3 \\ 2 & 5 & -2 \end{vmatrix}$ 
e) $\begin{vmatrix} a & d & e \\ 0 & b & f \\ 0 & 0 & c \end{vmatrix}$

3. Man ergänze die fehlenden Stellen so, daß die Determinanten den Wert Null annehmen:

a) $\begin{vmatrix} 2 & . & 1 \\ 3 & . & 2 \\ 4 & . & 3 \end{vmatrix}$ 
b) $\begin{vmatrix} . & 1 & 2 \\ . & 3 & 3 \\ 3 & 2 & 1 \end{vmatrix}$ 
c) $\begin{vmatrix} 2 & 1 & 0 \\ 1 & 3 & 4 \\ . & . & 2 \end{vmatrix}$ 
d) $\begin{vmatrix} 1 & . & . \\ 0 & 1 & . \\ 0 & 0 & 1 \end{vmatrix}$

4. Untersuchen Sie die Lösbarkeit folgender Gleichungssysteme:

a) $2x_1 - 3x_2 = 5$
 $\phantom{2}x_1 - \phantom{3}x_2 = 5$

b) $-2x_1 + \phantom{2}x_2 = 5$
 $-4x_1 + 2x_2 = 6$

c) $x_1 + 2x_2 = 2$
 $2x_1 + 4x_2 = 4$

d) $\frac{3}{4}x_1 + \frac{1}{3}x_2 = \frac{2}{5}$
 $\frac{1}{2}x_1 + \frac{2}{9}x_2 = \frac{4}{15}$

5. Untersuchen Sie die Lösbarkeit der folgenden Gleichungssysteme:

a) $x_1 + 3x_2 + 2x_3 = 1$
 $2x_1 + \phantom{3}x_2 + \phantom{2}x_3 = 0$
 $\phantom{2}x_1 - 2x_2 - \phantom{2}x_3 = 2$

b) $x_1 + 3x_2 + 4x_3 = 6$
 $\phantom{x_1 + }2x_2 + 5x_3 = 1$
 $2x_1 + \phantom{3}x_2 + 3x_3 = 2$

c) $x_1 - x_2 \phantom{+ x_3} = 1$
 $x_1 - x_2 + x_3 = 2$
 $x_1 - x_2 - x_3 = 0$

6. Man überprüfe auf lineare Abhängigkeit bzw. Unabhängigkeit:

a) $\begin{pmatrix} 2 \\ 0 \\ 8 \end{pmatrix}, \begin{pmatrix} 1 \\ 2 \\ 3 \end{pmatrix}, \begin{pmatrix} 1 \\ 0 \\ 4 \end{pmatrix}$ 
b) $\begin{pmatrix} 1 \\ 3 \\ 2 \end{pmatrix}, \begin{pmatrix} 0 \\ 2 \\ 2 \end{pmatrix}, \begin{pmatrix} 3 \\ 4 \\ 7 \end{pmatrix}$ 
c) $\begin{pmatrix} 5 \\ \sqrt{2} \\ 1 \end{pmatrix}, \begin{pmatrix} -2 \\ 3 \\ 0 \end{pmatrix}, \begin{pmatrix} 3 \\ 1 \\ 2 \end{pmatrix}$

7. Gegeben sind die drei Vektoren $\vec{a} = \begin{pmatrix} 1 \\ 0 \\ 4r \end{pmatrix}$, $\vec{b} = \begin{pmatrix} r \\ 1 \\ 2r \end{pmatrix}$, $\vec{c} = \begin{pmatrix} 0 \\ 1 \\ r \end{pmatrix}$.

Man bestimme den Parameter r so, daß $\vec{a}, \vec{b}, \vec{c}$ linear unabhängig sind.

8. Wie müssen die Zahlen $a, b \in \mathbb{R}$ gewählt werden, damit das Gleichungssystem

$x_1 + \phantom{3x_2 + }2x_3 = 1$
$x_1 + 3x_2 + \phantom{2}x_3 = b$
$2x_1 - 3x_2 + ax_3 = 1$

a) genau eine Lösung, b) keine Lösung besitzt?

9. Für welche reellen Zahlen t ist das folgende Gleichungssystem lösbar?

$(2-t)x_1 + \phantom{(2-t)}3x_2 + \phantom{(11-t)}6x_3 = \phantom{-}1$
$\phantom{(2-t)}3x_1 + (2-t)x_2 - \phantom{(11-t)}6x_3 = \phantom{-}1$
$\phantom{(2-t)}-6x_1 - \phantom{(2-t)}6x_2 + (11-t)x_3 = -2$

10. Warum ist das Gleichungssystem $\begin{array}{l} ax_1 + bx_2 = c \\ -bx_1 + ax_2 = d \end{array}$ für beliebige $a, b, c, d \in \mathbb{R} \setminus \{0\}$ eindeutig lösbar?

11. Man zeige, daß in Satz 2.7. die Aussage (6)
a) aus den Aussagen (5) und (2),
b) aus den Aussagen (1) und (4) folgt.

Eines der vielen Anwendungsgebiete und in der historischen Entwicklung ein Ausgangspunkt der Theorie der Vektorräume ist die Geometrie, die Untersuchung der logischen Beziehungen zwischen Punkten, Geraden, Ebenen, Längen, Kreisen, Winkeln etc. Während die letzten drei Begriffe mit unseren bis jetzt bereitgestellten Methoden noch nicht faßbar sind (siehe Abschnitt 4.), werden wir zeigen, daß mit Hilfe der Vektorrechnung die Lagebeziehungen von Punkten, Geraden und Ebenen übersichtlich *rechnerisch* behandelt werden können. Untersucht man geometrische Objekte durch Rechnung, d.h., beschreibt man Punkte, Geraden, Kreise etc. durch Zahlen und Gleichungen, so spricht man von analytischer Geometrie, einer Betrachtungsweise, die vor allem auf die Mathematiker Pierre de Fermat (1601–1665), René Descartes (1596–1650) und Leonhard Euler (1707–1783) zurückgeht.

Für uns besteht hierbei die Schwierigkeit, daß es nicht ohne weiteres zu klären ist, was ein Punkt bzw. eine Gerade oder Ebene eigentlich ist. Wir stellen uns daher auf den naiven Standpunkt und „wissen", was ein Punkt im Anschauungsraum ist, und daß eine Gerade durch zwei Punkte, eine Ebene durch drei Punkte festgelegt ist. Sollte sich herausstellen, daß unsere Vorstellungen durch das Rechnen mit Vektoren bestätigt werden, so können wir, wo nötig, diese Vorstellungen präzisieren. Zunächst jedoch müssen wir die Zusammenhänge zwischen der Menge $P$ der Punkte des Anschauungsraumes und dem Vektorraum $V$ des Anschauungsraumes klären.

## 3.1. Zusammenhang zwischen Punkten und Vektoren

Im Anschauungsraum definiert jedes Punktepaar einen Pfeil; jeder Pfeil hat einen Anfangs- und einen Endpunkt, und an jeden Punkt kann man einen Pfeil beliebiger Richtung und Länge antragen. Jeder Pfeil ist Repräsentant eines Pfeilvektors. Daraus und aus der Definition der Addition von Pfeilvektoren ergeben sich drei Eigenschaften, die wir hier besonders hervorheben wollen (Fig. 3.1):

$Z_1$: Zu zwei Punkten A, B $\in P$ gehört genau ein Vektor $\vec{v} \in V$, wobei sinnvollerweise $\vec{v}$ mit $\overrightarrow{AB}$ bezeichnet wird. Für A = B gilt $\overrightarrow{AB} = \vec{0}$.

$Z_2$: Zu jedem Punkt C $\in P$ und zu jedem Vektor $\vec{w} \in V$ gibt es genau einen Punkt D $\in P$ mit der Eigenschaft $\overrightarrow{CD} = \vec{w}$.

$Z_3$: Beim „Abschreiten" eines Dreiecks $P_1 P_2 P_3$ ist die Vektorsumme $\overrightarrow{P_1 P_2} + \overrightarrow{P_2 P_3} + \overrightarrow{P_3 P_1} = \vec{0}$.

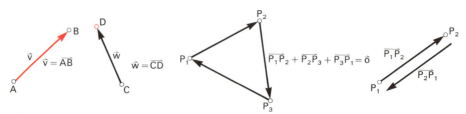

Fig. 3.1

## 3.1. Zusammenhang zwischen Punkten und Vektoren

Zwei Konsequenzen von $Z_3$ sollen sofort festgehalten werden:
Ist $P_3 = P_1$ so folgt $\vec{o} = \overrightarrow{P_1P_2} + \overrightarrow{P_2P_3} + \overrightarrow{P_3P_1} = \overrightarrow{P_1P_2} + \overrightarrow{P_2P_3} + \vec{o} = \overrightarrow{P_1P_2} + \overrightarrow{P_2P_1}$.
Also ist $\overrightarrow{P_2P_1} = -\overrightarrow{P_1P_2}$, d.h. (Fig. 3.1):

> $\overrightarrow{P_2P_1}$ ist der Gegenvektor von $\overrightarrow{P_1P_2}$.

> Auch beim Abschreiten eines beliebigen *geschlossenen Streckenzuges* $P_1P_2P_3 \ldots P_nP_1$ ist die *zugehörige Vektorsumme gleich dem Nullvektor*.

Der Beweis sei für n = 4 angegeben (Figur 3.2):
Wegen $Z_3$ gilt:

$\overrightarrow{P_1P_2} + \overrightarrow{P_2P_3} + \overrightarrow{P_3P_1} = \vec{o}$ oder $\overrightarrow{P_1P_2} + \overrightarrow{P_2P_3} = -\overrightarrow{P_3P_1}$
$\overrightarrow{P_1P_3} + \overrightarrow{P_3P_4} + \overrightarrow{P_4P_1} = \vec{o}$ oder $\overrightarrow{P_3P_4} + \overrightarrow{P_4P_1} = -\overrightarrow{P_1P_3}$

Wegen $-\overrightarrow{P_3P_1} + (-\overrightarrow{P_1P_3}) = \overrightarrow{P_1P_3} + \overrightarrow{P_3P_1} = \vec{o}$ liefert Addition der beiden rechten Gleichungen

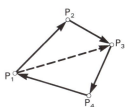

Fig. 3.2

$\overrightarrow{P_1P_2} + \overrightarrow{P_2P_3} + \overrightarrow{P_3P_4} + \overrightarrow{P_4P_1} = \vec{o}$.

(Man vergleiche auch Abschnitt 1.2. Figur 1.13 „Vektorkette".)

Die letzte Gleichung läßt sich auch folgendermaßen schreiben:

$\overrightarrow{P_1P_2} = \overrightarrow{P_1P_4} + \overrightarrow{P_4P_3} + \overrightarrow{P_3P_2}$.

Zwei Punkte können also auf beliebigem Weg verbunden werden, die Vektorsumme bleibt gleich.

Die Eigenschaften $Z_1$, $Z_2$ und $Z_3$ sind auch ohne Zugrundelegung der Anschauung „lesbar"; durch Abstraktion dieser der Anschauung entnommenen Eigenschaften erhalten wir ein neues mathematisches Gebilde:

Eine Menge $P$ (deren Elemente wir in diesem Zusammenhang *Punkte* nennen), die zusammen mit einem Vektorraum $V$ die Eigenschaften $Z_1$, $Z_2$ und $Z_3$ erfüllt, ist ein (*affiner*) *Punktraum P*

Nach unseren bisherigen Erkenntnissen ($Z_1$) gehört also zu je zwei Punkten A, B genau ein Vektor $\overrightarrow{AB} = \vec{v}$. Umgekehrt wird aber durch den Vektor $\vec{v}$ nicht eindeutig die Lage zweier Punkte A, B beschrieben (Fig. 3.3):

Es gilt zwar $\vec{v} = \overrightarrow{AB} = \overrightarrow{CD}$,
aber nicht A = C und B = D.

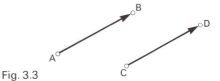

Fig. 3.3

Um nun zu einer eindeutigen Zuordnung zwischen den Punkten und Vektoren zu kommen, wählt man einen beliebigen Punkt des Punktraumes $P$ aus und bezeich-

net ihn als *Ursprung O*. Nach $Z_1$ gehört nun zu jedem weiteren Punkt A ∈ P genau ein Vektor $\vec{a} = \overrightarrow{OA} \in V$. Umgekehrt gehört nach $Z_2$ zu jedem Vektor $\vec{b} \in V$ genau ein Punkt B ∈ P, so daß $\overrightarrow{OB} = \vec{b}$. Die Punkte aus P und die Vektoren aus V entsprechen sich also, wenn man einen Ursprung O festgelegt hat, wechselseitig. Man kann daher die Punkte durch die Vektoren festlegen:
Bezüglich des Ursprungs O legt der Vektor $\vec{a}$ (bzw. $\vec{b}$) genau den Punkt A (bzw. B) fest (Fig. 3.4). Wir bezeichnen solche Vektoren, die bezüglich eines Ursprungs O zur Kennzeichnung von Punkten benützt werden, als *Ortsvektoren dieser Punkte bezüglich O*. Besteht hinsichtlich von O keine Verwechslungsmöglichkeit, so sprechen wir auch nur von *Ortsvektoren* dieser Punkte.

Kennen wir von jedem Punkt seinen Ortsvektor bzgl. O, so liefern unsere Überlegungen sofort ein einfaches Verfahren, um für je zwei Punkte A, B ∈ P ihren „Verbindungsvektor" $\overrightarrow{AB}$ zu berechnen (Fig. 3.5).

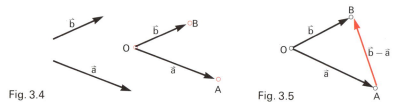

Fig. 3.4                    Fig. 3.5

Mit $\overrightarrow{OA} = \vec{a}$ und $\overrightarrow{OB} = \vec{b}$ gilt für den Verbindungsvektor $\overrightarrow{AB}$ der Punkte A, B:
$\overrightarrow{AB} = \vec{b} - \vec{a}$.

Begründung: $\overrightarrow{OA} + \overrightarrow{AB} + \overrightarrow{BO} = \vec{o}$ bzw. $\vec{a} + \overrightarrow{AB} + (-\vec{b}) = \vec{o}$, also $\overrightarrow{AB} = \vec{b} - \vec{a}$.
($\vec{b} - \vec{a}$ ist kein Ortsvektor!)
Entsprechend gilt: $\overrightarrow{BA} = \vec{a} - \vec{b}$.

Künftig werden wir, soweit möglich, Punkte und zugehörige Ortsvektoren mit denselben Buchstaben bezeichnen: $\overrightarrow{OA} = \vec{a}$, $\overrightarrow{OX} = \vec{x}$, $\overrightarrow{OP_1} = \vec{p}_1$, etc.

## 3.2. Punktkoordinaten

Im Punktraum P seien der Ursprung O und drei Punkte $E_1$, $E_2$, $E_3$ fest gewählt (Fig. 3.6). Die Punkte $E_1$, $E_2$, $E_3$ werden dann durch die Vektoren $\vec{e}_1 = \overrightarrow{OE_1}$, $\vec{e}_2 = \overrightarrow{OE_2}$, $\vec{e}_3 = \overrightarrow{OE_3}$ gekennzeichnet. Liegen O, $E_1$, $E_2$, $E_3$ nicht in einer Ebene, so

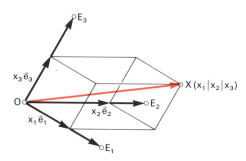

Fig. 3.6

## 3.2. Punktkoordinaten

sind $\vec{e}_1, \vec{e}_2, \vec{e}_3$ linear unabhängig (vgl. Abschnitt 2.3.), bilden also eine Basis des zum Punktraum $P$ gehörigen Vektorraums $V$. Der beliebige Punkt X wird durch den Ortsvektor $\overrightarrow{OX} = \vec{x}$ gekennzeichnet, der bezüglich der Basis $\{\vec{e}_1, \vec{e}_2, \vec{e}_3\}$ die Koordinatendarstellung $\begin{pmatrix} x_1 \\ x_2 \\ x_3 \end{pmatrix}$ hat: $\vec{x} = x_1 \vec{e}_1 + x_2 \vec{e}_2 + x_3 \vec{e}_3$.

Da zu den Koordinaten $x_1, x_2, x_3$ genau ein Vektor $\vec{x}$ und zu jedem Vektor $\vec{x}$ genau ein Punkt X gehört, läßt sich ein Punkt X ebenfalls durch die Koordinaten $x_1, x_2, x_3$ beschreiben. Man bezeichnet $(O, E_1, E_2, E_3)$ als Koordinatensystem des Punktraumes $P$ und $x_1, x_2, x_3$ als die Koordinaten des Punktes X bezüglich dieses Koordinatensystems. Um Punkt und Vektor auseinanderzuhalten, schreibt man die Koordinaten von Punkten als Zeile: $X(x_1|x_2|x_3)$, aber $\vec{x} = \begin{pmatrix} x_1 \\ x_2 \\ x_3 \end{pmatrix}$.

**Zusammenfassung:**

Bilden die Vektoren $\overrightarrow{OE}_1, \overrightarrow{OE}_2, \overrightarrow{OE}_3$ eine Basis, so heißt $(O, E_1, E_2, E_3)$ Koordinatensystem. Die Koordinaten $x_1, x_2, x_3$ eines Ortsvektors $\overrightarrow{OX} = \begin{pmatrix} x_1 \\ x_2 \\ x_3 \end{pmatrix}$ sind gleichzeitig die Koordinaten des zugehörigen Punktes X bezüglich des Koordinatensystems: $X(x_1|x_2|x_3)$

Die Vektoren $\overrightarrow{OE}_1, \overrightarrow{OE}_2, \overrightarrow{OE}_3$ legen die *Koordinatenachsen* fest. Für die Punkte $E_1, E_2, E_3$ gilt: $E_1(1|0|0)$, $E_2(0|1|0)$, $E_3(0|0|1)$. Diese Punkte heißen deshalb Einheitspunkte. Anschaulich gesprochen legen die Einheitspunkte die Längeneinheiten auf den Koordinatenachsen fest. Untersucht man nur eine Ebene $E$, so bilden schon drei nicht auf einer Geraden liegende Punkte $O, E_1, E_2$ ein Koordinatensystem und zu jedem Punkt $X \in E$ gehören zwei Koordinaten: $X(x_1|x_2)$. Eine Ebene ist „zweidimensional".

Da die Punkte einer Ebene durch Vektoren des $\mathbb{R}^2$, die Punkte des Anschauungsraumes durch Vektoren des $\mathbb{R}^3$ eindeutig beschrieben werden können, spricht man auch von Punkten „im $\mathbb{R}^2$" bzw. von Punkten „im $\mathbb{R}^3$". Je nach Problemstellung versteht man also unter $\mathbb{R}^2$ bzw. $\mathbb{R}^3$ sowohl einen Vektorraum als auch einen Punktraum.

**Beispiel 3.1.**

In einer Ebene sei ein Koordinatensystem $(O, E_1, E_2)$ gegeben (Fig. 3.7a).
Es gilt: $A(\frac{1}{2}|\frac{3}{2})$, denn $\overrightarrow{OA} = \frac{1}{2}\overrightarrow{OE}_1 + \frac{3}{2}\overrightarrow{OE}_2$ bzw. $\vec{a} = \frac{1}{2}\vec{e}_1 + \frac{3}{2}\vec{e}_2$.
Bezüglich eines anderen Koordinatensystems $(O^*, E_1^*, E_2^*)$ hat A natürlich andere Koordinaten. Sei z.B. $O^*(0|-1)$, $E_1^*(\frac{3}{4}|-1)$, $E_2^*(-\frac{1}{2}|1)$, also $\vec{e}_1^* = \overrightarrow{O^*E_1^*} = \begin{pmatrix} \frac{3}{4} \\ 0 \end{pmatrix}$, $\vec{e}_2^* = \overrightarrow{O^*E_2^*} = \begin{pmatrix} -\frac{1}{2} \\ 2 \end{pmatrix}$.
Um die Koordinaten $x_1, x_2$ des Punktes A bezüglich $(O^*, E_1^*, E_2^*)$ zu berechnen, müssen wir den Ortsvektor $\overrightarrow{O^*A}$ durch die Basisvektoren $\vec{e}_1^*, \vec{e}_2^*$ ausdrücken:

$$\overrightarrow{O^*A} = x_1 \vec{e}_1^* + x_2 \vec{e}_2^* \quad (*)$$

Benutzt man die Spaltendarstellung bezüglich der ursprünglichen Basis $\{\vec{e}_1, \vec{e}_2\}$, so gilt:

$$\overrightarrow{O^*A} = \overrightarrow{O^*O} + \overrightarrow{OA} = -\overrightarrow{OO^*} + \overrightarrow{OA} = -\begin{pmatrix} 0 \\ -1 \end{pmatrix} + \begin{pmatrix} \frac{1}{2} \\ \frac{3}{2} \end{pmatrix} = \begin{pmatrix} \frac{1}{2} \\ \frac{5}{2} \end{pmatrix}.$$

Die Gleichung (∗) lautet dann: $\begin{pmatrix} \frac{1}{2} \\ \frac{5}{2} \end{pmatrix} = x_1 \begin{pmatrix} \frac{3}{4} \\ 0 \end{pmatrix} + x_2 \begin{pmatrix} -\frac{1}{2} \\ 2 \end{pmatrix}.$

Das Schema des zugehörigen Gleichungssystems

$$\begin{array}{cc|c} \frac{3}{4} & -\frac{1}{2} & \frac{1}{2} \\ 0 & 2 & \frac{5}{2} \end{array} \quad \to \quad \begin{array}{cc|c} 1 & 0 & \frac{3}{2} \\ 0 & 1 & \frac{5}{4} \end{array}$$

liefert $x_1 = \frac{3}{2}$, $x_2 = \frac{5}{4}$ als Koordinaten des Punktes A bezüglich $(O^*, E_1^*, E_2^*)$. Man schreibt dafür auch $A\left(\frac{3}{2} \mid \frac{5}{4}\right)^*$.

Bezüglich des neuen Koordinatensystems $(O^*, E_1^*, E_2^*)$ liefern die Koordinaten $\frac{1}{2}, \frac{3}{2}$ natürlich einen von A verschiedenen Punkt $B\left(\frac{1}{2} \mid \frac{3}{2}\right)^*$ (Fig. 3.7b).

Es gilt: $\overrightarrow{OB} = \overrightarrow{OO^*} + \overrightarrow{O^*B} = \overrightarrow{OO^*} + \frac{1}{2}\overrightarrow{O^*E_1^*} + \frac{3}{2}\overrightarrow{O^*E_2^*} = \begin{pmatrix} 0 \\ -1 \end{pmatrix} + \frac{1}{2}\begin{pmatrix} \frac{3}{4} \\ 0 \end{pmatrix} + \frac{3}{2}\begin{pmatrix} -\frac{1}{2} \\ 2 \end{pmatrix} = \begin{pmatrix} -\frac{3}{8} \\ 2 \end{pmatrix},$

also $B\left(-\frac{3}{8} \mid 2\right)$, wenn man mit Spalten bezüglich des ursprünglichen Koordinatensystems $(O, E_1, E_2)$ rechnet.

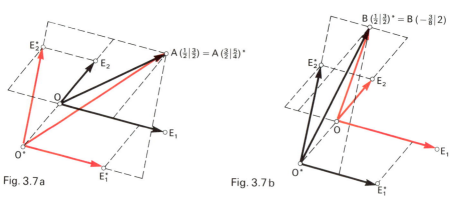

Fig. 3.7a    Fig. 3.7b

### Aufgaben zu 3.1. und 3.2.

1. a) Man wähle ein Koordinatensystem in der Ebene (Skizze) und zeichne die Punkte $A(2|1)$, $B\left(-1|\frac{1}{2}\right)$, $C\left(-\frac{3}{2}|-1\right)$, $D\left(-\frac{1}{2}|-\frac{1}{3}\right)$, $E\left(\frac{3}{2}|0\right)$, $F(0|-1)$.
   b) Man gebe die Verbindungsvektoren $\overrightarrow{AB}$, $\overrightarrow{CD}$, $\overrightarrow{CF}$ an.

2. a) Man wähle ein Koordinatensystem in der Ebene (Skizze) und zeichne die Punkte $A(1|1)$, $B(4|2)$, $C(3,5|3,5)$, $D(2|3)$.
   b) Man berechne die Vektoren $\overrightarrow{AB}$ und $\overrightarrow{DC}$. (Geometrische Interpretation!)
   c) Man gebe je einen Vektor in Richtung der Diagonalen des Vierecks an.

3. Es sei in der Ebene ein Koordinatensystem $(O, E_1, E_2)$ vorgegeben, außerdem der Punkt $P(2|-1)$.
   a) Man untersuche rechnerisch und zeichnerisch, welche Koordinaten P bezüglich eines neuen Koordinatensystems hat mit $O^* = E_1$, $E_1^* = O$, $E_2^* = E_2$.
   b) Welche Koordinaten haben $E_1$ und $E_2$ bezüglich des neuen Systems?

## 3.3. Geometrische Figuren, lineare Unabhängigkeit als Beweisprinzip

Im folgenden Abschnitt wollen wir einige elementare geometrische Sätze beweisen und uns dabei von der Brauchbarkeit vektorieller Betrachtungsweisen überzeugen.

**Beispiel 3.2.**

Bei einem Viereck ABCD folgt aus $\overrightarrow{AB} = \overrightarrow{DC}$ auch $\overrightarrow{AD} = \overrightarrow{BC}$ (Parallelogrammeigenschaft).

**Beweis** (Fig. 3.8):
$$\overrightarrow{AD} = \overrightarrow{AB} + \overrightarrow{BC} + \overrightarrow{CD} = \overrightarrow{AB} + \overrightarrow{BC} - \overrightarrow{DC} = \overrightarrow{AB} - \overrightarrow{DC} + \overrightarrow{BC} =$$
$$= \overrightarrow{AB} - \overrightarrow{AB} + \overrightarrow{BC} = \overrightarrow{BC}$$

Bezüglich eines Koordinatensystems seien z.B. A(1|4), B(−2|3), C(−3|4), D(0|5) gegeben. Das Viereck ABCD ist ein Parallelogramm, da

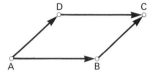

Fig. 3.8

$$\overrightarrow{AB} = \begin{pmatrix} -2 \\ 3 \end{pmatrix} - \begin{pmatrix} 1 \\ 4 \end{pmatrix} = \begin{pmatrix} -3 \\ -1 \end{pmatrix}; \quad \overrightarrow{DC} = \begin{pmatrix} -3 \\ 4 \end{pmatrix} - \begin{pmatrix} 0 \\ 5 \end{pmatrix} = \begin{pmatrix} -3 \\ -1 \end{pmatrix}.$$

**Beispiel 3.3.**

Die Diagonalen eines Parallelogramms halbieren sich.

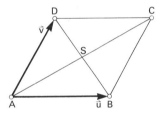

Fig. 3.9

**Beweis** (Fig. 3.9):

Zur Vereinfachung der Schreibweise bezeichnen wir $\overrightarrow{AB} = \vec{u}$, $\overrightarrow{AD} = \vec{v}$. $\vec{u}$ und $\vec{v}$ „spannen" das Parallelogramm auf und sind deshalb linear unabhängig.

Weiter gilt: $\overrightarrow{BC} = \vec{v}$, $\overrightarrow{DC} = \vec{u}$,
$\overrightarrow{AC} = \overrightarrow{AB} + \overrightarrow{BC} = \vec{u} + \vec{v}$, $\overrightarrow{BD} = \overrightarrow{BA} + \overrightarrow{AD} = -\vec{u} + \vec{v}$.

Die Diagonalen mögen sich in S schneiden. Wir suchen eine geschlossene Vektorkette, die über S läuft: $\overrightarrow{AB} + \overrightarrow{BS} + \overrightarrow{SA} = \vec{o}$.

Es gilt $\overrightarrow{AS} = k\overrightarrow{AC}$ und $\overrightarrow{BS} = l\overrightarrow{BD}$, wobei die Skalare k, l zu bestimmen sind:

$\overrightarrow{AB} + l\overrightarrow{BD} - k\overrightarrow{AC} = \vec{o}$ (∗)
$\vec{u} + l(-\vec{u} + \vec{v}) - k(\vec{u} + \vec{v}) = \vec{o}$
$(1 - k - l)\vec{u} + (-k + l)\vec{v} = \vec{o}$.

Dies ist eine Linearkombination der linear unabhängigen Vektoren $\vec{u}$ und $\vec{v}$, die den Nullvektor ergibt; sie muß also trivial sein:

$$1 - k - l = 0$$
$$-k + l = 0$$

Dieses Gleichungssystem löst man ohne besonderen mathematischen Aufwand:

k = l, also 1 − 2k = 0, folglich k = ½, l = ½.

Es gilt also $\overrightarrow{AS} = \frac{1}{2}\overrightarrow{AC}$ und $\overrightarrow{BS} = \frac{1}{2}\overrightarrow{BD}$, was nichts anderes bedeutet, als die behauptete Tatsache, daß sich die Diagonalen halbieren.

Bemerkung:

Wählt man A, B, D als Koordinatensystem der Ebene, also $O = A$, $E_1 = B$, $E_2 = D$, so gilt in Koordinatendarstellung A (0|0), B (1|0), D (0|1), also $\vec{u} = \begin{pmatrix} 1 \\ 0 \end{pmatrix}$, $\vec{v} = \begin{pmatrix} 0 \\ 1 \end{pmatrix}$.

Gleichung (∗) lautet nun $\begin{pmatrix} 1 \\ 0 \end{pmatrix} + l \begin{pmatrix} -1 \\ 1 \end{pmatrix} - k \begin{pmatrix} 1 \\ 1 \end{pmatrix} = \begin{pmatrix} 0 \\ 0 \end{pmatrix}$, also ebenfalls $\begin{matrix} 1 - l - k = 0 \\ l - k = 0 \end{matrix}$.

## Beispiel 3.4.

Die Seitenhalbierenden eines Dreiecks schneiden sich in einem Punkt.

**Beweis** (Fig. 3.10):

Zur Vereinfachung der Schreibweise bezeichnen wir $\overrightarrow{AB} = \vec{u}$, $\overrightarrow{AC} = \vec{v}$. $\vec{u}$ und $\vec{v}$ spannen das Dreieck auf und sind deshalb linear unabhängig.

$M_3$ sei Mittelpunkt der Seite [AB]: $\overrightarrow{AM_3} = \tfrac{1}{2}\vec{u}$,
$M_2$ sei Mittelpunkt der Seite [AC]: $\overrightarrow{AM_2} = \tfrac{1}{2}\vec{v}$.

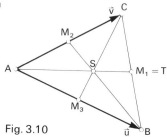

Fig. 3.10

Der Schnittpunkt der Seitenhalbierenden [$BM_2$] und [$CM_3$] heiße S.

Wir bilden eine geschlossene Vektorkette, die über S und $M_2$, $M_3$ läuft:
$\overrightarrow{AM_3} + \overrightarrow{M_3S} + \overrightarrow{SM_2} + \overrightarrow{M_2A} = \vec{o}$  (∗)

Um die lineare Unabhängigkeit von $\vec{u}$, $\vec{v}$ benutzen zu können, müssen wir umrechnen:
$\overrightarrow{M_3S} = k\overrightarrow{M_3C} = k(\overrightarrow{M_3A} + \overrightarrow{AC}) = k(-\tfrac{1}{2}\vec{u} + \vec{v})$
$\overrightarrow{M_2S} = l\overrightarrow{M_2B} = l(\overrightarrow{M_2A} + \overrightarrow{AB}) = l(-\tfrac{1}{2}\vec{v} + \vec{u})$

Hierbei sind k, l zu bestimmen. (∗) läßt sich also umformen in:

$\tfrac{1}{2}\vec{u} + k(-\tfrac{1}{2}\vec{u} + \vec{v}) - l(-\tfrac{1}{2}\vec{v} + \vec{u}) - \tfrac{1}{2}\vec{v} = \vec{o}$  bzw.  $(\tfrac{1}{2} - \tfrac{k}{2} - l)\vec{u} + (-\tfrac{1}{2} + k + \tfrac{l}{2})\vec{v} = \vec{o}$

Da $\vec{u}$, $\vec{v}$ linear unabhängig sind, folgt:

$\begin{matrix} \tfrac{1}{2} - \tfrac{k}{2} - l = 0 \\ -\tfrac{1}{2} + k + \tfrac{l}{2} = 0 \end{matrix}$  oder  $\begin{matrix} \tfrac{k}{2} + l = \tfrac{1}{2} \\ k + \tfrac{l}{2} = \tfrac{1}{2} \end{matrix}$

Die Lösung dieses Gleichungssystems lautet $k = \tfrac{1}{3}$ und $l = \tfrac{1}{3}$, und damit
$\overrightarrow{M_2S} = \tfrac{1}{3}\overrightarrow{M_2B} = \tfrac{1}{3}(\vec{u} - \tfrac{1}{2}\vec{v})$,   $\overrightarrow{M_3S} = \tfrac{1}{3}\overrightarrow{M_3C} = \tfrac{1}{3}(-\tfrac{1}{2}\vec{u} + \vec{v})$.

Um zu zeigen, daß auch [$AM_1$] durch S läuft, untersuchen wir den Schnittpunkt T von AS und BC. Es genügt zu zeigen, daß $T = M_1$.

Vektorkette: $\overrightarrow{AB} + \overrightarrow{BT} + \overrightarrow{TA} = \vec{o}$

Umrechnen: $\overrightarrow{AT} = k\overrightarrow{AS} = k(\overrightarrow{AM_3} + \overrightarrow{M_3S}) = k(\tfrac{1}{2}\vec{u} - \tfrac{1}{6}\vec{u} + \tfrac{1}{3}\vec{v}) = k(\tfrac{1}{3}\vec{u} + \tfrac{1}{3}\vec{v})$
$\overrightarrow{BT} = l\overrightarrow{BC} = l(\overrightarrow{BA} + \overrightarrow{AC}) = l(-\vec{u} + \vec{v})$,

also:  $\vec{u} + l(-\vec{u} + \vec{v}) - k(\tfrac{1}{3}\vec{u} + \tfrac{1}{3}\vec{v}) = \vec{o}$  bzw.  $(-\tfrac{k}{3} - l + 1)\vec{u} + (-\tfrac{k}{3} + l)\vec{v} = \vec{o}$

Lineare Unabhängigkeit:  $\begin{matrix} -\tfrac{k}{3} - l + 1 = 0 \\ -\tfrac{k}{3} + l = 0 \end{matrix}$  oder  $\begin{matrix} \tfrac{k}{3} + l = 1 \\ \tfrac{k}{3} - l = 0 \end{matrix}$

Addition der Gleichungen liefert $\tfrac{2}{3}k = 1$, also $k = \tfrac{3}{2}$ und damit $l = \tfrac{1}{2}$. Hieraus folgt $\overrightarrow{BT} = \tfrac{1}{2}\overrightarrow{BC}$, was natürlich $T = M_1$ bedeutet; alle Seitenhalbierenden schneiden sich also in einem Punkt, dem sogenannten Schwerpunkt des Dreiecks.

## 3.3. Geometrische Figuren, lineare Unabhängigkeit als Beweisprinzip

**Bemerkungen:**

1. Aus $\overrightarrow{M_2S} = \frac{1}{3}\overrightarrow{M_2B}$ folgt $\overrightarrow{SB} = \frac{2}{3}\overrightarrow{M_2B}$, also $\overrightarrow{M_2S} = \frac{1}{2}\overrightarrow{SB}$.
Diese Beziehung kann folgendermaßen interpretiert werden: S teilt die Seitenhalbierende im Verhältnis 1:2 (vgl. Abschnitt 3.4.), wie auch aus der Elementargeometrie bekannt ist.

2. Beschreibt man bezüglich eines Ursprungs O das Dreieck ABC durch Ortsvektoren $\vec{a}, \vec{b}, \vec{c}$, so folgt $\vec{u} = \overrightarrow{AB} = \vec{b} - \vec{a}$, $\vec{v} = \overrightarrow{AC} = \vec{c} - \vec{a}$.
Für den Ortsvektor des Schwerpunktes ergibt sich aus $\overrightarrow{OS} = \overrightarrow{OA} + \overrightarrow{AS}$:
$\vec{s} = \vec{a} + \frac{1}{3}\vec{u} + \frac{1}{3}\vec{v} = \vec{a} + \frac{1}{3}((\vec{b} - \vec{a}) + (\vec{c} - \vec{a})) = \vec{a} + \frac{1}{3}\vec{b} - \frac{1}{3}\vec{a} + \frac{1}{3}\vec{c} - \frac{1}{3}\vec{a} = \frac{1}{3}(\vec{a} + \vec{b} + \vec{c})$

### Beispiel 3.5.

Die Raumdiagonalen eines Spates schneiden sich in einem Punkt und halbieren sich.

**Beweis** (Fig. 3.11):

Der Spat werde von den (linear unabhängigen) Vektoren $\vec{u}, \vec{v}, \vec{w}$ aufgespannt.

$\overrightarrow{AB} = \overrightarrow{DC} = \overrightarrow{EF} = \overrightarrow{HG} = \vec{u}$
$\overrightarrow{AD} = \overrightarrow{BC} = \overrightarrow{EH} = \overrightarrow{FG} = \vec{v}$
$\overrightarrow{AE} = \overrightarrow{BF} = \overrightarrow{CG} = \overrightarrow{DH} = \vec{w}$

Raumdiagonalen:

[AG], [BH], [CE], [DF]. Fig. 3.11

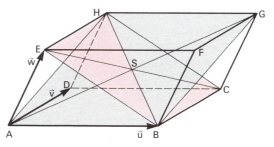

Für unseren Beweis brauchen wir nichts mehr zu rechnen:
Wegen $\overrightarrow{AB} = \overrightarrow{HG}$ ist ABGH ein Parallelogramm, dessen Diagonalen [AG] und [BH] sich im Punkt S halbieren. Im Parallelogramm BCHE halbieren sich die Diagonalen ebenfalls, und da [BH] auch hier Diagonale ist, geht auch [CE] durch S. Die vierte Raumdiagonale [DF] liegt mit [AG] als Diagonale im Parallelogramm ADGF, geht also ebenfalls durch S und wird halbiert.

### Aufgaben zu 3.3.

1. Man prüfe, ob die Punkte A(2|1), B(−1|2), C(−1|−1), D(3|−1) ein Parallelogramm bilden.

2. Bestimmen Sie zu A(2|0), B(1|2), C(−1|2) den Punkt D so, daß die Punkte ABCD ein Parallelogramm bilden.

3. Das Dreieck ABC werde durch die Vektoren $\vec{u} = \overrightarrow{AB}$ und $\vec{v} = \overrightarrow{AC}$ aufgespannt. X liegt auf AB mit $\overrightarrow{AX} = \frac{1}{3}\overrightarrow{AB}$, Y auf AC mit $\overrightarrow{AY} = \frac{1}{3}\overrightarrow{AC}$. S sei der Schnittpunkt von BY und CX.
   a) Man drücke $\overrightarrow{AS}$ durch $\vec{u}$ und $\vec{v}$ aus.
   b) M sei der Mittelpunkt von [CB]. Drücken Sie $\overrightarrow{AM}$ durch $\vec{u}, \vec{v}$ aus. Vergleichen Sie mit a).
   c) Man gebe die Koordinaten von S bezüglich des folgenden Koordinatensystems an: Ursprung O = A, Einheitspunkte $E_1 = B$, $E_2 = C$.

4. Für die parallelen Seiten eines Trapezes ABCD gelte $\vec{AB} = 2\vec{DC}$. Man bezeichne $\vec{AB} = \vec{u}$, $\vec{AD} = \vec{v}$.
   a) Man drücke $\vec{AC}$ durch $\vec{u}$ und $\vec{v}$ aus.
   b) Die Verlängerungen der Seiten [AD] und [BC] schneiden sich in P. Man drücke $\vec{AP}$ durch $\vec{u}$ und $\vec{v}$ aus.
   c) Die Diagonalen des Trapezes schneiden sich in S. Man drücke $\vec{AS}$ durch $\vec{u}$ und $\vec{v}$ aus.
   d) Man gebe die Koordinaten von P und S bezüglich des folgenden Koordinatensystems an: Ursprung O = A, Einheitspunkte $E_1 = B$, $E_2 = D$.

5. Ein Tetraeder ABCD werde durch die Vektoren $\vec{u} = \vec{AB}$, $\vec{v} = \vec{AC}$, $\vec{w} = \vec{AD}$ aufgespannt. S sei der Schwerpunkt des Dreiecks BCD. M sei der Mittelpunkt der Kante [AB]. N sei Mittelpunkt von [AS]. Die Verlängerung von MN „durchstoße" das Dreieck ACD in P.
   a) Man drücke $\vec{AS}$ durch $\vec{u}, \vec{v}, \vec{w}$ aus. (Benützen Sie Bemerkung zu Beispiel 3.4.)
   b) Warum kann man ansetzen: $\vec{AP} = r\vec{v} + s\vec{w}$? Man berechne r und s.
   c) S' ist Schwerpunkt von Dreieck ABD. Man drücke $\vec{AS'}$ durch $\vec{u}, \vec{v}, \vec{w}$ aus.

6. Man errechne das Ergebnis von Beispiel 3.5. direkt, indem man eine Vektorkette bildet, die auf zwei Raumdiagonalen über S läuft und benutze die lineare Unabhängigkeit von $\vec{u}, \vec{v}, \vec{w}$. (Für die weiteren Raumdiagonalen verläuft die Rechnung entsprechend.)

## 3.4. Geraden, Strecken, Teilverhältnis

Zwei verschiedene Punkte A und B bestimmen eine Gerade g. Wir schreiben g = AB oder g(A, B). g besteht aus allen Punkten X, für die gilt: $\vec{AX} = k\vec{AB}$ mit $k \in \mathbb{R}$ (Fig. 3.12).

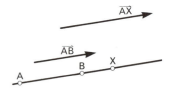

Fig. 3.12

> Zwei Geraden $g_1 = A_1B_1$ und $g_2 = A_2B_2$ sind *parallel*, falls $\vec{A_1B_1} = p\vec{A_2B_2}$. (In Zeichen: $g_1 \| g_2$.)

(Diese Begriffe wurden bereits im Abschnitt 3.3. benützt.)

Beispiel 3.6.

Die Punkte A(1|2), B(2|3), C(−1|0) liegen auf einer Geraden, denn $\vec{AC} = \begin{pmatrix} -1 \\ 0 \end{pmatrix} - \begin{pmatrix} 1 \\ 2 \end{pmatrix} = \begin{pmatrix} -2 \\ -2 \end{pmatrix}$, $\vec{AB} = \begin{pmatrix} 2 \\ 3 \end{pmatrix} - \begin{pmatrix} 1 \\ 2 \end{pmatrix} = \begin{pmatrix} 1 \\ 1 \end{pmatrix}$, also $\vec{AC} = -2\vec{AB}$.

Der Punkt D(2|2) liegt nicht auf der Geraden AB, denn $\vec{AD} = \begin{pmatrix} 2 \\ 2 \end{pmatrix} - \begin{pmatrix} 1 \\ 2 \end{pmatrix} = \begin{pmatrix} 1 \\ 0 \end{pmatrix}$ und damit $\vec{AD} \neq k\vec{AB}$.

Die Gerade OD mit O(0|0) ist parallel zu AB, denn $\vec{OD} = \begin{pmatrix} 2 \\ 2 \end{pmatrix}$, also $\vec{AB} = \frac{1}{2}\vec{OD}$.

Aus dem Vorhergehenden folgt: Drei paarweise voneinander verschiedene Punkte A, B, T liegen genau dann auf einer Geraden, wenn $\vec{AT} = r\vec{AB}$ oder auch $\vec{AT} = t\vec{TB}$ mit r, t ∈ $\mathbb{R}$. Gilt z. B. $\vec{AT} = 2\vec{TB}$ (Fig. 3.13), so sagt man, T teilt die Strecke [AB] im

## 3.4. Geraden, Strecken, Teilverhältnis

Verhältnis 2 : 1, oder, das Teilverhältnis der Punkte A, B, T ist 2: TV (ABT) = 2. Liegt T' außerhalb von [AB], so sind $\overrightarrow{AT'}$ und $\overrightarrow{T'B}$ entgegengerichtet, z. B. $\overrightarrow{AT'} = -3\overrightarrow{T'B}$, also TV (ABT') = −3.

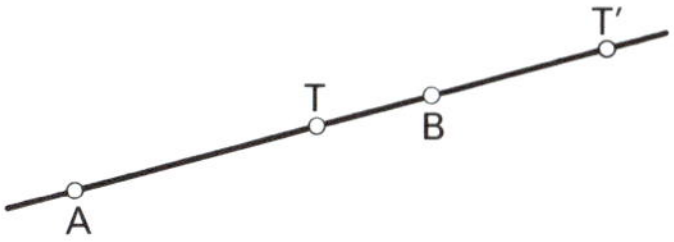

Fig. 3.13

Allgemein legt man fest:

> Gilt $\overrightarrow{AT} = t\overrightarrow{TB}$, so heißt die reelle Zahl t das *Teilverhältnis* der Punkte A, B, T:
> t = TV (ABT).

### Beispiel 3.7.

Für die Punkte A (1|2), B (2|3), C (−1|0) aus Beispiel 3.6. gilt TV (ABC) = $-\frac{2}{3}$, denn $\overrightarrow{AC} = \begin{pmatrix} -2 \\ -2 \end{pmatrix}$, $\overrightarrow{CB} = \begin{pmatrix} 3 \\ 3 \end{pmatrix}$, also $\overrightarrow{AC} = -\frac{2}{3}\overrightarrow{CB}$.

Wählt man nicht C als Teilpunkt von [AB], sondern z. B. A als Teilpunkt von [BC], so erhält man natürlich ein anderes Teilverhältnis: $\overrightarrow{BA} = \begin{pmatrix} -1 \\ -1 \end{pmatrix}$, $\overrightarrow{AC} = \begin{pmatrix} -2 \\ -2 \end{pmatrix}$, also $\overrightarrow{BA} = \frac{1}{2}\overrightarrow{AC}$ und damit TV (BCA) = $\frac{1}{2}$.

Wegen TV (ABC) < 0 liegt C „außerhalb" [AB], aus TV (BCA) > 0 folgert man entsprechend, daß A „innerhalb" [BC] liegt.

Folgende Konsequenzen aus der Definition des Teilverhältnisses seien festgehalten:

a) Ist M Mittelpunkt von [AB], ist also $\overrightarrow{AM} = \frac{1}{2}\overrightarrow{AB}$ bzw. $\overrightarrow{AM} = \overrightarrow{MB}$, so gilt: TV (ABM) = 1.

b) Ist in $\overrightarrow{AT} = t\overrightarrow{TB}$ der Skalar t = 0, so folgt T = A, d. h., A hat das Teilverhältnis Null bezüglich der Strecke [AB]. Wandert T von A gegen B, so vergrößert sich TV (ABT) immer mehr und wird beliebig groß, d. h., zu B gehört kein Teilverhältnis bezüglich [AB].

c) Ist in $\overrightarrow{AT} = t\overrightarrow{TB}$ der Skalar t < 0, so sind $\overrightarrow{AT}$ und $\overrightarrow{TB}$ entgegengerichtet. Hieraus ergibt sich eine exakte Definition für den Begriff der Strecke [AB] : [AB] besteht aus allen Punkten X mit TV (ABX) $\geq$ 0 und dem Punkt B. Das „Äußere" der Strecke [AB] besteht aus allen Punkten Y mit TV (ABY) < 0.

d) Außerhalb von [AB] auf der Seite von B gilt TV (ABT) < −1, denn $\overrightarrow{AT}$ ist um $\overrightarrow{AB}$ „länger" als $\overrightarrow{TB}$. $\overrightarrow{AT} = -\overrightarrow{TB}$ kann niemals gelten, doch nähert sich TV (ABT) beliebig genau an −1 an, falls T ins Unendliche wandert: $\overrightarrow{AT} \approx -\overrightarrow{TB}$, falls T „sehr weit entfernt". Außerhalb von [AB] auf der Seite von A gilt −1 < TV (ABT) < 0, denn $\overrightarrow{AT}$ ist um $\overrightarrow{AB}$ „kürzer" als $\overrightarrow{TB}$.

Unsere Erkenntnisse wollen wir in der folgenden Graphik zusammenfassen (Fig. 3.14). Zu jedem Teilpunkt T ist als Ordinate das zugehörige Teilverhältnis t angetragen.

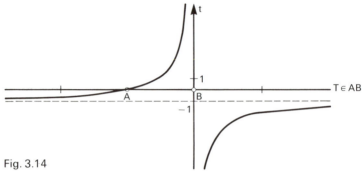

Fig. 3.14

Liegt T auf der Geraden AB mit TV(ABT) = t, so kann bezüglich eines Koordinatensystems der Ortsvektor $\vec{t}$ von T angegeben werden (Fig. 3.15):

$\overrightarrow{AT} = t\overrightarrow{TB}$, also $\vec{t} - \vec{a} = t(\vec{b} - \vec{t})$; hieraus folgt:

$\vec{t} + t\vec{t} = \vec{a} + t\vec{b}$   bzw.   $(t+1)\vec{t} = \vec{a} + t\vec{b}$;

dies läßt sich schreiben als:

$\vec{t} = \dfrac{1}{1+t}(\vec{a} + t\vec{b})$   oder

$\vec{t} = \dfrac{1}{1+t}\vec{a} + \dfrac{t}{1+t}\vec{b}$

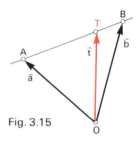

Fig. 3.15

(Man beachte, daß niemals $t = -1$ gelten kann!)

**Bemerkungen** (vgl. die vorhergegangenen Überlegungen):

1. Ist T = M (Mittelpunkt), also t = 1, so folgt $\vec{m} = \frac{1}{2}(\vec{a} + \vec{b})$.
Man vergleiche die Formel für den Schwerpunkt eines Dreiecks: $\vec{s} = \frac{1}{3}(\vec{a} + \vec{b} + \vec{c})$.

2. Wegen $\lim\limits_{t \to \infty} \dfrac{1}{1+t} = 0$ und $\lim\limits_{t \to \infty} \dfrac{t}{1+t} = 1$ nähert sich für große Werte von t der Vektor $\vec{t}$ dem Vektor $\vec{b}$.

3. Für $t = 0$ folgt $\vec{t} = \vec{a}$.


### Beispiel 3.8.

Es ist nun auch leicht möglich, den aus der Mittelstufe bekannten Strahlensatz zu beweisen (Fig. 3.16):

Die Teilverhältnisse auf den Geraden g und g' sind genau dann gleich, falls die Geraden a, b parallel sind. Für den Beweis formulieren wir um:

1. a ∥ b, falls TV(ABO) = TV(A'B'O) und
2. TV(ABO) = TV(A'B'O), falls a ∥ b.

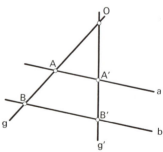

Fig. 3.16

## 3.4. Geraden, Strecken, Teilverhältnis

**Beweis:**

Wir wählen den Schnittpunkt der Geraden g und g' als Ursprung eines Koordinatensystems. Mit TV(ABO) = t gilt dann
$$\vec{AO} = t \cdot \vec{OB} \text{ bzw. } -\vec{a} = t\vec{b} \text{ oder auch } \vec{a} = -t\vec{b}.$$
TV(A'B'O) = t' liefert analog $\vec{a}' = -t'\vec{b}'$.
$\vec{AA'} = \vec{a}' - \vec{a}$; $\vec{BB'} = \vec{b}' - \vec{b}$.

1. Sei TV(ABO) = TV(A'B'O), also t = t'.
Dann gilt $\vec{a} = -t\vec{b}$ und $\vec{a}' = -t\vec{b}'$.
Subtraktion liefert $\vec{a}' - \vec{a} = -t\vec{b}' + t\vec{b} = -t(\vec{b}' - \vec{b})$, also gilt $\vec{AA'} = -t\vec{BB'}$ und damit a∥b.

2. Sei a∥b, also $\vec{AA'} = k\vec{BB'}$ bzw. $\vec{a}' - \vec{a} = k(\vec{b}' - \vec{b})$.
Einsetzen von $\vec{a} = -t\vec{b}$ und $\vec{a}' = -t'\vec{b}'$ liefert $-t'\vec{b}' + t\vec{b} = k(\vec{b}' - \vec{b})$ bzw.
$(-k - t')\vec{b}' + (k + t)\vec{b} = \vec{o}$.
Da sich g und g' schneiden, gilt: $\vec{b}$ und $\vec{b}'$ sind linear unabhängig.
Es folgt also $\begin{array}{l} -k - t' = 0 \\ k + t = 0 \end{array}$, und Addition liefert $t - t' = 0$, also $t = t'$, was nichts anderes heißt als TV(ABO) = TV(A'B'O).

Da t = -k, folgt auch noch die aus der Mittelstufe bekannte Tatsache $\vec{AA'} = -t\vec{BB'}$, d.h., die Streckenverhältnisse auf den sich schneidenden Geraden sind gleich den Streckenverhältnissen der Parallelen.
Man beachte, daß wir nur aufgrund von $\vec{AA'} = -t\vec{BB'}$ berechtigt sind zu sagen, die Strecke [AA'] ist |−t|-mal so lang wie die Strecke [BB'], daß wir also ein Streckenverhältnis angeben können. Das Teilverhältnis erlaubt es aber nicht, einzelne Strecken zu messen.

### Aufgaben zu 3.4.

1. a) Man gebe die Koordinaten eines Punktes P an, der nicht auf der Geraden AB liegt.
   A(2|1), B(0|−1)
   b) Man gebe einen Punkt Q an mit Q ∈ AB.
   c) Man gebe einen Punkt R an, so daß PR∥AB.

2. a) Zeigen Sie, daß die Punkte A(2|1), B(0|−1), C(3|2) auf einer Geraden liegen und geben Sie TV(ABC) an.
   b) Geben Sie einen Punkt D an, der [AB] „innen" teilt.
   c) TV(ABT) = 2. Geben Sie die Koordinaten von T an.

3. a) Man betrachte Aufgabe 4 zu 3.3. und bestimme TV(ADP), TV(ACS), TV(BDS).
   b) Man betrachte Aufgabe 5 zu 3.3. und bestimme TV(MPN).

4. Das Dreieck ABC werde durch die Vektoren $\vec{u} = \vec{AB}$ und $\vec{v} = \vec{AC}$ aufgespannt. E halbiert [AB] und F liegt auf AC so, daß EF∥BC.
   a) Man drücke $\vec{AF}$ und $\vec{EF}$ durch $\vec{u}$ und $\vec{v}$ aus.
   b) S liegt auf EF mit TV(EFS) = 2. AS schneidet BC in T. Man berechne TV(BCT).

5. *Harmonische Teilung*

Wird eine Strecke [AB] von zwei Punkten $T_i$, $T_a$ innen und außen dem Betrage nach im gleichen Verhältnis geteilt, gilt also $TV(ABT_a) = -TV(ABT_i)$, so nennt man die Strecke durch $T_i$, $T_a$ *harmonisch geteilt*.

a) Es gelte $A(3|4)$, $B(7|-4)$, $TV(ABT_i) = \frac{1}{3}$. Bestimmen Sie zu [AB] die Koordinaten der harmonischen Punkte $T_i$, $T_a$.

b) Zeigen Sie, daß auch gilt $TV(T_i T_a A) = -TV(T_i T_a B)$. Formulieren Sie das Ergebnis in Worten.

c) Zeigen Sie nun allgemein für beliebige Punkte A, B:
$TV(ABC) = -TV(ABD) \Rightarrow TV(CDA) = -TV(CDB)$
Warum spricht man von vier harmonischen Punkten?
Welchen Wert darf $TV(ABC)$ nicht annehmen?

6. *Stetige Teilung (Goldener Schnitt)*

Eine Strecke [AB] heißt *stetig geteilt* (durch einen Punkt C), wenn sich die Gesamtstrecke zum größeren Abschnitt wie der größere Abschnitt zum kleineren verhält.[1]
In Vektorschreibweise bedeutet dies, daß aus $\overrightarrow{AB} = t \cdot \overrightarrow{AC}$ mit $t > 1$ auch $\overrightarrow{AC} = t \cdot \overrightarrow{CB}$ folgt.

a) Zeigen Sie, daß [AB] genau für das Teilverhältnis $t_s = \dfrac{1 + \sqrt{5}}{2}$ stetig geteilt wird.

b) Zeigen Sie: Verlängert man eine stetig geteilte Strecke um den längeren Abschnitt, so wird die sich ergebende Strecke von der ursprünglichen stetig geteilt.
(Man setze $\overrightarrow{AC} = \overrightarrow{BD}$ und drücke mit Hilfe des Ansatzes $\overrightarrow{AC} = t_s \cdot \overrightarrow{CB}$ den Vektor $\overrightarrow{AB}$ durch $\overrightarrow{BD}$ aus.)

c) Zeigen Sie: Trägt man den kleineren Abschnitt einer stetig geteilten Strecke auf dem größeren ab, so wird dieser wiederum stetig geteilt. (Aus dieser fortgesetzten Teilbarkeit resultiert der Name ‚stetige Teilung'.)

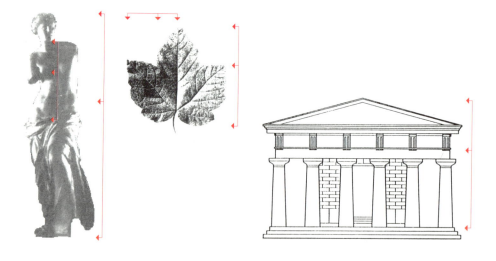

---
[1] Die stetige Teilung einer Strecke wird auch „Goldener Schnitt" genannt und tritt häufig in ästhetischen, biologischen, aber auch mystischen Zusammenhängen auf. Der Begriff taucht schon 1509 bei Luca Pacioli (ital. Mathematiker) auf: „Proportio divina".

## 3.5. Geraden und Ebenen

Wir wollen uns nun der rechnerischen Behandlung der Lagebeziehungen zwischen Punkten, Geraden und Ebenen zuwenden. Wir beschränken uns dabei auf die Punkträume $\mathbb{R}^2$ und $\mathbb{R}^3$ und suchen zunächst nach mathematischen Darstellungsmöglichkeiten für Geraden und Ebenen.

### 3.5.1. Darstellungsformen von Geraden

**a) Parameterdarstellungen**

**Zwei-Punkte-Gleichung**

Es seien O der Ursprung eines Koordinatensystems (im $\mathbb{R}^2$ bzw. $\mathbb{R}^3$) und g (A, B) die Gerade durch die Punkte A und B (Fig. 3.17).

Dann gilt für den Ortsvektor $\vec{x} = \overrightarrow{OX}$ eines beliebigen Punktes X ∈ g:

$\overrightarrow{OX} = \overrightarrow{OA} + \overrightarrow{AX}$ und wegen
$\overrightarrow{AX} = k\overrightarrow{AB} = k(\overrightarrow{OB} - \overrightarrow{OA}) = k(\vec{b} - \vec{a})$:

$$\vec{x} = \vec{a} + k(\vec{b} - \vec{a}), \quad k \in \mathbb{R} \qquad (1)$$

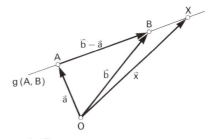

Die Gleichung (1) ist eine Vektorgleichung für die Ortsvektoren der Punkte A, B und X ∈ g (A, B).

Fig. 3.17

Die Variable k bezeichnet man als Parameter. Man spricht deshalb von einer *Geradengleichung in Parameterform* oder (kürzer) von einer *Parameterdarstellung* einer Geraden.

Man nennt die Gleichung (1) *Zwei-Punkte-Gleichung*, weil die Gerade durch zwei Punkte gegeben ist.

**Punkt-Richtungs-Gleichung**

Falls A und B zwei verschiedene Punkte einer Geraden sind, so ist durch den Vektor $\overrightarrow{AB}$ ein Richtungsvektor $\vec{u} \neq \vec{o}$ der Geraden eindeutig bestimmt. Eine Gerade läßt sich deshalb auch durch einen Antrags*punkt* A und einen *Richtungs*vektor $\vec{u} \neq \vec{o}$ eindeutig festlegen (Fig. 3.18).

Mit denselben Überlegungen wie bei der Herleitung der Zwei-Punkte-Gleichung erhält man:

$$\vec{x} = \vec{a} + k\vec{u}, \quad k \in \mathbb{R}, \vec{u} \neq \vec{o} \qquad (2)$$

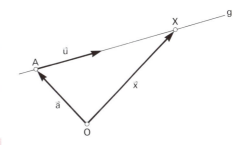

Fig. 3.18

Die Vektorgleichung (2) nennt man *Punkt-Richtungs-Gleichung*, weil die Gerade durch einen Punkt und die Richtung gegeben ist.
Sie ist wie Gleichung (1) eine Parameterdarstellung.

**Bemerkungen:**
1. Die Vektorgleichungen (1) und (2) sind gleichwertig, denn einerseits wird durch zwei nicht zusammenfallende Punkte A und B eindeutig ein Richtungsvektor $\vec{u} = \overrightarrow{AB} \neq \vec{o}$ bestimmt und andererseits ist durch Vorgabe eines Punktes A und eines Richtungsvektors $\vec{u} \neq \vec{o}$ eindeutig ein Punkt $B \neq A$ durch $\overrightarrow{OB} = \overrightarrow{OA} + \vec{u}$ bestimmt.
2. Eine Gerade kann durch verschiedene Parameterdarstellungen beschrieben werden; für die Punkt-Richtungs-Gleichung beispielsweise eignet sich jeder Punkt der Geraden als Antragspunkt und auch jeder Vektor $\vec{v} = k\vec{u}$, $k \in \mathbb{R} \setminus \{0\}$, als Richtungsvektor.
Man spricht deshalb nicht von *der* Parameterdarstellung, sondern von *einer* Parameterdarstellung der Geraden.

**Lage eines Punktes P bezüglich einer Geraden g**

Sowohl für die Zwei-Punkte-Gleichung als auch für die Punkt-Richtungs-Gleichung einer Geraden gilt:

> Zu jedem $k \in \mathbb{R}$ gehört genau ein Punkt $P \in g$ mit dem Ortsvektor $\vec{p}$. Umgekehrt liegt ein Punkt P nur dann auf der Geraden g, wenn sein Ortsvektor $\vec{p}$ die Geradengleichung für ein $k \in \mathbb{R}$ erfüllt.

**Beispiel 3.9.**

Eine Gleichung der Geraden g (A, B) lautet für

A (2|1) und B (3|4) wegen

$\vec{a} = \begin{pmatrix} 2 \\ 1 \end{pmatrix}, \vec{b} = \begin{pmatrix} 3 \\ 4 \end{pmatrix}, \vec{b} - \vec{a} = \begin{pmatrix} 1 \\ 3 \end{pmatrix}$:

$\vec{x} = \begin{pmatrix} 2 \\ 1 \end{pmatrix} + k \begin{pmatrix} 1 \\ 3 \end{pmatrix}, k \in \mathbb{R}$

Der Punkt P (3|5) liegt nicht auf g (A, B), denn aus

$\begin{pmatrix} 3 \\ 5 \end{pmatrix} = \begin{pmatrix} 2 \\ 1 \end{pmatrix} + k \begin{pmatrix} 1 \\ 3 \end{pmatrix}$ folgt:

$\begin{matrix} 3 = 2 + k \\ 5 = 1 + 3k \end{matrix}$, also $\begin{matrix} k = 1 \\ k = \frac{4}{3} \end{matrix}$

Es gibt also keinen Parameterwert, der die Geradengleichung erfüllt.

A (3|2|0) und B (2|1|5) wegen

$\vec{a} = \begin{pmatrix} 3 \\ 2 \\ 0 \end{pmatrix}, \vec{b} = \begin{pmatrix} 2 \\ 1 \\ 5 \end{pmatrix}, \vec{b} - \vec{a} = \begin{pmatrix} -1 \\ -1 \\ 5 \end{pmatrix}$:

$\vec{x} = \begin{pmatrix} 3 \\ 2 \\ 0 \end{pmatrix} + k \begin{pmatrix} -1 \\ -1 \\ 5 \end{pmatrix}, k \in \mathbb{R}$

Der Punkt Q (1|0|10) liegt auf g (A, B), denn aus

$\begin{pmatrix} 1 \\ 0 \\ 10 \end{pmatrix} = \begin{pmatrix} 3 \\ 2 \\ 0 \end{pmatrix} + k \begin{pmatrix} -1 \\ -1 \\ 5 \end{pmatrix}$ folgt:

$\begin{matrix} 1 = 3 - k \\ 0 = 2 - k, \text{ also} \\ 10 = 5k \end{matrix} \begin{matrix} k = 2 \\ k = 2 \\ k = 2 \end{matrix}$

Der Parameterwert $k = 2$ erfüllt also die Geradengleichung.

## 3.5. Geraden und Ebenen

Eine Gleichung der Geraden h durch den Punkt A mit dem Richtungsvektor $\vec{u}$ lautet für

A(2|5) und $\vec{u} = \begin{pmatrix} 2 \\ -1 \end{pmatrix}$:

$\vec{x} = \begin{pmatrix} 2 \\ 5 \end{pmatrix} + k \begin{pmatrix} 2 \\ -1 \end{pmatrix}$, $k \in \mathbb{R}$

Der Punkt P(0|6) liegt auf der Geraden h, denn aus

$\begin{pmatrix} 0 \\ 6 \end{pmatrix} = \begin{pmatrix} 2 \\ 5 \end{pmatrix} + k \begin{pmatrix} 2 \\ -1 \end{pmatrix}$ folgt:

$\begin{aligned} 0 &= 2 + 2k \\ 6 &= 5 - k \end{aligned}$, also $\begin{aligned} k &= -1 \\ k &= -1 \end{aligned}$

Der Parameterwert $k = -1$ erfüllt die Geradengleichung.

A(3|2|1) und $\vec{u} = \begin{pmatrix} -3 \\ 0 \\ 2 \end{pmatrix}$:

$\vec{x} = \begin{pmatrix} 3 \\ 2 \\ 1 \end{pmatrix} + k \begin{pmatrix} -3 \\ 0 \\ 2 \end{pmatrix}$, $k \in \mathbb{R}$

Der Punkt Q(0|1|3) liegt nicht auf der Geraden h, denn aus

$\begin{pmatrix} 0 \\ 1 \\ 3 \end{pmatrix} = \begin{pmatrix} 3 \\ 2 \\ 1 \end{pmatrix} + k \begin{pmatrix} -3 \\ 0 \\ 2 \end{pmatrix}$ folgt:

$\begin{aligned} 0 &= 3 - 3k \\ 1 &= 2 \\ 3 &= 1 + 2k \end{aligned}$, also $\begin{aligned} k &= 1 \\ & \\ k &= 1 \end{aligned}$

Wegen $1 \neq 2$ gibt es keinen Parameterwert, der die Geradengleichung erfüllt.

### b) Parameterfreie Darstellungen

Im zweidimensionalen Punktraum $\mathbb{R}^2$ kann man den Parameter k aus der Geradengleichung eliminieren:

Die Parameterdarstellung einer Geraden g: $\vec{x} = \vec{a} + k\vec{u}$ mit $\vec{u} \neq \vec{o}$, $k \in \mathbb{R}$, führt auf das Gleichungssystem $\begin{aligned} x_1 &= a_1 + ku_1 \\ x_2 &= a_2 + ku_2 \end{aligned}$.

Nach Voraussetzung ist $\begin{pmatrix} u_1 \\ u_2 \end{pmatrix} \neq \begin{pmatrix} 0 \\ 0 \end{pmatrix}$, also z.B. $u_2 \neq 0$. Dann ist $k = \frac{x_2 - a_2}{u_2}$ und damit $x_1 = a_1 + \frac{x_2 - a_2}{u_2} u_1$. Multiplikation mit $u_2$ und Ordnen führt schließlich auf die Gleichung

$$u_2 x_1 - u_1 x_2 + (a_2 u_1 - a_1 u_2) = 0. \qquad (*)$$

Daß die Parameterdarstellung $\vec{x} = \vec{a} + k\vec{u}$ und die Gleichung $(*)$ dieselbe Gerade darstellen, läßt sich ohne weiteres nachweisen: Einerseits erfüllt jeder Punkt X der Geraden, der zu irgendeinem Parameterwert k gehört auch die Gleichung $(*)$. Man braucht nur die Koordinaten $x_1 = a_1 + ku_1$, $x_2 = a_2 + ku_2$ in die Gleichung $(*)$ einzusetzen und erhält nach Auflösen und Zusammenfassen eine allgemeingültige Gleichung der Form $k \cdot 0 = 0$.

Andererseits läßt sich zu jedem Punkt $X(x_1|x_2)$, dessen Koordinaten die Gleichung $(*)$ erfüllen, ein Parameterwert k finden, der die Parametergleichung $\vec{x} = \vec{a} + k\vec{u}$ erfüllt. Wir setzen z.B. $x_2 = r$ und erhalten aus $(*)$ $x_1 = \frac{1}{u_2}(ru_1 - a_2 u_1 + a_1 u_2)$.

In Vektorschreibweise erhalten wir eine Gleichung in der Form

$$\begin{pmatrix} x_1 \\ x_2 \end{pmatrix} = \begin{pmatrix} a_1 u_2 - a_2 u_1 \\ u_2 \\ 0 \end{pmatrix} + r \begin{pmatrix} u_1 \\ u_2 \\ 1 \end{pmatrix}, \qquad (**)$$

welche wir als Parameterdarstellung einer Geraden g' interpretieren. Wir zeigen nun, daß durch die Gleichung (∗∗) die Gerade g dargestellt wird. Aus (∗∗) erhält man mit $r = a_2$ den Ortsvektor $\begin{pmatrix} a_1 \\ a_2 \end{pmatrix}$ des Antragspunktes A der Geraden g. Die lineare Abhängigkeit der Richtungsvektoren folgt aus $u_2 \begin{pmatrix} \frac{u_1}{u_2} \\ 1 \end{pmatrix} = \begin{pmatrix} u_1 \\ u_2 \end{pmatrix}$. Die Gleichung (∗∗) stellt also die Gerade g dar. Gleichzeitig haben wir gezeigt, wie man nachweist, daß zwei verschiedene Parameterdarstellungen dieselbe Gerade beschreiben.

Im $\mathbb{R}^2$ läßt sich also eine Gerade darstellen durch eine Gleichung der Form

$$A_1 x_1 + A_2 x_2 + A_3 = 0, \quad A_i \in \mathbb{R} \qquad (3)$$

Man nennt diese parameterfreie Form der Darstellung *Koordinatenform* der Geradengleichung. Dabei dürfen nicht beide Koeffizienten $A_1$ und $A_2$ gleichzeitig Null sein, denn sonst wäre $\vec{u} = \vec{o}$ im Widerspruch zur Voraussetzung. Damit gleichbedeutend ist die Aussage $A_1^2 + A_2^2 > 0$.

Da $x_1, x_2$ die Koordinaten eines beliebigen Punktes der Geraden sind, gilt:

Ein Punkt $P(p_1|p_2)$ liegt genau dann auf einer Geraden g, wenn seine Koordinaten eine parameterfreie Gleichung von g erfüllen.

Beispiel 3.10.

Die Parameterdarstellung der Geraden g(A, B) aus dem Beispiel 3.9. war

$$\vec{x} = \begin{pmatrix} 2 \\ 1 \end{pmatrix} + k \begin{pmatrix} 1 \\ 3 \end{pmatrix}, \; k \in \mathbb{R}.$$

Eliminieren wir k aus dem Gleichungssystem

$$\begin{matrix} x_1 = 2 + k \\ x_2 = 1 + 3k \end{matrix}, \text{ so erhalten wir die Koordinatenform } 3x_1 - x_2 - 5 = 0.$$

Der Punkt $P(2|1)$ liegt wegen $3 \cdot 2 - 1 - 5 = 0$ auf g(A, B), während der Punkt $Q(2|4)$ wegen $3 \cdot 2 - 4 - 5 \neq 0$ nicht auf g(A, B) liegt.

Ist als Geradengleichung für g die parameterfreie Darstellung $3x_1 - x_2 - 5 = 0$ gegeben, so erhält man eine Parameterdarstellung z. B. aus $x_1 = r$ und $x_2 = 3r - 5$, also

$$\vec{x} = \begin{pmatrix} 0 \\ -5 \end{pmatrix} + r \begin{pmatrix} 1 \\ 3 \end{pmatrix}, \; r \in \mathbb{R}.$$

Da man für $r = 2$ den Antragspunkt $A(2|1)$ erhält und die Richtungsvektoren übereinstimmen, handelt es sich um eine Parameterdarstellung der Geraden g.

## 3.5. Geraden und Ebenen

**Bemerkungen:**

1. Man spricht von *einer* und nicht von *der* Koordinatenform, denn mit $A_1 x_1 + A_2 x_2 + A_3 = 0$ ist auch $sA_1 x_1 + sA_2 x_2 + sA_3 = 0$ mit $s \in \mathbb{R} \setminus \{0\}$ eine Koordinatenform.
2. Die aus der Algebra bekannte Geradengleichung $x_2 = mx_1 + t$, wobei m die Steigung der Geraden und t den $x_2$-Achsenabschnitt bedeuten, ist eine parameterfreie Darstellung, die sich jedoch auf ein „kartesisches" Koordinatensystem bezieht. Darauf werden wir im Abschnitt 4.5. eingehen.

Sind in einer Koordinatenform $A_1 x_1 + A_2 x_2 + A_3 = 0$ alle Koeffizienten $A_i$ ungleich Null, so läßt sich diese Darstellung umformen in $-\frac{A_1}{A_3} x_1 - \frac{A_2}{A_3} x_2 = 1$, und mit $-\frac{A_1}{A_3} = \frac{1}{s}$, $-\frac{A_2}{A_3} = \frac{1}{t}$ erhalten wir für die Gerade die

**Achsenabschnittsform** $\frac{x_1}{s} + \frac{x_2}{t} = 1$.

Dabei bedeuten s und t die Abschnitte, die von der Geraden auf der $x_1$- bzw. der $x_2$-Koordinatenachse vom Ursprung aus betrachtet „abgeschnitten" werden, also die jeweilige von Null verschiedene Koordinate des Schnittpunktes der Geraden mit einer Koordinatenachse. Man überzeugt sich hiervon sofort durch Einsetzen von $(s|0)$ und $(0|t)$ in die Achsenabschnittsform.

**Bemerkungen:**

1. Die Achsenabschnittsform existiert nicht für Geraden, die durch den Ursprung gehen ($A_3 = 0$).
2. $s \to \infty$ bedeutet $A_1 = 0$, d.h., die Gerade ist parallel zur $x_1$-Achse, $t \to \infty$ bedeutet $A_2 = 0$, d.h., die Gerade ist parallel zur $x_2$-Achse.

**Beispiel 3.11.**

Die Gerade g: $\vec{x} = \begin{pmatrix} 2 \\ 4,5 \end{pmatrix} + k \begin{pmatrix} 4 \\ 3 \end{pmatrix}$ läßt sich durch Elimination von k in parameterfreier Darstellung durch $3x_1 - 4x_2 + 12 = 0$ beschreiben. Umordnen und Division durch 12 liefert $\frac{x_1}{-4} + \frac{x_2}{3} = 1$. Offenbar enthält g die Punkte $(-4|0)$ und $(0|3)$, d.h., die Achsenabschnitte betragen $s = -4$ und $t = 3$. (Fig. 3.19)

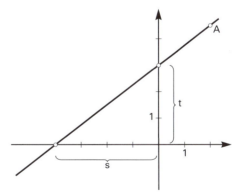

Fig. 3.19

Es ergibt sich nun die Frage, ob auch im $\mathbb{R}^3$ eine parameterfreie Darstellung einer Geraden möglich ist.

### Beispiel 3.12.

Eine Gerade g sei im $\mathbb{R}^3$ durch die Parameterdarstellung

$$\vec{x} = \begin{pmatrix} 3 \\ 2 \\ 1 \end{pmatrix} + k \begin{pmatrix} -1 \\ -1 \\ 5 \end{pmatrix}, k \in \mathbb{R}, \text{ gegeben, also } \begin{array}{l} x_1 = 3 - k \\ x_2 = 2 - k \\ x_3 = 1 + 5k \end{array}.$$

Wir versuchen den Parameter k aus den Koordinatengleichungen zu eliminieren:

| 1. Möglichkeit | 2. Möglichkeit | 3. Möglichkeit |
|---|---|---|
| $x_1 = 3 - k \mid \cdot 2$ | $x_1 = 3 - k \mid \cdot 4$ | $x_1 = 3 - k$ |
| $x_2 = 2 - k \mid \cdot 3$ | $x_2 = 2 - k$ | $x_2 = 2 - k \mid \cdot 4$ |
| $x_3 = 1 + 5k$ | $x_3 = 1 + 5k$ | $x_3 = 1 + 5k$ |
| $2x_1 + 3x_2 + x_3 = 13$ | $4x_1 + x_2 + x_3 = 15$ | $x_1 + 4x_2 + x_3 = 12$ |

Man erhält zwar parameterfreie Gleichungen, aber diese Gleichungen sind *nicht* äquivalent, d.h., sie lassen sich nicht durch Multiplikation mit geeigneten Zahlen ineinander überführen. Damit haben diese parameterfreien Gleichungen im $\mathbb{R}^3$ nicht die gleichen Lösungsmengen und stellen nicht dieselbe Gerade dar. Das Verfahren der Elimination des Parameters ist also für Geraden im $\mathbb{R}^3$ nicht geeignet.

> Im $\mathbb{R}^3$ gibt es für eine Gerade keine parameterfreie Darstellung durch *eine* Gleichung.

**Bemerkungen:**

1. Wir werden später erkennen, daß die oben erhaltenen parameterfreien Gleichungen Ebenen im $\mathbb{R}^3$ darstellen, welche die Gerade g enthalten.
2. Desgleichen werden wir später erkennen, daß es eine parameterfreie Darstellung einer Geraden im $\mathbb{R}^3$ gibt, wenn man die Gerade als Schnittgerade zweier Ebenen angibt. Dann sind aber zur parameterfreien Darstellung *zwei* Gleichungen erforderlich.

### Aufgaben zu 3.5.1.

1. a) Man gebe eine Parameterdarstellung der Geraden g (A, B) an mit A (2|1), B (0|−1). (Vgl. Abschnitt 3.4., Aufgaben 1 und 2.)
   b) Man gebe zwei weitere Parameterdarstellungen dieser Geraden an.
   c) Man gebe eine Parameterdarstellung einer zu g parallelen Geraden an.

2. a) Man gebe eine Parameterdarstellung der Geraden g (P, Q) an mit P (0|0), Q (1|3).
   b) Man prüfe, ob die Punkte E (−1|−3), F (1|1), G (3|1), H (2,5|7,5) auf g liegen.
   c) Ist folgender Satz richtig: „Eine Gerade ist genau dann Ursprungsgerade, wenn in ihrer Parameterdarstellung der Ortsvektor des Antragspunktes gleich dem Nullvektor ist"?

3. a) Man gebe eine Parameterdarstellung der Geraden h (U, V) an mit U (4|−2|1), V ($\frac{1}{2}$|0|$\frac{1}{3}$).
   b) Man gebe einen Punkt P an, der nicht auf h liegt.

### 3.5. Geraden und Ebenen

c) Liegt Q (3|0|2) auf h?

d) p sei eine Parallele zu h durch den Punkt P. Man gebe eine Parameterdarstellung an.

4. a) Bestimmen Sie eine Parameterform der Geraden g (A, B) mit A (1|3|2) und B (5|−2|2).

   b) Bestimmen Sie $c_1 \in \mathbb{R}$ so, daß der Punkt C($c_1$|−7|2) auf g liegt.

   c) Berechnen Sie TV (ABC).

5. Benutzen Sie für die Anfertigung von Skizzen im folgenden auch die Achsenabschnittsform.

   a) Man gebe eine Parameterdarstellung der Geraden g (A, B) an mit A ($\frac{1}{2}$|$\frac{1}{4}$), B (−$\frac{1}{3}$|1).

   b) Geben Sie die zu g parallele Ursprungsgerade p an.

   c) Geben Sie eine Darstellung in Koordinatenform von g und p an.

6. a) Geben Sie eine parameterfreie Darstellung der Geraden h (P, Q) an mit P (1|4), Q (0|−2).

   b) Geben Sie eine parameterfreie Darstellung der Parallelen p zu h durch R (4|1) an.

7. a) Geben Sie eine Parameterform von g: $2x_1 - 3x_2 + 7 = 0$ an.

   b) Geben Sie eine Darstellung in Koordinatenform von h: $\vec{x} = \begin{pmatrix} -2 \\ 1 \end{pmatrix} + k \begin{pmatrix} 2 \\ -3 \end{pmatrix}$ an.

### 3.5.2. Lagebeziehungen zwischen zwei Geraden

Entsprechend unserer Anschauung gibt es im $\mathbb{R}^2$ und im $\mathbb{R}^3$ folgende Möglichkeiten (Fig. 3.20):

Die beiden Geraden g und h schneiden sich: Es gibt genau einen gemeinsamen Punkt S mit {S} = g ∩ h. S heißt *Schnittpunkt*.

Die beiden Geraden g und h sind parallel und g ≠ h. Es gibt keinen gemeinsamen Punkt. Man sagt: g und h sind *echt parallel*.

Die beiden Geraden g und h *fallen zusammen*: g = h. Alle Punkte sind gemeinsame Punkte. Man sagt auch: g und h sind *entartet parallel*.

Im $\mathbb{R}^3$ kann zusätzlich noch folgender Fall auftreten: Die beiden Geraden g und h schneiden sich nicht und sind nicht parallel. Man sagt: g und h sind zueinander *windschief*.

Wir wollen nun diese aus der Anschauung gewonnenen Fälle rechnerisch untersuchen und Entscheidungskriterien herleiten.

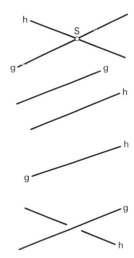

Fig. 3.20

## Fall 1:

Zwei Geraden g und h schneiden sich (Fig. 3.21). Die Geraden g und h seien gegeben durch Parameterdarstellungen:

$g: \vec{x} = \vec{a}_1 + k\vec{u}_1, k \in \mathbb{R}$
$h: \vec{x} = \vec{a}_2 + l\vec{u}_2, l \in \mathbb{R}$

Fig. 3.21

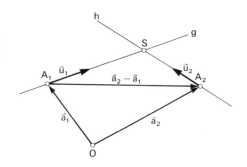

| Anschaulich festgestellte Bedingungen: | Mathematisch äquivalente Aussagen: |
|---|---|
| 1. g und h haben verschiedene Richtungen. | $\vec{u}_1, \vec{u}_2$ sind linear unabhängig. |
| 2. g und h bestimmen eine Ebene, in der auch $\vec{a}_2 - \vec{a}_1$ liegt. | $\vec{u}_1, \vec{u}_2, \vec{a}_2 - \vec{a}_1$ sind linear abhängig. |

### Beispiel 3.13.

Für den $\mathbb{R}^2$:

$g: \vec{x} = \begin{pmatrix} 2 \\ 1 \end{pmatrix} + k \begin{pmatrix} -1 \\ 1 \end{pmatrix}$

$h: \vec{x} = \begin{pmatrix} -1 \\ 3 \end{pmatrix} + l \begin{pmatrix} 2 \\ -3 \end{pmatrix}$

Es ist $\vec{u}_1 = \begin{pmatrix} -1 \\ 1 \end{pmatrix}$, $\vec{u}_2 = \begin{pmatrix} 2 \\ -3 \end{pmatrix}$, $\vec{a}_2 - \vec{a}_1 = \begin{pmatrix} -3 \\ 2 \end{pmatrix}$ und $\vec{u}_1 \neq m\vec{u}_2$, also $\vec{u}_1, \vec{u}_2$ linear unabhängig. Daß $\vec{u}_1, \vec{u}_2, \vec{a}_2 - \vec{a}_1$ linear abhängig sind, ist klar, denn drei Vektoren des $\mathbb{R}^2$ sind stets linear abhängig.

Für den $\mathbb{R}^3$:

$g: \vec{x} = \begin{pmatrix} 3 \\ 2 \\ 1 \end{pmatrix} + k \begin{pmatrix} 2 \\ 1 \\ -1 \end{pmatrix}$

$h: \vec{x} = \begin{pmatrix} 11 \\ -1 \\ 8 \end{pmatrix} + l \begin{pmatrix} 3 \\ -2 \\ 4 \end{pmatrix}$

Es ist $\vec{u}_1 = \begin{pmatrix} 2 \\ 1 \\ -1 \end{pmatrix}$, $\vec{u}_2 = \begin{pmatrix} 3 \\ -2 \\ 4 \end{pmatrix}$,

$\vec{a}_2 - \vec{a}_1 = \begin{pmatrix} 8 \\ -3 \\ 7 \end{pmatrix}$ und $\vec{u}_1 \neq m\vec{u}_2$, also $\vec{u}_1, \vec{u}_2$ linear unabhängig.

Die Untersuchung der linearen Abhängigkeit von $\vec{u}_1, \vec{u}_2, \vec{a}_2 - \vec{a}_1$ (im rechten Beispiel) führt auf das homogene Gleichungssystem mit dem Schema

$$\begin{array}{ccc} 2 & 3 & 8 \\ 1 & -2 & -3 \\ -1 & 4 & 7 \end{array} \to \begin{array}{ccc} 1 & -2 & -3 \\ 2 & 3 & 8 \\ -1 & 4 & 7 \end{array} \to \begin{array}{ccc} 1 & -2 & -3 \\ 0 & 7 & 14 \\ 0 & 2 & 4 \end{array} \to \begin{array}{ccc} 1 & -2 & -3 \\ 0 & 1 & 2 \\ 0 & 1 & 2 \end{array} \to \begin{array}{ccc} 1 & -2 & -3 \\ 0 & 1 & 2 \\ 0 & 0 & 0 \end{array};$$

also sind $\vec{u}_1, \vec{u}_2, \vec{a}_2 - \vec{a}_1$ linear abhängig.

Nach unseren obigen Bedingungen muß es einen Schnittpunkt geben. Da der Schnittpunkt S ein gemeinsamer Punkt beider Geraden ist, muß sein Ortsvektor $\vec{s}$ beide Geradengleichungen erfüllen, also $\vec{s} = \vec{a}_1 + k\vec{u}_1$ und $\vec{s} = \vec{a}_2 + l\vec{u}_2$ und damit $\vec{a}_1 + k\vec{u}_1 = \vec{a}_2 + l\vec{u}_2$.

## 3.5. Geraden und Ebenen

Für unser Beispiel ergibt das

$\begin{pmatrix} 2 \\ 1 \end{pmatrix} + k \begin{pmatrix} -1 \\ 1 \end{pmatrix} = \begin{pmatrix} -1 \\ 3 \end{pmatrix} + l \begin{pmatrix} 2 \\ -3 \end{pmatrix}$ bzw. $\begin{pmatrix} 3 \\ 2 \\ 1 \end{pmatrix} + k \begin{pmatrix} 2 \\ 1 \\ -1 \end{pmatrix} = \begin{pmatrix} 11 \\ -1 \\ 8 \end{pmatrix} + l \begin{pmatrix} 3 \\ -2 \\ 4 \end{pmatrix}$

$k \begin{pmatrix} -1 \\ 1 \end{pmatrix} - l \begin{pmatrix} 2 \\ -3 \end{pmatrix} = \begin{pmatrix} -3 \\ 2 \end{pmatrix}$ $\qquad k \begin{pmatrix} 2 \\ 1 \\ -1 \end{pmatrix} - l \begin{pmatrix} 3 \\ -2 \\ 4 \end{pmatrix} = \begin{pmatrix} 8 \\ -3 \\ 7 \end{pmatrix}$

Im $\mathbb{R}^2$ erhält man ein inhomogenes (2,2)-System

$-k - 2l = -3$
$k + 3l = 2$

mit den Lösungen $l = -1$ und $k = 5$.

Im $\mathbb{R}^3$ erhält man ein inhomogenes Gleichungssystem mit drei Gleichungen und nur zwei Variablen. Ein solches Gleichungssystem ist *überbestimmt*. Eine eventuell existierende Lösung erhält man folgendermaßen: Man berechnet aus zwei Gleichungen die Variablen und überprüft, ob damit auch die dritte Gleichung erfüllt ist.

Aus $\begin{matrix} 2k - 3l = 8 \\ k + 2l = -3 \end{matrix}$ folgt $k = 1$ und $l = -2$.

Damit ist $-k - 4l = 7$ erfüllt.

Den Schnittpunkt erhält man durch Einsetzen eines errechneten Parameterwertes in die entsprechende Geradengleichung:

$\vec{s} = \begin{pmatrix} 2 \\ 1 \end{pmatrix} + 5 \cdot \begin{pmatrix} -1 \\ 1 \end{pmatrix} = \begin{pmatrix} -3 \\ 6 \end{pmatrix}$ bzw. $\vec{s} = \begin{pmatrix} 3 \\ 2 \\ 1 \end{pmatrix} + 1 \cdot \begin{pmatrix} 2 \\ 1 \\ -1 \end{pmatrix} = \begin{pmatrix} 5 \\ 3 \\ 0 \end{pmatrix}$

$S(-3|6)$ $\qquad\qquad\qquad\qquad\qquad\qquad\qquad$ $S(5|3|0)$

**Bemerkung:**

Die beiden Bedingungen für die Existenz des Schnittpunktes

1. $\vec{u}_1, \vec{u}_2$ sind linear unabhängig,
2. $\vec{u}_1, \vec{u}_2, \vec{a}_2 - \vec{a}_1$ sind linear abhängig,

sind notwendig und hinreichend.

**Fall 2:**

Zwei Geraden g und h sind echt parallel (Fig. 3.22a).
Die Geraden g und h seien gegeben durch Parameterdarstellungen:

$g: \vec{x} = \vec{a}_1 + k\vec{u}_1, \ k \in \mathbb{R}$
$h: \vec{x} = \vec{a}_2 + l\vec{u}_2, \ l \in \mathbb{R}$ $\qquad$ Fig. 3.22a

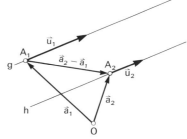

| Anschaulich festgestellte Bedingungen: | Mathematisch äquivalente Aussagen: |
|---|---|
| 1. g und h sind parallel. | $\vec{u}_1, \vec{u}_2$ sind linear abhängig. |
| 2. $A_2$ liegt nicht auf g. | $\vec{a}_2 - \vec{a}_1, \vec{u}_1$ sind linear unabhängig. |

## Beispiel 3.14.

Für den $\mathbb{R}^2$:

$g: \vec{x} = \begin{pmatrix} 2 \\ 1 \end{pmatrix} + k \begin{pmatrix} -1 \\ 1 \end{pmatrix}$

$h: \vec{x} = \begin{pmatrix} -1 \\ 3 \end{pmatrix} + l \begin{pmatrix} 2 \\ -2 \end{pmatrix}$

Wegen $\begin{pmatrix} -1 \\ 1 \end{pmatrix} = -\tfrac{1}{2} \begin{pmatrix} 2 \\ -2 \end{pmatrix}$ sind $\vec{u}_1, \vec{u}_2$ linear abhängig.

Wegen $\begin{pmatrix} -1 \\ 3 \end{pmatrix} - \begin{pmatrix} 2 \\ 1 \end{pmatrix} = \begin{pmatrix} -3 \\ 2 \end{pmatrix} \neq m \begin{pmatrix} -1 \\ 1 \end{pmatrix}$

sind $\vec{a}_2 - \vec{a}_1, \vec{u}_1$ linear unabhängig.

Für den $\mathbb{R}^3$:

$g: \vec{x} = \begin{pmatrix} 3 \\ 2 \\ 1 \end{pmatrix} + k \begin{pmatrix} 2 \\ 1 \\ -1 \end{pmatrix}$

$h: \vec{x} = \begin{pmatrix} 11 \\ -1 \\ 8 \end{pmatrix} + l \begin{pmatrix} -4 \\ -2 \\ 2 \end{pmatrix}$

Wegen $\begin{pmatrix} 2 \\ 1 \\ -1 \end{pmatrix} = -\tfrac{1}{2} \begin{pmatrix} -4 \\ -2 \\ 2 \end{pmatrix}$ sind $\vec{u}_1, \vec{u}_2$ linear abhängig.

Wegen $\begin{pmatrix} 11 \\ -1 \\ 8 \end{pmatrix} - \begin{pmatrix} 3 \\ 2 \\ 1 \end{pmatrix} = \begin{pmatrix} 8 \\ -3 \\ 7 \end{pmatrix} \neq s \begin{pmatrix} 2 \\ 1 \\ -1 \end{pmatrix}$

sind $\vec{a}_2 - \vec{a}_1, \vec{u}_1$ linear unabhängig.

Nach den oben angegebenen Bedingungen sind g und h echt parallel. Versucht man, nach dem üblichen Verfahren gemeinsame Punkte zu berechnen, so erhält man aus

$\begin{pmatrix} 2 \\ 1 \end{pmatrix} + k \begin{pmatrix} -1 \\ 1 \end{pmatrix} = \begin{pmatrix} -1 \\ 3 \end{pmatrix} + l \begin{pmatrix} 2 \\ -2 \end{pmatrix}$ bzw. $\begin{pmatrix} 3 \\ 2 \\ 1 \end{pmatrix} + k \begin{pmatrix} 2 \\ 1 \\ -1 \end{pmatrix} = \begin{pmatrix} 11 \\ -1 \\ 8 \end{pmatrix} + l \begin{pmatrix} -4 \\ -2 \\ 2 \end{pmatrix}$

das inhomogene Gleichungssystem

I) $-k - 2l = -3$
II) $k + 2l = 2$

Aus I + II folgt $0 = -1$, d.h., es gibt keine Lösung und deshalb keinen gemeinsamen Punkt.

das inhomogene Gleichungssystem

I) $2k + 4l = 8$
II) $k + 2l = -3$
III) $-k - 2l = 7$

Aus II + III folgt $0 = 4$, d.h., es gibt keine Lösung und deshalb keinen gemeinsamen Punkt.

**Bemerkung:**

Die oben angegebenen Bedingungen sind notwendig und hinreichend dafür, daß zwei Geraden echt parallel sind.

**Fall 3:**

Zwei Geraden g und h fallen zusammen (Fig. 3.22b).
Die Geraden g und h seien gegeben durch Parameterdarstellungen:

$g: \vec{x} = \vec{a}_1 + k\vec{u}_1, k \in \mathbb{R}$
$h: \vec{x} = \vec{a}_2 + l\vec{u}_2, l \in \mathbb{R}$

Fig. 3.22b

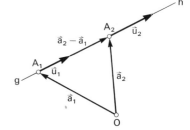

| Anschaulich festgestellte Bedingungen: | Mathematisch äquivalente Aussagen: |
|---|---|
| 1. g und h sind parallel. | $\vec{u}_1, \vec{u}_2$ sind linear abhängig. |
| 2. $A_2$ liegt auf g. | $\vec{a}_2 - \vec{a}_1, \vec{u}_1$ sind linear abhängig. |

## 3.5. Geraden und Ebenen

**Beispiel 3.15.**

Für den $\mathbb{R}^2$:

$g: \vec{x} = \begin{pmatrix} 2 \\ 1 \end{pmatrix} + k \begin{pmatrix} -1 \\ 1 \end{pmatrix}$

$h: \vec{x} = \begin{pmatrix} 5 \\ -2 \end{pmatrix} + l \begin{pmatrix} 2 \\ -2 \end{pmatrix}$

Für den $\mathbb{R}^3$:

$g: \vec{x} = \begin{pmatrix} 3 \\ 2 \\ 1 \end{pmatrix} + k \begin{pmatrix} 2 \\ 1 \\ -1 \end{pmatrix}$

$h: \vec{x} = \begin{pmatrix} -3 \\ -1 \\ 4 \end{pmatrix} + l \begin{pmatrix} -4 \\ -2 \\ 2 \end{pmatrix}$

Im vorigen Beispiel 3.14. wurde bereits gezeigt, daß $\vec{u}_1$, $\vec{u}_2$ linear abhängig sind.

Wegen

$\begin{pmatrix} 5 \\ -2 \end{pmatrix} - \begin{pmatrix} 2 \\ 1 \end{pmatrix} = \begin{pmatrix} 3 \\ -3 \end{pmatrix} = (-3) \begin{pmatrix} -1 \\ 1 \end{pmatrix}$

sind auch $\vec{a}_2 - \vec{a}_1$, $\vec{u}_1$ linear abhängig.

Wegen

$\begin{pmatrix} -3 \\ -1 \\ 4 \end{pmatrix} - \begin{pmatrix} 3 \\ 2 \\ 1 \end{pmatrix} = \begin{pmatrix} -6 \\ -3 \\ 3 \end{pmatrix} = (-3) \begin{pmatrix} 2 \\ 1 \\ -1 \end{pmatrix}$

sind auch $\vec{a}_2 - \vec{a}_1$, $\vec{u}_1$ linear abhängig.

Die beiden Geraden g und h fallen also zusammen, d.h. g = h.
Versucht man wieder, die gemeinsamen Punkte zu berechnen, so erhält man aus

$\begin{pmatrix} 2 \\ 1 \end{pmatrix} + k \begin{pmatrix} -1 \\ 1 \end{pmatrix} = \begin{pmatrix} 5 \\ -2 \end{pmatrix} + l \begin{pmatrix} 2 \\ -2 \end{pmatrix}$ bzw. $\begin{pmatrix} 3 \\ 2 \\ 1 \end{pmatrix} + k \begin{pmatrix} 2 \\ 1 \\ -1 \end{pmatrix} = \begin{pmatrix} -3 \\ -1 \\ 4 \end{pmatrix} + l \begin{pmatrix} -4 \\ -2 \\ 2 \end{pmatrix}$

das inhomogene Gleichungssystem

$-k - 2l = 3$
$k + 2l = -3$,

das inhomogene Gleichungssystem

$2k + 4l = -6 \qquad k = -3 - 2l$
$k + 2l = -3 \quad \text{d.h.} \quad k = -3 - 2l$
$-k - 2l = 3 \qquad k = -3 - 2l$,

welches beliebig viele Lösungen der Form $k = -3 - 2l$ hat.

welches beliebig viele Lösungen der Form $k = -3 - 2l$ hat.

Die gemeinsamen Punkte erfüllen also die Gleichung

$\vec{x} = \begin{pmatrix} 2 \\ 1 \end{pmatrix} + (-3 - 2l) \begin{pmatrix} -1 \\ 1 \end{pmatrix} = \begin{pmatrix} 5 \\ -2 \end{pmatrix} + l \begin{pmatrix} 2 \\ -2 \end{pmatrix}$ bzw. $\vec{x} = \begin{pmatrix} 3 \\ 2 \\ 1 \end{pmatrix} + (-3 - 2l) \begin{pmatrix} 2 \\ 1 \\ -1 \end{pmatrix} =$

$= \begin{pmatrix} -3 \\ -1 \\ 4 \end{pmatrix} + l \begin{pmatrix} -4 \\ -2 \\ 2 \end{pmatrix}.$

Jeder Punkt der Geraden h ist also gemeinsamer Punkt: Die Geraden fallen zusammen.

**Bemerkung:**

Die oben angegebenen Bedingungen sind notwendig und hinreichend dafür, daß zwei Geraden zusammenfallen.

**Fall 4:**

Die Geraden g und h (des $\mathbb{R}^3$) sind windschief (Fig. 3.23).
Für die Geraden g und h sind nur Parameterdarstellungen möglich:

$g: \vec{x} = \vec{a}_1 + k\vec{u}_1 \quad k \in \mathbb{R}$
$h: \vec{x} = \vec{a}_2 + l\vec{u}_2, \quad l \in \mathbb{R}$

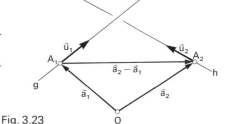

Fig. 3.23

| Anschaulich festgestellte Bedingungen: | Mathematisch äquivalente Aussagen: |
|---|---|
| 1. g und h haben verschiedene Richtungen. | $\vec{u}_1$, $\vec{u}_2$ sind linear unabhängig. |
| 2. $\vec{a}_2 - \vec{a}_1$, $\vec{u}_1$, $\vec{u}_2$ liegen nicht in einer Ebene. | $\vec{a}_2 - \vec{a}_1$, $\vec{u}_1$, $\vec{u}_2$ sind linear unabhängig. |

**Beispiel 3.16.**

$$g: \vec{x} = \begin{pmatrix} 3 \\ 2 \\ 1 \end{pmatrix} + k \begin{pmatrix} 2 \\ 1 \\ -1 \end{pmatrix}, k \in \mathbb{R}; \quad h: \vec{x} = \begin{pmatrix} 11 \\ 0 \\ 8 \end{pmatrix} + l \begin{pmatrix} 3 \\ -2 \\ 4 \end{pmatrix}, l \in \mathbb{R}$$

Wegen $\begin{pmatrix} 2 \\ 1 \\ -1 \end{pmatrix} \ne s \begin{pmatrix} 3 \\ -2 \\ 4 \end{pmatrix}$ sind $\vec{u}_1$, $\vec{u}_2$ linear unabhängig.

Die Untersuchung der linearen Unabhängigkeit von $\vec{a}_2 - \vec{a}_1$, $\vec{u}_1$, $\vec{u}_2$ führt auf das homogene Gleichungssystem mit dem Schema $\begin{matrix} 8 & 2 & 3 \\ -2 & 1 & -2 \\ 7 & -1 & 4 \end{matrix}$, welches durch Multiplikation der 3. Zeile mit $-1$ und anschließende Addition zur 1. Zeile zunächst umgeformt wird zu

$$\begin{matrix} 1 & 3 & -1 \\ -2 & 1 & -2 \\ 7 & -1 & 4 \end{matrix} \to \begin{matrix} 1 & 3 & -1 \\ 0 & 7 & -4 \\ 0 & -22 & 11 \end{matrix} \to \begin{matrix} 1 & 3 & -1 \\ 0 & 7 & -4 \\ 0 & -2 & 1 \end{matrix} \to \begin{matrix} 1 & 3 & -1 \\ 0 & -1 & 0 \\ 0 & -2 & 1 \end{matrix} \to \begin{matrix} 1 & 1 & 0 \\ 0 & -1 & 0 \\ 0 & 0 & 1 \end{matrix} \to \begin{matrix} 1 & 0 & 0 \\ 0 & -1 & 0 \\ 0 & 0 & 1 \end{matrix}$$

und folglich nur die triviale Lösung hat.

$\vec{a}_2 - \vec{a}_1$, $\vec{u}_1$, $\vec{u}_2$ sind also linear unabhängig und demnach die Geraden g und h windschief. Versucht man trotzdem, gemeinsame Punkte zu berechnen, so erhält man aus

$$\begin{pmatrix} 3 \\ 2 \\ 1 \end{pmatrix} + k \begin{pmatrix} 2 \\ 1 \\ -1 \end{pmatrix} = \begin{pmatrix} 11 \\ 0 \\ 8 \end{pmatrix} + l \begin{pmatrix} 3 \\ -2 \\ 4 \end{pmatrix}$$ das inhomogene Gleichungssystem

I) $2k - 3l = 8$
II) $k + 2l = -2$. Aus II + III folgt $l = -\frac{5}{2}$ und $k = 3$.
III) $-k - 4l = 7$

Mit diesen Werten ist aber Gleichung I wegen $6 + \frac{15}{2} \ne 8$ nicht erfüllt, und deshalb gibt es (wie erwartet) keine gemeinsamen Punkte.

Die Tatsache, daß zwei Geraden sich nicht schneiden, reicht aber allein nicht aus, um zu zeigen, daß sie windschief sind. Die Unterscheidung von echt parallelen Geraden trifft man mit Hilfe der Richtungsvektoren, die bei windschiefen Geraden linear unabhängig sind.

**Bemerkung:**

Die angegebenen Bedingungen für windschiefe Geraden sind notwendig und hinreichend.

## 3.5. Geraden und Ebenen

**Zusammenfassung:**

Die Bestimmung der gegenseitigen Lage zweier Geraden ist auf zwei Arten möglich:

1. Man untersucht die beiden Richtungsvektoren $\vec{u}_1$, $\vec{u}_2$ und den Differenzvektor $\vec{a}_2 - \vec{a}_1$ der Antragspunkte auf ihre lineare Unabhängigkeit. Die einzelnen Entscheidungen werden nach folgendem Programmablaufplan gefällt:

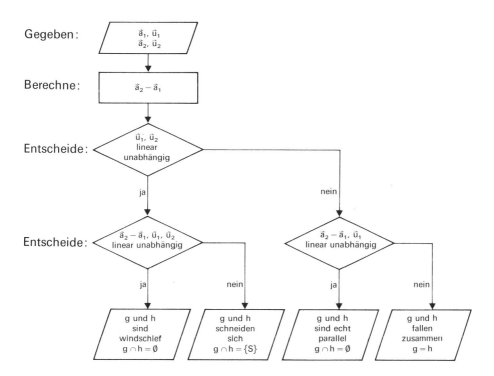

2. Man versucht, gemeinsame Punkte zu berechnen.
Dabei ergeben sich folgende Alternativen:
Hat das Gleichungssystem (zur Berechnung gemeinsamer Punkte)
- genau eine Lösung, so schneiden sich die Geraden (Schnittpunkt),
- keine Lösung, so sind die Geraden im $\mathbb{R}^2$ echt parallel,
  im $\mathbb{R}^3$ echt parallel oder windschief,
- unendlich viele Lösungen, so fallen die Geraden zusammen.

Nur der Fall „kein gemeinsamer Punkt" bedarf im $\mathbb{R}^3$ der weiteren Unterscheidung „echt parallel" oder „windschief", die aber mit Hilfe der beiden Richtungsvektoren $\vec{u}_1$ und $\vec{u}_2$ leicht getroffen werden kann.

Abschließend erläutern wir anhand von Beispielen die Bestimmung der Lage zweier Geraden im $\mathbb{R}^2$, wenn eine oder beide Geraden in Koordinatenform gegeben sind.

### Beispiel 3.17.

$$g: 2x_1 - x_2 + 2 = 0\,;\quad h: \vec{x} = \begin{pmatrix} 2 \\ 1 \end{pmatrix} + k \begin{pmatrix} 3 \\ 1 \end{pmatrix},\ k \in \mathbb{R}$$

Die Koordinaten gemeinsamer Punkte müssen beide Gleichungen erfüllen. Deshalb schreibt man die Parameterdarstellung als Gleichungssystem und setzt diese Terme in die parameterfreie Gleichung ein.

$\begin{aligned}x_1 &= 2 + 3k \\ x_2 &= 1 + k\end{aligned}$ führt auf $2(2+3k) - (1+k) + 2 = 0$ mit der Lösung $k = -1$.

Der Parameterwert $k = -1$ liefert den Ortsvektor des Schnittpunktes $\vec{s} = \begin{pmatrix} 2 \\ 1 \end{pmatrix} - \begin{pmatrix} 3 \\ 1 \end{pmatrix} = \begin{pmatrix} -1 \\ 0 \end{pmatrix}$, also den Schnittpunkt $S(-1\,|\,0)$.

### Beispiel 3.18.

$$g: \vec{x} = \begin{pmatrix} 3 \\ 2 \end{pmatrix} + k \begin{pmatrix} 5 \\ -1 \end{pmatrix},\ k \in \mathbb{R}\,;\quad h: x_1 + 5x_2 - 1 = 0$$

Das Einsetzen der Terme $x_1 = 3 + 5k$, $x_2 = 2 - k$ aus der Gleichung für g in die Gleichung für h liefert $3 + 5k + 5(2-k) - 1 = 0$ und führt auf $0 \cdot k = -12$.
Es gibt keine Lösung für den Parameter k und folglich keine gemeinsamen Punkte. Die Geraden g und h sind echt parallel.

(Es handelt sich hier um den rechnerisch günstigsten Fall, da nur eine Gleichung mit einer Variablen auftritt.)

### Beispiel 3.19.

$$g: 2x_1 - x_2 - 3 = 0\,;\quad h: 3x_1 + 2x_2 - 8 = 0$$

Die Koordinaten des Schnittpunktes $S(x_1\,|\,x_2)$ müssen *beide* Gleichungen erfüllen. Wir suchen also die Lösung des Gleichungssystems

$$\begin{aligned} 2x_1 - x_2 - 3 &= 0 \\ 3x_1 + 2x_2 - 8 &= 0\end{aligned},$$

welche in diesem Fall $x_1 = 2$, $x_2 = 1$ lautet.
Es existiert ein Schnittpunkt $S(2\,|\,1)$; die beiden Geraden schneiden sich.

Bemerkung:
Hat das von den beiden Geradengleichungen gebildete Gleichungssystem keine Lösung, so sind die beiden Geraden echt parallel; hat das Gleichungssystem unendlich viele Lösungen, so fallen die beiden Geraden zusammen.

## 3.5. Geraden und Ebenen

**Aufgaben zu 3.5.2.**

1. Man untersuche die gegenseitige Lage der Geraden $g_1$, $g_2$, $g_3$ und berechne eventuelle Schnittpunkte.

   a) $g_1: \vec{x} = \begin{pmatrix} 3 \\ 1 \end{pmatrix} + k \begin{pmatrix} 1 \\ 2 \end{pmatrix}$, $\quad g_2: \vec{x} = \begin{pmatrix} 0 \\ 4 \end{pmatrix} + l \begin{pmatrix} -0,5 \\ 1 \end{pmatrix}$, $\quad g_3: \vec{x} = \begin{pmatrix} 1 \\ 5 \end{pmatrix} + m \begin{pmatrix} 1 \\ -5 \end{pmatrix}$

   b) $g_1: \vec{x} = \begin{pmatrix} 2 \\ 1 \\ 4 \end{pmatrix} + k \begin{pmatrix} 1 \\ -1 \\ 2 \end{pmatrix}$, $\quad g_2: \vec{x} = \begin{pmatrix} 2 \\ 4 \\ 4 \end{pmatrix} + l \begin{pmatrix} 2 \\ -4 \\ 4 \end{pmatrix}$, $\quad g_3: \vec{x} = \begin{pmatrix} 2 \\ 3 \\ -4 \end{pmatrix} + m \begin{pmatrix} -1 \\ 2 \\ -2 \end{pmatrix}$

   c) $g_1: \vec{x} = \begin{pmatrix} -1 \\ 3 \\ 0 \end{pmatrix} + k \begin{pmatrix} 2 \\ -1 \\ 3 \end{pmatrix}$, $\quad g_2: \vec{x} = \begin{pmatrix} 1 \\ 0 \\ 2 \end{pmatrix} + l \begin{pmatrix} 2 \\ 3 \\ 5 \end{pmatrix}$, $\quad g_3: \vec{x} = \begin{pmatrix} 2 \\ 2 \\ 4 \end{pmatrix} + m \begin{pmatrix} 1 \\ 1 \\ 1 \end{pmatrix}$

2. Gegeben sind die Punkte $R(2|-3|0)$ und $S(5|0|3)$.
   a) Man gebe eine zu $g(R, S)$ parallele Gerade an.
   b) Man gebe eine zu $g(R, S)$ windschiefe Gerade an.

3. a) Zeigen Sie, daß die Geraden $g: 2x_1 - x_2 - 3 = 0$ und $h: -4x_1 + 2x_2 - 8 = 0$ echt parallel sind.
   b) Zeigen Sie, daß die Geraden $g_1: 2x_1 - x_2 - 3 = 0$ und $h_1: -4x_1 + 2x_2 + 6 = 0$ zusammenfallen.
   Überlegen Sie, wie man die Lage ohne Rechnung erkennen kann.

4. Man gebe eine zur Geraden g echt parallele Gerade an.

   a) $g: \vec{x} = \begin{pmatrix} 1 \\ 2 \\ 0 \end{pmatrix} + k \begin{pmatrix} 4 \\ 2 \\ -1 \end{pmatrix}$ $\quad$ b) $g: \vec{x} = \begin{pmatrix} 2 \\ 0 \end{pmatrix} + k \begin{pmatrix} 2 \\ -1 \end{pmatrix}$ $\quad$ c) $g: 5x_2 - 3x_1 + 4 = 0$

5. Man untersuche die gegenseitige Lage der Geraden $g_1$, $g_2$, $g_3$ und berechne eventuelle Schnittpunkte.

   a) $g_1: x_1 - 4x_2 + 2 = 0$, $\quad g_2: x_1 = 4$, $\quad g_3: \frac{3}{2}x_1 - 6x_2 - 6 = 0$

   b) $g_1: \vec{x} = \begin{pmatrix} 1 \\ 2 \end{pmatrix} + k \begin{pmatrix} 3 \\ -1 \end{pmatrix}$, $\quad g_2: x_1 - x_2 - 1 = 0$, $\quad g_3: 2x_1 + 6x_2 + 3 = 0$

6. Zeigen Sie, daß die Geraden $g: x_1 + x_2 - 1 = 0$ und $h: \vec{x} = \begin{pmatrix} 1 \\ 0 \end{pmatrix} + k \begin{pmatrix} -1 \\ 1 \end{pmatrix}$ zusammenfallen.
   (Die Gleichung für den Parameter k ist von der Form $0 \cdot k = 0$, also allgemeingültig.)

7. a) Zeigen Sie, daß die Geraden $g: \vec{x} = \begin{pmatrix} -2 \\ 1 \\ 2 \end{pmatrix} + k \begin{pmatrix} 3 \\ 0 \\ -5 \end{pmatrix}$ und $h: \vec{x} = \begin{pmatrix} 7 \\ 1 \\ -13 \end{pmatrix} + l \begin{pmatrix} -6 \\ 0 \\ 10 \end{pmatrix}$ zusammenfallen.
   b) Für gleiche Parameterwerte k und l erhält man im allgemeinen verschiedene Punkte der Geraden. Zeigen Sie, daß es genau einen Parameterwert $k = l$ gibt, für den die zugehörigen Punkte zusammenfallen.

8. Gegeben sind die Geraden
   $g: \vec{x} = \begin{pmatrix} 1 \\ 2 \\ 0 \end{pmatrix} + k \begin{pmatrix} -a \\ 1 \\ 2a \end{pmatrix}$, $a \in \mathbb{R}$, und $\quad h: \vec{x} = \begin{pmatrix} 2 \\ 0 \\ -1 \end{pmatrix} + l \begin{pmatrix} -1 \\ 2 \\ 2 \end{pmatrix}$.

   Für welche Werte von a erhält man parallele Geraden, windschiefe Geraden bzw. zwei sich schneidende Geraden?

## 3.5.3. Darstellungsformen von Ebenen

Aus der Anschauung ist unmittelbar einleuchtend: Durch drei nicht auf einer Geraden liegende Punkte A, B, C ist eindeutig eine Ebene $E$ bestimmt (Fig. 3.24). Wir schreiben dafür $E$ (A, B, C).

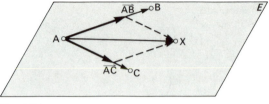

Fig. 3.24

Die Ebene $E$ wird von den beiden linear unabhängigen Vektoren $\overrightarrow{AB}$ und $\overrightarrow{AC}$ „aufgespannt".
Für einen beliebigen Punkt $X \in E$ gilt: $\overrightarrow{AX}$ liegt in $E$ und läßt sich deshalb durch eine Linearkombination der Vektoren $\overrightarrow{AB}$ und $\overrightarrow{AC}$ darstellen.

$$E(A, B, C) = \{X \mid \overrightarrow{AX} = k\overrightarrow{AB} + l\overrightarrow{AC}, \quad k, l \in \mathbb{R}\}$$

### a) Parameterdarstellungen
**Drei-Punkte-Gleichung**

Es seien O der Ursprung eines Koordinatensystems und $\vec{a}, \vec{b}, \vec{c}$ die Ortsvektoren von drei nicht auf einer Geraden liegenden Punkten A, B, C (Fig. 3.25).

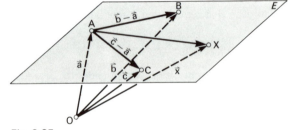

Fig. 3.25

Dann gilt für den Ortsvektor $\vec{x} = \overrightarrow{OX}$ eines beliebigen Punktes $X \in E$:
$\overrightarrow{OX} = \overrightarrow{OA} + \overrightarrow{AX}$ und wegen $\overrightarrow{AX} = k\overrightarrow{AB} + l\overrightarrow{AC}$:

$$\vec{x} = \vec{a} + k(\vec{b} - \vec{a}) + l(\vec{c} - \vec{a}), \quad k, l \in \mathbb{R} \tag{1}$$

Mann nennt die Gleichung (1) *Drei-Punkte-Gleichung* einer Ebene.

**Beispiel 3.20.**

Eine Gleichung der Ebene durch die drei Punkte A (2|1|−1), B (−2|3|0), C (1|−3|2) lautet wegen $\vec{b} - \vec{a} = \begin{pmatrix} -4 \\ 2 \\ 1 \end{pmatrix}$ und $\vec{c} - \vec{a} = \begin{pmatrix} -1 \\ -4 \\ 3 \end{pmatrix}$: $\vec{x} = \begin{pmatrix} 2 \\ 1 \\ -1 \end{pmatrix} + k \begin{pmatrix} -4 \\ 2 \\ 1 \end{pmatrix} + l \begin{pmatrix} -1 \\ -4 \\ 3 \end{pmatrix}$, $k, l \in \mathbb{R}$.

## 3.5. Geraden und Ebenen

**Punkt-Richtungs-Gleichung**

Nun ist eine Ebene auch durch zwei sich schneidende Geraden eindeutig bestimmt (Fig. 3.26).
Es sei A der Schnittpunkt der Geraden g und h, den wir als Antragspunkt für die Richtungsvektoren $\vec{u}$ und $\vec{v}$ nehmen.
Dann spannen $\vec{u}$ und $\vec{v}$ die Ebene $E$ auf und für einen beliebigen Punkt $X \in E$ gilt: $\overrightarrow{AX} = k\vec{u} + l\vec{v}$ und wegen $\overrightarrow{OX} = \overrightarrow{OA} + \overrightarrow{AX}$:

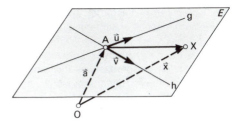

Fig. 3.26

$$\vec{x} = \vec{a} + k\vec{u} + l\vec{v}, \quad k, l \in \mathbb{R} \tag{2}$$

Man nennt die Gleichung (2) *Punkt-Richtungs-Gleichung* einer Ebene.

**Beispiel 3.21.**

Eine Gleichung der Ebene durch den Punkt $A(3|-1|4)$ mit den Richtungsvektoren $\vec{u} = \begin{pmatrix} -1 \\ 2 \\ -3 \end{pmatrix}$ und $\vec{v} = \begin{pmatrix} 2 \\ 0 \\ -4 \end{pmatrix}$ lautet: $\vec{x} = \begin{pmatrix} 3 \\ -1 \\ 4 \end{pmatrix} + k \begin{pmatrix} -1 \\ 2 \\ -3 \end{pmatrix} + l \begin{pmatrix} 2 \\ 0 \\ -4 \end{pmatrix}$, $k, l \in \mathbb{R}$.

Eine Ebene läßt sich auch durch eine Gerade $g: \vec{x} = \vec{a} + k\vec{u}$, $k \in \mathbb{R}$, und einen Punkt B (Ortsvektor $\vec{b}$), welcher nicht auf dieser Geraden liegt, eindeutig bestimmen. In diesem Fall gilt für den Ortsvektor $\vec{x}$ eines Punktes X der Ebene:

$$\vec{x} = \vec{a} + k\vec{u} + l(\vec{b} - \vec{a}), \quad k, l \in \mathbb{R} \tag{3}$$

Der Leser überzeuge sich davon anhand einer Zeichnung.

**Beispiel 3.22.**

Eine Gleichung der Ebene, welche durch die Gerade $g: \vec{x} = \begin{pmatrix} -2 \\ 1 \\ 2 \end{pmatrix} + k \begin{pmatrix} 3 \\ 0 \\ 1 \end{pmatrix}$ und den Punkt $B(0|2|1)$ bestimmt wird, lautet wegen $\vec{b} - \vec{a} = \begin{pmatrix} 2 \\ 1 \\ -1 \end{pmatrix}$:

$\vec{x} = \begin{pmatrix} -2 \\ 1 \\ 2 \end{pmatrix} + k \begin{pmatrix} 3 \\ 0 \\ 1 \end{pmatrix} + l \begin{pmatrix} 2 \\ 1 \\ -1 \end{pmatrix}$, $k, l \in \mathbb{R}$.

**Bemerkung:**

Man bezeichnet die Vektorgleichungen (1), (2), (3) als Parameterdarstellungen einer Ebene. Da es verschiedene Parameterdarstellungen für dieselbe Ebene geben kann, spricht man (wie bei Geraden) von *einer* Parameterdarstellung. Die drei Parameterdarstellungen sind aber gleichwertig, da durch zwei Punkte stets ein Richtungsvektor eindeutig definiert ist und umgekehrt dem Endpunkt eines Richtungsvektors, der im Antragspunkt A angetragen wird, eindeutig ein Punkt zugeordnet ist.

**Lage eines Punktes P bezüglich einer Ebene $E$**

Für jede der Parameterdarstellungen einer Ebene gilt:

> Zu jedem Parameterpaar (k, l) gehört genau ein Punkt P $\in E$ mit dem Ortsvektor $\vec{p}$. Umgekehrt liegt ein Punkt P nur dann in der Ebene $E$, wenn sein Ortsvektor $\vec{p}$ die Ebenengleichung für ein Parameterpaar (k, l) erfüllt.

**Beispiel 3.23.**

Die Ebene $E$ sei gegeben durch die Gleichung $\vec{x} = \begin{pmatrix} -1 \\ 0 \\ 2 \end{pmatrix} + k \begin{pmatrix} 1 \\ 1 \\ -1 \end{pmatrix} + l \begin{pmatrix} -2 \\ 1 \\ 3 \end{pmatrix}$, $k, l \in \mathbb{R}$.

Welche Lage hat P(3|1|0) bezüglich der Ebene?

Wir suchen eine Lösung der Gleichung $\begin{pmatrix} 3 \\ 1 \\ 0 \end{pmatrix} = \begin{pmatrix} -1 \\ 0 \\ 2 \end{pmatrix} + k \begin{pmatrix} 1 \\ 1 \\ -1 \end{pmatrix} + l \begin{pmatrix} -2 \\ 1 \\ 3 \end{pmatrix}$.

Das zugehörige Gleichungssystem lautet:

I)  $k - 2l = 4$  Aus I und II errechnet man $l = -1$ und $k = 2$.
II) $k + l = 1$  Mit diesen Werten ist aber Gleichung III nicht erfüllt.
III) $-k + 3l = -2$

Das Gleichungssystem hat also keine Lösung, deshalb ist $P \notin E$.

Dagegen liegt der Punkt Q(3|1|−3) in der Ebene $E$, denn die Gleichung

$\begin{pmatrix} 3 \\ 1 \\ -3 \end{pmatrix} = \begin{pmatrix} -1 \\ 0 \\ 2 \end{pmatrix} + k \begin{pmatrix} 1 \\ 1 \\ -1 \end{pmatrix} + l \begin{pmatrix} -2 \\ 1 \\ 3 \end{pmatrix}$ ist für $k = 2$ und $l = -1$ erfüllt.

**b) Parameterfreie Darstellungen**

**Beispiel 3.24.**

Bezüglich eines Koordinatensystems (O, $E_1$, $E_2$, $E_3$) ist eine Ebene $E$ durch die Punkte A(2|1|−1), B(3|0|−2), C(−1|2|3) gegeben.

Eine Parameterdarstellung lautet dann $\vec{x} = \begin{pmatrix} 2 \\ 1 \\ -1 \end{pmatrix} + k \begin{pmatrix} 1 \\ -1 \\ -1 \end{pmatrix} + l \begin{pmatrix} -3 \\ 1 \\ 4 \end{pmatrix}$, $k, l \in \mathbb{R}$.

## 3.5. Geraden und Ebenen

Aus dem zugehörigen Gleichungssystem

I) $x_1 = 2 + k - 3l$
II) $x_2 = 1 - k + l$      eliminieren wir die Parameter $k$ und $l$:
III) $x_3 = -1 - k + 4l$

Wir berechnen aus zwei Gleichungen die Parameter $k$ und $l$ und setzen die erhaltenen Terme in die dritte Gleichung ein.

I) $x_1 = 2 + k - 3l$
II) $x_2 = 1 - k + l$
$\overline{\phantom{x_1 = 2 + k - 3l}}$
$x_1 + x_2 = 3 \quad - 2l$
$l = \frac{1}{2}(3 - x_1 - x_2)$

I) $x_1 = 2 + k - 3l$
II) $x_2 = 1 - k + l$
$\overline{\phantom{x_1 = 2 + k - 3l}}$
$x_1 + 3x_2 = 5 - 2k$
$k = \frac{1}{2}(5 - x_1 - 3x_2)$

in III):

$x_3 = -1 - \frac{1}{2}(5 - x_1 - 3x_2) + 2(3 - x_1 - x_2);$

daraus ergibt sich nach Multiplikation mit 2 und Ordnen die parameterfreie Gleichung

$$3x_1 + x_2 + 2x_3 - 5 = 0.$$

$x_1, x_2, x_3$ sind die Koordinaten eines beliebigen Punktes $X \in E$.

Daß die Parameterdarstellung $\vec{x} = \begin{pmatrix} 2 \\ 1 \\ -1 \end{pmatrix} + k \begin{pmatrix} 1 \\ -1 \\ -1 \end{pmatrix} + l \begin{pmatrix} -3 \\ 1 \\ 4 \end{pmatrix}$ und die Gleichung

$3x_1 + x_2 + 2x_3 - 5 = 0$ dieselbe Ebene darstellen, läßt sich analog zu 3.5.1.b nachweisen.

Man erhält also eine parameterfreie Darstellung einer Ebene, indem man zunächst die Parameterdarstellung als Gleichungssystem schreibt, dann aus zwei Gleichungen die Parameter berechnet und diese Terme in die dritte Gleichung einsetzt. Wie man umgekehrt aus einer parameterfreien Darstellung einer Ebene eine Parameterdarstellung erhält, soll folgendes Beispiel erläutern.

**Beispiel 3.25.**

$E: 2x_1 + x_2 - 3x_3 - 2 = 0$. Da es sich um eine Ebene handelt, sind zwei Parameter frei wählbar, z. B. $x_1 = r$, $x_3 = s$, also $x_2 = -2r + 3s + 2$.

Zusammengefaßt ergibt sich $\begin{pmatrix} x_1 \\ x_2 \\ x_3 \end{pmatrix} = \begin{pmatrix} 0 \\ 2 \\ 0 \end{pmatrix} + r \begin{pmatrix} 1 \\ -2 \\ 0 \end{pmatrix} + s \begin{pmatrix} 0 \\ 3 \\ 1 \end{pmatrix}$, eine Parameterdarstellung von $E$.

Die vorangegangenen Überlegungen zeigen:
Im $\mathbb{R}^3$ läßt sich eine Ebene darstellen durch eine Gleichung der Form

$$A_1 x_1 + A_2 x_2 + A_3 x_3 + A_4 = 0, \quad A_i \in \mathbb{R} \tag{4}$$

Man nennt diese parameterfreie Form der Darstellung *Koordinatenform* der Ebenengleichung. Dabei dürfen nicht alle Koeffizienten $A_1, A_2, A_3$ gleichzeitig Null sein, also $A_1^2 + A_2^2 + A_3^2 > 0$. Wären nämlich $A_1 = A_2 = A_3 = 0$ und $A_4 \neq 0$, so hätte die Gleichung keine Lösung. Wären $A_1 = A_2 = A_3 = A_4 = 0$, so würde jeder Punkt des Raumes die Gleichung erfüllen.

Da in der parameterfreien Darstellung $x_1$, $x_2$, $x_3$ die Koordinaten eines Punktes der Ebene sind, gilt:

> Ein Punkt P($p_1 | p_2 | p_3$) liegt genau dann in einer Ebene *E*, wenn seine Koordinaten eine parameterfreie Gleichung von *E* erfüllen.

**Bemerkung:** Auch bei Ebenen spricht man von *einer* und nicht von *der* Koordinatenform.

**Beispiel 3.26.**

Eine Ebene *E* sei gegeben durch die Gleichung $2x_1 - x_2 + x_3 - 4 = 0$. Der Punkt Q(3|2|−1) liegt wegen $2 \cdot 3 - 2 - 1 - 4 \neq 0$ nicht in *E*, dagegen liegt der Punkt R(3|1|−1) wegen $2 \cdot 3 - 1 - 1 - 4 = 0$ in *E*.

Analog zur Achsenabschnittsform einer Geraden im $\mathbb{R}^2$ erhält man im $\mathbb{R}^3$ für eine Ebene die

> **Achsenabschnittsform** $\dfrac{x_1}{s} + \dfrac{x_2}{t} + \dfrac{x_3}{u} = 1$.

In Beispiel 3.26. ergibt sich hierbei $\dfrac{x_1}{2} - \dfrac{x_2}{4} + \dfrac{x_3}{4} = 1$.

**Bemerkungen:**

1. Für die Ebene *E* aus Beispiel 3.26. ergeben sich leicht drei Punkte, welche in der Ebene liegen, z.B. A(2|0|0), B(0|−4|0), C(0|0|4) aus der Achsenabschnittsform.
Diese Punkte liegen nicht auf einer Geraden, und damit erhalten wir aus der Drei-Punkte-Gleichung eine Parameterdarstellung von *E*:

$$\vec{x} = \begin{pmatrix} 2 \\ 0 \\ 0 \end{pmatrix} + k \begin{pmatrix} -2 \\ -4 \\ 0 \end{pmatrix} + l \begin{pmatrix} -2 \\ 0 \\ 4 \end{pmatrix} \quad \text{bzw.} \quad \vec{x} = \begin{pmatrix} 2 \\ 0 \\ 0 \end{pmatrix} + r \begin{pmatrix} 1 \\ 2 \\ 0 \end{pmatrix} + s \begin{pmatrix} 1 \\ 0 \\ -2 \end{pmatrix}.$$

2. Je nach Verfahren (vgl. auch Beispiel 3.25.) ergeben sich u.U. verschiedene Parameterdarstellungen ein und derselben Ebene. Wie man nachweist, daß zwei Parameterdarstellungen dieselbe Ebene beschreiben, wird in Abschnitt 3.5.5. erläutert (Beispiel 3.35.).

*3. Parameterfreie Gleichung einer Ebene mit Hilfe von Determinanten.
Für alle Punkte X einer Ebene E(A, B, C) gilt: $\overrightarrow{AX} = k\overrightarrow{AB} + l\overrightarrow{AC}$; also sind $\overrightarrow{AX}$, $\overrightarrow{AB}$, $\overrightarrow{AC}$ linear abhängig und damit $\det(\vec{x} - \vec{a}, \vec{b} - \vec{a}, \vec{c} - \vec{a}) = 0$. Diese Gleichung ist eine parameterfreie Gleichung der Ebene E(A, B, C)! Der Leser überprüfe diesen Sachverhalt am Beispiel 3.24.

**Aufgaben zu 3.5.3.**

1. Stellen Sie die Gleichungen der durch folgende Angaben festgelegten Ebenen mit und ohne Parameter auf. Benutzen Sie auch die Achsenabschnittsform.

   a) Ebene $E_1$ durch die Punkte P(6|0|0), Q(0|2|0), R(0|0|4)

   b) Ebene $E_2$ durch die Punkte A(−2|4|4), B(−6|8|8), C(2|−4|−4)

   c) Ebene $E_3$ durch den Punkt P(1|1|1) und die Gerade $g: \vec{x} = \begin{pmatrix} 1 \\ 2 \\ -4 \end{pmatrix} + k \begin{pmatrix} 1 \\ 0 \\ 2 \end{pmatrix}$

   d) Ebene $E_4$ durch die Geraden $g_1: \vec{x} = \begin{pmatrix} 1 \\ 4 \\ -3 \end{pmatrix} + k \begin{pmatrix} 1 \\ 0 \\ 2 \end{pmatrix}$ und $g_2: \vec{x} = \begin{pmatrix} 1 \\ 3 \\ -3 \end{pmatrix} + l \begin{pmatrix} 1 \\ -1 \\ 2 \end{pmatrix}$

3.5. Geraden und Ebenen 109

e) Ebene $E_5$ durch die Geraden $h_1: \vec{x} = \begin{pmatrix} 1 \\ 2 \\ -1 \end{pmatrix} + k \begin{pmatrix} 1 \\ -2 \\ 1 \end{pmatrix}$ und $h_2: \vec{x} = \begin{pmatrix} 0 \\ 1 \\ 1 \end{pmatrix} + l \begin{pmatrix} -2 \\ 4 \\ -2 \end{pmatrix}$

f) Wie kann in den Teilaufgaben überprüft werden, ob wirklich eine Ebene festgelegt wird?

2. Liegen die Punkte $P(6|2|8)$ bzw. $Q(5|10|3)$ in der Ebene $E(A, B, C)$ mit $A(6|9|4)$, $B(0|5|2)$, $C(6|14|2)$? (Man rechne mit und ohne Parameter.)

3. a) Geben Sie verschiedene Parameterdarstellungen der Ebene $E: 2x_1 + x_2 - x_3 = 1$ an.
   b) Geben Sie jeweils eine Darstellung in Koordinatenform für die folgenden Ebenen an:

$F: \vec{x} = \begin{pmatrix} 4 \\ 2 \\ -3 \end{pmatrix} + k \begin{pmatrix} -4 \\ 0 \\ 5 \end{pmatrix} + l \begin{pmatrix} 0 \\ 4 \\ -6 \end{pmatrix}$,  $G: \vec{x} = \begin{pmatrix} 2 \\ 1 \\ 0 \end{pmatrix} + k \begin{pmatrix} 1 \\ -3 \\ 2 \end{pmatrix} + l \begin{pmatrix} -2 \\ 6 \\ 1 \end{pmatrix}$,

$H: \vec{x} = \begin{pmatrix} 2 \\ 1 \\ 0 \end{pmatrix} + k \begin{pmatrix} 0 \\ 1 \\ 3 \end{pmatrix} + l \begin{pmatrix} 0 \\ 2 \\ 1 \end{pmatrix}$.

4. $(O, E_1, E_2, E_3)$ sei ein Koordinatensystem des $\mathbb{R}^3$. Bestimmen Sie eine Gleichung der Ebene $E(E_1, E_2, E_3)$ mit und ohne Parameter.

5. Eine Ebene $E$ sei durch folgende Parameterdarstellung gegeben:
$\vec{x} = \begin{pmatrix} 1 \\ 2 \\ -4 \end{pmatrix} + k \begin{pmatrix} 1 \\ 1 \\ 2 \end{pmatrix} + l \begin{pmatrix} 2 \\ -1 \\ 4 \end{pmatrix}$.
Wo liegen alle Punkte, für die gilt: $k + 2l = 0$?

### 3.5.4. Lagebeziehungen zwischen Gerade und Ebene

Im $\mathbb{R}^3$ seien gegeben eine Ebene $E: \vec{x} = \vec{a}_1 + k\vec{v} + l\vec{w}$, $k, l \in \mathbb{R}$,
und eine Gerade $g: \vec{x} = \vec{a}_2 + r\vec{u}$, $r \in \mathbb{R}$.

Von der Anschauung ausgehend können wir folgende Fälle unterscheiden:

1. Die Gerade und die Ebene schneiden sich; es gibt einen Schnittpunkt S
2. Die Gerade und die Ebene sind echt parallel
3. Die Gerade liegt in der Ebene

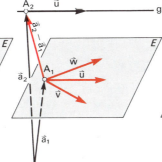
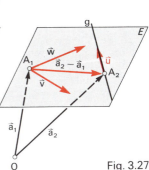

Fig. 3.27

$g \cap E = \{S\}$
genau dann, wenn
$\vec{u}, \vec{v}, \vec{w}$ linear unabhängig

$g \cap E = \emptyset$
genau dann, wenn
1. $\vec{u}, \vec{v}, \vec{w}$ linear abhängig
2. $\vec{a}_2 - \vec{a}_1, \vec{v}, \vec{w}$ lin. unabh.

$g \cap E = g$
genau dann, wenn
1. $\vec{u}, \vec{v}, \vec{w}$ linear abhängig
2. $\vec{a}_2 - \vec{a}_1, \vec{v}, \vec{w}$ lin. abh.

### Beispiel 3.27.

$$E: \vec{x} = \begin{pmatrix} 2 \\ 1 \\ -1 \end{pmatrix} + k \begin{pmatrix} 1 \\ -1 \\ -1 \end{pmatrix} + l \begin{pmatrix} -3 \\ 1 \\ 4 \end{pmatrix}, k, l \in \mathbb{R}; \quad g: \vec{x} = \begin{pmatrix} 3 \\ 0 \\ 1 \end{pmatrix} + r \begin{pmatrix} 4 \\ -1 \\ 2 \end{pmatrix}, r \in \mathbb{R}$$

Wir untersuchen die Vektoren $\vec{u}, \vec{v}, \vec{w}$ auf lineare Unabhängigkeit:

Ansatz: $k_1 \begin{pmatrix} 1 \\ -1 \\ -1 \end{pmatrix} + k_2 \begin{pmatrix} -3 \\ 1 \\ 4 \end{pmatrix} + k_3 \begin{pmatrix} 4 \\ -1 \\ 2 \end{pmatrix} = \vec{0}$

(geschickter Ansatz für die Lösung des Gleichungssystems)

Lösung:
$$\begin{array}{rrr} 1 & -3 & 4 \\ -1 & 1 & -1 \\ -1 & 4 & 2 \end{array} \rightarrow \begin{array}{rrr} 1 & -3 & 4 \\ 0 & -2 & 3 \\ 0 & 1 & 6 \end{array} \rightarrow \begin{array}{rrr} 1 & -3 & 4 \\ 0 & 1 & 6 \\ 0 & -2 & 3 \end{array} \rightarrow \begin{array}{rrr} 1 & 0 & 22 \\ 0 & 1 & 6 \\ 0 & 0 & 15 \end{array}$$

Das Gleichungssystem hat nur die triviale Lösung $k_1 = k_2 = k_3 = 0$.
Die Vektoren $\vec{u}, \vec{v}, \vec{w}$ sind also linear unabhängig, d.h., g und E schneiden sich.
Wir berechnen den Schnittpunkt, der als gemeinsamer Punkt mit Hilfe der Bedingung $\vec{a}_1 + k\vec{v} + l\vec{w} = \vec{a}_2 + r\vec{u}$ errechnet wird:

$$\begin{pmatrix} 2 \\ 1 \\ -1 \end{pmatrix} + k \begin{pmatrix} 1 \\ -1 \\ -1 \end{pmatrix} + l \begin{pmatrix} -3 \\ 1 \\ 4 \end{pmatrix} = \begin{pmatrix} 3 \\ 0 \\ 1 \end{pmatrix} + r \begin{pmatrix} 4 \\ -1 \\ 2 \end{pmatrix} \quad \text{führt über}$$

$$k \begin{pmatrix} 1 \\ -1 \\ -1 \end{pmatrix} + l \begin{pmatrix} -3 \\ 1 \\ 4 \end{pmatrix} + r \begin{pmatrix} -4 \\ 1 \\ -2 \end{pmatrix} = \begin{pmatrix} 1 \\ -1 \\ 2 \end{pmatrix}$$

zum inhomogenen Gleichungssystem mit dem Schema

$$\begin{array}{rrr|r} k & l & r & \\ 1 & -3 & -4 & 1 \\ -1 & 1 & 1 & -1 \\ -1 & 4 & -2 & 2 \end{array} \rightarrow \begin{array}{rrr|r} 1 & -3 & -4 & 1 \\ 0 & -2 & -3 & 0 \\ 0 & 1 & -6 & 3 \end{array} \rightarrow \begin{array}{rrr|r} 1 & -3 & -4 & 1 \\ 0 & 1 & -6 & 3 \\ 0 & -2 & -3 & 0 \end{array} \rightarrow$$

$$\begin{array}{rrr|r} 1 & 0 & -22 & 10 \\ 0 & 1 & -6 & 3 \\ 0 & 0 & -15 & 6 \end{array} \rightarrow \begin{array}{rrr|r} 1 & 0 & -22 & 10 \\ 0 & 1 & -6 & 3 \\ 0 & 0 & 1 & -\frac{2}{5} \end{array} \rightarrow \begin{array}{rrr|r} 1 & 0 & 0 & \frac{6}{5} \\ 0 & 1 & 0 & \frac{3}{5} \\ 0 & 0 & 1 & -\frac{2}{5} \end{array}$$

mit der Lösung $k = \frac{6}{5}, l = \frac{3}{5}, r = -\frac{2}{5}$.

Mit dem Wert für den Parameter r erhält man den Schnittpunkt S aus der Geradengleichung

$$\vec{s} = \begin{pmatrix} 3 \\ 0 \\ 1 \end{pmatrix} - \frac{2}{5} \begin{pmatrix} 4 \\ -1 \\ 2 \end{pmatrix} = \begin{pmatrix} \frac{7}{5} \\ \frac{2}{5} \\ \frac{1}{5} \end{pmatrix}, \text{ also } S\left(\frac{7}{5} \mid \frac{2}{5} \mid \frac{1}{5}\right).$$

Vergleicht man die beiden Gleichungssysteme für die Untersuchung der linearen Unabhängigkeit und die Berechnung des Schnittpunktes, so erkennt man, daß sich beides in einem Arbeitsgang erledigen läßt, da für die Untersuchung der linearen Unabhängigkeit statt $\begin{pmatrix} 4 \\ -1 \\ 2 \end{pmatrix}$ auch $\begin{pmatrix} -4 \\ 1 \\ -2 \end{pmatrix}$ geeignet wäre.

## 3.5. Geraden und Ebenen

**Beispiel 3.28.**

$$E: \vec{x} = \begin{pmatrix} 2 \\ 1 \\ -1 \end{pmatrix} + k \begin{pmatrix} 1 \\ -1 \\ -1 \end{pmatrix} + l \begin{pmatrix} -3 \\ 1 \\ 4 \end{pmatrix}, k, l \in \mathbb{R}; \quad g: \vec{x} = \begin{pmatrix} 3 \\ 0 \\ 1 \end{pmatrix} + r \begin{pmatrix} 4 \\ -2 \\ -5 \end{pmatrix}, r \in \mathbb{R}.$$

Wir untersuchen die Vektoren $\vec{u}, \vec{v}, \vec{w}$ auf lineare Unabhängigkeit:

$$\begin{array}{ccc} \vec{v} & \vec{w} & \vec{u} \\ \hline 1 & -3 & 4 \\ -1 & 1 & -2 \\ -1 & 4 & -5 \end{array} \rightarrow \begin{array}{ccc} 1 & -3 & 4 \\ 0 & -2 & 2 \\ 0 & 1 & -1 \end{array} \rightarrow \begin{array}{ccc} 1 & -3 & 4 \\ 0 & 1 & -1 \\ 0 & 1 & -1 \end{array} \rightarrow \begin{array}{ccc} 1 & -3 & 4 \\ 0 & 1 & -1 \\ 0 & 0 & 0 \end{array},$$

d.h., $\vec{u}, \vec{v}, \vec{w}$ sind linear abhängig.

Wir untersuchen die Vektoren $\vec{a}_2 - \vec{a}_1, \vec{v}, \vec{w}$ auf lineare Unabhängigkeit:

$$\begin{array}{ccc} \vec{v} & \vec{w} & \vec{a}_2 - \vec{a}_1 \\ \hline 1 & -3 & 1 \\ -1 & 1 & -1 \\ -1 & 4 & 2 \end{array} \rightarrow \begin{array}{ccc} 1 & -3 & 1 \\ 0 & -2 & 0 \\ 0 & 1 & 3 \end{array} \rightarrow \begin{array}{ccc} 1 & -3 & 1 \\ 0 & 1 & 0 \\ 0 & 1 & 3 \end{array} \rightarrow \begin{array}{ccc} 1 & 0 & 1 \\ 0 & 1 & 0 \\ 0 & 0 & 3 \end{array},$$

d.h., die Vektoren $\vec{a}_2 - \vec{a}_1, \vec{v}, \vec{w}$ sind linear unabhängig.

Nach den angegebenen Kriterien ist damit die Gerade $g$ echt parallel zur Ebene $E$. Wir versuchen trotzdem den „Schnittpunkt" zu berechnen. Die Bedingung

$$\begin{pmatrix} 2 \\ 1 \\ -1 \end{pmatrix} + k \begin{pmatrix} 1 \\ -1 \\ -1 \end{pmatrix} + l \begin{pmatrix} -3 \\ 1 \\ 4 \end{pmatrix} = \begin{pmatrix} 3 \\ 0 \\ 1 \end{pmatrix} + r \begin{pmatrix} 4 \\ -2 \\ -5 \end{pmatrix}$$

führt auf das inhomogene System mit dem Schema

$$\begin{array}{ccc|c} k & l & r & \\ \hline 1 & -3 & -4 & 1 \\ -1 & 1 & 2 & -1 \\ -1 & 4 & 5 & 2 \end{array} \rightarrow \begin{array}{ccc|c} 1 & -3 & -4 & 1 \\ 0 & -2 & -2 & 0 \\ 0 & 1 & 1 & 3 \end{array} \rightarrow \begin{array}{ccc|c} 1 & -3 & -4 & 1 \\ 0 & 1 & 1 & 0 \\ 0 & 0 & 0 & 3 \end{array}.$$

An dieser Stelle erkennt man anhand der 3. Zeile, daß das Gleichungssystem keine Lösung hat. Folglich gibt es keine gemeinsamen Punkte: $g$ ist echt parallel zu $E$.

**Beispiel 3.29.**

$$E: \vec{x} = \begin{pmatrix} 2 \\ 1 \\ -1 \end{pmatrix} + k \begin{pmatrix} 1 \\ -1 \\ -1 \end{pmatrix} + l \begin{pmatrix} -3 \\ 1 \\ 4 \end{pmatrix}, k, l \in \mathbb{R}; \quad g: \vec{x} = \begin{pmatrix} 3 \\ 0 \\ -2 \end{pmatrix} + r \begin{pmatrix} 4 \\ -2 \\ -5 \end{pmatrix}, r \in \mathbb{R}$$

Im vorhergehenden Beispiel 3.28. wurde bereits gezeigt, daß die drei Vektoren $\vec{u}, \vec{v}, \vec{w}$ linear abhängig sind.

Wir brauchen nur noch $\vec{a}_2 - \vec{a}_1, \vec{v}, \vec{w}$ auf lineare Unabhängigkeit zu prüfen.

$$\begin{array}{ccc} \vec{v} & \vec{w} & \vec{a}_2 - \vec{a}_1 \\ \hline 1 & -3 & 1 \\ -1 & 1 & -1 \\ -1 & 4 & -1 \end{array} \rightarrow \begin{array}{ccc} 1 & -3 & 1 \\ 0 & -2 & 0 \\ 0 & 1 & 0 \end{array} \rightarrow \begin{array}{ccc} 1 & -3 & 1 \\ 0 & 1 & 0 \\ 0 & 0 & 0 \end{array},$$

d.h., $\vec{a}_2 - \vec{a}_1, \vec{v}, \vec{w}$ sind linear abhängig.

Nach den angegebenen Kriterien liegt g in $E$, was bedeutet, daß jeder Punkt der Geraden auch Punkt der Ebene ist. Auch das wollen wir durch Rechnung nachprüfen: Die Bedingung für gemeinsame Punkte

$$\begin{pmatrix} 2 \\ 1 \\ -1 \end{pmatrix} + k \begin{pmatrix} 1 \\ -1 \\ -1 \end{pmatrix} + l \begin{pmatrix} -3 \\ 1 \\ 4 \end{pmatrix} = \begin{pmatrix} 3 \\ 0 \\ -2 \end{pmatrix} + r \begin{pmatrix} 4 \\ -2 \\ -5 \end{pmatrix}$$

führt auf das inhomogene System mit dem Schema

| k | l | r | |
|---|---|---|---|
| 1 | −3 | −4 | 1 |
| −1 | 1 | 2 | −1 |
| −1 | 4 | 5 | −1 |

$\rightarrow$

| 1 | −3 | −4 | 1 |
|---|---|---|---|
| 0 | −2 | −2 | 0 |
| 0 | 1 | 1 | 0 |

$\rightarrow$

| 1 | −3 | −4 | 1 |
|---|---|---|---|
| 0 | 1 | 1 | 0 |
| 0 | 1 | 1 | 0 |

$\rightarrow$

| 1 | 0 | −1 | 1 |
|---|---|---|---|
| 0 | 1 | 1 | 0 |
| 0 | 0 | 0 | 0 |

$\rightarrow$

| k | l | |
|---|---|---|
| 1 | 0 | r+1 |
| 0 | 1 | −r+0 |
| 0 | 0 | 0+0 |

und der Lösung $\begin{matrix} k = r+1 \\ l = -r \end{matrix}$, $r \in \mathbb{R}$.

Setzt man diese Parameter in die Ebenengleichung ein, erhält man für die Ortsvektoren der gemeinsamen Punkte:

$$\vec{x} = \begin{pmatrix} 2 \\ 1 \\ -1 \end{pmatrix} + (r+1) \begin{pmatrix} 1 \\ -1 \\ -1 \end{pmatrix} - r \begin{pmatrix} -3 \\ 1 \\ 4 \end{pmatrix} = \begin{pmatrix} 2 \\ 1 \\ -1 \end{pmatrix} + r \begin{pmatrix} 1 \\ -1 \\ -1 \end{pmatrix} + \begin{pmatrix} 1 \\ -1 \\ -1 \end{pmatrix} + r \begin{pmatrix} 3 \\ -1 \\ -4 \end{pmatrix}$$

$$\vec{x} = \begin{pmatrix} 3 \\ 0 \\ -2 \end{pmatrix} + r \begin{pmatrix} 4 \\ -2 \\ -5 \end{pmatrix}, r \in \mathbb{R}.$$

Das ist, wie erwartet, die Geradengleichung.

**Zusammenfassung:**

1. Bei der Bestimmung der Lage einer Geraden in bezug auf eine Ebene kann man mit der Berechnung gemeinsamer Punkte drei Fälle unterscheiden. Das zugehörige inhomogene Gleichungssystem enthält ja auf der linken Seite gleichzeitig das für die Untersuchung der linearen Unabhängigkeit der drei Richtungsvektoren notwendige homogene Gleichungssystem.
Erhält man auf der linken Seite keine Nullzeile, hat das inhomogene System genau eine Lösung, die Parameterwerte für den Schnittpunkt. Erhält man auf der linken Seite eine Nullzeile und ist die dazugehörige rechte Seite ungleich Null, so hat das inhomogene System keine Lösung. Die Gerade ist echt parallel zur Ebene. Erhält man eine vollständige Nullzeile (einschließlich rechter Seite), so hat das inhomogene System unendlich viele Lösungen. Die Gerade liegt in der Ebene.

2. Die Entscheidung über die Lage einer Geraden in bezug auf eine Ebene kann auch allein durch Untersuchungen der linearen Unabhängigkeit getroffen werden, wenn man nach folgendem Programmablaufplan vorgeht:

Ebene $E$: $\vec{x} = \vec{a}_1 + k\vec{v} + l\vec{w}$, $k, l \in \mathbb{R}$
Gerade $g$: $\vec{x} = \vec{a}_2 + r\vec{u}$, $r \in \mathbb{R}$

## 3.5. Geraden und Ebenen

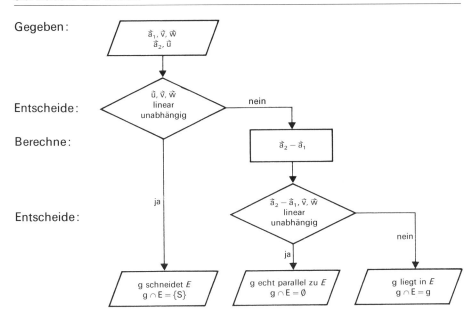

Abschließend erläutern wir anhand von Beispielen die Bestimmung der Lage einer Geraden in bezug auf eine Ebene, wenn die Ebene durch eine Darstellung in Koordinatenform gegeben ist. Es stellt sich heraus, daß es sich um den für rechnerische Untersuchung günstigsten Fall handelt.

**Beispiel 3.30.**

$E: 2x_1 + 3x_2 - x_3 + 6 = 0;  \quad g: \vec{x} = \begin{pmatrix} -2 \\ 0 \\ 1 \end{pmatrix} + k \begin{pmatrix} 3 \\ -1 \\ 2 \end{pmatrix}, k \in \mathbb{R}$

Wir suchen die Parameterwerte gemeinsamer Punkte, indem wir die Terme für $x_1, x_2, x_3$ aus der Parameterdarstellung der Geraden g in die Gleichung der Ebene E einsetzen:

$2(-2 + 3k) + 3(-k) - (1 + 2k) + 6 = 0$ ergibt $k = -1$.

Es existiert also eine eindeutige Lösung für k, welche, in die Geradengleichung eingesetzt, den Schnittpunkt $S(-5|1|-1)$ ergibt.

**Beispiel 3.31.**

$E: 2x_1 + 3x_2 - x_3 + 6 = 0;  \quad g: \vec{x} = \begin{pmatrix} -2 \\ 0 \\ 1 \end{pmatrix} + k \begin{pmatrix} 3 \\ -1 \\ 3 \end{pmatrix}, k \in \mathbb{R}$

Wir setzen g in E ein:

$2(-2 + 3k) + 3(-k) - (1 + 3k) + 6 = 0$ ergibt $0 \cdot k = -1$.

Es gibt also keinen Parameterwert, für den beide Gleichungen erfüllt sind. Folglich existiert kein gemeinsamer Punkt. Die Gerade g ist echt parallel zur Ebene E.

## Beispiel 3.32.

$E: 2x_1 + 3x_2 - x_3 + 6 = 0$; $\quad g: \vec{x} = \begin{pmatrix} -2{,}5 \\ 0 \\ 1 \end{pmatrix} + k \begin{pmatrix} 3 \\ -1 \\ 3 \end{pmatrix}$, $k \in \mathbb{R}$

Wir setzen g in E ein:

$2(-2{,}5 + 3k) + 3(-k) - (1 + 3k) + 6 = 0$ ergibt $0 \cdot k = 0$.

Die Gleichung ist allgemeingültig. Für jeden Parameterwert k erhält man einen gemeinsamen Punkt. Die Gerade g liegt in der Ebene E.

## Aufgaben zu 3.5.4.

1. Untersuchen Sie die gegenseitige Lage der Geraden g und der Ebene E und berechnen Sie gegebenenfalls gemeinsame Punkte.

   a) $g: \vec{x} = \begin{pmatrix} 1 \\ 2 \\ 1 \end{pmatrix} + k \begin{pmatrix} 1 \\ 0 \\ 3 \end{pmatrix}$, $\quad E: \vec{x} = \begin{pmatrix} 4 \\ 2 \\ 2 \end{pmatrix} + m \begin{pmatrix} 1 \\ 0 \\ 1 \end{pmatrix} + n \begin{pmatrix} 1 \\ -1 \\ 3 \end{pmatrix}$

   b) $g: \vec{x} = \begin{pmatrix} 1 \\ 2 \\ -1 \end{pmatrix} + k \begin{pmatrix} 1 \\ 1 \\ 1 \end{pmatrix}$, $\quad E: \vec{x} = \begin{pmatrix} 1 \\ 1 \\ 1 \end{pmatrix} + m \begin{pmatrix} 1 \\ 2 \\ 2 \end{pmatrix} + n \begin{pmatrix} 1 \\ 0 \\ 0 \end{pmatrix}$

   c) $g: \vec{x} = \begin{pmatrix} 1 \\ 1 \\ 4 \end{pmatrix} + k \begin{pmatrix} 1 \\ 1 \\ 3 \end{pmatrix}$, $\quad E: 2x_1 + 4x_2 - x_3 + 4 = 0$

   d) $g: \vec{x} = \begin{pmatrix} -4 \\ 2 \\ 0 \end{pmatrix} + k \begin{pmatrix} -1 \\ 2 \\ -1 \end{pmatrix}$, $\quad E: x_1 - x_3 + 2 = 0$

   e) $g: \vec{x} = \begin{pmatrix} -2 \\ -2 \\ 2 \end{pmatrix} + k \begin{pmatrix} 1 \\ -2 \\ 1 \end{pmatrix}$, $\quad E: x_1 - x_3 + 4 = 0$

2. a) Geben Sie eine Ebene E an, die zur Geraden $g: \vec{x} = \begin{pmatrix} 1 \\ 4 \\ 1 \end{pmatrix} + k \begin{pmatrix} 1 \\ 1 \\ 2 \end{pmatrix}$ echt parallel ist.

   b) Geben Sie eine Gerade g an, die zur Ebene $E: 2x_1 - 3x_2 + x_3 - 4 = 0$ echt parallel ist.

3. Der Schnittpunkt („Durchstoßpunkt") einer Geraden mit einer Koordinatenebene heißt *Spurpunkt* (vgl. 3.5.7.).

   a) Man bestimme die Spurpunkte der Geraden $g: \vec{x} = \begin{pmatrix} 1 \\ 1 \\ 3 \end{pmatrix} + k \begin{pmatrix} 2 \\ 0 \\ 5 \end{pmatrix}$ mit den Koordinatenebenen $x_1 = 0$, $x_3 = 0$.

   b) Mit der $x_1 x_3$-Ebene existiert kein Spurpunkt. Man erläutere diesen Sachverhalt.

4. a) Welche *speziellen Lagen zu den Koordinatenachsen* bzw. *Koordinatenebenen* besitzen die folgenden Geraden?

   $g_1: \vec{x} = \begin{pmatrix} 1 \\ 2 \\ -1 \end{pmatrix} + k \begin{pmatrix} 0 \\ 2 \\ 1 \end{pmatrix}$, $\quad g_2: \vec{x} = \begin{pmatrix} 2 \\ 0 \\ -5 \end{pmatrix} + l \begin{pmatrix} 3 \\ 0 \\ 2 \end{pmatrix}$, $\quad g_3: \vec{x} = \begin{pmatrix} 1 \\ 2 \\ -1 \end{pmatrix} + m \begin{pmatrix} 0 \\ 0 \\ 1 \end{pmatrix}$

   b) Geben Sie eine Gerade an, die zur $x_1 x_2$-Ebene parallel ist.

   c) Geben Sie eine Gerade an, die zur $x_2$-Achse parallel ist.

## 3.5.5. Lagebeziehungen zwischen zwei Ebenen

Im $\mathbb{R}^3$ seien zwei Ebenen durch ihre Parameterdarstellungen gegeben:

$E_1: \vec{x} = \vec{a}_1 + k\vec{v}_1 + l\vec{w}_1$, $k, l \in \mathbb{R}$;  $E_2: \vec{x} = \vec{a}_2 + r\vec{v}_2 + s\vec{w}_2$, $r, s \in \mathbb{R}$.

Von der Anschauung ausgehend können wir folgende Fälle unterscheiden (vgl. S. 109):

1. Die beiden Ebenen schneiden sich; es gibt eine Schnittgerade g

2. Die beiden Ebenen sind echt parallel

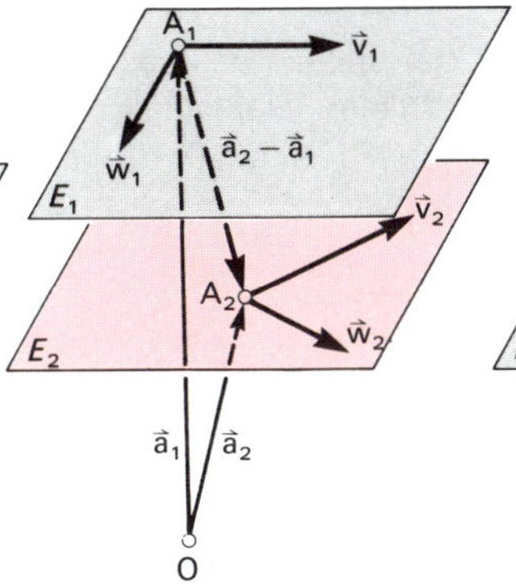

3. Die beiden Ebenen fallen zusammen (sind entartet parallel)

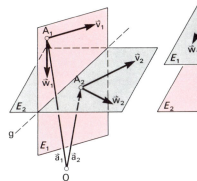

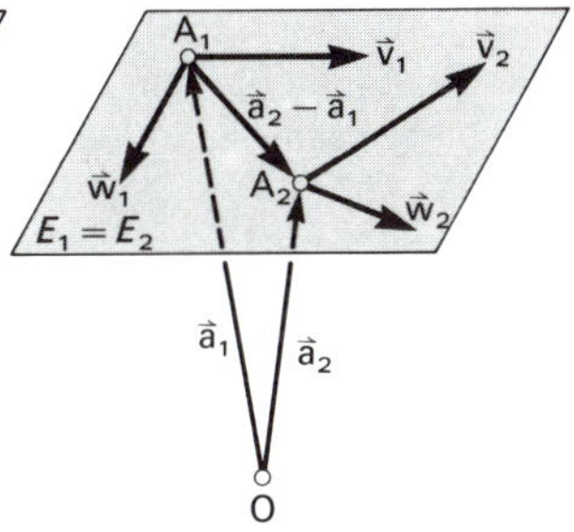

Fig. 3.28a

$E_1 \cap E_2 = g$

genau dann, wenn
$\vec{v}_1, \vec{w}_1, \vec{v}_2$ *oder*
$\vec{v}_1, \vec{w}_1, \vec{w}_2$
linear unabhängig

Fig. 3.28b

$E_1 \cap E_2 = \emptyset$

genau dann, wenn
1. $\vec{v}_1, \vec{w}_1, \vec{v}_2$ *und*
   $\vec{v}_1, \vec{w}_1, \vec{w}_2$
   linear abhängig
2. $\vec{a}_2 - \vec{a}_1, \vec{v}_1, \vec{w}_1$
   linear unabhängig

Fig. 3.28c

$E_1 = E_2$

genau dann, wenn
1. $\vec{v}_1, \vec{w}_1, \vec{v}_2$ *und*
   $\vec{v}_1, \vec{w}_1, \vec{w}_2$
   linear abhängig
2. $\vec{a}_2 - \vec{a}_1, \vec{v}_1, \vec{w}_1$
   linear abhängig

**Bemerkung:**

Für die Parallelität zweier Ebenen reicht die lineare Abhängigkeit eines der beiden Vektortripel $\vec{v}_1, \vec{w}_1, \vec{v}_2$ bzw. $\vec{v}_1, \vec{w}_1, \vec{w}_2$ nicht aus (Fig. 3.29). Zwar sind die Vektoren $\vec{v}_1, \vec{w}_1, \vec{v}_2$ linear abhängig (sie liegen in der Ebene $E_1$), aber $\vec{v}_1, \vec{w}_1, \vec{w}_2$ sind linear unabhängig.

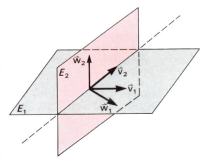

Fig. 3.29

**Beispiel 3.33.**

$$E_1: \vec{x} = \begin{pmatrix} 1 \\ 0 \\ 2 \end{pmatrix} + k \begin{pmatrix} 1 \\ 2 \\ 4 \end{pmatrix} + l \begin{pmatrix} 5 \\ -5 \\ 2 \end{pmatrix}, k, l \in \mathbb{R}; \quad E_2: \vec{x} = \begin{pmatrix} 1 \\ 2 \\ 3 \end{pmatrix} + r \begin{pmatrix} 2 \\ -1 \\ 3 \end{pmatrix} + s \begin{pmatrix} -1 \\ 3 \\ -2 \end{pmatrix}, r, s \in \mathbb{R}$$

Wir untersuchen zunächst die Vektoren $\vec{v}_1$, $\vec{w}_1$, $\vec{v}_2$ auf lineare Unabhängigkeit:

Der Ansatz $k \begin{pmatrix} 1 \\ 2 \\ 4 \end{pmatrix} + l \begin{pmatrix} 5 \\ -5 \\ 2 \end{pmatrix} + r \begin{pmatrix} 2 \\ -1 \\ 3 \end{pmatrix} = \vec{0}$ führt auf das homogene Gleichungssystem mit dem Schema

$$\begin{array}{ccc} 1 & 5 & 2 \\ 2 & -5 & -1 \\ 4 & 2 & 3 \end{array} \to \begin{array}{ccc} 1 & 5 & 2 \\ 0 & -15 & -5 \\ 0 & -18 & -5 \end{array} \to \begin{array}{ccc} 1 & 5 & 2 \\ 0 & 3 & 1 \\ 0 & -18 & -5 \end{array} \to \begin{array}{ccc} 1 & 5 & 2 \\ 0 & 3 & 1 \\ 0 & 0 & 1 \end{array},$$

welches wegen $r = 0$ (vgl. 3. Zeile) und damit $l = 0$ und $k = 0$ nur die triviale Lösung hat. Folglich sind die Vektoren $\vec{v}_1$, $\vec{w}_1$, $\vec{v}_2$ linear unabhängig, und das bedeutet, daß sich die beiden Ebenen schneiden.

Wir berechnen nun die Schnittgerade g:
Die gemeinsamen Punkte der beiden Ebenen erhalten wir aus der Bedingung

$$\begin{pmatrix} 1 \\ 0 \\ 2 \end{pmatrix} + k \begin{pmatrix} 1 \\ 2 \\ 4 \end{pmatrix} + l \begin{pmatrix} 5 \\ -5 \\ 2 \end{pmatrix} = \begin{pmatrix} 1 \\ 2 \\ 3 \end{pmatrix} + r \begin{pmatrix} 2 \\ -1 \\ 3 \end{pmatrix} + s \begin{pmatrix} -1 \\ 3 \\ -2 \end{pmatrix}.$$

Das zugehörige Gleichungssystem

$$\begin{aligned} k + 5l - 2r + s &= 0 \\ 2k - 5l + r - 3s &= 2 \\ 4k + 2l - 3r + 2s &= 1 \end{aligned}$$

ist ein inhomogenes Gleichungssystem mit 3 Gleichungen für die 4 Parameter als Variable. Dieses System ist *unterbestimmt*; es fehlt eine vierte Gleichung. Bringt man eine der 4 Variablen auf die rechte Seite, so erhält man ein inhomogenes (3,3)-System, dessen rechte Seite dann allerdings einen Parameter enthält.
Die Frage, welchen Parameter man auf die rechte Seite bringt, läßt sich folgendermaßen klären: Das inhomogene (3,3)-System hat genau dann eine (bis auf den Parameter) eindeutige Lösung, wenn auf seiner linken Seite drei linear unabhängige Spalten (Vektoren) stehen. Deshalb wird man auf der linken Seite diejenigen Parameter belassen, von denen die zugehörigen Vektoren linear unabhängig sind.

In unserem Beispiel bringen wir also, da $\vec{v}_1$, $\vec{w}_1$, $\vec{v}_2$ linear unabhängig sind, den Parameter s auf die rechte Seite.

Die abgekürzte Schreibweise für das Gleichungssystem lautet dann:

$$\begin{array}{ccc|c} k & l & r & \\ \hline 1 & 5 & -2 & -s \\ 2 & -5 & 1 & 3s + 2 \\ 4 & 2 & -3 & -2s + 1 \end{array}, \text{ das wir nun auf Diagonalgestalt umrechnen:}$$

$$\begin{array}{ccc|c} 1 & 5 & -2 & -s \\ 0 & -15 & 5 & 5s + 2 \\ 0 & -18 & 5 & 2s + 1 \end{array} \to \begin{array}{ccc|c} 1 & 5 & -2 & -s \\ 0 & -3 & 1 & s + \frac{2}{5} \\ 0 & 0 & -1 & -4s - \frac{7}{5} \end{array} \to \begin{array}{ccc|c} 1 & 5 & 0 & 7s + \frac{14}{5} \\ 0 & -3 & 0 & -3s - 1 \\ 0 & 0 & -1 & -4s - \frac{7}{5} \end{array} \to$$

## 3.5. Geraden und Ebenen

$$\begin{array}{ccc|c} 1 & 5 & 0 & 7s+\frac{14}{5} \\ 0 & 1 & 0 & s+\frac{1}{3} \\ 0 & 0 & 1 & 4s+\frac{7}{5} \end{array} \rightarrow \begin{array}{ccc|c} 1 & 0 & 0 & 2s+\frac{17}{15} \\ 0 & 1 & 0 & s+\frac{1}{3} \\ 0 & 0 & 1 & 4s+\frac{7}{5}, \end{array}$$

also $\quad k = 2s+\frac{17}{15}, \quad l = s+\frac{1}{3}, \quad r = 4s+\frac{7}{5}.$

Die Gleichung der Schnittgeraden erhält man nun am einfachsten, wenn man die Lösung für den Parameter r in die Gleichung der Ebene $E_2$ einsetzt:

$$\vec{x} = \begin{pmatrix} 1 \\ 2 \\ 3 \end{pmatrix} + (4s+\tfrac{7}{5}) \begin{pmatrix} 2 \\ -1 \\ 3 \end{pmatrix} + s \begin{pmatrix} -1 \\ 3 \\ -2 \end{pmatrix} = \begin{pmatrix} 1 \\ 2 \\ 3 \end{pmatrix} + \tfrac{7}{5} \begin{pmatrix} 2 \\ -1 \\ 3 \end{pmatrix} + 4s \begin{pmatrix} 2 \\ -1 \\ 3 \end{pmatrix} + s \begin{pmatrix} -1 \\ 3 \\ -2 \end{pmatrix}$$

$$\vec{x} = \tfrac{1}{5} \begin{pmatrix} 19 \\ 3 \\ 36 \end{pmatrix} + s \begin{pmatrix} 7 \\ -1 \\ 10 \end{pmatrix}, \quad s \in \mathbb{R}.$$

Bemerkung:
Dieselbe Gleichung für die Schnittgerade erhält man auch, wenn man die Lösungen für die Parameter k und l in die Gleichung der Ebene $E_1$ einsetzt. Der Rechenaufwand ist dann etwas größer.
Zur Übung und zur Kontrolle möge der Leser dies nachprüfen.

### Beispiel 3.34.

$$E_1: \vec{x} = \begin{pmatrix} 1 \\ 0 \\ 2 \end{pmatrix} + k \begin{pmatrix} 5 \\ -5 \\ 8 \end{pmatrix} + l \begin{pmatrix} 1 \\ 2 \\ 1 \end{pmatrix}, \; k, l \in \mathbb{R}; \quad E_2: \vec{x} = \begin{pmatrix} 1 \\ 2 \\ 3 \end{pmatrix} + r \begin{pmatrix} 2 \\ -1 \\ 3 \end{pmatrix} + s \begin{pmatrix} -1 \\ 3 \\ -2 \end{pmatrix}, \; r, s \in \mathbb{R}$$

Wir prüfen zunächst die Vektoren $\vec{v}_1, \vec{w}_1, \vec{v}_2$ auf lineare Unabhängigkeit.
Da die Reihenfolge dieser Vektoren beliebig ist, schreiben wir sie zur einfacheren Lösung des homogenen Gleichungssystems zweckmäßig so:

| $\vec{w}_1$ | $\vec{v}_2$ | $\vec{v}_1$ |
|---|---|---|
| 1 | 2 | 5 |
| 2 | 1 | 5 |
| 1 | 3 | 8 |

$\rightarrow \begin{array}{ccc} 1 & 2 & 5 \\ 0 & -6 & -15 \\ 0 & 1 & 3 \end{array} \rightarrow \begin{array}{ccc} 1 & 2 & 5 \\ 0 & 1 & 3 \\ 0 & 1 & 3 \end{array} \rightarrow \begin{array}{ccc} 1 & 2 & 5 \\ 0 & 1 & 3 \\ 0 & 0 & 0 \end{array} \Rightarrow$

$\vec{v}_1, \vec{w}_1, \vec{v}_2$ sind linear abhängig.

Auf dieselbe Art überprüfen wir $\vec{v}_1, \vec{w}_1, \vec{w}_2$:

| $\vec{w}_1$ | $\vec{w}_2$ | $\vec{v}_1$ |
|---|---|---|
| 1 | −1 | 5 |
| 2 | 3 | −5 |
| 1 | −2 | 8 |

$\rightarrow \begin{array}{ccc} 1 & -1 & 5 \\ 0 & 5 & -15 \\ 0 & -1 & 3 \end{array} \rightarrow \begin{array}{ccc} 1 & -1 & 5 \\ 0 & 1 & -3 \\ 0 & -1 & 3 \end{array} \rightarrow \begin{array}{ccc} 1 & -1 & 5 \\ 0 & 1 & -3 \\ 0 & 0 & 0 \end{array} \Rightarrow$

$\vec{v}_1, \vec{w}_1, \vec{w}_2$ sind linear abhängig.

Auf dieselbe Art überprüfen wir $\vec{a}_2 - \vec{a}_1, \vec{v}_1, \vec{w}_1$:

| $\vec{w}_1$ | $\vec{a}_2 - \vec{a}_1$ | $\vec{v}_1$ |
|---|---|---|
| 1 | 0 | 5 |
| 2 | 2 | −5 |
| 1 | 1 | 8 |

$\rightarrow \begin{array}{ccc} 1 & 0 & 5 \\ 0 & 2 & -15 \\ 0 & 1 & 3 \end{array} \rightarrow \begin{array}{ccc} 1 & 0 & 5 \\ 0 & 2 & -15 \\ 0 & 2 & 6 \end{array} \rightarrow \begin{array}{ccc} 1 & 0 & 5 \\ 0 & 2 & -15 \\ 0 & 0 & 21 \end{array} \Rightarrow$

$\vec{a}_2 - \vec{a}_1, \vec{v}_1, \vec{w}_1$ sind linear unabhängig.

Nach den angegebenen Kriterien sind demnach die beiden Ebenen echt parallel.

Ähnlich wie bei der Untersuchung von Geraden und Ebenen wollen wir auch in diesem Beispiel versuchen, die Gleichung der „Schnittgeraden" zu berechnen, indem wir die gemeinsamen Punkte der beiden Ebenen aus dem Ansatz

$$\begin{pmatrix}1\\0\\2\end{pmatrix}+k\begin{pmatrix}5\\-5\\8\end{pmatrix}+l\begin{pmatrix}1\\2\\1\end{pmatrix}=\begin{pmatrix}1\\2\\3\end{pmatrix}+r\begin{pmatrix}2\\-1\\3\end{pmatrix}+s\begin{pmatrix}-1\\3\\-2\end{pmatrix}\quad\text{zu berechnen versuchen.}$$

Hier spielt es nun keine Rolle, welchen Parameter wir auf der rechten Seite des zugehörigen inhomogenen Gleichungssystems lassen, denn auf der linken Seite stehen, wie schon nachgewiesen, immer drei linear abhängige Vektoren.

Um die Lösung des Gleichungssystems zu erleichtern, ändern wir die Reihenfolge der Parameter:

$$l\begin{pmatrix}1\\2\\1\end{pmatrix}+r\begin{pmatrix}-2\\1\\-3\end{pmatrix}+k\begin{pmatrix}5\\-5\\8\end{pmatrix}=s\begin{pmatrix}-1\\3\\-2\end{pmatrix}+\begin{pmatrix}0\\2\\1\end{pmatrix}$$

$$\begin{array}{ccc|c}1 & -2 & 5 & -s \\ 2 & 1 & -5 & 3s+2 \\ 1 & -3 & 8 & -2s+1\end{array}\rightarrow\begin{array}{ccc|c}1 & -2 & 5 & -s \\ 0 & 5 & -15 & 5s+2 \\ 0 & -1 & 3 & -s+1\end{array}\rightarrow\begin{array}{ccc|c}1 & -2 & 5 & -s \\ 0 & 0 & 0 & 7 \\ 0 & -1 & 3 & -s+1\end{array}$$

An dieser Stelle braucht man nicht weiter zu rechnen, denn die 2. Zeile ist wegen $0 \cdot l + 0 \cdot r + 0 \cdot k = 0 \cdot s + 7$ nicht erfüllbar. Das Gleichungssystem hat keine Lösung, die beiden Ebenen haben also keine gemeinsamen Punkte. Sie sind echt parallel.

### Beispiel 3.35.

$$E_1: \vec{x} = \begin{pmatrix}1\\0\\2\end{pmatrix}+k\begin{pmatrix}5\\-5\\8\end{pmatrix}+l\begin{pmatrix}1\\2\\1\end{pmatrix}, k, l \in \mathbb{R};\quad E_2: \vec{x} = \begin{pmatrix}-3\\7\\-5\end{pmatrix}+r\begin{pmatrix}2\\-1\\3\end{pmatrix}+s\begin{pmatrix}-1\\3\\-2\end{pmatrix}, r, s \in \mathbb{R}.$$

Die lineare Abhängigkeit der Vektoren $\vec{v}_1, \vec{w}_1, \vec{v}_2$ und $\vec{v}_1, \vec{w}_1, \vec{w}_2$ haben wir bereits im vorigen Beispiel nachgewiesen. Wir müssen also nur noch untersuchen, ob $\vec{a}_2 - \vec{a}_1, \vec{v}_1, \vec{w}_1$ linear abhängig sind.

Schreibt man diese Vektoren in geeigneter Reihenfolge an, wird die Lösung des zugehörigen homogenen Gleichungssystem einfacher:

$$\begin{array}{ccc}1 & 5 & -4 \\ 2 & -5 & 7 \\ 1 & 8 & -7\end{array}\rightarrow\begin{array}{ccc}1 & 5 & -4 \\ 0 & -15 & 15 \\ 0 & 3 & -3\end{array}\rightarrow\begin{array}{ccc}1 & 5 & -4 \\ 0 & -1 & 1 \\ 0 & 3 & -3\end{array}\rightarrow\begin{array}{ccc}1 & 5 & -4 \\ 0 & -1 & 1 \\ 0 & 0 & 0\end{array}$$

Demnach sind auch die Vektoren $\vec{a}_2 - \vec{a}_1, \vec{v}_1, \vec{w}_1$ linear abhängig. Nach den angegebenen Kriterien fallen $E_1$ und $E_2$ zusammen.

Auf die Berechnung der gemeinsamen Punkte wollen wir verzichten und dafür eine andere Überlegung anstellen, wie man zeigen kann, daß diese beiden Ebenen identisch sind. Die lineare Abhängigkeit der Vektoren $\vec{v}_1, \vec{w}_1, \vec{v}_2$ und $\vec{v}_1, \vec{w}_1, \vec{w}_2$ bedeutet doch, daß sich die Vektoren $\vec{v}_2$ und $\vec{w}_2$ in die Ebene $E_1$ legen lassen. Wenn man jetzt noch nachweisen kann, daß auch der Antragspunkt dieser beiden Vektoren in der Ebene $E_1$ liegt, dann spannen $\vec{v}_2$ und $\vec{w}_2$ die Ebene $E_1$ auf.

## 3.5. Geraden und Ebenen

In der Tat erfüllt der Vektor $\begin{pmatrix} -3 \\ 7 \\ -5 \end{pmatrix}$ die Gleichung der Ebene $E_1$, denn es ist

$$\begin{pmatrix} -3 \\ 7 \\ -5 \end{pmatrix} = \begin{pmatrix} 1 \\ 0 \\ 2 \end{pmatrix} + (-1) \begin{pmatrix} 5 \\ -5 \\ 8 \end{pmatrix} + 1 \begin{pmatrix} 1 \\ 2 \\ 1 \end{pmatrix}.$$

**Bemerkung:**

Beispiel 3.35. erläutert, wie man nachweist, daß zwei verschiedene Parameterdarstellungen ein und dieselbe Ebene beschreiben.

**Zusammenfassung:**

Sind zwei Ebenen $E_1$ und $E_2$ durch Gleichungen in Parameterform gegeben, so wird man ihre Lage am einfachsten mit den Kriterien der linearen Unabhängigkeit oder Abhängigkeit der angegebenen Vektortripel untersuchen.
(Die andere Methode, über die Menge der gemeinsamen Punkte zu einer Aussage zu gelangen, führt auf Gleichungssysteme, deren Lösung nicht ganz einfach ist.)
Wir geben den Lösungsweg mit Hilfe eines Programmablaufplans an.

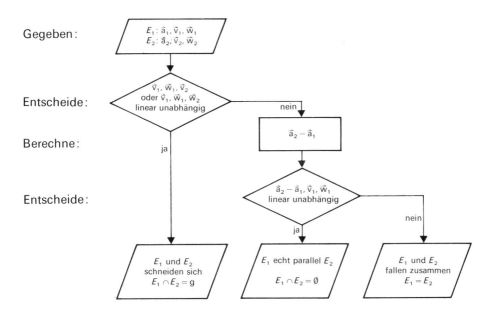

Abschließend erläutern wir anhand von Beispielen die Bestimmung der gegenseitigen Lage zweier Ebenen, wenn eine oder beide Ebenen durch eine parameterfreie Darstellung gegeben sind. Wie bei der Untersuchung der Lage von Gerade und Ebene zeigt sich, daß eine Kombination aus Parameterform und parameterfreier Darstellung für die Rechnung am günstigsten ist.

## Beispiel 3.36.

$E_1: \vec{x} = \begin{pmatrix} 1 \\ 0 \\ 2 \end{pmatrix} + k \begin{pmatrix} 5 \\ -5 \\ 3 \end{pmatrix} + l \begin{pmatrix} 1 \\ 2 \\ 4 \end{pmatrix}$, $k, l \in \mathbb{R}$;   $E_2: 2x_1 - x_2 + 3x_3 + 1 = 0$

Es gibt grundsätzlich die Möglichkeit, für die Ebene $E_2$ eine Parametergleichung aufzustellen (vgl. 3.5.3.) und dann – wie schon gezeigt – zu verfahren.
Eine wesentlich einfachere Methode ergibt sich aus folgender Überlegung:
Wir suchen diejenigen Punkte $X(x_1|x_2|x_3)$ der Ebene $E_1$, welche in der Ebene $E_2$ liegen. Die Koordinaten dieser Punkte müssen die Gleichung der Ebene $E_2$ erfüllen. Setzen wir

$x_1 = 1 + 5k + l$
$x_2 = \phantom{1 + }-5k + 2l$
$x_3 = 2 + 3k + 4l$

in die Gleichung der Ebene $E_2$ ein, so ergibt sich

$2(1 + 5k + l) - (-5k + 2l) + 3(2 + 3k + 4l) + 1 = 0$.
Als Lösung erhalten wir $l = -2k - \frac{3}{4}$, $k \in \mathbb{R}$.
Diese Beziehung zwischen den Parametern k und l kennzeichnet also die gemeinsamen Punkte, die sich nun durch Einsetzen dieser Beziehung in die Gleichung der Ebene $E_1$ errechnen lassen:

$\vec{x} = \begin{pmatrix} 1 \\ 0 \\ 2 \end{pmatrix} + k \begin{pmatrix} 5 \\ -5 \\ 3 \end{pmatrix} + (-2k - \frac{3}{4}) \begin{pmatrix} 1 \\ 2 \\ 4 \end{pmatrix}$. Daraus erhält man als Gleichung der Schnittgeraden: $\vec{x} = \frac{1}{4}\begin{pmatrix} 1 \\ -6 \\ -4 \end{pmatrix} + k \begin{pmatrix} 3 \\ -9 \\ -5 \end{pmatrix}$, $k \in \mathbb{R}$.

## Beispiel 3.37.

$E_1: \vec{x} = \begin{pmatrix} 1 \\ 0 \\ 2 \end{pmatrix} + k \begin{pmatrix} 5 \\ -5 \\ 3 \end{pmatrix} + l \begin{pmatrix} 1 \\ 2 \\ 0 \end{pmatrix}$, $k, l \in \mathbb{R}$;   $E_2: 2x_1 - x_2 - 5x_3 + 1 = 0$

Wir wenden dasselbe Verfahren an wie im Beispiel 3.36. und erhalten
$2(1 + 5k + l) - (-5k + 2l) - 5(2 + 3k) + 1 = 0$ und aufgelöst: $0 \cdot k + 0 \cdot l - 7 = 0$.
Diese Gleichung hat keine Lösung und das heißt, daß es keine gemeinsamen Punkte gibt. Die Ebenen $E_1$ und $E_2$ sind echt parallel.

## Beispiel 3.38.

$E_1: \vec{x} = \begin{pmatrix} 3 \\ 2 \\ 1 \end{pmatrix} + k \begin{pmatrix} 5 \\ -5 \\ 3 \end{pmatrix} + l \begin{pmatrix} 1 \\ -3 \\ 1 \end{pmatrix}$, $k, l \in \mathbb{R}$;   $E_2: 2x_1 - x_2 - 5x_3 + 1 = 0$

Wir wenden dasselbe Verfahren an wie im Beispiel 3.36. und erhalten
$2(3 + 5k + l) - (2 - 5k - 3l) - 5(1 + 3k + l) + 1 = 0$ und aufgelöst: $0 \cdot k + 0 \cdot l = 0$.
Diese Gleichung ist allgemeingültig. Das bedeutet, daß jeder beliebige Wert von k und l einen gemeinsamen Punkt liefert. Die beiden Ebenen sind also identisch.
Dem Leser sei empfohlen, zur Übung die Ebene $E_1$ durch Elimination der Parameter in eine parameterfreie Darstellung überzuführen.

## 3.5. Geraden und Ebenen

**Beispiel 3.39.**

$E_1: 2x_1 - x_2 + 3x_3 + 1 = 0$; $E_2: x_1 + x_2 + 2x_3 - 4 = 0$

Die Gleichungen dieser beiden Ebenen stellen ein unterbestimmtes Gleichungssystem für die Variablen $x_1, x_2, x_3$ dar. Falls die beiden Ebenen gemeinsame Punkte haben, erhält man diese als Lösung dieses Gleichungssystems. Wie im Beispiel 3.33. gezeigt wurde, können wir eine Variable frei wählen und auf die rechte Seite bringen.
Setzen wir also zum Beispiel $x_3 = r$, so lautet das Schema des Gleichungssystems

$\begin{array}{cc|c} 2 & -1 & -3r-1 \\ 1 & 1 & -2r+4 \end{array}$ und nach einigen Umformungen $\begin{array}{cc|c} 1 & 0 & -\frac{5}{3}r+1 \\ 0 & 1 & -\frac{1}{3}r+3 \end{array}$.

Die gemeinsamen Punkte erfüllen also die Gleichungen $\begin{array}{l} x_1 = -\frac{5}{3}r + 1 \\ x_2 = -\frac{1}{3}r + 3 \\ x_3 = \phantom{-\frac{1}{3}}r \end{array}$.

Setzen wir $s = \frac{r}{3}$, so erhalten wir in Vektorschreibweise als Gleichung für die gemeinsamen Punkte, also die Schnittgerade: $\vec{x} = \begin{pmatrix} 1 \\ 3 \\ 0 \end{pmatrix} + s \begin{pmatrix} -5 \\ -1 \\ 3 \end{pmatrix}$, $s \in \mathbb{R}$.

**Beispiel 3.40.**

$E_1: 2x_1 - x_2 + 3x_3 + 1 = 0$; $E_2: 4x_1 - 2x_2 + 6x_3 + 1 = 0$

Wir wenden dasselbe Verfahren an wie in Beispiel 3.39. und erhalten als Schema des Gleichungssystems zur Bestimmung gemeinsamer Punkte:
$\begin{array}{cc|c} 2 & -1 & -3r-1 \\ 4 & -2 & -6r-1 \end{array}$ und daraus $\begin{array}{cc|c} 2 & -1 & -3r-1 \\ 0 & 0 & 0r+1 \end{array}$.

Die durch die zweite Zeile gegebene Gleichung ist nicht erfüllbar, also gibt es keine gemeinsamen Punkte. Die beiden Ebenen sind echt parallel.

**Beispiel 3.41.**

$E_1: 2x_1 - x_2 + 3x_3 + 1 = 0$; $E_2: 6x_1 - 3x_2 + 9x_3 + 3 = 0$

Hier erkennt man, daß die Gleichung der Ebene $E_2$ aus der Gleichung der Ebene $E_1$ hervorgeht, wenn man diese mit dem Faktor 3 multipliziert. Beide Gleichungen stellen also dieselbe Ebene dar.

Die Beispiele 3.39., 3.40. und 3.41. lassen folgendes Entscheidungskriterium erkennen, das wir im Abschnitt 4.6.2. begründen werden:
Es seien $A_1 x_1 + A_2 x_2 + A_3 x_3 + A_4 = 0$ und $A'_1 x_1 + A'_2 x_2 + A'_3 x_3 + A'_4 = 0$
die parameterfreien Darstellungen zweier Ebenen $E$ und $E'$.

Gilt $\begin{pmatrix} A_1 \\ A_2 \\ A_3 \end{pmatrix} \neq k \begin{pmatrix} A'_1 \\ A'_2 \\ A'_3 \end{pmatrix}$, so schneiden sich die Ebenen;

gilt $\begin{pmatrix} A_1 \\ A_2 \\ A_3 \end{pmatrix} = k \begin{pmatrix} A'_1 \\ A'_2 \\ A'_3 \end{pmatrix}$ und $A_4 \neq kA'_4$, so sind die Ebenen echt parallel;

gilt $\begin{pmatrix} A_1 \\ A_2 \\ A_3 \end{pmatrix} = k \begin{pmatrix} A'_1 \\ A'_2 \\ A'_3 \end{pmatrix}$ und $A_4 = kA'_4$, so sind die Ebenen identisch.

**Bemerkung:**

Wir hatten festgestellt, daß es im $\mathbb{R}^3$ keine parameterfreie Darstellung einer Geraden durch *eine* Gleichung gibt. Wir können aber die *zwei* Gleichungen zweier sich schneidender Ebenen als parameterfreie Darstellung einer Geraden betrachten.

### Aufgaben zu 3.5.5.

1. Untersuchen Sie die gegenseitige Lage der folgenden Ebenen und berechnen Sie gegebenenfalls Schnittgeraden.

   a) $E_1: \vec{x} = \begin{pmatrix} -1 \\ -2 \\ 2 \end{pmatrix} + k \begin{pmatrix} 0 \\ 1 \\ -3 \end{pmatrix} + l \begin{pmatrix} 1 \\ 0 \\ 7 \end{pmatrix}$,  $E_2: \vec{x} = \begin{pmatrix} -2 \\ -4 \\ 1 \end{pmatrix} + r \begin{pmatrix} 1 \\ 0 \\ 1 \end{pmatrix} + s \begin{pmatrix} 1 \\ 3 \\ 1 \end{pmatrix}$

   b) $E_1: \vec{x} = \begin{pmatrix} 1 \\ 4 \\ -2 \end{pmatrix} + k \begin{pmatrix} 5 \\ 2 \\ 1 \end{pmatrix} + l \begin{pmatrix} 1 \\ 3 \\ -8 \end{pmatrix}$,  $E_2: \vec{x} = \begin{pmatrix} 4 \\ 0 \\ 15 \end{pmatrix} + r \begin{pmatrix} 7 \\ -5 \\ 26 \end{pmatrix} + s \begin{pmatrix} 21 \\ 11 \\ -4 \end{pmatrix}$

   c) $E_1: 12x_1 + 3x_2 - 5x_3 - 11 = 0$,  $E_2: \vec{x} = \begin{pmatrix} 7 \\ 8 \\ 9 \end{pmatrix} + m \begin{pmatrix} 1 \\ 0 \\ 2 \end{pmatrix} + n \begin{pmatrix} 1 \\ 2 \\ 0 \end{pmatrix}$

   d) $E_1: 4x_1 - 5x_2 - x_3 - 14 = 0$,  $E_2: \vec{x} = \begin{pmatrix} 5 \\ 3 \\ 2 \end{pmatrix} + m \begin{pmatrix} 2 \\ 1 \\ 3 \end{pmatrix} + n \begin{pmatrix} 5 \\ 4 \\ 0 \end{pmatrix}$

   e) $E_1: x_1 + 2x_2 - 2x_3 - 3 = 0$,  $E_2: 3x_1 + x_2 + 4x_3 + 1 = 0$

   f) $E_1: 2x_1 - 3x_2 - 5x_3 - 1 = 0$,  $E_2: 4x_1 - 6x_2 - 10x_3 + 2 = 0$

2. Man untersuche die gegenseitige Lage der Ebenen $E_1$, $E_2$, $E_3$ und berechne eventuelle Schnittgeraden zweier Ebenen. Besitzen die drei Ebenen einen gemeinsamen Schnittpunkt?

   $E_1: 4x_1 - 5x_2 - x_3 - 14 = 0$,

   $E_2: \vec{x} = \begin{pmatrix} 5 \\ 3 \\ 2 \end{pmatrix} + r \begin{pmatrix} 2 \\ 1 \\ 3 \end{pmatrix} + s \begin{pmatrix} 5 \\ 4 \\ 0 \end{pmatrix}$,  $E_3: \vec{x} = \begin{pmatrix} 2 \\ 0 \\ 3 \end{pmatrix} + k \begin{pmatrix} 4 \\ -5 \\ -4 \end{pmatrix} + l \begin{pmatrix} 1 \\ 1 \\ -1 \end{pmatrix}$

3. Geben Sie die Gleichung einer Ebene $E_1$ an, welche die Ebene $F: x_1 + 2x_2 - x_3 + 4 = 0$ schneidet, sowie die Gleichung einer Ebene $E_2$, welche zu $F$ echt parallel ist. Geben Sie für den ersten Fall die Schnittgerade an.

4. Eine durch $P(0|-5|0)$ gehende Ebene $E_1$ ist parallel zur $x_3$-Achse und zur Geraden mit der Parameterdarstellung $\vec{x} = k \begin{pmatrix} 1 \\ 5 \\ 0 \end{pmatrix}$. Eine zweite Ebene $E_2$ wird durch die Punkte $O(0|0|0)$, $Q(1|1|2)$, $R(1|0|1)$ festgelegt. Eine dritte Ebene $E_3$ hat die Gleichung $2x_1 - 3x_2 + x_3 = 0$. Man zeige, daß die drei Ebenen genau einen Punkt S gemeinsam haben und berechne seine Koordinaten.

5. Die Schnittgeraden einer Ebene mit den Koordinatenebenen heißen *Spurgeraden* (vgl. 3.5.7.).

   a) Man bestimme die Schnittpunkte der Ebene $E: x_1 + 2x_2 - 3x_3 + 4 = 0$ mit den Koordinatenachsen.

   b) Man bestimme die Spurgeraden.

   c) Untersuchen Sie analog die Ebene $F: \vec{x} = \begin{pmatrix} 2 \\ 0 \\ 1 \end{pmatrix} + k \begin{pmatrix} 1 \\ 2 \\ -2 \end{pmatrix} + l \begin{pmatrix} 1 \\ 1 \\ 0 \end{pmatrix}$.

## 3.5. Geraden und Ebenen

6. a) Welche *speziellen Lagen zu den Koordinatenebenen bzw. Koordinatenachsen* besitzen die folgenden Ebenen?

   $E_1: 2x_1 + 3x_2 - x_3 = 0$,   $E_2: x_1 + 2x_3 - 2 = 0$,   $E_3: \vec{x} = \begin{pmatrix} 1 \\ -2{,}5 \\ 4 \end{pmatrix} + k \begin{pmatrix} 1 \\ 0 \\ 3 \end{pmatrix} + l \begin{pmatrix} -3 \\ 0 \\ 1 \end{pmatrix}$,

   $E_4: 2x_2 + 5 = 0$.

   b) Geben Sie eine Ebene an, die zur $x_1 x_2$-Ebene parallel ist.
   c) Geben Sie eine Ebene an, welche zur $x_3$-Achse parallel ist.

### *3.5.6. Ergänzungen zu Gleichungssystemen

Die Untersuchung der gegenseitigen Lage von Geraden und Ebenen im Raum läßt theoretische Aussagen über die Lösungen von linearen Gleichungssystemen zu.

Wir beschränken uns auf Gleichungen mit drei Variablen. Die Gleichung $a_1 x_1 + a_2 x_2 + a_3 x_3 = b$ läßt sich als Gleichung einer Ebene im $\mathbb{R}^3$ interpretieren, falls $(a_1, a_2, a_3) \neq (0, 0, 0)$.

Ein Gleichungssystem mit zwei Gleichungen beschreibt dann den Schnitt zweier Ebenen. Die beiden Ebenen können zusammenfallen (algebraisch daran zu erkennen, daß eine Ebenengleichung Vielfaches der anderen ist), echt parallel sein (dann besitzt das Gleichungssystem keine Lösung, vgl. Beispiel 3.37.), oder sich in einer Geraden schneiden (das Gleichungssystem besitzt dann unendlich viele Lösungen, vgl. Beispiel 3.39.).

Kommt eine dritte Gleichung zum Gleichungssystem hinzu, so kann es vorkommen, daß die durch die Gleichungen beschriebenen Ebenen genau einen Punkt gemeinsam haben (vgl. Fig. 3.30a). Das Gleichungssystem hat dann also genau eine Lösung. Dieser Fall tritt nach Abschnitt 2.6. genau dann ein, wenn die Spalten der linken Seite des Gleichungssystems linear unabhängig sind. Es ist jedoch auch möglich, daß die drei Ebenen eine Gerade gemeinsam haben (vgl. Fig. 3.30b), daß es also unendlich viele Lösungen gibt (vgl. Beispiel 2.39.), oder, daß keine gemeinsamen Punkte existieren (vgl. Fig. 3.30c, d).

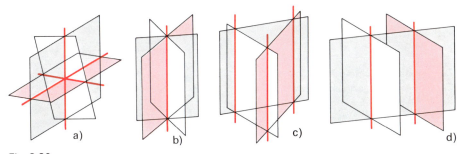

Fig. 3.30

Ein Gleichungssystem mit weniger als drei Gleichungen bei drei Variablen nennt man unterbestimmt. Entsprechend nennt man ein Gleichungssystem mit mehr als drei Gleichungen überbestimmt. Lösungen existieren nur, wenn die zugehörigen Ebenen gemeinsame Punkte besitzen.

## 3.5.7. Darstellung von Geraden und Ebenen im Schrägbild

Zur Darstellung von Geraden und Ebenen im Raum zeichnen wir ein Schrägbild eines Koordinatensystems (Fig. 3.31).

**Bemerkung:**

Man spricht von einer axonometrischen Darstellung. Meist wird ein kartesisches Koordinatensystem (vgl. Abschnitt 4.5.). zugrundegelegt. In der graphischen Darstellung muß der Winkel zwischen $x_1$-Achse und $x_2$-Achse nicht notwendig 135° betragen, auch müssen die Maßstäbe auf den Koordinatenachsen nicht übereinstimmen, eine Verkürzung in $x_1$-Richtung wirkt oft anschaulicher.

Gleichungen der Koordinatenebenen:

$x_1 x_2$-Ebene: $\vec{x} = k \begin{pmatrix} 1 \\ 0 \\ 0 \end{pmatrix} + l \begin{pmatrix} 0 \\ 1 \\ 0 \end{pmatrix}$ bzw. $x_3 = 0$

$x_1 x_3$-Ebene: $\vec{x} = k \begin{pmatrix} 1 \\ 0 \\ 0 \end{pmatrix} + l \begin{pmatrix} 0 \\ 0 \\ 1 \end{pmatrix}$ bzw. $x_2 = 0$

$x_2 x_3$-Ebene: $\vec{x} = k \begin{pmatrix} 0 \\ 1 \\ 0 \end{pmatrix} + l \begin{pmatrix} 0 \\ 0 \\ 1 \end{pmatrix}$ bzw. $x_1 = 0$

Fig. 3.31

Die Schnittpunkte von Geraden mit den Koordinatenebenen heißen *Spurpunkte*, die Schnittgeraden von Ebenen mit den Koordinatenebenen *Spurgeraden*.

**Beispiel 3.42.** *Veranschaulichung von Geraden* (Fig. 3.32)

$g: \vec{x} = \begin{pmatrix} -1 \\ 4 \\ -2 \end{pmatrix} + k \begin{pmatrix} 1 \\ -2 \\ 3 \end{pmatrix}$

Spurpunkte:

Aus $\begin{matrix} x_1 = 0 \\ x_2 = 0 \\ x_3 = 0 \end{matrix}$ folgt $\begin{matrix} -1 + k = 0 \\ 4 - 2k = 0, \\ -2 + 3k = 0 \end{matrix}$

also $\begin{matrix} k = 1: & S_1(0|2|1) \\ k = 2: & S_2(1|0|4) \\ k = \frac{2}{3}: & S_3(-\frac{1}{3}|\frac{8}{3}|0) \end{matrix}$

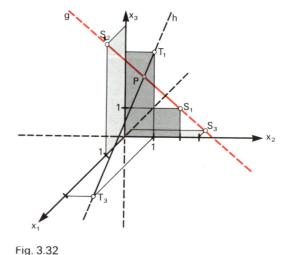

Zur Veranschaulichung im Schrägbild genügen schon zwei Spurpunkte, z.B. $S_1$ und $S_2$. Der Spurpunkt $S_3$ möge als Zeichenkontrolle dienen.

Die Gerade $h: \vec{x} = \begin{pmatrix} 1 \\ 1 \\ 2 \end{pmatrix} + l \begin{pmatrix} 1 \\ 0 \\ -1 \end{pmatrix}$   Fig. 3.32

ist parallel zur $x_1 x_3$-Ebene. (Man beachte, daß sich g und h im Punkt $P(\frac{1}{2}|1|\frac{5}{2})$ schneiden.)

Spurpunkte: Aus $\begin{matrix} x_1 = 0 \\ x_2 = 0 \\ x_3 = 0 \end{matrix}$ folgt $\begin{matrix} 1 + l = 0 \\ 1 + 0 \cdot l = 0, \\ 2 - l = 0 \end{matrix}$ also $\begin{matrix} l = -1: & T_1(0|1|3) \\ \text{nicht erfüllbar, kein Spurpunkt} \\ l = 2: & T_3(3|1|0) \end{matrix}$

## 3.5. Geraden und Ebenen

**Beispiel 3.43.** *Veranschaulichung von Ebenen* (Fig. 3.33)

$$E: \vec{x} = \begin{pmatrix} -1 \\ 4 \\ 3 \end{pmatrix} + k \begin{pmatrix} -1 \\ 4 \\ 0 \end{pmatrix} + l \begin{pmatrix} -1 \\ 0 \\ 3 \end{pmatrix}$$

bzw. $12x_1 + 3x_2 + 4x_3 - 12 = 0$.

Die Spurgeraden findet man durch Schnitt der Ebene $E$ mit den Koordinatenebenen. Zum Beispiel führt $x_1 = 0$ auf $-1 - k - l = 0$, also $l = -(1+k)$ und damit

$$s_1: \vec{x} = \begin{pmatrix} -1 \\ 4 \\ 3 \end{pmatrix} + k \begin{pmatrix} -1 \\ 4 \\ 0 \end{pmatrix} - (1+k) \begin{pmatrix} -1 \\ 0 \\ 3 \end{pmatrix} =$$

$$= \begin{pmatrix} 0 \\ 4 \\ 0 \end{pmatrix} + k \begin{pmatrix} 0 \\ 4 \\ -3 \end{pmatrix}$$

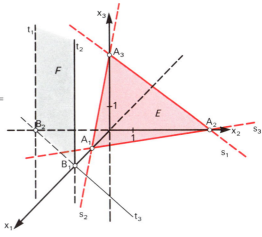

bzw., falls die Koordinatenform der Ebenengleichung benutzt wird:

$x_1 = 0$, also $3x_2 + 4x_3 - 12 = 0$.

Mit $x_3 = r$ erhält man hieraus $x_2 = 4 - \frac{4}{3}r$ und damit

Fig. 3.33

$$s_1: \vec{x} = \begin{pmatrix} 0 \\ 4 - \frac{4}{3}r \\ r \end{pmatrix} = \begin{pmatrix} 0 \\ 4 \\ 0 \end{pmatrix} + r \begin{pmatrix} 0 \\ -\frac{4}{3} \\ 1 \end{pmatrix}.$$

Einfacher findet man die *Spurgeraden* allerdings als *Verbindungsgeraden der Achsenschnittpunkte* $A_1$, $A_2$, $A_3$ (vgl. Fig. 3.33).

Die Achsenabschnittsform $x_1 + \frac{x_2}{4} + \frac{x_3}{3} = 1$ liefert $A_1(1|0|0)$, $A_2(0|4|0)$, $A_3(0|0|3)$.

Spurgeraden:

$s_1 = A_2A_3$, $s_2 = A_1A_3$, $s_3 = A_1A_2$

Die Koordinatenform der Ebenengleichung führt hier schneller zum Ziel.

Die Ebene $F$: $3x_1 - 2x_2 - 6 = 0$ ist parallel zu $x_3$-Achse.

Achsenschnittpunkte:

Aus $x_2 = 0$ und $x_3 = 0$ folgt $x_1 = 2$, also $B_1(2|0|0)$. Spurgerade: $t_3 = B_1B_2$
Aus $x_1 = 0$ und $x_3 = 0$ folgt $x_2 = -3$, also $B_2(0|-3|0)$.
Aus $x_1 = 0$ und $x_2 = 0$ folgt $-6 = 0$; wegen dieses Widerspruchs existiert kein Spurpunkt $B_3$.

Die Geraden $t_1: \vec{x} = \begin{pmatrix} 0 \\ -3 \\ 0 \end{pmatrix} + k \begin{pmatrix} 0 \\ 0 \\ 1 \end{pmatrix}$ sowie $t_2: \vec{x} = \begin{pmatrix} 2 \\ 0 \\ 0 \end{pmatrix} + l \begin{pmatrix} 0 \\ 0 \\ 1 \end{pmatrix}$ sind in der Ebene $F$ enthalten, wie man sich durch Einsetzen in die Gleichung von $F$ überzeugt, sie sind also ebenfalls Spurgeraden.

### Beispiel 3.44.

Auch die Schnittgerade zweier Ebenen läßt sich leicht im Schrägbild darstellen, denn sie verläuft durch die Schnittpunkte entsprechender Spurgeraden (Fig. 3.34).

Ebene $E_1$:
$12x_1 + 3x_2 + 4x_3 - 12 = 0$

Achsenschnittpunkte:
$A_1(1|0|0)$, $A_2(0|4|0)$,
$A_3(0|0|3)$ (vgl. Beispiel 3.43.)

Ebene $E_2$:
$5x_1 + 10x_2 + 4x_3 - 20 = 0$

Achsenschnittpunkte:
Aus $x_2 = 0$ und $x_3 = 0$ folgt
$x_1 = 4$, also $B_1(4|0|0)$.
Aus $x_1 = 0$ und $x_3 = 0$ folgt
$x_2 = 2$, also $B_2(0|2|0)$.
Aus $x_1 = 0$ und $x_2 = 0$ folgt
$x_3 = 5$, also $B_3(0|0|5)$.

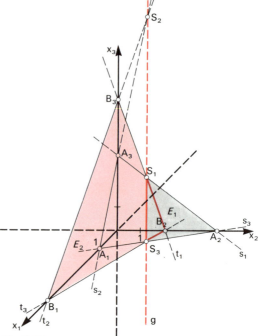
Fig. 3.34

Die Spurgeraden $s_1$ und $t_1$ schneiden sich in $S_1$, die Spurgeraden $s_3$ und $t_3$ in $S_3$. Die beiden Punkte $S_1$ und $S_3$ bestimmen die Schnittgerade g der Ebenen $E_1$ und $E_2$; $S_2$, der Schnittpunkt von $s_2$ und $t_2$, dient als Zeichenkontrolle: Auch $S_2$ liegt auf g.

### Aufgaben zu 3.5.7.

1. Man stelle die Gerade $g: \vec{x} = \begin{pmatrix} -1 \\ 3 \\ 4 \end{pmatrix} + k \begin{pmatrix} -1 \\ 2 \\ 2 \end{pmatrix}$ im Schrägbild dar.

2. Was läßt sich über Lage, Spurpunkte und zeichnerische Darstellung der Geraden
   $p: \vec{x} = \begin{pmatrix} 2 \\ -2 \\ 0 \end{pmatrix} + r \begin{pmatrix} 0 \\ 0 \\ 1 \end{pmatrix}$ aussagen?

3. Man stelle die Ebene $E: 20x_1 - 5x_2 + 4x_3 - 20 = 0$ im Schrägbild dar.

4. Was läßt sich über Lage, Achsenschnittpunkte, Spurgeraden und zeichnerische Darstellung der Ebene G aussagen? $G: x_3 - 2 = 0$.

5. Man berechne im Beispiel 3.44. die Schnittpunkte $S_1$ und $S_3$ und stelle eine Geradengleichung von g auf.

## *3.5.8. Bildschirmdarstellungen (1)

Soll ein räumliches Objekt auf einem Bildschirm oder einem Blatt Papier dargestellt werden, so benötigt man eine geeignete Abbildung, welche den dreidimensionalen Raum auf die zweidimensionale Bildebene projiziert. Anders als in Abschnitt 3.5.7. orientieren wir uns am Sehvorgang selbst und erkennen aus Figur 3.35, daß das Bild eines Gegenstandes auf der Netzhaut des Auges mit dem Bild seiner Projektion in eine beliebige Bildebene übereinstimmt. (Entfernt man den Gegenstand in Figur 3.35 und läßt nur das Bild in der Bildebene, so ändert sich für das Auge nichts!) Dies bedeutet, daß wir ein realistisches, räumlich wirkendes Bild erhalten, wenn wir die Punkte eines Gegenstands von einem Augpunkt A aus in eine Bildebene $E$ projizieren, d.h. für beliebige Punkte P des Gegenstands die Gerade AP mit $E$ schneiden, um den Bildpunkt P' zu erhalten (Fig. 3.35). Man spricht von einer *Zentralprojektion* von A aus.

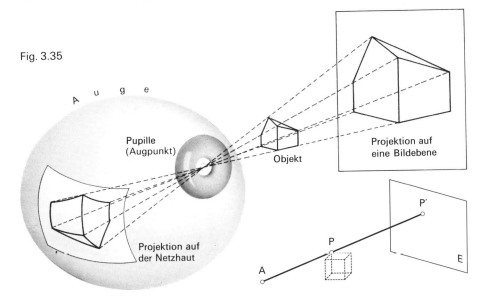

Fig. 3.35

Wählt man als Bildebene $E$ die $x_2 x_3$-Ebene und als Augpunkt einen Punkt $A(a_1|a_2|a_3)$, der nicht in der Bildebene liegen darf, so findet man den Bildpunkt P' eines Punktes $P(p_1|p_2|p_3)$ wie folgt:

$E: x_1 = 0;\quad g(A, P): \vec{x} = \vec{a} + k(\vec{p} - \vec{a}) = \begin{pmatrix} a_1 \\ a_2 \\ a_3 \end{pmatrix} + k \begin{pmatrix} p_1 - a_1 \\ p_2 - a_2 \\ p_3 - a_3 \end{pmatrix}$

$P' = E \cap g$, also $a_1 + k(p_1 - a_1) = 0$ bzw. $k = \dfrac{-a_1}{p_1 - a_1}$, und damit nach kurzer Umrechnung $P'\left(0 \left|\dfrac{a_2 p_1 - a_1 p_2}{p_1 - a_1}\right|\dfrac{a_3 p_1 - a_1 p_3}{p_1 - a_1}\right)$ (*)

Der Punkt mit den Koordinaten $p_2'$, $p_3'$ kann direkt auf einem geeigneten Bildschirm ausgedruckt werden.

### Beispiel 3.45.

Will man z. B. das Objekt, welches durch die Punkte

$P_1(3|2|-1)$, $P_2(3|4|-1)$, $P_3(3|4|1)$,
$P_4(3|3|2)$, $P_5(3|2|1)$, $P_6(0|2|-1)$,
$P_7(0|4|-1)$, $P_8(0|4|1)$, $P_9(0|3|2)$,
$P_{10}(0|2|1)$

festgelegt ist (Hausmodell, vgl. das Schrägbild Fig. 3.36), vom Augpunkt $A_1(8|0|0)$ aus abbilden, so errechnet sich mittels (∗)

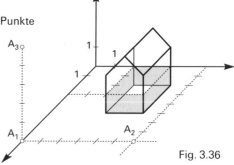

Fig. 3.36

$P_1'(0|3,2|-1,6)$, $P_2'(0|6,4|1,6)$, $P_3'(0|6,4|-1,6)$, $P_4'(0|4,8|3,2)$, $P_5'(0|3,2|1,6)$;

für die weiteren Punkte gilt $P_i' = P_i$, denn diese liegen in der Projektionsebene (vgl. Fig. 3.37a).
Für die Augpunkte $A_2(8|6|0)$ bzw. $A_3(8|0|5)$ ergeben sich die Bilder in Fig. 3.37b, c, wovon man sich durch Berechnung einiger Bildpunkte mittels (∗) überzeugen kann.

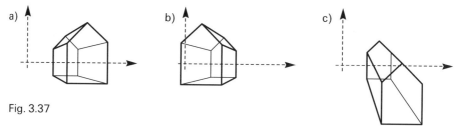

Fig. 3.37

Die Verzerrungen, welche in Fig. 3.37c zu erkennen sind, erklären sich aus der Tatsache, daß „zu schräg" auf die Bildebene projiziert wird. In Abschnitt 4.8. wird erläutert, wie dies vermieden werden kann, ohne die Bewegungsfreiheit des Augpunktes einzuschränken.

### Aufgabe zu 3.5.8.

Bilden Sie mit Hilfe des Augpunktes $(6|6|0)$ das Prisma PQRUVW mit $P(0|2|-1)$, $Q(2|2|-1)$, $R(2|4|-1)$, $U(0|4|-1)$, $V(0|2|1)$, $W(2|2|1)$ in die $x_1x_2$-Ebene ab. Skizze!

## *3.6. Lineare Optimierung

Vom Standpunkt der reinen Mathematik aus ist das Problem der linearen Gleichungssysteme einfach und vollständig gelöst. Durch den Zusammenhang mit der Theorie der Vektorräume können Erkenntnisse ohne weiteres auf Systeme mit beliebig vielen Unbekannten und Gleichungen verallgemeinert werden. Für die praktische Berechnung der Lösungen jedoch ergeben sich durch die in den Anwendungen häufig auftretende sehr große Anzahl von Unbekannten und Gleichungen beträchtliche, wenn nicht unüberwindliche Schwierigkeiten. Charakteristisch ist, daß die in der reinen Mathematik bevorzugten allgemeinen, auf eine große Klasse von Problemen anwendbaren Verfahren in den Hintergrund gedrängt werden von speziellen, auf die Besonderheiten des Problems angepaßten Verfahren, welche unter Umständen eine Lösung mit vertretbarem Rechenaufwand liefern.

Ähnlich strukturiert und mit zum Teil ähnlichen Lösungsverfahren zu bearbeiten wie lineare Gleichungssysteme sind die Probleme der sog. *linearen Optimierung*. Es handelt sich um mathematische Methoden zur optimalen Lösung von Entscheidungsproblemen, welche in den vierziger Jahren dieses Jahrhunderts vor allem in der UdSSR und den USA erarbeitet wurden[1] und denen die in der Folgezeit stürmische Entwicklung der Computertechnologie stark zugute kamen. Die Theorie ist, obwohl allgemeine Lösungsverfahren existieren, noch keineswegs abgeschlossen. Einem kurzen Einblick in Problemstellung und Lösungsverfahren dient das folgende Beispiel.

Beispiel 3.46.

Ein Unternehmen stellt zwei Erzeugnisse A und B her, mit verschiedenem Rohstoffbedarf, Arbeitszeitbedarf und Reingewinn pro Mengeneinheit. Gesucht sind optimale Stückzahlen $x_1$, $x_2$ für die beiden Erzeugnisse, so daß der insgesamt erzielte Gewinn maximal ist. Ohne Nebenbedingungen kann der Gesamtgewinn durch Steigerung der Stückzahlen natürlich beliebig gesteigert werden, doch gibt es in der Praxis immer Obergrenzen, z.B. für den Rohstoffbedarf durch die begrenzte Transportkapazität der Zulieferer, für die Arbeitszeit durch die Anzahl der Beschäftigten und durch tarifliche Vereinbarungen. Die folgende Tabelle enthält die benötigten Daten:

| Erzeugnis | A | B | |
|---|---|---|---|
| zu optimierende Stückzahl | $x_1$ | $x_2$ | |
| Rohstoffbedarf pro Stück in Einheiten | 10 | 30 | gesamt höchstens 900 |
| Arbeitszeit pro Stück in Stunden | 2 | 3 | gesamt höchstens 120 |
| Gewinn pro Stück in DM | 200 | 400 | Gesamtgewinn zu maximieren |

Die einschränkenden Bedingungen (*Restriktionen*) lassen sich wie folgt beschreiben:

Rohstoff: $\quad 10x_1 + 30x_2 \leq 900$
Arbeitszeit: $\quad 2x_1 + \phantom{0}3x_2 \leq 120$

(geometrisch deutbar als die Menge der Punkte unterhalb der Geraden $10x_1 + 30x_2 = 900$ bzw. $2x_1 + 3x_2 = 120$ (Halbebenen))

---

[1] L.W. Kantorowicz 1939 (Nobelpreis für Wirtschaftswissenschaften 1975), G.B. Dantzig 1947 (Forschungsauftrag der amerikanischen Luftwaffe)

Als weitere Restriktionen erhält man aufgrund der Nichtnegativität der Stückzahlen $x_1 \geqq 0$, $x_2 \geqq 0$ (geometrisch ebenfalls als Halbebenen interpretierbar). Die Menge der *zulässigen Lösungen*, also die Menge der Paare $(x_1, x_2)$, welche alle Restriktionen erfüllen, läßt sich geometrisch als Schnittmenge der entsprechenden Halbebenen auffassen. In Fig. 3.38 ist dieses *Planungsgebiet* schraffiert dargestellt.

Der zu maximierende Gesamtgewinn G läßt sich als Funktion der Stückzahlen $x_1, x_2$ folgendermaßen beschreiben: $G = 200x_1 + 400x_2$ (*Zielfunktion*)
Geometrisch läßt sich $200x_1 + 400x_2 = G$ als parallele Geradenschar mit Parameter G interpretieren; wachsendes G bedeutet hierbei wachsende Achsenabschnitte. Die optimale Lösung $(x_1|x_2)$ liegt also einerseits im Planungsgebiet, andererseits auf der Geraden der Schar mit größtmöglichem Parameter G. Anschaulich ist klar, daß die optimale Lösung nur auf dem Rande des Planungsgebietes liegen kann. Diese Tatsache ist beweisbar und wird meist als *Hauptsatz der linearen Optimierung* bezeichnet. Auf graphischem Wege ist die Lösung nun leicht zu gewinnen (vgl. Fig. 3.38); sie ergibt sich als Schnitt der Geraden $10x_1 + 30x_2 = 900$ und $2x_1 + 3x_2 = 120$ zu $x_1 = 30$, $x_2 = 20$ mit einem Gesamtgewinn von $G = 200x_1 + 400x_2 = 14\,000$.

Eine graphische Lösung derartiger Probleme ist natürlich nur im Falle von zwei Unbekannten $x_1, x_2$ möglich. Da sich die geometrischen Interpretationen bei n Unbekannten problemlos auf den $\mathbb{R}^n$ übertragen lassen, könnte man versuchen, nun alle Eckpunkte des Planungsgebietes als Schnittpunkte entsprechender „Hyperebenen" auszurechnen und durch anschließende Berechnung der Gesamtgewinne den optimalen „Punkt" zu finden.

Aufgrund der im allgemeinen hohen Zahl von Eckpunkten ist dieses Verfahren sehr aufwendig. (Zum Beispiel ergeben sich für 10 Unbekannte bei 5 einschränkenden Bedingungen zusammen mit den Nichtnegativitätsbedingungen 15 Restriktionen und damit bis zu 120 Eckpunkte des Planungsgebietes. Zur Bestimmung jedes dieser Eckpunkte sind 10 Hyperebenen zu schneiden, ist also ein Gleichungssystem mit einer (10,10)-Matrix zu lösen!)

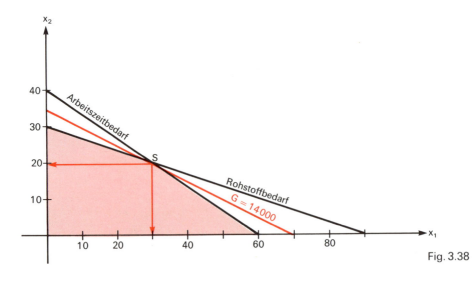

Fig. 3.38

## 3.6. Lineare Optimierung

Folgendes Verfahren, die sog. *Simplexmethode*[1], liefert schnellere Ergebnisse. Geometrisch läßt sie sich folgendermaßen interpretieren: Vom Ursprung aus beginnend, wandert man von Eckpunkt zu Eckpunkt bis zum optimalen Punkt S und zwar so, daß G von Schritt zu Schritt größer wird.

Algebraisch wird hierzu das System der Ungleichungen (Restriktionen) durch Einführung von sog. *Schlupfvariablen* $y_1 \geq 0$, $y_2 \geq 0$ zu einem Gleichungssystem gemacht:

Interpretation:
(R)  $10x_1 + 30x_2 + y_1 \qquad\quad = 900$  $\quad y_1$: ungenutzte Rohstoffkapazität
(A)  $2x_1 + 3x_2 \qquad\quad + y_2 = 120$  $\quad y_2$: ungenutzte Arbeitszeitkapazität
(G)  $200x_1 + 400x_2 \qquad\qquad\quad = G$

Die (zulässige) Ausgangslösung $x_1 = 0$, $x_2 = 0$ liefert $G = 0$.

Nun wird folgende Überlegung angestellt: Vergrößerung von $x_2$ vergrößert G am meisten. Aus Gleichung (R) folgt $x_2 \leq 900 : 30 = 30$, weil sonst $x_1$ oder $y_1$ negativ wird. Aus Gleichung (A) folgt $x_2 \leq 120 : 3 = 40$, weil sonst $x_1$ oder $y_2$ negativ wird. Gleichung (R) liefert also die stärkere Einschränkung für $x_2$.

In einem ersten Rechenschritt wird nun, in Analogie zum Gauß-Verfahren für Gleichungssysteme, der Koeffizient von $x_2$ in (R) durch Division zu 1 gemacht und $x_2$ durch Addition von entsprechenden Vielfachen von (R) aus (A) und (G) eliminiert:

(R)  $\frac{1}{3}x_1 + x_2 + \frac{1}{30}y_1 \qquad\quad = 30$
(A)  $\quad x_1 \qquad\quad - \frac{1}{10}y_1 + y_2 = 30$  $\qquad$ 1. Zwischenergebnis
(G)  $\frac{200}{3}x_1 \qquad\quad - \frac{40}{3}y_1 \qquad\quad = G - 12\,000$

Geometrische Interpretation: Für $x_1 = 0$, $y_1 = 0$ folgt $x_2 = 30$, $y_2 = 30$. Man bewegte sich also (da $x_1 = 0$ festgehalten wurde) längs der $x_2$-Achse zum Punkt $(0|30)$ des Graphen. Der Gewinn wächst hierbei auf $G = 400 \cdot 30 = 12\,000$ an.

Eine weitere Vergrößerung von G wird durch Vergrößerung von $x_1$ erreicht, falls $y_1 = 0$. Aus Gleichung (R) folgt $x_1 \leq 30 : \frac{1}{3} = 90$, weil sonst $x_2$ negativ. Aus Gleichung (A) folgt $x_1 \leq 30 : 1 = 30$, weil sonst $y_2$ negativ. Gleichung (A) liefert also die stärkere Einschränkung für $x_1$.

Analog zum ersten Rechenschritt erhalten wir:

(R)  $\qquad\quad x_2 + \frac{1}{15}y_1 - \frac{1}{3}y_2 = 20$
(A)  $x_1 \qquad\quad - \frac{1}{10}y_1 + \quad y_2 = 30$ $\qquad$ 2. Zwischenergebnis ( = Endergebnis)
(G)  $\qquad\qquad\quad - \frac{20}{3}y_1 - \frac{200}{3}y_2 = G - 14\,000$

Wegen der negativen Koeffizienten von $y_1$, $y_2$ wird der maximale Gewinn für $y_1 = y_2 = 0$ erreicht und es ist keine weitere Verbesserung möglich, da $y_1 \geq 0$, $y_2 \geq 0$.

Aus $y_1 = y_2 = 0$ folgt (wie zu erwarten) $G = 14\,000$, $x_1 = 30$, $x_2 = 20$.

Geometrische Interpretation: Da $y_1 = 0$ festgehalten wurde und $x_1$ vergrößert, bewegte man sich auf der Geraden, die durch (R) beschrieben wird, nach rechts bis zum optimalen Punkt $S(30|20)$.

---

[1] Unter einem *Simplex* versteht man das einfachste Polyeder („Vielflächner") im $\mathbb{R}^n$, also im $\mathbb{R}^1$ die Strecke, im $\mathbb{R}^2$ das Dreieck, im $\mathbb{R}^3$ die dreiseitige Pyramide. Alle Polyeder lassen sich aus Simplexen zusammensetzen.

Mit der für Gleichungssysteme bewährten Schreibweise läßt sich das Verfahren noch wesentlich übersichtlicher darstellen:

| $x_1$ | $x_2$ | $y_1$ | $y_2$ | |
|---|---|---|---|---|
| 10 | ㉚ | 1 | 0 | 900 |
| 2 | 3 | 0 | 1 | 120 |
| 200 | 400 | 0 | 0 | G |

Das größte (positive) Element der Gleichung (G) ist 400, man benutze also die 2. Spalte.
900 : 30 < 120 : 3, man benutze also die 1. Zeile.

| $\frac{1}{3}$ | 1 | $\frac{1}{30}$ | 0 | 30 |
|---|---|---|---|---|
| ① | 0 | $-\frac{1}{10}$ | 1 | 30 |
| $\frac{200}{3}$ | 0 | $-\frac{40}{3}$ | 0 | G − 12000 |

Das größte (positive) Element der Gleichung (G) ist $\frac{200}{3}$, man benutze also die 1. Spalte.
30 : 1 < 30 : $\frac{1}{3}$, man benutze also die 2. Zeile.

| 0 | 1 | $\frac{1}{15}$ | $-\frac{1}{3}$ | 20 |
|---|---|---|---|---|
| 1 | 0 | $-\frac{1}{10}$ | 1 | 30 |
| 0 | 0 | $-\frac{20}{3}$ | $-\frac{200}{3}$ | G − 14000 |

Die Koeffizienten in der Gleichung (G) sind alle negativ; die Rechnung ist beendet, denn G ist wegen der Nichtnegativität der Schlupfvariablen maximal für $y_1 = y_2 = 0$

Die optimalen Stückzahlen $x_1 = 30$, $x_2 = 20$ sowie der Gewinn $G = 14000$ lassen sich direkt der rechten Spalte entnehmen.

Wir erweitern unser Beispiel auf drei Variablen $x_1$, $x_2$, $x_3$, um die Vorzüge der Methode zu beleuchten. Das graphische Lösungsverfahren versagt hier schon!

Ein drittes Erzeugnis C möge ins Produktionsprogramm aufgenommen werden:

| Erzeugnis | A | B | C | |
|---|---|---|---|---|
| zu optimierende Stückzahl | $x_1$ | $x_2$ | $x_3$ | |
| Rohstoffbedarf pro Stck. in Einheiten | 10 | 30 | 40 | gesamt höchstens 900 |
| Arbeitszeit pro Stck. in Stunden | 2 | 3 | 4 | gesamt höchstens 120 |
| Gewinn pro Stück in DM | 200 | 400 | 600 | Gesamtgewinn zu maximieren |

Außerdem ergebe sich folgende zusätzliche Restriktion: Die Gesamtstückzahl darf pro Produktionszyklus 60 nicht überschreiten, da keine Lagermöglichkeit besteht und der Abtransport nur für 60 Stück gesichert ist, also $x_1 + x_2 + x_3 \leq 60$.

| $x_1$ | $x_2$ | $x_3$ | $y_1$ | $y_2$ | $y_3$ | |
|---|---|---|---|---|---|---|
| 10 | 30 | ㊵ | 1 | 0 | 0 | 900 |
| 2 | 3 | 4 | 0 | 1 | 0 | 120 |
| 1 | 1 | 1 | 0 | 0 | 1 | 60 |
| 200 | 400 | 600 | 0 | 0 | 0 | G |

⟶

| 0,25 | 0,75 | 1 | 0,025 | 0 | 0 | 22,5 |
|---|---|---|---|---|---|---|
| ① | 0 | 0 | −0,1 | 1 | 0 | 30 |
| 0,75 | 0,25 | 0 | −0,025 | 0 | 1 | 37,5 |
| 50 | −50 | 0 | −15 | 0 | 0 | G − 13500 |

⟶

| 0 | 0,75 | 1 | 0,05 | −0,25 | 0 | 15 |
|---|---|---|---|---|---|---|
| 1 | 0 | 0 | −0,1 | 1 | 0 | 30 |
| 0 | 0,25 | 0 | −0,05 | −0,75 | 1 | 15 |
| 0 | −50 | 0 | −10 | −50 | 0 | G − 15000 |

, Verfahren beendet.

$G = 15000$, $x_2 = 0$ (Produktion von B wird eingestellt), $y_1 = y_2 = 0$, $x_3 = 15$, $x_1 = 30$, $y_3 = 15$ (ungenutzte Transportkapazität: 15 Stück).
Die dritte Zeile konnte nicht bearbeitet werden, sie war also in gewisser Weise überflüssig, weil die Transportmöglichkeiten ausreichend sind.

## 3.6. Lineare Optimierung

Würde der Gewinn von C 800 DM betragen, so ergäbe sich nach einem Rechenschritt schon folgendes Endschema:

$$\begin{array}{cccccc|c}
0{,}25 & 0{,}75 & 1 & 0{,}025 & 0 & 0 & 22{,}5 \\
1 & 0 & 0 & -0{,}1 & 1 & 0 & 30 \\
0{,}75 & 0{,}25 & 0 & -0{,}025 & 0 & 1 & 37{,}5 \\
0 & -200 & 0 & -20 & 0 & 0 & G-18000
\end{array}$$
, also $x_2 = 0$, $y_1 = 0$, $G = 18000$.

Dies bedeutet
$$\begin{aligned}
0{,}25x_1 + x_3 &= 22{,}5 \\
x_1 \quad\quad\quad + y_2 &= 30 \\
0{,}75x_1 \quad\quad\quad\quad + y_3 &= 37{,}5,
\end{aligned}$$

also ein unterbestimmtes Gleichungssystem für die optimale Lösung.

Aus der zugehörigen Lösung dieses Gleichungssystems

$$\begin{aligned}
x_1 &= 50 - \tfrac{4}{3}r & y_1 &= 0 \\
x_2 &= 0 & y_2 &= -20 + \tfrac{4}{3}r \quad \text{mit} \quad 0 \leq r \leq 37{,}5 \\
x_3 &= 10 + \tfrac{1}{3}r & y_3 &= r
\end{aligned}$$

erkennt man, daß nun unendlich viele optimale Lösungen existieren. (Geometrisch bedeutet dies, daß die zur Zielfunktion gehörige Ebene mit dem Planungsgebiet eine Seitenkante gemeinsam hat.)

**Bemerkungen:**

1. In Beispiel 3.46. wurde eine sog. *Maximumaufgabe* bearbeitet. Entsprechend kann bei Planungsaufgaben auch das Minimum einer Zielfunktion gefordert sein. Man kann zeigen, daß das Simplexverfahren auch für Minimumaufgaben modifiziert werden kann.

2. Sind nur ganzzahlige Lösungen brauchbar, so kann die optimale Lösung nicht einfach durch Runden von nichtganzzahligen optimalen Lösungen gewonnen werden (vgl. Fig. 3.39.). Ganzzahlige Optimierung erfordert eigene Lösungswege.

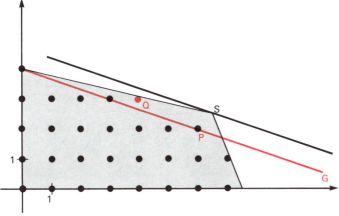

Das Optimierungsproblem ergibt $S(6{,}5|2{,}5)$ als optimale Lösung. Unter den ganzzahligen Punkten im Planungsgebiet liefert aber nicht etwa der nächstgelegene Punkt $P(6|2)$ den maximalen Wert für G, sondern $Q(4|3)$.

Fig. 3.39

3. Für nichtlineare Probleme (bei nichtlinearer Zielfunktion oder bei nichtlinearen Restriktionen) gibt es zur Zeit überhaupt keine allgemeinen Lösungsverfahren! (Man überlege sich, weshalb die Extremwertsuche selbst bei linearer Optimierung nicht mit Hilfe der Differentialrechnung behandelt werden kann.)

## Aufgaben zu 3.6.

1. Ein Landwirt mästet Vieh und baut Futtergetreide an. Pro Jahr erfordert ein Stück Vieh 60 Arbeitsstunden und bringt einen Erlös von 6000 DM. Eine Mengeneinheit (ME) Getreide erfordert 18 Arbeitsstunden und erlöst beim Verkauf 300 DM. Drei Stück Vieh benötigen zu ihrer Ernährung 40 ME Futtergetreide. Insgesamt können höchstens 9000 Arbeitsstunden geleistet, höchstens 450 ME Getreide angebaut und höchstens 60 Stück Vieh untergebracht werden.

   a) Bestimmen Sie die optimalen Stückzahlen um den Gesamterlös maximal zu halten graphisch und mittels Simplex-Verfahren. (Man beachte die Auswirkung des Futterbedarfs der Tiere auf Zielfunktion und Restriktionen!)

   b) Wie ändert sich die optimale Strategie, falls der Viehpreis auf 4500 DM fällt?

   c) Nun soll (beim Viehpreis 6000 DM) auch Brotgetreide angebaut und zu 400 DM pro ME abgesetzt werden. Man führe erneut das Optimierungsverfahren durch.

2. Simpl hat 30 Urlaubstage zu verplanen. Hierfür stehen ihm insgesamt 3000 DM zur Verfügung. Die Kosten für die verschiedenen Alternativen und deren subjektive Bewertung sind aus der folgenden Tabelle ersichtlich:

   |            | Kosten/Tag | Bewertung/Tag |
   |------------|------------|---------------|
   | Großstadt  | 200 DM     | 4             |
   | Badeurlaub | 80 DM      | 2             |
   | Gebirge    | 65 DM      | 1,5           |

   a) Wie soll er seinen Urlaub auf die verschiedenen Alternativen aufteilen, um sein Urlaubsvergnügen (Summe der Bewertungseinheiten) möglichst hoch zu halten? (Lösung mit Hilfe des Simplex-Algorithmus)

   b) Unter der Voraussetzung, daß alle 30 Tage wirklich verplant werden müssen, läßt sich das Problem auf ein Problem mit 2 Variablen zurückzuführen, welches graphisch lösbar ist ($x_1 + x_2 + x_3 = 30$ liefert $x_3 = 30 - x_1 - x_2$, so daß $x_3$ aus Zielfunktion und Restriktionen eliminiert werden kann. Man beachte, daß $x_3 \geq 0$ auf die Restriktion $x_1 + x_2 \leq 30$ führt). Das hier vorgeschlagene Verfahren zur Behandlung von Problemen mit Gleichungen ist für große Optimierungssysteme nicht sehr effektiv.

   c) Nach Abschluß seiner Überlegungen teilt ihm seine Frau unmißverständlich mit, daß sie höchstens 3 Tage in der Großstadt zu bleiben gedenkt. Wie wird sich Simpl nun entscheiden?

   d) Eine unvorhergesehene Ausgabe verringert sein Urlaubsbudget auf maximal 2500 DM. Man führe erneut den Simplex-Algorithmus durch (die optimale ganzzahlige Lösung lautet (1;27;2) und wird bei diesem Verfahren *nicht* geliefert!).

   e) Optimieren Sie das Problem aus Teilaufgabe a) auch für den Fall, daß die Kosten für einen Tag im Gebirge nur noch 50 DM betragen. Welche Lösungen kommen in Betracht, falls Simpl mindestens 20 Tage baden möchte?

   f) Simpl könnte auch versuchen, die Urlaubskosten zu *minimieren*, wobei er von einem „Mindesturlaubsvergnügen" von 65 Einheiten ausgeht. Zur Lösung von Minimalproblemen dieser Art ziehe man die entsprechende Literatur zu Rate. Die Lösung wäre in diesem Falle (3;25;2) mit Urlaubskosten von 2730 DM. Schraubt Simpl seine Ansprüche auf 55 Einheiten zurück, kann er 520 DM sparen, falls er die Lösung (0;26;2) wählt.

Geometrische Probleme können, wie wir in Abschnitt 3. gesehen haben, mit Hilfe von Vektoren elegant und übersichtlich gelöst werden. Das Schneiden von Geraden oder Ebenen führt in relativ einfacher Weise auf die Untersuchung von linearen Gleichungssystemen. Allerdings haben wir für Fragen nach der Länge von Strekken oder der Größe von Winkeln, d. h. für „metrische" Fragestellungen, bisher noch keine Möglichkeit zur Beantwortung. Wir können zwar festlegen, was z. B. unter einem Dreieck zu verstehen ist, sind aber nicht in der Lage, zu entscheiden, ob ein Dreieck z. B. gleichschenklig oder rechtwinklig ist. Mit Hilfe des Teilverhältnisses bzw. des Strahlensatzes können wir zwar das Verhältnis von Strecken auf parallelen Geraden angeben, die Länge einer *einzelnen* Strecke ist für uns aber bisher nicht berechenbar. Verzichtet man auf Fragestellungen metrischer Art, so sprechen wir von „affiner Geometrie". Begriffe der affinen Geometrie sind z.B. „Gerade", „schneiden", „parallel", „Teilverhältnis". Metrische Begriffe, wie „Abstand" oder „Kreis", sind in der affinen Geometrie nicht definiert.

## 4.1. Längenmessung durch eine Norm

Will man metrische Geometrie treiben, so muß zunächst der Abstand d (A, B) zweier Punkte A, B definiert werden. Da es im Punktraum zu zwei Punkten A, B genau einen Vektor $\vec{AB}$ gibt, ist es günstig, eine „Länge" $\|\vec{v}\|$ von Vektoren $\vec{v}$ einzuführen. Der Abstand zweier Punkte d (A, B) ist dann sinnvollerweise gleich der Länge $\|\vec{AB}\|$ des Verbindungsvektors. Die Länge von Vektoren ist jedoch auch außerhalb geometrischer Fragestellungen brauchbar. Welche Eigenschaften soll nun die Länge von Vektoren haben?

Zunächst soll die Länge eine nichtnegative Zahl sein:

$N_1$: $\|\vec{v}\| > 0$ für alle Vektoren $\vec{v} \neq \vec{o}$ und $\|\vec{o}\| = 0$.

Wird ein Vektor mit k multipliziert, so entsteht ein Vektor $|k|$-facher Länge:

$N_2$: $\|k \cdot \vec{v}\| = |k| \cdot \|\vec{v}\|$

Betrachtet man im Anschauungsraum die Addition zweier Vektoren, so sollte für einen plausiblen Längenbegriff auch die „Dreiecksungleichung" gelten (Fig. 4.1):

$N_3$: $\|\vec{v} + \vec{w}\| \leq \|\vec{v}\| + \|\vec{w}\|$

Einige Konsequenzen sollen sofort angegeben werden:

a) Für k = −1 folgt aus $N_2$:
$\|-\vec{v}\| = \|(-1) \cdot \vec{v}\| = |-1| \cdot \|\vec{v}\| = \|\vec{v}\|$
Vektor und Gegenvektor sind also gleich lang.

b) Hieraus folgt sofort:
d (A, B) = $\|\vec{AB}\| = \|\vec{BA}\|$ = d (B, A)
Der Abstand zweier Punkte ist „symmetrisch".

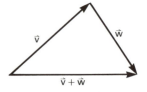

Fig. 4.1

## 4.1. Längenmessung durch eine Norm

**Bemerkung:**
Die Forderung $\|\vec{o}\| = 0$ aus $N_1$ läßt sich auch mit $N_2$ ableiten. Für $k = 0$ folgt aus $N_2$:
$\|\vec{o}\| = \|0 \cdot \vec{v}\| = |0| \cdot \|\vec{v}\| = 0$.

Wird jedem Vektor $\vec{v}$ eines Vektorraumes $V$ eine nichtnegative Zahl $\|\vec{v}\|$ zugeordnet, so daß die Forderungen $N_1$, $N_2$, $N_3$ erfüllt sind, so sagt man, auf $V$ ist eine Norm definiert. $\|\vec{v}\|$ heißt Norm von $\vec{v}$.

Fassen wir $N_1$, $N_2$, $N_3$ nochmals kurz zusammen, so können wir sagen, eine Norm ist positiv (sofern es sich nicht um den Nullvektor handelt), ist mit der S-Multiplikation verträglich und gehorcht der Dreiecksungleichung.

Daß man auf Vektorräumen auf verschiedene Weise einen vernünftigen Längenbegriff, also eine Norm, definieren kann, zeigen die folgenden Beispiele.

**Beispiel 4.1.** *Euklidische Norm*

Im Vektorraum $\mathbb{R}^2$ wird eine Norm definiert, falls man jedem Vektor $\vec{v} = \begin{pmatrix} v_1 \\ v_2 \end{pmatrix}$ die Zahl $\|\vec{v}\|_E = \sqrt{v_1^2 + v_2^2}$ zuordnet. $N_1$ und $N_2$ sind leicht überprüfbar; der Nachweis von $N_3$ wird später nachgeholt (Abschnitt 4.3.). Diese Norm heißt euklidische Norm und führt uns auf den aus der Elementargeometrie bekannten Abstandsbegriff:

Zum Beispiel (Fig. 4.2) haben die Punkte $A(2|1)$ und $B(4|2)$ dann den Abstand

$d(A, B) = \|\overrightarrow{AB}\|_E = \left\| \begin{pmatrix} 2 \\ 1 \end{pmatrix} \right\|_E = \sqrt{4 + 1} = \sqrt{5}$.

In der Mittelstufe hätte man von einer Anwendung des Lehrsatzes von Pythagoras gesprochen.

Leicht läßt sich der Begriff der euklidischen Norm auf den Vektorraum $\mathbb{R}^n$ erweitern:

$\|\vec{v}\|_E = \sqrt{v_1^2 + v_2^2 + \ldots + v_n^2}$.

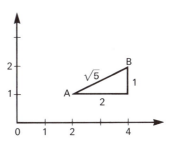

Fig. 4.2

**\* Beispiel 4.2.** *Betragssummennorm*

Eine weitere Norm im Vektorraum $\mathbb{R}^2$ ist die sogenannte Betragssummennorm $\|\vec{v}\|_S$:
Für $\vec{v} = \begin{pmatrix} v_1 \\ v_2 \end{pmatrix}$ gilt $\|\vec{v}\|_S = |v_1| + |v_2|$.

Zum Beispiel: $\left\| \begin{pmatrix} 2 \\ -1 \end{pmatrix} \right\|_S = |2| + |-1| = 3$.

$N_1$ gilt, denn $\|\vec{v}\|_S = |v_1| + |v_2| \geq 0$, da $|v_1| \geq 0$ und $|v_2| \geq 0$.
$\|\vec{v}\|_S = 0$ ergibt sich nur, falls $|v_1| = |v_2| = 0$, also $\vec{v} = \vec{o}$.

$N_2$ gilt, denn $\|k \cdot \vec{v}\|_S = |k \cdot v_1| + |k \cdot v_2| = |k| \cdot |v_1| + |k| \cdot |v_2| =$
$= |k| \cdot (|v_1| + |v_2|) = |k| \cdot \|\vec{v}\|_S$.

$N_3$ gilt, denn $\|\vec{v} + \vec{w}\|_S = |v_1 + w_1| + |v_2 + w_2| \leq |v_1| + |w_1| + |v_2| + |w_2| =$
$= (|v_1| + |v_2|) + (|w_1| + |w_2|) = \|\vec{v}\|_S + \|\vec{w}\|_S$.

Die Betragssummennorm führt auf einen anderen Abstandsbegriff:
Ist (Fig. 4.3) B von A aus nur über ein rechtwinkeliges Straßennetz zu erreichen, so ist die Länge der kürzesten Entfernung

$$d(A, B) = \|\overrightarrow{AB}\|_s = \left\| \begin{pmatrix} x \\ y \end{pmatrix} \right\|_s = |x| + |y|$$

(„Manhattan-Distanz").
(Man beachte, daß es mehrere kürzeste Verbindungswege gibt.)

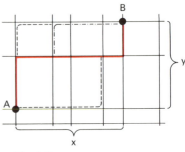

Fig. 4.3

Wieder ist die Erweiterung auf den $\mathbb{R}^n$ offenbar:

$$\|\vec{v}\|_s = |v_1| + |v_2| + \ldots + |v_n|.$$

* **Beispiel 4.3.** *Maximumnorm*

Eine weitere häufig gebrauchte Norm im Vektorraum $\mathbb{R}^n$ ist die Maximumnorm $\|\vec{v}\|_M$:

Für $\vec{v} = \begin{pmatrix} v_1 \\ \vdots \\ v_n \end{pmatrix}$ gilt $\|\vec{v}\|_M = \max(|v_1|, |v_2|, \ldots, |v_n|)$.

Zum Beispiel: $\left\| \begin{pmatrix} 1 \\ 0 \\ -2 \end{pmatrix} \right\|_M = \max(1, 0, 2) = 2.$

Während $N_1$ und $N_2$ wieder ohne Schwierigkeiten nachgeprüft werden können, wollen wir den (an sich ebenfalls einfachen) Nachweis von $N_3$ übergehen. Statt einer geometrischen Interpretation wollen wir diesmal die Norm auf ein Beispiel des $\mathbb{R}^6$ anwenden:
Werden die sechs „Versuche" bei einem Wettkampf im Weitsprung als Spalten des $\mathbb{R}^6$ geschrieben, so gewinnt der Springer, bei dem die Maximumnorm seiner „Ergebnisspalte" größer ist.

Beispiel:
Springer A: 7,14 m; übergetreten; 7,45 m; übergetreten; 8,12 m; 7,30 m
Springer B: 7,40 m; 7,65 m; 8,03 m; 8,06 m; 7,90 m; 7,98 m

$$\vec{a} = \begin{pmatrix} 7,14 \\ 0 \\ 7,45 \\ 0 \\ 8,12 \\ 7,30 \end{pmatrix} ; \vec{b} = \begin{pmatrix} 7,40 \\ 7,65 \\ 8,03 \\ 8,06 \\ 7,90 \\ 7,98 \end{pmatrix}$$

Da $\|\vec{a}\|_M = 8,12$ und $\|\vec{b}\|_M = 8,06$, gilt $\|\vec{a}\|_M > \|\vec{b}\|_M$.
Wollte man die „bessere Serie" bewerten, wäre die Betragssummennorm eher angebracht.

Bemerkung:
Da die Ergebnisspalten keine negativen Werte enthalten, sind hier die Beträge in den Definitionen von $\|\vec{v}\|_M$ und $\|\vec{v}\|_s$ unerheblich.

## Beispiel 4.4. *Tschebyschew-Norm*

Im Vektorraum der stetigen reellen Funktionen $F_{[-1,1]}$ ist folgende Norm denkbar:
$\|f\|$ ist der größte Abstand des Graphen von f von der x-Achse im Intervall $[-1;1]$:
$\|f\| = \max |f(x)|_{[-1,1]}$.

$N_1$ ist offenbar erfüllt, denn nur der Graph der Nullfunktion fällt im ganzen Intervall mit der x-Achse zusammen.

$N_2$ gilt, da $k \cdot f$ ja überall den k-fachen Funktionswert hat, und deshalb auch der größte Funktionswert den k-fachen Wert erhält.

Auch $N_3$ kann gezeigt werden (Fig. 4.4):
Liegt der betragsmäßig größte Funktionswert von f bei $x_1$ und der von g bei $x_2$, so kann der betragsmäßig größte Funktionswert von $f + g$ nur dann gleich $f(x_1) + g(x_2)$ sein, falls $x_1 = x_2$ und die Vorzeichen von $f(x_1)$ und $g(x_2)$ gleich sind, also $\|f + g\| \leq \|f\| + \|g\|$.

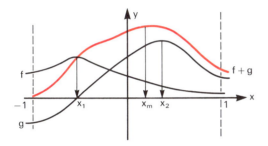

Fig. 4.4                                    Fig. 4.5

Nach dieser Definition ist z. B. $\|x^2 + x\| = 2$ und $\|x^2 + x - 2\| = 2\frac{1}{4}$ (Fig. 4.5).

$\|f\|$ kann größer als $\|g\|$ sein, auch wenn für „sehr viele" x gilt: $|f(x)| < |g(x)|$ (Fig. 4.6). Will man die Funktion nach ihrer „durchschnittlichen" Größe beurteilen, braucht man eine andere Norm (vgl. Abschnitt 4.3., „Betrag").

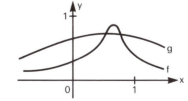

Fig. 4.6

Bemerkung:
Trigonometrische Funktionen betrachtet man sinnvollerweise auf dem Intervall $[-\pi, \pi]$. Dann gilt $\|\sin x\| = \|\cos x\| = 1$ und wegen $a \cdot \sin x + b \cdot \cos x = \sqrt{a^2 + b^2} \cdot \sin(x + c)$ gilt insbesondere $\|a \cdot \sin x + b \cdot \cos x\| = \sqrt{a^2 + b^2}$ (vgl. euklidische Norm).

V5    Wird durch $\|\vec{v}\| = 1$ für beliebigen Vektor $\vec{v} \neq \vec{o}$ und $\|\vec{o}\| = 0$ eine Norm auf einem Vektorraum definiert?

Wie die Beispiele zeigen, führt der Begriff der Norm auf praktisch sinnvolle Abstands- und Längendefinitionen. Wir wollen uns aber auch mit einem Beispiel beschäftigen, welches zeigt, daß der Abstandsbegriff, den man aus dem Begriff der Norm bezieht, für manche Anwendung zu eng ist.

* Beispiel 4.5.

Die mittelalterliche Handelsstadt A ist über zwei Straßen mit den Seestädten B und C verbunden (Fig. 4.7). B liegt von A 7 Wegstunden „entfernt", C von A 20 Wegstunden. Da bei normalem Wetter die Strecke von B nach C per Schiff leicht in 8 Stunden zu bewältigen ist, fühlen sich die Bewohner von B und C 8 Wegstunden voneinander entfernt. Selbstverständlich erfüllt diese Distanzdefinition nicht die Dreiecksungleichung, was jedoch nur die Räuber stört, die in den Bergen an der Straße von A nach C lauern, sowie die Kartographen, denen es aufgrund der vorliegenden Daten nie gelingt, eine Karte zu zeichnen, aus der alle Distanzen fehlerfrei zu entnehmen sind. (Man betrachte unter diesem Gesichtspunkt eine mittelalterliche Landkarte!)

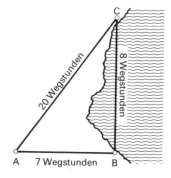

Fig. 4.7

Weht die meiste Zeit des Jahres der Wind auf See von C nach B, so wird eine Distanzdefinition nahegelegt, die sich in einem weiteren Punkt von unserem Abstandsbegriff unterscheidet, nämlich d (B, C) $\neq$ d (C, B).

Da der Lehrsatz des Pythagoras eine Aussage über Längen macht ($a^2 + b^2 = c^2$), falls etwas über die Winkel eines Dreiecks bekannt ist ($\sphericalangle ACB = \frac{\pi}{2}$), liegt es nahe, allgemein aus der Längendefinition $\|\overrightarrow{AB}\|$ eine Winkeldefinition $\sphericalangle ACB$ zu gewinnen: $\sphericalangle ACB = \frac{\pi}{2}$, falls $\|\overrightarrow{CA}\|^2 + \|\overrightarrow{CB}\|^2 = \|\overrightarrow{AB}\|^2$. (Statt $\sphericalangle ACB = \frac{\pi}{2}$ schreibt man auch $\overrightarrow{CA} \perp \overrightarrow{CB}$.)

Diese Definition führt aber leicht zu Widersprüchen, wie das folgende Beispiel zeigt:

* Beispiel 4.6.

Wir untersuchen unter Zuhilfenahme der Betragssummennorm das Dreieck ABC (Fig. 4.8):

$$\|\overrightarrow{CA}\|_S = \left\|\begin{pmatrix} 3 \\ -6 \end{pmatrix}\right\|_S = 3 + 6 = 9$$

$$\|\overrightarrow{CB}\|_S = \left\|\begin{pmatrix} 8 \\ 4 \end{pmatrix}\right\|_S = 8 + 4 = 12$$

$$\|\overrightarrow{AB}\|_S = \left\|\begin{pmatrix} 5 \\ 10 \end{pmatrix}\right\|_S = 5 + 10 = 15$$

Wegen $9^2 + 12^2 = 15^2$, also $\|\overrightarrow{CA}\|_S^2 + \|\overrightarrow{CB}\|_S^2 = \|\overrightarrow{AB}\|_S^2$, kann man setzen $\overrightarrow{CA} \perp \overrightarrow{CB}$.

Untersucht man jedoch das Dreieck A'B'C, also die „einfacheren" Vektoren $\begin{pmatrix} 1 \\ -2 \end{pmatrix}$, $\begin{pmatrix} 2 \\ 1 \end{pmatrix}$, so folgt:

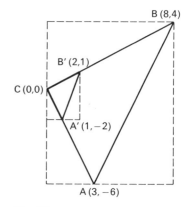

Fig. 4.8

4.1. Längenmessung durch eine Norm

$$\|\overrightarrow{CA'}\|_S = \left\|\begin{pmatrix} 1 \\ -2 \end{pmatrix}\right\|_S = 1 + 2 = 3$$

$$\|\overrightarrow{CB'}\|_S = \left\|\begin{pmatrix} 2 \\ 1 \end{pmatrix}\right\|_S = 2 + 1 = 3$$

$$\|\overrightarrow{A'B'}\|_S = \left\|\begin{pmatrix} 1 \\ 3 \end{pmatrix}\right\|_S = 1 + 3 = 4$$

Wegen $\|\overrightarrow{CA'}\|_S^2 + \|\overrightarrow{CB'}\|_S^2 = 18$ und $\|\overrightarrow{A'B'}\|_S^2 = 16$, ist also $\|\overrightarrow{CA'}\|_S^2 + \|\overrightarrow{CB'}\|_S^2 \neq \|\overrightarrow{A'B'}\|_S^2$.

Es sind also $\begin{pmatrix} 1 \\ -2 \end{pmatrix}$ und $\begin{pmatrix} 2 \\ 1 \end{pmatrix}$ *nicht* „senkrecht", wohl aber $3\begin{pmatrix} 1 \\ -2 \end{pmatrix}$ und $4\begin{pmatrix} 2 \\ 1 \end{pmatrix}$!

Dies kann sinnvollerweise nicht als „Senkrechtstehen" bezeichnet werden.

Bemerkung:

Wie wir wissen, beschreibt die Betragssummennorm die „Manhattan-Distanz" (Beispiel 4.2.). Wenn man sich nur rechtwinklig bewegen kann, wird plausibel, daß eine Winkeldefinition scheitern muß.

## * Aufgaben zu 4.1.

1. Im $\mathbb{R}^3$ sei der Vektor $\vec{x} = \begin{pmatrix} 12 \\ -4 \\ 3 \end{pmatrix}$ gegeben. Man berechne $\|\vec{x}\|_E$, $\|\vec{x}\|_S$, $\|\vec{x}\|_M$.

2. Man skizziere im $\mathbb{R}^2$ (mit rechtwinkligem Achsenkreuz) die Menge aller Punkte, für deren Ortsvektoren gilt:

   a) $\|\vec{x}\|_E = 1$      b) $\|\vec{x}\|_S = 1$      c) $\|\vec{x}\|_M = 1$

   Bemerkung:
   Die hier angegebenen Punktmengen bezeichnet man als *Einheitskreise* im $\mathbb{R}^2$ mit der jeweiligen Norm.

3. Drei Mathematiker geben mit drei verschiedenen Verfahren eine Wahlprognose ab. Nach der Wahl werden die Prognosen mit dem tatsächlichen Wahlergebnis verglichen. $\Delta i$ bezeichne die Abweichung der i-ten Prognose vom Wahlergebnis.

   | Wahlergebnis | Progn. 1 | Δ1 | Progn. 2 | Δ2 | Progn. 3 | Δ3 |
   | --- | --- | --- | --- | --- | --- | --- |
   | A-Partei 45% | 48% | +3 | 45% | 0 | 44% | −1 |
   | B-Partei 30% | 33% | +3 | 30% | 0 | 29% | −1 |
   | C-Partei 15% | 12% | −3 | 10% | −5 | 13% | −2 |
   | D-Partei 10% | 7% | −3 | 15% | +5 | 14% | +4 |

   Man wende auf die „Fehlervektoren" Δ1, Δ2, Δ3 die Betragssummennorm bzw. die Maximumnorm an. Welche Prognose war die beste?

4. Die Funktion f mit $f(x) = \sqrt{x}$ soll im Intervall $[0;1]$ durch die lineare Funktion l mit $l(x) = x + \frac{1}{8}$ approximiert werden. Man berechne mit den Hilfsmitteln der Infinitesimalrechnung den „Approximationsfehler" $d = \|f - l\|$ und fertige eine Skizze an.
   Anmerkung: Es läßt sich zeigen, daß für jede lineare Funktion $\tilde{l}$ gilt:
   $\|f - \tilde{l}\| \geq d$. Die Funktion l ist also in gewisser Weise die beste lineare Approximation von f (Tschebyschew-Approximation).

## 4.2. Skalarprodukt

Wie das Beispiel 4.6. zeigt, führt eine sinnvolle Längendefinition (eine Norm) in einem Vektorraum nicht automatisch zu einer sinnvollen Winkeldefinition. Dies liegt u. a. daran, daß es „zu viele" verschiedenartige Normen gibt. Um Längen und Winkel gemeinsam behandeln zu können, benötigen wir einen neuen Begriff, das Skalarprodukt zweier Vektoren. Wir werden sehen, wie wir auf diese, für die Mathematik typische Weise zwei zunächst völlig verschiedene Dinge unter einem übergeordneten Gesichtspunkt zusammenfassen können. Ordnet man je zwei Vektoren $\vec{x}$ und $\vec{y}$ eines Vektorraums eine reelle Zahl $\vec{x} * \vec{y}$ zu und genügt diese Zuordnung gewissen, noch zu formulierenden Gesetzmäßigkeiten, so nennen wir diese Zuordnung ein Skalarprodukt. Selbstverständlich handelt es sich hier um keine innere Verknüpfung, denn das Ergebnis dieser Verknüpfung zweier Vektoren ist ja kein Vektor. Unsere Grundforderungen an das Skalarprodukt $\vec{x} * \vec{y}$ sollen möglichst mathematische Einfachheit mit einem Höchstmaß an praktischer Anwendbarkeit verbinden. Ein wichtiges Beispiel aus der Physik, wo zwei „gerichteten" Größen, dem Kraftvektor $\vec{F}$ und dem Verschiebungsvektor $\vec{s}$ eine skalare Größe, nämlich die Arbeit W, zugeordnet wird, soll uns bei unseren Überlegungen zusätzlich leiten. Die Arbeit W, die verrichtet werden muß, um mit Hilfe einer konstanten Kraft $\vec{F}$ eine bestimmte Ortsverschiebung $\vec{s}$ vorzunehmen, hängt ab von den Größen von $\vec{F}$ und $\vec{s}$, aber auch vom Winkel zwischen beiden Richtungen: $W = \vec{F} * \vec{s}$ (Fig. 4.9a).

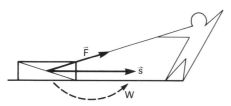

Fig. 4.9a

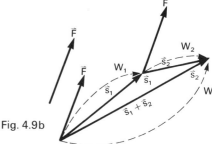

Fig. 4.9b

**Grundforderung**

$S_1$: $\vec{x} * \vec{y} = \vec{y} * \vec{x}$
Für das Skalarprodukt soll das Kommutativgesetz gelten.

$S_2$: $(k \cdot \vec{x}) * \vec{y} = k \cdot (\vec{x} * \vec{y})$
Das Skalarprodukt soll mit der S-Multiplikation in einfacher Weise verbunden sein:
Gemischtes Assoziativgesetz

$S_3$: $\vec{x} * (\vec{y} + \vec{z}) = \vec{x} * \vec{y} + \vec{x} * \vec{z}$
Das Skalarprodukt soll mit der Addition in einfacher Weise verbunden sein: Distributivgesetz

**Anwendung**

Der Winkel zwischen zwei Vektoren ist unabhängig von ihrer Reihenfolge.

In $W = \vec{F} * \vec{s}$ führt die k-fache Kraft $k\vec{F}$ zur k-fachen Arbeit $k \cdot W$. Ebenso erfordert die k-fache Ortsverschiebung $k\vec{s}$ die k-fache Arbeit $k \cdot W$.

Energieerhaltung (Fig. 4.9b):
Die Arbeit ist unabhängig vom Weg.
$W_1 + W_2 = W$, d.h.:
$\vec{F} * \vec{s}_1 + \vec{F} * \vec{s}_2 = \vec{F} * (\vec{s}_1 + \vec{s}_2)$

## 4.2. Skalarprodukt

$S_4$: $\vec{x} * \vec{x} > 0$ für $\vec{x} \neq \vec{o}$
Dafür sagt man: Das Skalarprodukt ist positiv definit.

Sind $\vec{F}$ und $\vec{s}$ gleichgerichtet, so muß positive Arbeit verrichtet werden.

**Bemerkungen:**
1. Man beachte die drei verschiedenen Bedeutungen der Multiplikationszeichen in $S_2$!
2. Wegen $S_1$ lassen sich $S_2$ und $S_3$ auch anders schreiben:
$\vec{x} * (k \cdot \vec{y}) = k \cdot (\vec{x} * \vec{y})$, denn $\vec{x} * (k \cdot \vec{y}) = (k \cdot \vec{y}) * \vec{x} = k \cdot (\vec{y} * \vec{x}) = k \cdot (\vec{x} * \vec{y})$.
$(\vec{x} + \vec{y}) * \vec{z} = \vec{x} * \vec{z} + \vec{y} * \vec{z}$, denn $(\vec{x} + \vec{y}) * \vec{z} = \vec{z} * (\vec{x} + \vec{y}) = \vec{z} * \vec{x} + \vec{z} * \vec{y} = \vec{x} * \vec{z} + \vec{y} * \vec{z}$.
Benutzt wurden nur die Grundforderungen $S_1$, $S_2$, $S_3$.

3. $S_2$ zieht $\vec{o} * \vec{v} = 0$ für beliebige Vektoren $\vec{v}$ nach sich: $\vec{o}$ läßt sich schreiben als $0 \cdot \vec{u}$ und damit gilt $\vec{o} * \vec{v} = (0 \cdot \vec{u}) * \vec{v} = 0 \cdot (\vec{u} * \vec{v}) = 0$.
Da $\vec{v}$ beliebig war, gilt auch $\vec{o} * \vec{o} = 0$ in Erweiterung von $S_4$.

Für den Mathematiker, der Axiome aufstellt, z.B. $S_1$ bis $S_4$, ist natürlich die rechte Spalte „Anwendung" nicht bindend, höchstens nützlich. Axiome müssen nur so gefaßt sein, daß sie auch wirklich erfüllt werden können (z.B. muß es mindestens eine Festlegung $\vec{x} * \vec{y}$ geben, so daß $S_1$ bis $S_4$ gelten), und daß die zu bearbeitenden Probleme mit ihrer Hilfe behandelt werden können. Daß dies für das Skalarprodukt der Fall ist, werden die folgenden Abschnitte zeigen. Um mit möglichst wenig Axiomen auszukommen, sollte sich keines der Axiome aus den anderen durch logisches Schließen folgern lassen. Diese Forderungen an ein Axiomensystem nennt man Widerspruchsfreiheit, Vollständigkeit und Unabhängigkeit.

**Beispiel 4.7.**

Den Vektoren $\begin{pmatrix} x_1 \\ x_2 \end{pmatrix}$, $\begin{pmatrix} y_1 \\ y_2 \end{pmatrix} \in \mathbb{R}^2$ werde die Zahl $\begin{pmatrix} x_1 \\ x_2 \end{pmatrix} * \begin{pmatrix} y_1 \\ y_2 \end{pmatrix} = x_1 y_1 + x_2 y_2$ zugeordnet;

z.B.: $\begin{pmatrix} 1 \\ 2 \end{pmatrix} * \begin{pmatrix} 3 \\ -1 \end{pmatrix} = 1 \cdot 3 + 2 \cdot (-1) = 1$, $\begin{pmatrix} 1 \\ 2 \end{pmatrix} * \begin{pmatrix} 2 \\ -1 \end{pmatrix} = 1 \cdot 2 + 2 \cdot (-1) = 0$.

Es handelt sich um ein Skalarprodukt, denn die Forderungen $S_1$ bis $S_4$ sind erfüllt:

$S_1$: $\begin{pmatrix} x_1 \\ x_2 \end{pmatrix} * \begin{pmatrix} y_1 \\ y_2 \end{pmatrix} = x_1 y_1 + x_2 y_2 = y_1 x_1 + y_2 x_2 = \begin{pmatrix} y_1 \\ y_2 \end{pmatrix} * \begin{pmatrix} x_1 \\ x_2 \end{pmatrix}$
(Für reelle Zahlen gilt das Kommutativgesetz.)

$S_2$: $\left(k \cdot \begin{pmatrix} x_1 \\ x_2 \end{pmatrix}\right) * \begin{pmatrix} y_1 \\ y_2 \end{pmatrix} = \begin{pmatrix} kx_1 \\ kx_2 \end{pmatrix} * \begin{pmatrix} y_1 \\ y_2 \end{pmatrix} = (kx_1) y_1 + (kx_2) y_2 = k (x_1 y_1 + x_2 y_2) =$
$= k \cdot \left(\begin{pmatrix} x_1 \\ x_2 \end{pmatrix} * \begin{pmatrix} y_1 \\ y_2 \end{pmatrix}\right)$ (Für reelle Zahlen gelten Assoziativ- und Distributivgesetz.)

$S_3$: $\begin{pmatrix} x_1 \\ x_2 \end{pmatrix} * \left(\begin{pmatrix} y_1 \\ y_2 \end{pmatrix} + \begin{pmatrix} z_1 \\ z_2 \end{pmatrix}\right) = \begin{pmatrix} x_1 \\ x_2 \end{pmatrix} * \begin{pmatrix} y_1 + z_1 \\ y_2 + z_2 \end{pmatrix} = x_1 (y_1 + z_1) + x_2 (y_2 + z_2) = (x_1 y_1 + x_2 y_2) +$
$+ (x_1 z_1 + x_2 z_2) = \begin{pmatrix} x_1 \\ x_2 \end{pmatrix} * \begin{pmatrix} y_1 \\ y_2 \end{pmatrix} + \begin{pmatrix} x_1 \\ x_2 \end{pmatrix} * \begin{pmatrix} z_1 \\ z_2 \end{pmatrix}$

$S_4$: $\begin{pmatrix} x_1 \\ x_2 \end{pmatrix} * \begin{pmatrix} x_1 \\ x_2 \end{pmatrix} = x_1^2 + x_2^2 > 0$, falls nicht $x_1 = x_2 = 0$.

Die eben geführten Überlegungen lassen sich auf den $\mathbb{R}^n$ verallgemeinern:

$$\begin{pmatrix} x_1 \\ x_2 \\ \vdots \\ x_n \end{pmatrix} * \begin{pmatrix} y_1 \\ y_2 \\ \vdots \\ y_n \end{pmatrix} = x_1 y_1 + x_2 y_2 + \ldots + x_n y_n \quad \text{ist ein Skalarprodukt auf dem } \mathbb{R}^n.$$

Dieses Skalarprodukt wird wegen seiner Einfachheit und besonderen Bedeutung (vgl. Abschnitt 4.5.) Standardskalarprodukt genannt.

\* Beispiel 4.8.

Ein weiteres Skalarprodukt des $\mathbb{R}^2$ ist $\begin{pmatrix} x_1 \\ x_2 \end{pmatrix} * \begin{pmatrix} y_1 \\ y_2 \end{pmatrix} = x_1 y_1 - x_1 y_2 - x_2 y_1 + 2 x_2 y_2$,

z.B.: $\begin{pmatrix} 1 \\ 2 \end{pmatrix} * \begin{pmatrix} 3 \\ -1 \end{pmatrix} = 1 \cdot 3 - 1 \cdot (-1) - 2 \cdot 3 + 2 \cdot 2 \cdot (-1) = 3 + 1 - 6 - 4 = -6$,

$\begin{pmatrix} 1 \\ 2 \end{pmatrix} * \begin{pmatrix} 2 \\ -1 \end{pmatrix} = 1 \cdot 2 - 1 \cdot (-1) - 2 \cdot 2 + 2 \cdot 2 \cdot (-1) = 2 + 1 - 4 - 4 = -5$.

Beweis:

$S_1$: $\begin{pmatrix} x_1 \\ x_2 \end{pmatrix} * \begin{pmatrix} y_1 \\ y_2 \end{pmatrix} = x_1 y_1 - x_1 y_2 - x_2 y_1 + 2 x_2 y_2 = y_1 x_1 - y_1 x_2 - y_2 x_1 + 2 y_2 x_2 = \begin{pmatrix} y_1 \\ y_2 \end{pmatrix} * \begin{pmatrix} x_1 \\ x_2 \end{pmatrix}$

$S_2$: $\left( k \cdot \begin{pmatrix} x_1 \\ x_2 \end{pmatrix} \right) * \begin{pmatrix} y_1 \\ y_2 \end{pmatrix} = \begin{pmatrix} kx_1 \\ kx_2 \end{pmatrix} * \begin{pmatrix} y_1 \\ y_2 \end{pmatrix} = (kx_1) y_1 - (kx_1) y_2 - (kx_2) y_1 + 2 (kx_2) y_2 =$
$= k (x_1 y_1 - x_1 y_2 - x_2 y_1 + 2 x_2 y_2) = k \left( \begin{pmatrix} x_1 \\ x_2 \end{pmatrix} * \begin{pmatrix} y_1 \\ y_2 \end{pmatrix} \right)$

$S_3$: $\begin{pmatrix} x_1 \\ x_2 \end{pmatrix} * \left( \begin{pmatrix} y_1 \\ y_2 \end{pmatrix} + \begin{pmatrix} z_1 \\ z_2 \end{pmatrix} \right) = \begin{pmatrix} x_1 \\ x_2 \end{pmatrix} * \begin{pmatrix} y_1 + z_1 \\ y_2 + z_2 \end{pmatrix} = x_1 (y_1 + z_1) - x_1 (y_2 + z_2) - x_2 (y_1 + z_1) +$
$+ 2 x_2 (y_2 + z_2) = (x_1 y_1 - x_1 y_2 - x_2 y_1 + 2 x_2 y_2) + (x_1 z_1 - x_1 z_2 - x_2 z_1 + 2 x_2 z_2) =$
$= \begin{pmatrix} x_1 \\ x_2 \end{pmatrix} * \begin{pmatrix} y_1 \\ y_2 \end{pmatrix} + \begin{pmatrix} x_1 \\ x_2 \end{pmatrix} * \begin{pmatrix} z_1 \\ z_2 \end{pmatrix}$

$S_4$: $\begin{pmatrix} x_1 \\ x_2 \end{pmatrix} * \begin{pmatrix} x_1 \\ x_2 \end{pmatrix} = x_1^2 - x_1 x_2 - x_2 x_1 + 2 x_2^2 = x_1^2 - 2 x_1 x_2 + x_2^2 + x_2^2 = (x_1 - x_2)^2 + x_2^2 > 0$,

falls nicht $x_1 = x_2 = 0$.

Kein Skalarprodukt erhält man für $\begin{pmatrix} x_1 \\ x_2 \end{pmatrix} * \begin{pmatrix} y_1 \\ y_2 \end{pmatrix} = (x_1 + x_2)(y_1 + y_2)$. Zwar sind $S_1$, $S_2$, $S_3$ erfüllt, doch mit $\begin{pmatrix} x_1 \\ x_2 \end{pmatrix} * \begin{pmatrix} x_1 \\ x_2 \end{pmatrix} = (x_1 + x_2)^2$ folgt z.B. $\begin{pmatrix} 1 \\ -1 \end{pmatrix} * \begin{pmatrix} 1 \\ -1 \end{pmatrix} = 0$, obwohl $\begin{pmatrix} 1 \\ -1 \end{pmatrix}$ nicht der Nullvektor ist, im Widerspruch zur Forderung $S_4$.

|V6| Warum wird weder durch $\begin{pmatrix} x_1 \\ x_2 \end{pmatrix} * \begin{pmatrix} y_1 \\ y_2 \end{pmatrix} = x_1 y_2 - x_2 y_1$, noch durch $\begin{pmatrix} x_1 \\ x_2 \end{pmatrix} * \begin{pmatrix} y_1 \\ y_2 \end{pmatrix} = x_1^2 + x_2^2 + y_1^2 + y_2^2$ ein Skalarprodukt im $\mathbb{R}^2$ definiert?

## 4.2. Skalarprodukt

* **Beispiel 4.9.**

Im Vektorraum der reellen Funktionen $F_{[a,b]}$ ist $f*g = \int_a^b f(x)g(x)\,dx$ ein Skalarprodukt,

z.B.: $f(x)=2x$, $g(x)=1-x$, $f*g = \int_{-1}^1 2x(1-x)\,dx = -\frac{4}{3}$.

Beweis:

$S_1$: $f*g = \int_a^b f(x)g(x)\,dx = \int_a^b g(x)f(x)\,dx = g*f$

$S_2$: $(k\cdot f)*g = \int_a^b \big(kf(x)\big)g(x)\,dx = k\int_a^b f(x)g(x)\,dx = k\cdot(f*g)$

(Man beachte $k \in \mathbb{R}$, $f, g \in F_{[a,b]}$)

$S_3$: $f*(g+h) = \int_a^b f(x)\big(g(x)+h(x)\big)\,dx = \int_a^b \big(f(x)g(x)+f(x)h(x)\big)\,dx =$

$= \int_a^b f(x)g(x)\,dx + \int_a^b f(x)h(x)\,dx =$

$= f*g + f*h$

$S_4$: $f*f = \int_a^b \big(f(x)\big)^2 dx > 0$ für $f(x) \neq o(x)$

Benutzt wurden für $S_2$, $S_3$ die Linearitätseigenschaften der Integration, für $S_4$ die Tatsache, daß zu positiver Integrandenfunktion $f^2$ ein positives Integral gehört (falls $a < b$).

### Aufgaben zu 4.2.

1. Für die Vektoren $\vec{a} = \begin{pmatrix} 3 \\ -1 \end{pmatrix}$, $\vec{b} = \begin{pmatrix} 5 \\ 4 \end{pmatrix}$, $\vec{c} = \begin{pmatrix} 1 \\ 3 \end{pmatrix}$ des $\mathbb{R}^2$ berechne man $\vec{a}*\vec{b}$, $\vec{a}*\vec{c}$, $\vec{a}*(\vec{b}+\vec{c})$
   a) mittels Standardskalarprodukt,
   *b) mittels des Skalarprodukts aus Beispiel 4.8.

2. Im $\mathbb{R}^3$ seien die Vektoren $\vec{a} = \begin{pmatrix} 1 \\ 1 \\ 2 \end{pmatrix}$, $\vec{b} = \begin{pmatrix} -1 \\ -2 \\ 4 \end{pmatrix}$, $\vec{c} = \begin{pmatrix} 1 \\ 0 \\ 0 \end{pmatrix}$, gegeben.

   Man berechne mit Hilfe des Standardskalarprodukts
   a) $\vec{a}*\vec{a}$, $\vec{b}*\vec{b}$, $(\vec{a}+\vec{b})*(\vec{a}-\vec{b})$,
   b) $\vec{a}*\vec{b}$, $\vec{a}*\vec{c}$, $\vec{a}*(\vec{b}+\vec{c})$.

3. Im $\mathbb{R}^3$ seien die Vektoren $\vec{a} = \begin{pmatrix} -2 \\ 1 \\ 0 \end{pmatrix}$, $\vec{b} = \begin{pmatrix} 4 \\ -2 \\ 0 \end{pmatrix}$, $\vec{c} = \begin{pmatrix} 2 \\ 3 \\ -5 \end{pmatrix}$, $\vec{d} = \begin{pmatrix} 1 \\ 1 \\ 1 \end{pmatrix}$ gegeben. Man berechne mit Hilfe des Standardskalarprodukts $\vec{a}*\vec{c}$, $\vec{b}*\vec{c}$, $\vec{b}*\vec{d}$, $\vec{c}*\vec{d}$, $(\vec{b}+\vec{c})*\vec{d}$.

* 4. Im Vektorraum $F_{[0,1]}$ sei folgendes Skalarprodukt definiert: $f*g = \int_0^1 f(x)g(x)\,dx$. Man berechne $f*f$, $f*g$, $g*g$ für $f(x) = x+1$, $g(x) = x-1$.

### 4.3. Betrag eines Vektors und Winkel zweier Vektoren

Kehren wir zunächst zu unserem geometrischen Problem zurück: Der Aufwand, ein Skalarprodukt einzuführen, soll unter anderem dadurch gerechtfertigt werden, daß wir mit seiner Hilfe Länge und Winkel widerspruchsfrei definieren können:

Satz 4.1.

> Durch $\|\vec{x}\| = \sqrt{\vec{x} * \vec{x}}$ wird in Vektorräumen mit Skalarprodukt eine Norm definiert.

**Beweis:**

Wegen $\vec{x} * \vec{x} > 0$ für $\vec{x} \neq \vec{o}$ ($S_4$) gilt auch $\|\vec{x}\| > 0$ für $\vec{x} \neq \vec{o}$, also $N_1$.

$\|k\vec{x}\| = \sqrt{(k\vec{x}) * (k\vec{x})} = \sqrt{k^2 (\vec{x} * \vec{x})} = |k| \sqrt{\vec{x} * \vec{x}} = |k| \cdot \|\vec{x}\|$, also gilt $N_2$.

Der Nachweis der Dreiecksungleichung $N_3$ erfordert etwas größeren Aufwand. Bevor wir ihn nachholen, brauchen wir einige zusätzliche Definitionen und einen weiteren Lehrsatz.

Wegen ihrer herausragenden Bedeutung hat die Norm $\|\vec{x}\| = \sqrt{\vec{x} * \vec{x}}$ einen besonderen Namen. Sie heißt Betrag des Vektors $\vec{x}$ und wir schreiben auch $\|\vec{x}\| = |\vec{x}|$. Schreibt man für $\vec{x} * \vec{x}$ vereinfachend $\vec{x}^2$, so folgt aus $\sqrt{\vec{x}^2} = |\vec{x}|$ auch $\vec{x}^2 = |\vec{x}|^2$, eine häufig nützliche Beziehung.

**Bemerkung:**

Wir haben gesehen, daß ein Skalarprodukt in einem Vektorraum auf natürliche Weise eine Norm induziert. Man kann aber umgekehrt nicht zu jeder Norm auch ein Skalarprodukt finden, welches diese Norm induziert. Dies ist der eigentliche Grund dafür, daß man nicht mit jeder Norm einen vernünftigen Winkelbegriff definieren kann.

|V7| Mit der eben eingeführten Schreibweise folgere man aus $S_1$ und $S_3$
$(\vec{x} + \vec{y})^2 = \vec{x}^2 + 2\vec{x} * \vec{y} + \vec{y}^2$ sowie $(\vec{x} + \vec{y}) * (\vec{x} - \vec{y}) = \vec{x}^2 - \vec{y}^2$.

Es lassen sich nun leicht Vektoren finden, deren Betrag gleich Eins ist, sog. Einheitsvektoren: Sei $\vec{v} \neq \vec{o}$ beliebig aus einem Vektorraum mit Skalarprodukt.

$\vec{v}° = \dfrac{\vec{v}}{|\vec{v}|}$ ist Einheitsvektor in Richtung von $\vec{v}$, denn $|\vec{v}°| = \left|\dfrac{\vec{v}}{|\vec{v}|}\right| = \dfrac{1}{|\vec{v}|} \cdot |\vec{v}| = 1$.

Es sei hierbei daran erinnert, daß für die Beträge reeller Zahlen a, b gilt:
$|a| \cdot |b| = |a \cdot b|$ und $\dfrac{|a|}{|b|} = \left|\dfrac{a}{b}\right|$ (falls $b \neq 0$).

Beispiel 4.10.

Im $\mathbb{R}^2$ mit Standardskalarprodukt hat der Vektor $\vec{v} = \begin{pmatrix} 1 \\ 1 \end{pmatrix}$ den Betrag

$|\vec{v}| = \sqrt{\vec{v}^2} = \sqrt{1^2 + 1^2} = \sqrt{2}$. Einheitsvektor zu $\vec{v}$ ist $\vec{v}° = \dfrac{1}{\sqrt{2}} \begin{pmatrix} 1 \\ 1 \end{pmatrix}$.

## 4.3. Betrag eines Vektors und Winkel zweier Vektoren

(Bezüglich des Standardskalarprodukts ist also $|\vec{v}|$ nichts anderes als der aus der Mittelstufe bekannte Betrag eines Vektors bzw. die euklidische Norm aus Beispiel 4.1.)

*Bezüglich des Skalarprodukts $\begin{pmatrix} x_1 \\ x_2 \end{pmatrix} * \begin{pmatrix} y_1 \\ y_2 \end{pmatrix} = x_1 y_1 - x_1 y_2 - x_2 y_1 + 2 x_2 y_2$ aus Beispiel 4.8.

gilt $|\vec{v}| = \sqrt{1 \cdot 1 - 1 \cdot 1 - 1 \cdot 1 + 2 \cdot 1 \cdot 1} = 1$. $\begin{pmatrix} 1 \\ 1 \end{pmatrix}$ ist hier also Einheitsvektor!

Für Beträge gilt folgende aufschlußreiche Ungleichung:

**Satz 4.2.**

$|\vec{x} * \vec{y}| \leq |\vec{x}| \cdot |\vec{y}|$  Cauchy-Schwarz-Ungleichung[1]

**Beweis:**

Für $\vec{x} = \vec{o}$ oder $\vec{y} = \vec{o}$ ist die Ungleichung erfüllt, denn dann ergibt sich $0 \leq 0$.
Andernfalls betrachten wir die zugehörigen Einheitsvektoren: Wegen $S_4$, $S_3$, $S_1$ gilt

$0 \leq (\vec{x}° - \vec{y}°) * (\vec{x}° - \vec{y}°) = \vec{x}°^2 + \vec{y}°^2 - 2(\vec{x}° * \vec{y}°) = 1 + 1 - 2(\vec{x}° * \vec{y}°) = 2(1 - \vec{x}° * \vec{y}°)$.

Ebenso gilt
$0 \leq (\vec{x}° + \vec{y}°) * (\vec{x}° + \vec{y}°) = \vec{x}°^2 + \vec{y}°^2 + 2(\vec{x}° * \vec{y}°) = 2(1 + \vec{x}° * \vec{y}°)$.

Aus $0 \leq 2(1 - \vec{x}° * \vec{y}°)$ folgt $\vec{x}° * \vec{y}° \leq 1$, aus $0 \leq 2(1 + \vec{x}° * \vec{y}°)$ folgt $\vec{x}° * \vec{y}° \geq -1$.
Beides zusammen ergibt $-1 \leq \vec{x}° * \vec{y}° \leq 1$ bzw. $|\vec{x}° * \vec{y}°| \leq 1$.

Hieraus folgt durch Multiplikation mit $|\vec{x}| \cdot |\vec{y}| > 0$ sofort die behauptete Ungleichung, da man nach $S_2$ die Skalare $|\vec{x}|$, $|\vec{y}|$ ins Skalarprodukt $|\vec{x}° * \vec{y}°|$ „hineinmultiplizieren" darf:

$|\vec{x}| \cdot |\vec{y}| \cdot |\vec{x}° * \vec{y}°| \leq |\vec{x}| \cdot |\vec{y}|$ ergibt $||\vec{x}| \cdot \vec{x}° * |\vec{y}| \cdot \vec{y}°| \leq |\vec{x}| \cdot |\vec{y}|$, also $|\vec{x} * \vec{y}| \leq |\vec{x}| \cdot |\vec{y}|$.

**Bemerkung:**

Man kann zeigen, daß in der Cauchy-Schwarz-Ungleichung das Gleichheitszeichen genau dann gilt, falls $\vec{x}$ und $\vec{y}$ linear abhängig sind.

Nun können wir leicht die *Dreiecksungleichung für Beträge* nachweisen und damit den Beweis von Satz 4.1. abschließen:

$|\vec{x} + \vec{y}|^2 = (\vec{x} + \vec{y})^2 = \vec{x}^2 + 2\vec{x} * \vec{y} + \vec{y}^2 \leq \vec{x}^2 + 2|\vec{x} * \vec{y}| + \vec{y}^2 \leq \vec{x}^2 + 2|\vec{x}||\vec{y}| + \vec{y}^2 =$
$= |\vec{x}|^2 + 2|\vec{x}||\vec{y}| + |\vec{y}|^2 = (|\vec{x}| + |\vec{y}|)^2$

Beim ersten Ungleichheitszeichen wurde benutzt, daß für reelle Zahlen $a \leq |a|$ gilt, beim zweiten die Cauchy-Schwarz-Ungleichung. Es gilt also $|\vec{x} + \vec{y}|^2 \leq (|\vec{x}| + |\vec{y}|)^2$ und damit die behauptete Dreiecksungleichung $|\vec{x} + \vec{y}| \leq |\vec{x}| + |\vec{y}|$.

Nun zur Definition des Winkels zwischen zwei Vektoren $\vec{x}, \vec{y}$, die ungleich dem Nullvektor sein sollen: Da der Winkel von der Länge der Vektoren unabhängig sein sollte, erscheint eine Untersuchung des Skalarprodukts der zugehörigen Einheits-

---

[1] Augustin Louis Cauchy (1789–1857), französischer Mathematiker, einer der Begründer der modernen Analysis.
Hermann Amandus Schwarz (1843–1921), deutscher Mathematiker.

vektoren vernünftig. Aus der Cauchy-Schwarz-Ungleichung folgt $|\vec{x}° * \vec{y}°| \leq 1$. Für den Zwischenwinkel Null, also für $\vec{y} = k\vec{x}$ mit $k > 0$ ergibt sich

$$\vec{x}° * \vec{y}° = \frac{\vec{x} * \vec{y}}{|\vec{x}| \cdot |\vec{y}|} = \frac{\vec{x} * (k\vec{x})}{|\vec{x}| \cdot |k\vec{x}|} = \frac{k(\vec{x} * \vec{x})}{|k||\vec{x}| \cdot |\vec{x}|} = \frac{k\vec{x}^2}{k|\vec{x}|^2} = \frac{|\vec{x}|^2}{|\vec{x}|^2} = 1.$$

Beides, zusammen mit der Tatsache, daß es für jeden Kosinuswert zwischen $-1$ und $1$ genau ein $\varphi$ zwischen $0$ und $\pi$ gibt, erlaubt folgende Definition:

> Der Winkel $\varphi$ zwischen den Vektoren $\vec{x}$ und $\vec{y}$ wird festgelegt durch
>
> $$\cos \varphi = \vec{x}° * \vec{y}° = \frac{\vec{x} * \vec{y}}{|\vec{x}| \cdot |\vec{y}|} \quad \text{mit } 0 \leq \varphi \leq \pi \quad \text{bzw.} \quad 0° \leq \varphi \leq 180°.$$

Aus $\cos \varphi = 0$ folgt $\varphi = \frac{\pi}{2}$:

> Zwei Vektoren $\vec{x}$ und $\vec{y}$ sind genau dann *orthogonal* (stehen aufeinander senkrecht, in Zeichen $\vec{x} \perp \vec{y}$), falls ihr *Skalarprodukt gleich Null* ist. (Da für jeden Vektor $\vec{v}$ gilt $\vec{o} * \vec{v} = 0$, legt man zusätzlich fest: Der Nullvektor ist zu jedem Vektor $\vec{v}$ orthogonal.)

**Bemerkungen:**

*1. Ein Beispiel wie 4.6. ist nun nicht mehr möglich, denn mit zwei orthogonalen Vektoren $\vec{x}, \vec{y}$ folgt $\vec{x} * \vec{y} = 0$, also $k(\vec{x} * \vec{y}) = 0$ oder auch $(k\vec{x}) * \vec{y} = 0$, was bedeutet, daß auch $k\vec{x}$ und $\vec{y}$ orthogonal sind.

2. $\cos \varphi = \frac{\vec{x} * \vec{y}}{|\vec{x}| \cdot |\vec{y}|}$ liefert $\vec{x} * \vec{y} = |\vec{x}| \cdot |\vec{y}| \cdot \cos \varphi$, also die Definition des Skalarprodukts aus der Mittelstufe. Von einer sinnvollen Definition konnte man damals aber nur deshalb sprechen, weil der Betrag eines Vektors und der Winkel zwischen zwei Vektoren *vor* der Definition des Skalarprodukts festgelegt worden war. Deshalb ist diese Definition auch nur für die Vektoren des Anschauungsraums brauchbar, wo die „Länge" eines Vektors anschaulich festgelegt werden kann.

Um zu zeigen, daß sich obige Definition mit unserer Vorstellung vom Winkel zwischen zwei Vektoren im $\mathbb{R}^2$ verträgt, betrachten wir Fig. 4.10.

Gemäß unseren Kenntnissen aus dem Geometrieunterricht der Mittelstufe ist $\varphi = \alpha - \beta$.

$\cos \varphi = \cos(\alpha - \beta) = \cos\alpha \cos\beta + \sin\alpha \sin\beta =$

$= \frac{x_1}{|\vec{x}|} \cdot \frac{y_1}{|\vec{y}|} + \frac{x_2}{|\vec{x}|} \cdot \frac{y_2}{|\vec{y}|} = \frac{\vec{x} * \vec{y}}{|\vec{x}| \cdot |\vec{y}|},$

falls das Standardskalarprodukt zugrundegelegt wird.

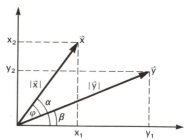

Fig. 4.10

## 4.3. Betrag eines Vektors und Winkel zweier Vektoren

**Beispiel 4.11.**

Wir legen den Vektorraum $\mathbb{R}^2$ mit dem Standardskalarprodukt zugrunde.

a) Für $\vec{x} = \begin{pmatrix} 1 \\ 0 \end{pmatrix}$, $\vec{y} = \begin{pmatrix} 1 \\ \sqrt{3} \end{pmatrix}$ ergibt sich für den Zwischenwinkel $\varphi$:

$$\cos\varphi = \frac{1\cdot 1 + 0\cdot\sqrt{3}}{\sqrt{1}\cdot\sqrt{1+3}} = \frac{1}{1\cdot 2} = \frac{1}{2}, \quad \text{also} \quad \varphi = \frac{\pi}{3} \; (\hat{=} 60°).$$

b) Für $\vec{x} = \begin{pmatrix} 1 \\ 1 \end{pmatrix}$, $\vec{y} = \begin{pmatrix} -2 \\ -2 \end{pmatrix}$ ergibt sich $\cos\varphi = \frac{1\cdot(-2) + 1\cdot(-2)}{\sqrt{1+1}\cdot\sqrt{4+4}} = \frac{-4}{\sqrt{2}\cdot\sqrt{8}} = \frac{-4}{4} = -1$, also $\varphi = \pi \; (\hat{=} 180°)$.

c) Für $\vec{x} = \begin{pmatrix} 1 \\ 1 \end{pmatrix}$, $\vec{y} = \begin{pmatrix} 1 \\ 2 \end{pmatrix}$ ergibt sich $\cos\varphi = \frac{1+2}{\sqrt{2}\cdot\sqrt{5}} = \frac{3}{\sqrt{10}}$, woraus sich mit Hilfe eines Taschenrechners berechnet: $\varphi \approx 0{,}32 \; (\hat{=} 18{,}43°)$.

d) Die Vektoren $\vec{x} = \begin{pmatrix} a \\ b \end{pmatrix}$, $\vec{y} = \begin{pmatrix} -b \\ a \end{pmatrix}$ sind orthogonal, denn $\vec{x} * \vec{y} = a\cdot(-b) + b\cdot a = 0$.

|V8| Man gebe einen zu $\begin{pmatrix} 2 \\ 1 \end{pmatrix}$ bzw. zu $\begin{pmatrix} 2 \\ 0 \end{pmatrix}$ orthogonalen Vektor an (bezügl. Standardskalarprodukt).

\***Bemerkung**:

Wird nicht das Standardskalarprodukt benutzt, sondern zum Beispiel das Skalarprodukt aus Beispiel 4.8. $\begin{pmatrix} x_1 \\ x_2 \end{pmatrix} * \begin{pmatrix} y_1 \\ y_2 \end{pmatrix} = x_1 y_1 - x_1 y_2 - x_2 y_1 + 2 x_2 y_2$, so erhält man mit Ausnahme von b) andere Winkel. Man rechne das für die Fälle des Beispiels 4.11. nach; z.B. sind nun die Vektoren $\begin{pmatrix} 1 \\ 0 \end{pmatrix}$, $\begin{pmatrix} 1 \\ 1 \end{pmatrix}$ orthogonal, da $1\cdot 1 - 1\cdot 1 - 0\cdot 1 + 2\cdot 0\cdot 1 = 0$.

\***Beispiel 4.12.**

Benutzt man das in Beispiel 4.9. erwähnte Skalarprodukt $f * g = \int_{-1}^{1} f(x)\,g(x)\,dx$ im Vektorraum der Polynome $P_2$, so errechnet sich der „Winkel" zwischen den Polynomen $x$ und $x + 1$ wie folgt:

$$x * (x+1) = \int_{-1}^{1} x(x+1)\,dx = \int_{-1}^{1}(x^2 + x)\,dx = \left[\frac{x^3}{3} + \frac{x^2}{2}\right]_{-1}^{1} = \frac{2}{3}$$

$$x * x = \int_{-1}^{1} x^2\,dx = \left[\frac{x^3}{3}\right]_{-1}^{1} = \frac{2}{3}, \quad \text{also} \quad |x| = \sqrt{\tfrac{2}{3}}$$

$$(x+1)*(x+1) = \int_{-1}^{1}(x+1)^2\,dx = \int_{-1}^{1}(x^2 + 2x + 1)\,dx = \left[\frac{x^3}{3} + x^2 + x\right]_{-1}^{1} = \frac{8}{3},$$

also $|x+1| = \sqrt{\tfrac{8}{3}}$

$$\cos\varphi = \frac{\frac{2}{3}}{\sqrt{\tfrac{2}{3}}\sqrt{\tfrac{8}{3}}} = \frac{\frac{2}{3}}{\frac{4}{3}} = \frac{1}{2}, \quad \text{woraus folgt} \quad \varphi = \frac{\pi}{3} \; (\hat{=} 60°).$$

Die Polynome $x$ und $x^2$ sind orthogonal, denn $x * x^2 = \int_{-1}^{1} x\cdot x^2\,dx = \int_{-1}^{1} x^3\,dx = 0$, da der Graph der Integrandenfunktion punktsymmetrisch zum Ursprung ist.

Um zu zeigen, daß unsere Definitionen von Skalarprodukt, Betrag, Winkel und Orthogonalität ein organisches Ganzes darstellen, wollen wir mit diesen Hilfsmitteln einige bekannte geometrische Sätze übersichtlich und rein rechnerisch beweisen. Als Abstand zwischen zwei Punkten wählen wir dabei selbstverständlich den Betrag des Verbindungsvektors. Der Winkel zweier Geraden sei gleich dem spitzen Winkel ihrer Richtungsvektoren. Unter einem Kreis mit Mittelpunkt M und Radius r versteht man die Menge aller Punkte des $\mathbb{R}^2$, die vom Punkt M den festen Abstand r haben: $K_{M,r} = \{X \mid |\overrightarrow{XM}| = r\}$.

**Bemerkung:**

Ein Punktraum, auf dessen zugehörigem Vektorraum ein Skalarprodukt definiert ist, heißt euklidischer Punktraum[1].

### Aufgaben zu 4.3.

1. Man berechne die Beträge und die Winkel zwischen den Vektoren

   $\vec{a} = \begin{pmatrix} 1 \\ 3 \end{pmatrix}$, $\vec{b} = \begin{pmatrix} 5 \\ 2 \end{pmatrix}$, $\vec{c} = \begin{pmatrix} 6 \\ -2 \end{pmatrix}$, falls

   a) das Standardskalarprodukt,

   *b) das Skalarprodukt aus Beispiel 4.8. vorgegeben ist.

   Für die folgenden Aufgaben sei das Standardskalarprodukt im $\mathbb{R}^3$ zugrundegelegt.

2. Man berechne den Winkel zwischen den Vektoren $\vec{v}$ und $\vec{w}$.

   a) $\vec{v} = \begin{pmatrix} 1 \\ 3 \\ 5 \end{pmatrix}$, $\vec{w} = \begin{pmatrix} 2 \\ -1 \\ 4 \end{pmatrix}$   b) $\vec{v} = \begin{pmatrix} 6 \\ 3 \\ \sqrt{3} \end{pmatrix}$, $\vec{w} = \begin{pmatrix} 2 \\ \sqrt{3} \\ 1 \end{pmatrix}$

3. Man verifiziere die Dreiecksungleichung für Beträge anhand der Vektoren

   $\vec{v} = \begin{pmatrix} 1 \\ 2 \\ 2 \end{pmatrix}$ und $\vec{w} = \begin{pmatrix} 3 \\ -2 \\ 6 \end{pmatrix}$.

4. Gegeben seien die Vektoren $\vec{u} = \begin{pmatrix} -1 \\ -1 \\ 2 \end{pmatrix}$, $\vec{v} = \begin{pmatrix} 1 \\ 0 \\ 2 \end{pmatrix}$, $\vec{x} = \begin{pmatrix} 3 \\ -1 \\ 2 \end{pmatrix}$, $\vec{y} = \begin{pmatrix} -1 \\ 1 \\ 4 \end{pmatrix}$.

   a) Man bestimme einen Vektor $\vec{n}_1 \neq \vec{o}$, der zu $\vec{u}$ orthogonal ist.

   b) Man bestimme einen Vektor $\vec{n}_2 \neq \vec{o}$, der zu $\vec{u}$ und $\vec{v}$ orthogonal ist.

   *c) Man zeige, daß $\vec{n}_2$ zu einem Unterraum des $\mathbb{R}^3$ orthogonal ist.

   d) Man bestimme einen Vektor $\vec{n}_3 \neq \vec{o}$, der zu $\vec{x}$ und $\vec{y}$ orthogonal ist.

5. Man bestimme die Zahlen a, b bzw. r so, daß $\vec{x}$ orthogonal zu $\vec{v}$ ist.

   a) $\vec{x} = \begin{pmatrix} 0 \\ a \\ b \end{pmatrix}$, $\vec{v} = \begin{pmatrix} 2 \\ -1 \\ 4 \end{pmatrix}$   b) $\vec{x} = \begin{pmatrix} 1 \\ a \\ b \end{pmatrix}$, $\vec{v} = \begin{pmatrix} 2 \\ -1 \\ 4 \end{pmatrix}$

   c) $\vec{x} = \begin{pmatrix} 1 \\ 1 \\ r \end{pmatrix}$, $\vec{v} = \begin{pmatrix} 2 \\ -1 \\ 4 \end{pmatrix}$   d) $\vec{x} = \begin{pmatrix} 1 \\ 1 \\ r \end{pmatrix}$, $\vec{v} = \begin{pmatrix} 2 \\ -1 \\ 0 \end{pmatrix}$

---

[1] Euklid (4. Jh. v. Chr. in Alexandria) schuf in seinen „Elementen" das über zwei Jahrtausende hinweg grundlegende Werk der Geometrie.

## 4.4. Anwendungen des Skalarprodukts in der Geometrie
### 4.4.1. Beweis elementargeometrischer Sätze

**Beispiel 4.13.** *Lehrsatz des Thales*

In Figur 4.11 gelte $|\vec{u}| = |\vec{v}| = r$. Dann gilt:
$\overrightarrow{AC}$ orthogonal zu $\overrightarrow{BC}$.

**Beweis:**
Es gilt $\overrightarrow{AC} = \vec{u} - \vec{v}$ und $\overrightarrow{BC} = \vec{u} + \vec{v}$. Daraus folgt:     Fig. 4.11

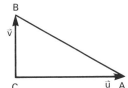

$\overrightarrow{AC} * \overrightarrow{BC} = (\vec{u} - \vec{v}) * (\vec{u} + \vec{v}) = \vec{u}^2 - \vec{v}^2 = |\vec{u}|^2 - |\vec{v}|^2 = 0$,

woraus die behauptete Orthogonalität folgt.
Geometrische Interpretation: Liegen die Ecken eines Dreiecks so auf einem Kreis, daß eine Seite Durchmesser ist, so ist das Dreieck rechtwinklig.

**Beispiel 4.14.** *Lehrsatz des Pythagoras*

In Figur 4.12 sei $\overrightarrow{CA}$ orthogonal zu $\overrightarrow{CB}$. Dann gilt:
$|\overrightarrow{CA}|^2 + |\overrightarrow{CB}|^2 = |\overrightarrow{AB}|^2$.

**Beweis:**         Fig. 4.12
Mit den Bezeichnungen der Figur gilt $\vec{u} * \vec{v} = 0$
und $\overrightarrow{AB} = \vec{v} - \vec{u}$.
Daraus folgt:

$|\overrightarrow{AB}|^2 = (\vec{v} - \vec{u})^2 = \vec{v}^2 - 2\vec{v} * \vec{u} + \vec{u}^2 = \vec{v}^2 + \vec{u}^2 = |\vec{u}|^2 + |\vec{v}|^2 = |\overrightarrow{CA}|^2 + |\overrightarrow{CB}|^2$.

Auch die Umkehrung zeigt sich leicht:
Aus $\vec{u}^2 + \vec{v}^2 = (\vec{v} - \vec{u})^2$ folgt $\vec{u}^2 + \vec{v}^2 = \vec{v}^2 - 2\vec{v} * \vec{u} + \vec{u}^2$,
also $-2\vec{v} * \vec{u} = 0$ oder $\vec{u} * \vec{v} = 0$.
In Worten: Ein Dreieck, welches die „Formel" des Pythagoras" erfüllt (Aussage über Längen), ist rechtwinklig (Aussage über Winkel).

**Beispiel 4.15.**

In Fig. 4.13 gelte $|\overrightarrow{AC}| = |\overrightarrow{BC}|$. Dann gilt:
$\sphericalangle$ CAB = $\sphericalangle$ CBA.
(Die Basiswinkel eines gleichschenkligen Dreiecks sind gleich groß.)

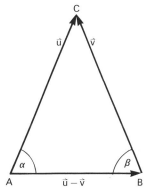

**Beweis:**
Mit den Bezeichnungen der Figur gilt $|\vec{u}| = |\vec{v}|$

und $\cos\alpha = \dfrac{\vec{u} * (\vec{u} - \vec{v})}{|\vec{u}| \cdot |\vec{u} - \vec{v}|} = \dfrac{\vec{u}^2 - \vec{u} * \vec{v}}{|\vec{u}| \cdot |\vec{u} - \vec{v}|} =$

$= \dfrac{\vec{v}^2 - \vec{v} * \vec{u}}{|\vec{v}| \cdot |\vec{v} - \vec{u}|} = \dfrac{\vec{v} * (\vec{v} - \vec{u})}{|\vec{v}| \cdot |\vec{v} - \vec{u}|} = \cos\beta$.

Da $0 < \alpha < \pi$ und $0 < \beta < \pi$ folgt $\alpha = \beta$.      Fig. 4.13

### Beispiel 4.16.

In Fig. 4.14 sei $AH_1$ orthogonal zu CB und $BH_2$ orthogonal zu CA. S sei der Schnittpunkt von $AH_1$ und $BH_2$. Dann gilt: CS ist orthogonal zu AB (Die Höhen eines Dreiecks schneiden sich in einem Punkt).

**Beweis:**

Mit $AH_1$ orthogonal zu CB gilt auch $\overrightarrow{AS}$ orthogonal zu $\overrightarrow{CB}$, also in vereinfachter Schreibweise (s. Figur):
$\vec{x} * \vec{v} = 0$; analog ergibt sich: $\vec{y} * \vec{u} = 0$.
Nun gilt $\overrightarrow{AB} = \vec{v} - \vec{u}$ und $\overrightarrow{CS} = \vec{u} + \vec{x}$.
Die Untersuchung der Orthogonalität von $\overrightarrow{AB}$ und $\overrightarrow{CS}$ führt also auf
$\overrightarrow{AB} * \overrightarrow{CS} = (\vec{v} - \vec{u}) * (\vec{u} + \vec{x}) = \vec{v} * \vec{u} - \vec{u}^2 + \vec{v} * \vec{x} - \vec{u} * \vec{x} =$
$= \vec{u} * \vec{v} - \vec{u}^2 - \vec{u} * \vec{x} = \vec{u} * (\vec{v} - \vec{u} - \vec{x}) = \vec{u} * (-\vec{y}) =$
$= -\vec{u} * \vec{y} = 0$, womit die behauptete Orthogonalität bewiesen ist. (Man beachte $\overrightarrow{BS} + \overrightarrow{SA} + \overrightarrow{AC} + \overrightarrow{CB} = \vec{o}$, also $\vec{y} - \vec{x} - \vec{u} + \vec{v} = \vec{o}$, was $\vec{y} = -\vec{v} + \vec{u} + \vec{x}$ bedeutet.)

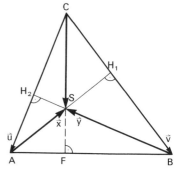

Fig. 4.14

### Beispiel 4.17.

*Winkelhalbierende und Teilverhältnis im Dreieck*

Bekanntlich teilt jede Winkelhalbierende im Dreieck die gegenüberliegende Seite im Verhältnis der anliegenden Seiten. Dieser Sachverhalt läßt sich elementar mit Hilfe des Strahlensatzes (vgl. Beispiel 3.8.) beweisen.

Wie geben einen Beweis mittels vektorieller Methoden:
In einem Dreieck ABC mit den Seitenlängen $a = |\overrightarrow{BC}|$ und $b = |\overrightarrow{AC}|$ sei CT die Halbierende des Innenwinkels $\gamma$. Diese schneidet die Parallele zu AC durch B im Punkt D (Fig. 4.15) Wegen der Parallelität von AC und BD gilt $\angle ACT = \angle BDT$ und damit ist das Dreieck CBD gleichschenklig mit $|\overrightarrow{BD}| = a$.

Mit den entsprechenden Einheitsvektoren $\vec{u}^o, \vec{v}^o$ gilt also

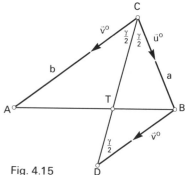

Fig. 4.15

$\overrightarrow{CB} = a\vec{u}^o$, $\overrightarrow{CA} = b\vec{v}^o$ und $\overrightarrow{BD} = a\vec{v}^o$

Betrachten wir nun die Vektorkette $\overrightarrow{AT} + \overrightarrow{TC} + \overrightarrow{CA} = \vec{o}$, so erhalten wir mit $\overrightarrow{AT} = k\overrightarrow{AB} = k(-b\vec{v}^o + a\vec{u}^o)$ und $\overrightarrow{TC} = l\overrightarrow{DC} = l(-a\vec{v}^o - a\vec{u}^o)$ die Gleichung
$k(-b\vec{v}^o + a\vec{u}^o) + l(-a\vec{v}^o - a\vec{u}^o) + b\vec{v}^o = (ka - la)\vec{u}^o + (b - kb - la)\vec{v}^o = \vec{o}$.
Da $\vec{u}^o$ und $\vec{v}^o$ linear unabhängig sind, folgt $ka - la = 0$ und $b - kb - la = 0$ und schließlich
$k = l = \dfrac{b}{a+b}$.

Aus $\overrightarrow{AT} = k\overrightarrow{AB}$ und $\overrightarrow{TB} = \overrightarrow{AB} - \overrightarrow{AT} = (1-k)\overrightarrow{AB}$ ergibt sich $\overrightarrow{AT} = \dfrac{k}{1-k}\overrightarrow{TB}$ und mit dem errechneten Wert von k schließlich $\overrightarrow{AT} = \dfrac{b}{a}\overrightarrow{TB}$, also $TV(ABT) = \dfrac{b}{a}$, was zu zeigen war.

## 4.4. Anwendungen des Skalarprodukts in der Geometrie

Dieser Satz gilt auch umgekehrt:
Unter der Voraussetzung $\overline{TV}(ABT) = \frac{b}{a}$ gilt mit den Bezeichnungen der Figur 4.15:

$$\cos(\sphericalangle ACT) = \vec{v}^0 * \overrightarrow{CD}^0 = \frac{\vec{v}^0 * (a\vec{u}^0 + a\vec{v}^0)}{|\overrightarrow{CD}|} = \frac{a + a\vec{u}^0 * \vec{v}^0}{|\overrightarrow{CD}|}$$

also $\sphericalangle ACT = \sphericalangle BCT$

$$\cos(\sphericalangle BCT) = \vec{u}^0 * \overrightarrow{CD}^0 = \frac{\vec{u}^0 * (a\vec{u}^0 + a\vec{v}^0)}{|\overrightarrow{CD}|} = \frac{a + a\vec{u}^0 * \vec{v}^0}{|\overrightarrow{CD}|}$$

Entsprechend läßt sich zeigen, daß die Halbierende eines Außenwinkels die gegenüberliegende Seite außen im gleichen Verhältnis wie die Halbierende des zugehörigen Innenwinkels teilt.

Wir fassen zusammen:

Die Halbierenden eines Innen- und des zugehörigen Außenwinkels eines Dreiecks teilen die gegenüberliegende Seite harmonisch im Verhältnis der anliegenden Seiten.

### Aufgaben zu 4.4.1.

1. Man beweise: In einem gleichschenkligen Dreieck steht die Seitenhalbierende der Basis auf der Basis senkrecht.

2. Man beweise in nebenstehendem Parallelogramm (Fig. 4.16), daß $\delta_1 = \delta_2$ (Wechselwinkel).

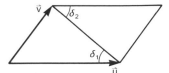

Fig. 4.16

3. Man beweise den Kosinussatz: In jedem Dreieck mit den Seitenlängen a, b, c und den zugehörigen Winkeln $\alpha, \beta, \gamma$ gilt: $c^2 = a^2 + b^2 - 2ab\cos\gamma$.

4. Man beweise mit Hilfe der Fig. 4.17 den Sinussatz:

$$\frac{a}{b} = \frac{\sin\alpha}{\sin\beta}.$$

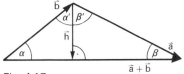

Fig. 4.17

5. a) Drücken Sie in Fig. 4.18 die Vektoren $\vec{a}$ bzw. $\vec{b}$ durch $\vec{h}$ und $\vec{p}$ bzw. $\vec{h}$ und $\vec{q}$ aus und bilden Sie das Skalarprodukt $\vec{a} * \vec{b}$.
   b) Geometrische Interpretation des Ergebnisses!
   c) Zeigen Sie: $\vec{a} * \vec{c} = \vec{p} * \vec{c}$.
   d) Multiplizieren Sie die Gleichung $\vec{a} + \vec{b} = \vec{c}$ mit $\vec{a}$ und benutzen Sie Teilaufgabe c.
   e) Geometrische Interpretation des Ergebnisses!

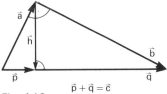

Fig. 4.18

6. a) Zeigen Sie, daß die Diagonalen einer Raute aufeinander senkrecht stehen.
   b) Zeigen Sie, daß die Diagonalen einer Raute die Innenwinkel halbieren.
   c) Es seien $\vec{u}$ und $\vec{v}$ zwei Vektoren des $\mathbb{R}^2 \setminus \{\vec{o}\}$.
      Geben Sie eine geometrische Deutung der Vektoren $\vec{w}_1 = \vec{u}^0 + \vec{v}^0$ und $\vec{w}_2 = \vec{u}^0 - \vec{v}^0$.
      Zeigen Sie, daß die Vektoren $\vec{w}_1$ und $\vec{w}_2$ orthogonal sind.

7. Die Punkte $A(0|1)$, $B(1|-1)$, $C(3|0)$, $D(2|2)$ bilden eine Raute (Nachweis!).
   a) Zeigen Sie, daß die Diagonalen aufeinander senkrecht stehen.
   b) Berechnen Sie die Winkel, welche die Diagonalen mit den Seiten einschließen.

## 4.4.2. Kreis und Kugel

Die Menge aller Punkte X, deren Abstand d(M, X) von einem festen Punkt M gleich r > 0 ist (Fig. 4.19), stellt in der Ebene einen *Kreis*, im Raum eine *Kugel* dar.
Der Punkt M heißt *Mittelpunkt*, der Abstand r heißt *Radius*.
Unter Benutzung von
$$d(M, X) = \sqrt{\overrightarrow{MX}^2} = \sqrt{(\vec{x} - \vec{m})^2} = r$$
erhält man als

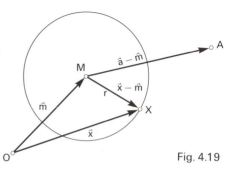

Fig. 4.19

*Gleichung des Kreises bzw. der Kugel* $K_{M,r}$: $(\vec{x} - \vec{m})^2 = r^2$

### Beispiel 4.18.

Die Gleichung $x_1^2 + x_2^2 + 4x_1 - 6x_2 - 12 = 0$ läßt sich durch quadratische Ergänzung umformen in $(x_1 + 2)^2 + (x_2 - 3)^2 - 25 = 0$. Sie stellt einen Kreis mit dem Mittelpunkt M(−2|3) und dem Radius r = 5 dar.
Dagegen stellt die Gleichung $x_1^2 + x_2^2 + 4x_1 - 6x_2 + 14 = 0$ wegen $(x_1 + 2)^2 + (x_2 - 3)^2 + 1 = 0$, also $r^2 = -1$, keine Kreisgleichung dar.
Die Gleichung $x_1^2 + x_2^2 + x_3^2 + 4x_1 - 6x_2 - 8x_3 + 4 = 0$ läßt sich durch quadratische Ergänzung umformen zu $(x_1 + 2)^2 + (x_2 - 3)^2 + (x_3 - 4)^2 = 25$.
Sie stellt also eine Kugel mit dem Mittelpunkt M(−2|3|4) und dem Radius r = 5 dar.

Um über die Lage eines Punktes A bezüglich eines Kreises bzw. einer Kugel $K_{M,r}$ entscheiden zu können, vergleichen wir den Abstand $d(M, A) = \sqrt{(\vec{a} - \vec{m})^2}$ mit dem Radius r (Fig. 4.19).
Man nennt den Term $p(A, K_{M,r}) = (\vec{a} - \vec{m})^2 - r^2$ die *Potenz des Punktes A bezüglich* $K_{M,r}$.
A liegt also für $p(A, K_{M,r}) > 0$ außerhalb, für $p(A, K_{M,r}) < 0$ innerhalb des Kreises bzw. der Kugel. $p(A, K_{M,r}) = 0$ bedeutet, daß $A \in K_{M,r}$.

### Beispiel 4.19.

$\left(\vec{x} - \begin{pmatrix} -2 \\ 3 \end{pmatrix}\right)^2 - 25 = 0$ oder $(x_1 + 2)^2 + (x_2 - 3)^2 - 25 = 0$ ist die Gleichung eines Kreises mit dem Mittelpunkt M(−2|3) und dem Radius r = 5 (vgl. Beispiel 4.18.).
Der Punkt A(−1|−4) liegt wegen $p(A, K_{M,r}) = \left(\begin{pmatrix} -1 \\ -4 \end{pmatrix} - \begin{pmatrix} -2 \\ 3 \end{pmatrix}\right)^2 - 25 = \begin{pmatrix} 1 \\ -7 \end{pmatrix}^2 - 25 =$
$= 25 > 0$ außerhalb des Kreises.
Der Punkt B(1|2|3) liegt wegen $(1 + 2)^2 + (2 - 3)^2 + (3 - 4)^2 - 25 = -14 < 0$ innerhalb der Kugel $(x_1 + 2)^2 + (x_2 - 3)^2 + (x_3 - 4)^2 - 25 = 0$ aus Beispiel 4.18.

## 4.4. Anwendungen des Skalarprodukts in der Geometrie

### Beispiel 4.20.

*Kreis des Apollonius*

Das Teilverhältnis TV(ABT) dreier Punkte ist nur definiert für den Fall, daß T auf der Geraden AB liegt. Wir untersuchen nun darüber hinaus Punkte X mit der Eigenschaft $|\overrightarrow{AX}| = t|\overrightarrow{BX}|$, d.h. Punkte X, deren Abstandsverhältnis von zwei festen Punkte A, B den konstanten Wert $t > 0$ hat (Fig. 4.20).

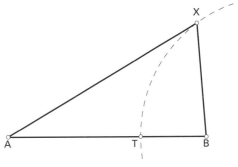

Fig. 4.20

a) Es sei zunächst $t \neq 1$.

Aus $|\overrightarrow{AX}| = t|\overrightarrow{BX}|$ folgt $|\vec{x} - \vec{a}|^2 = t^2 |\vec{x} - \vec{b}|^2$ und daraus
$(\vec{x} - \vec{a}) \cdot (\vec{x} - \vec{a}) = t^2 \cdot (\vec{x} - \vec{b}) \cdot (\vec{x} - \vec{b})$.
Ausmultiplizieren und Ordnen dieser Gleichung führt zu

$$\vec{x}^2 - \frac{2}{1-t^2}(\vec{a} - t^2 \vec{b}) \cdot \vec{x} + \frac{\vec{a}^2 - t^2 \vec{b}^2}{1-t^2} = 0 \quad \text{bzw.} \quad \left(\vec{x} - \frac{\vec{a} - t^2 \vec{b}}{1-t^2}\right)^2 = \frac{(\vec{a} - t^2 \vec{b})^2}{(1-t^2)^2} - \frac{\vec{a}^2 - t^2 \vec{b}^2}{1-t^2}.$$

Die rechte Seite der Gleichung läßt sich vereinfachen zum Term

$$\frac{t^2(\vec{a}^2 - 2\vec{a} \cdot \vec{b} + \vec{b}^2)}{(1-t^2)^2} = \frac{t^2}{(1-t^2)^2}(\vec{a} - \vec{b})^2.$$

Damit erhält man letztlich $\left(\vec{x} - \frac{\vec{a} - t^2 \vec{b}}{1-t^2}\right)^2 = \left(\frac{t}{|1-t^2|} |\vec{a} - \vec{b}|\right)^2$, also eine Kreisgleichung, bei der sich der Mittelpunkt aus $\vec{m} = \frac{\vec{a} - t^2 \vec{b}}{1-t^2}$ und der Radius zu $r = \frac{t}{|1-t^2|} |\vec{a} - \vec{b}|$ ergeben.

Dieser Kreis heißt *Apollonischer Kreis*[1] (vgl. Aufgabe 7).

b) Für den Fall $t = 1$ erhält man aus $|\vec{x} - \vec{a}| = |\vec{x} - \vec{b}|$ zunächst
$\vec{x}^2 - 2\vec{a} \cdot \vec{x} + \vec{a}^2 = \vec{x}^2 - 2\vec{b} \cdot \vec{x} + \vec{b}^2$, also $2(\vec{b} - \vec{a}) \cdot \vec{x} = \vec{b}^2 - \vec{a}^2 = (\vec{b} - \vec{a}) \cdot (\vec{b} + \vec{a})$
oder $(\vec{b} - \vec{a}) \cdot \left(\vec{x} - \frac{\vec{b} + \vec{a}}{2}\right) = 0$.

Da der Ortsvektor des Mittelpunkts M von [AB] sich zu $\vec{m} = \frac{\vec{b} + \vec{a}}{2}$ ergibt, folgt $(\vec{b} - \vec{a}) \cdot (\vec{x} - \vec{m}) = 0$, d.h. $(\vec{b} - \vec{a}) \perp (\vec{x} - \vec{m})$. Die gesuchten Punkte X liegen also auf der Mittelsenkrechten zu [AB].

### Aufgaben zu 4.4.2.

1. Die folgenden Gleichungen legen Punktmengen im $\mathbb{R}^2$ fest. Untersuchen Sie, ob es sich um Kreise handelt. Wenn ja, geben Sie Mittelpunkt und Radius an und berechnen Sie die Potenz des Punktes $P(0|2)$.

   a) $(x_1 + 2)^2 + (x_2 - 4)^2 - 9 = 0$
   b) $(3 - x_2)^2 + x_1^2 + 12x_1 = 0$
   c) $(x_1 - 2)(x_1 + 2) + x_2^2 = 0$
   d) $x_1^2 + 2x_1 x_2 + x_2^2 - 16 = 0$

---

[1] Apollonius von Perge, griech. Mathematiker, 250–200 v. Chr.

2. Die folgenden Gleichungen legen jeweils eine vom Parameter k abhängige Punktmenge im $\mathbb{R}^2$ fest. Für welche Parameterwerte handelt es sich um Kreise? Für welche Parameterwerte liegt der Punkt A(1|1) innerhalb des Kreises bzw. auf dem Kreis?

a) $x_1^2 - 6x_1 + x_2^2 + 2x_2 + k = 0$  
b) $x_1^2 + 2kx_1 + x_2^2 - 4x_2 + 13 = 0$  
c) $x_1^2 + 8x_1 + x_2^2 - k^2 = 0$  
d) $x_1^2 + 2x_1 + x_2^2 + 2kx_2 + k^2 = 0$

3. Untersuchen Sie die gegenseitige Lage der Kreise $K_1$ und $K_2$, indem Sie Summe und (oder) Differenz der Radien $r_1$ und $r_2$ mit dem Abstand der Mittelpunkte vergleichen.
Falls sich die Kreise schneiden, berechnen Sie die Schnittpunkte; falls sie sich berühren, berechnen Sie den Berührpunkt.

a) $K_1: x_1^2 - 4x_1 + x_2^2 + 6x_2 - 12 = 0$, $K_2: x_1^2 + x_2^2 - 18x_1 + 6x_2 + 86 = 0$  
b) $K_1: x_1^2 + x_2^2 - 2x_1 + 4x_2 - 4 = 0$, $K_2: (x_1 + 3)^2 + (x_2 - 3)^2 - 4 = 0$  
c) $K_1: x_1^2 + 2x_1 + x_2^2 + 4x_2 - 20 = 0$, $K_2: x_1^2 + 6x_1 + x_2^2 + 4x_2 + 4 = 0$  
d) $K_1: x_1^2 - 8x_1 + x_2^2 - 6x_2 + 21 = 0$, $K_2: x_1^2 + x_2^2 + 2x_2 - 19 = 0$  
e) $K_1: x_1^2 + 8x_1 + x_2^2 + 8x_2 + 7 = 0$, $K_2: x_1^2 + 12x_1 + x_2^2 + 10x_2 + 57 = 0$

4. Die folgenden Gleichungen legen Punktmengen im $\mathbb{R}^3$ fest. Untersuchen Sie, ob es sich um Kugeln handelt. Wenn ja, geben Sie Mittelpunkt und Radius an.

a) $(x_1 - 1)^2 + (x_2 + 1)^2 + x_3^2 = 9$  
b) $x_1^2 + x_2^2 + x_3^2 + 4x_1 - 8x_3 + 4 = 0$  
c) $x_1^2 + 2x_1 + (x_2 - 2)(x_2 + 2) + x_3^2 - 6x_3 - 19 = 0$  
d) $x_1^2 + x_2^2 + x_3^2 + 1 = 0$  
e) $x_1^2 + x_2^2 + x_3^2 + 4x_1 + 5 = 0$  
f) $4x_1^2 + 4x_2^2 + 4x_3^2 + 8x_1 + 12x_2 - 4x_3 - 6 = 0$

5. Bestimmen Sie die Lage des Punktes P bezüglich der Kugel $K: x_1^2 + x_2^2 + x_3^2 + 4x_1 - 5 = 0$. Falls P außerhalb (innerhalb) der Kugel liegt, geben Sie die Gleichung der Kugel mit dem Mittelpunkt P an, welche $K$ von außen (von innen) berührt.

a) P(-3|-1|2)  b) P(5|6|-6)  c) P(0|2|1).

6. Die folgenden Gleichungen legen Punktmengen im $\mathbb{R}^3$ fest. Für welche Parameterwerte k handelt es sich um Kugeln? Für welche Parameterwerte liegt der Punkt A(1|1|1) innerhalb der Kugel bzw. auf der Kugel?

a) $x_1^2 + x_2^2 + x_3^2 - 2x_1 + 2x_3 + k = 0$  
b) $x_1^2 - 2kx_1 + x_2^2 - 4x_2 + x_3^2 - 5 = 0$  
c) $x_1^2 + x_2^2 + x_3^2 - 8x_2 + 4x_3 + k^2 = 0$

7. Zeigen Sie, daß der Mittelpunkt des Apollonischen Kreises auf der Geraden AB liegt und der Mittelpunkt der Punkte ist, welche die Strecke [AB] im Verhältnis t harmonisch teilen (vgl. Abschnitt 3.4., Aufgabe 5). Wie konstruiert man also den Kreis des Apollonius zu einem vorgegebenen Streckenverhältnis t?

## *4.5. Skalarprodukt bezüglich einer Basis

Ist in einem Vektorraum $V$ mit Skalarprodukt eine Basis festgelegt, so läßt sich das Skalarprodukt zweier Vektoren $\vec{x}$, $\vec{y}$ aus deren Koordinaten berechnen.
Ist zunächst $V$ zweidimensional mit der Basis $\{\vec{b}_1, \vec{b}_2\}$, so ergibt sich mit
$\vec{x} = x_1 \vec{b}_1 + x_2 \vec{b}_2, \quad \vec{y} = y_1 \vec{b}_1 + y_2 \vec{b}_2$:
$$\vec{x} * \vec{y} = (x_1 \vec{b}_1 + x_2 \vec{b}_2) * (y_1 \vec{b}_1 + y_2 \vec{b}_2) =$$
$$= x_1 y_1 \vec{b}_1^2 + x_1 y_2 (\vec{b}_1 * \vec{b}_2) + x_2 y_1 (\vec{b}_2 * \vec{b}_1) + x_2 y_2 \vec{b}_2^2,$$
wobei nur die Forderungen $S_2$ und $S_3$ verwendet wurden.
Ist $V$ dreidimensional, so ergibt sich:
$$\vec{x} * \vec{y} = (x_1 \vec{b}_1 + x_2 \vec{b}_2 + x_3 \vec{b}_3) * (y_1 \vec{b}_1 + y_2 \vec{b}_2 + y_3 \vec{b}_3) =$$
$$= x_1 y_1 \vec{b}_1^2 + x_2 y_2 \vec{b}_2^2 + x_3 y_3 \vec{b}_3^2 + x_1 y_2 (\vec{b}_1 * \vec{b}_2) + x_1 y_3 (\vec{b}_1 * \vec{b}_3) +$$
$$+ x_2 y_1 (\vec{b}_2 * \vec{b}_1) + x_2 y_3 (\vec{b}_2 * \vec{b}_3) + x_3 y_1 (\vec{b}_3 * \vec{b}_1) + x_3 y_2 (\vec{b}_3 * \vec{b}_2).$$
Sind also die Skalarprodukte der Basisvektoren bekannt, so ist das Skalarprodukt für beliebige Vektoren festgelegt. Diese Überlegungen lassen sich ohne weiteres auf beliebige Dimension n von $V$ übertragen. Man kann demnach ein Skalarprodukt definieren, indem man den Produkten $\vec{b}_1^2, \vec{b}_2^2, \ldots, \vec{b}_1 * \vec{b}_2, \vec{b}_1 * \vec{b}_3, \ldots$ feste Werte unter Berücksichtigung von $S_1$, $S_4$ zuweist. Zum Beispiel führt im $\mathbb{R}^2$ die Festlegung $\vec{b}_1^2 = 1$, $\vec{b}_2^2 = 2$, $\vec{b}_1 * \vec{b}_2 = \vec{b}_2 * \vec{b}_1 = -1$ auf das Skalarprodukt aus Beispiel 4.8.
Ist andererseits ein Skalarprodukt vorgegeben, so wird man versuchen, die Basisvektoren $\vec{b}_1, \vec{b}_2, \ldots, \vec{b}_n$ so zu wählen, daß ihre Skalarprodukte möglichst einfach werden.
Findet man z. B. eine Basis mit $\vec{b}_1^2 = \vec{b}_2^2 = \ldots = \vec{b}_n^2 = 1$ und $\vec{b}_1 * \vec{b}_2 = \vec{b}_1 * \vec{b}_3 = \ldots = \vec{b}_2 * \vec{b}_3 = \ldots = \vec{b}_{n-1} * \vec{b}_n = 0$, so erhält man das Skalarprodukt $\vec{x} * \vec{y}$ durch das Standardskalarprodukt der Koordinatenspalten bezüglich dieser Basis. Dies ist der wichtigste Fall, und es ist immer möglich, eine derartige Basis zu finden.

Die Bedingungen $\vec{b}_1^2 = |\vec{b}_1|^2 = 1$, $\vec{b}_2^2 = |\vec{b}_2|^2 = 1$, $\vec{b}_3^2 = |\vec{b}_3|^2 = 1$ etc. bedeuten ja nur, daß die Basisvektoren Einheitsvektoren (normiert) sein müssen. Die Bedingungen $\vec{b}_1 * \vec{b}_2 = 0$, $\vec{b}_1 * \vec{b}_3 = 0$, $\vec{b}_2 * \vec{b}_3 = 0$ etc. bedeuten, daß die Basisvektoren paarweise aufeinander senkrecht (orthogonal) sein müssen.

Nun gilt der in diesem Zusammenhang wichtige

Satz 4.3.

> Sind die *Vektoren* $\vec{v}_1, \vec{v}_2, \ldots, \vec{v}_n$, unter denen nicht der Nullvektor vorkommt, *paarweise orthogonal*, so sind sie *linear unabhängig*.

Der **Beweis** sei für n = 3 vorgeführt; der Beweisgedanke läßt sich aber ohne weiteres auf beliebige Anzahl n übertragen:
Es seien also $\vec{v}_1, \vec{v}_2, \vec{v}_3$ paarweise orthogonal, d.h. $\vec{v}_1 * \vec{v}_2 = 0$, $\vec{v}_1 * \vec{v}_3 = 0$, $\vec{v}_2 * \vec{v}_3 = 0$.

Zur Untersuchung auf lineare Unabhängigkeit machen wir wie üblich den Ansatz
$k_1 \vec{v}_1 + k_2 \vec{v}_2 + k_3 \vec{v}_3 = \vec{o}$.
Wird diese Gleichung mit $\vec{v}_1$ multipliziert, so folgt $k_1 \vec{v}_1^2 + k_2 \vec{v}_2 * \vec{v}_1 + k_3 \vec{v}_3 * \vec{v}_1 = 0$, also $k_1 \vec{v}_1^2 = 0$, und mit $\vec{v}_1 \neq \vec{o}$ folgt $k_1 = 0$. Multiplikation mit $\vec{v}_2$ liefert analog $k_2 = 0$, Multiplikation mit $\vec{v}_3$ liefert $k_3 = 0$. Es gilt also $k_1 = k_2 = k_3 = 0$, womit die lineare Unabhängigkeit erwiesen ist.

Da in einem n-dimensionalen Vektorraum n Vektoren schon eine Basis bilden, wenn sie linear unabhängig sind, genügt es also, n paarweise orthogonale Einheitsvektoren anzugeben und man bekommt eine *orthonormierte Basis*.

> Bezüglich einer orthonormierten Basis kann man das Skalarprodukt zweier Vektoren aus dem Standardskalarprodukt der zugehörigen Koordinatenspalten berechnen.

Erhard Schmidt (1876–1959) hat ein Verfahren angegeben, wie man in jedem n-dimensionalen Vektorraum n paarweise orthogonale Vektoren und damit auch eine orthonormierte Basis finden kann. Sein Gedankengang soll für einen dreidimensionalen Vektorraum $V$ angedeutet werden:
Es sei $\{\vec{b}_1, \vec{b}_2, \vec{b}_3\}$ eine Basis von $V$. Als ersten Basisvektor unserer neu zu bildenden Basis wählen wir den Einheitsvektor $\vec{e}_1 = \vec{b}_1^\circ = \dfrac{\vec{b}_1}{|\vec{b}_1|}$. Um einen zu $\vec{e}_1$ orthogonalen Vektor $\vec{n}_2$ zu finden, gehen wir folgendermaßen vor (Fig. 4.21):

$k\vec{e}_1 + \vec{n}_2 = \vec{b}_2$ (*), wobei $\vec{n}_2 * \vec{e}_1 = 0$. Multiplikation der Gleichung (*) mit $\vec{e}_1$ liefert $k\vec{e}_1^2 = \vec{b}_2 * \vec{e}_1$, also $k = \vec{e}_1 * \vec{b}_2$. Der Vektor $\vec{n}_2 = \vec{b}_2 - (\vec{e}_1 * \vec{b}_2)\vec{e}_1$ ist also der gesuchte, zu $\vec{e}_1$ orthogonale Vektor. Man kann zeigen, daß $\vec{n}_2 \neq \vec{o}$ falls $\{\vec{b}_1, \vec{b}_2, \vec{b}_3\}$ eine Basis ist. Als zweiten Basisvektor unserer neuen Basis wählen wir den Einheitsvektor $\vec{e}_2 = \vec{n}_2^\circ = \dfrac{\vec{n}_2}{|\vec{n}_2|}$.

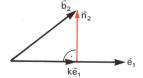

Fig. 21

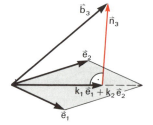

Fig. 4. 22

Um einen zu $\vec{e}_1$ und $\vec{e}_2$ orthogonalen Vektor $\vec{n}_3$ zu finden, wiederholen wir unser Vorgehen (Fig. 4.22):

$k_1 \vec{e}_1 + k_2 \vec{e}_2 + \vec{n}_3 = \vec{b}_3$ (**), wobei $\vec{n}_3 * \vec{e}_1 = 0$ und $\vec{n}_3 * \vec{e}_2 = 0$. Multiplikation der Gleichung (**) mit $\vec{e}_1$ bzw. $\vec{e}_2$ liefert $k_1 \vec{e}_1^2 = \vec{b}_3 * \vec{e}_1$, also $k_1 = \vec{e}_1 * \vec{b}_3$ bzw. $k_2 \vec{e}_2^2 = \vec{b}_3 * \vec{e}_2$, also $k_2 = \vec{e}_2 * \vec{b}_3$. Der Vektor $\vec{n}_3 = \vec{b}_3 - (\vec{e}_1 * \vec{b}_3)\vec{e}_1 - (\vec{e}_2 * \vec{b}_3)\vec{e}_2$ ist also der gesuchte, zu $\vec{e}_1$ und $\vec{e}_2$ orthogonale Vektor. Wieder kann man zeigen, daß $\vec{n}_3 \neq \vec{o}$, weil $\{\vec{b}_1, \vec{b}_2, \vec{b}_3\}$ eine Basis ist. Wählt man als dritten Basisvektor den Einheitsvektor $\vec{e}_3 = \vec{n}_3^\circ = \dfrac{\vec{n}_3}{|\vec{n}_3|}$ so bilden $\{\vec{e}_1, \vec{e}_2, \vec{e}_3\}$ eine orthonormierte Basis.

## 4.5. Skalarprodukt bezüglich einer Basis

**Bemerkungen:**

1. Das Verfahren läßt sich im n-dimensionalen Vektorraum bis zum Vektor $\vec{e}_n$ fortsetzen: $\vec{n}_n = \vec{b}_n - (\vec{e}_1 * \vec{b}_n)\vec{e}_1 - (\vec{e}_2 * \vec{b}_n)\vec{e}_2 - \ldots - (\vec{e}_{n-1} * \vec{b}_n)\vec{e}_{n-1}$ und $\vec{e}_n = \vec{n}_n^\circ$. Multiplikation mit $\vec{e}_i$ liefert $\vec{e}_n * \vec{e}_i = 0$ für $i \neq n$. Es handelt sich um ein Beispiel für einen Algorithmus, ein Rechenverfahren, welches ein gewünschtes Ergebnis in endlich vielen, genau festgelegten Teilschritten liefert. Die Bedeutung von Algorithmen in der Mathematik beruht auch auf ihrer Anwendbarkeit in Datenverarbeitungsanlagen.

2. Das *Schmidtsche Orthonormierungsverfahren* ist „konstruktiv"; es liefert nicht nur den Beweis für die Existenz orthonormierter Basen, sondern läßt sich auch zur Errechnung solcher Basen verwenden.

3. Da nach Satz 2.5. in einem n-dimensionalen Vektorraum höchstens n Vektoren linear unabhängig sein können, kann es wegen Satz 4.3. auch nur höchstens n paarweise orthogonale Vektoren geben. „Startet" man das Schmidtsche Verfahren also mit beliebigen Vektoren anstelle einer Basis, so wird unter den errechneten Vektoren $\vec{n}_i$ spätestens für $i = n + 1$ der Nullvektor auftreten.

**Beispiel 4.21.**

Die Standardbasis des $\mathbb{R}^n$, nämlich $B = \left\{ \begin{pmatrix} 1 \\ 0 \\ 0 \\ \vdots \\ 0 \\ 0 \end{pmatrix}, \begin{pmatrix} 0 \\ 1 \\ 0 \\ \vdots \\ 0 \\ 0 \end{pmatrix}, \ldots, \begin{pmatrix} 0 \\ 0 \\ 0 \\ \vdots \\ 0 \\ 1 \end{pmatrix} \right\}$, ist orthonormiert, falls das Standardskalarprodukt verwendet wird.

**Beispiel 4.22.**

$\left\{ \begin{pmatrix} \frac{3}{5} \\ \frac{4}{5} \end{pmatrix}, \begin{pmatrix} -\frac{4}{5} \\ \frac{3}{5} \end{pmatrix} \right\}$ ist bezüglich des Standardskalarprodukts eine orthonormierte Basis des $\mathbb{R}^2$, denn $\left| \begin{pmatrix} \frac{3}{5} \\ \frac{4}{5} \end{pmatrix} \right| = \sqrt{(\frac{3}{5})^2 + (\frac{4}{5})^2} = 1$, $\left| \begin{pmatrix} -\frac{4}{5} \\ \frac{3}{5} \end{pmatrix} \right| = 1$, $\begin{pmatrix} \frac{3}{5} \\ \frac{4}{5} \end{pmatrix} * \begin{pmatrix} -\frac{4}{5} \\ \frac{3}{5} \end{pmatrix} = \frac{3}{5} \cdot (-\frac{4}{5}) + \frac{4}{5} \cdot \frac{3}{5} = 0$.

**Beispiel 4.23.**

Bezüglich des Skalarprodukts aus Beispiel 4.8. $\begin{pmatrix} x_1 \\ x_2 \end{pmatrix} * \begin{pmatrix} y_1 \\ y_2 \end{pmatrix} = x_1 y_1 - x_1 y_2 - x_2 y_1 + 2 x_2 y_2$ ist $\left\{ \begin{pmatrix} 1 \\ 0 \end{pmatrix}, \begin{pmatrix} 0 \\ 1 \end{pmatrix} \right\}$ *nicht* orthonormiert:

$\left| \begin{pmatrix} 1 \\ 0 \end{pmatrix} \right| = \sqrt{1 \cdot 1 - 1 \cdot 0 - 0 \cdot 1 + 2 \cdot 0 \cdot 0} = 1$, $\left| \begin{pmatrix} 0 \\ 1 \end{pmatrix} \right| = \sqrt{0 \cdot 0 - 0 \cdot 1 - 1 \cdot 0 + 2 \cdot 1 \cdot 1} = \sqrt{2}$,

$\begin{pmatrix} 1 \\ 0 \end{pmatrix} * \begin{pmatrix} 0 \\ 1 \end{pmatrix} = 1 \cdot 0 - 1 \cdot 1 - 0 \cdot 0 + 2 \cdot 0 \cdot 1 = -1$.

Wir errechnen eine orthonormierte Basis: Wegen $\left|\binom{1}{0}\right| = 1$ kann $\binom{1}{0}$ als erster Basisvektor $\vec{e}_1$ genommen werden. Mit $\vec{n}_2 = \vec{b}_2 - (\vec{e}_1 * \vec{b}_2)\vec{e}_1$ folgt $\vec{n}_2 = \binom{0}{1} - \left(\binom{1}{0} * \binom{0}{1}\right) \cdot \binom{1}{0} =$

$= \binom{0}{1} - (-1)\binom{1}{0} = \binom{1}{1}$. Wegen $|\vec{n}_2| = \left|\binom{1}{1}\right| = 1$ ist $\vec{n}_2$ bereits Einheitsvektor, also $\vec{e}_2 = \vec{n}_2^\circ = \binom{1}{1}$.

$E = \left\{\binom{1}{0}, \binom{1}{1}\right\}$ ist also orthonormierte Basis. (Vgl. auch Bemerkung zu Beispiel 4.11.) Bezüglich dieser Basis $E$ hat z.B. der Vektor $\vec{x} = \binom{3}{1}$ die Koordinatendarstellung $\binom{2}{1}$ und $\vec{y} = \binom{0}{1}$ die Koordinatendarstellung $\binom{-1}{1}$.

Bildet man das Skalarprodukt $\vec{x} * \vec{y}$, so erhält man $3 \cdot 0 - 3 \cdot 1 - 1 \cdot 0 + 2 \cdot 1 \cdot 1 = -1$. Selbstverständlich erhält man dasselbe Ergebnis, wenn man für die zugehörigen Koordinatenspalten das Standardskalarprodukt bildet: $\binom{2}{1} * \binom{-1}{1} = 2 \cdot (-1) + 1 \cdot 1 = -1$.

**Beispiel 4.24.**

$\frac{1}{\sqrt{\pi}} \sin x, \frac{1}{\sqrt{\pi}} \cos x$ sind bezüglich des Skalarprodukts aus Beispiel 4.9. $f * g = \int_{-\pi}^{\pi} f(x) g(x) dx$ orthonormiert, bilden also eine orthonormierte Basis des von ihnen aufgespannten Unterraumes $S$:

$\left|\frac{1}{\sqrt{\pi}} \sin x\right|^2 = \frac{1}{\pi} \int_{-\pi}^{\pi} \sin x \cdot \sin x \, dx = \frac{1}{\pi} \int_{-\pi}^{\pi} (\sin x)^2 dx = \frac{1}{\pi} \left[\frac{1}{2}(x - \sin x \cdot \cos x)\right]_{-\pi}^{\pi} = \frac{\pi}{\pi} = 1$,

also $\left|\frac{1}{\sqrt{\pi}} \sin x\right| = 1$

$\left|\frac{1}{\sqrt{\pi}} \cos x\right|^2 = \frac{1}{\pi} \int_{-\pi}^{\pi} \cos x \cdot \cos x \, dx = \frac{1}{\pi} \int_{-\pi}^{\pi} (\cos x)^2 dx = \frac{1}{\pi} \left[\frac{1}{2}(x + \sin x \cdot \cos x)\right]_{-\pi}^{\pi} = \frac{\pi}{\pi} = 1$,

also $\left|\frac{1}{\sqrt{\pi}} \cos x\right| = 1$.

$\left(\frac{1}{\sqrt{\pi}} \sin x\right) * \left(\frac{1}{\sqrt{\pi}} \cos x\right) = \frac{1}{\pi} \int_{-\pi}^{\pi} \sin x \cdot \cos x \, dx = 0$, da der Graph von $\sin x \cdot \cos x$ punktsymmetrisch zum Ursprung ist.

Bezüglich dieser Basis läßt sich also das Standardskalarprodukt benutzen. Z.B. hat $f(x) = 3 \sin x + 4 \cos x$ die Darstellung $\binom{3\sqrt{\pi}}{4\sqrt{\pi}}$,

$g(x) = \sin x + \cos x$ die Darstellung $\binom{\sqrt{\pi}}{\sqrt{\pi}}$ bezüglich der angegebenen Basis.

Also gilt $f * g = \int_{-\pi}^{\pi} (3 \sin x + 4 \cos x)(\sin x + \cos x) dx = 3\sqrt{\pi} \cdot \sqrt{\pi} + 4\sqrt{\pi} \cdot \sqrt{\pi} = 7\pi$, ein Ergebnis, welches mit reiner Integralrechnung nicht ganz einfach zu berechnen ist.

## 4.5. Skalarprodukt bezüglich einer Basis

Da $a \cdot \sin x + b \cdot \cos x$ die Koordinatendarstellung $\begin{pmatrix} a\sqrt{\pi} \\ b\sqrt{\pi} \end{pmatrix}$ hat, gilt $|a \cdot \sin x + b \cdot \cos x| = \sqrt{a^2\pi + b^2\pi} = \sqrt{\pi} \cdot \sqrt{a^2 + b^2}$, was interessanterweise bis auf den Faktor $\sqrt{\pi}$ gerade die Norm aus Beispiel 4.4. ist.

**Beispiel 4.25.**

Im $P_2$ ist die Basis $\{1, x, x^2\}$ bezüglich des Skalarprodukts $f * g = \int_{-1}^{1} f(x)g(x)\,dx$ nicht orthonormiert, denn $1 * x^2 = \int_{-1}^{1} x^2\,dx = \left[\frac{x^3}{3}\right]_{-1}^{1} = \frac{2}{3} \neq 0$.

Man berechnet jedoch leicht, daß 1 und x orthogonal sind:

$1 * x = \int_{-1}^{1} 1 \cdot x\,dx = 0$, $\quad |1| = \sqrt{\int_{-1}^{1} 1 \cdot 1\,dx} = \sqrt{2}$, $\quad |x| = \sqrt{\int_{-1}^{1} x \cdot x\,dx} = \sqrt{\frac{2}{3}}$.

Es fehlt also zu $\vec{e}_1 = \frac{1}{\sqrt{2}}$, $\vec{e}_2 = \sqrt{\frac{3}{2}}x$ ein dritter orthonormierter Vektor. Das Schmidtsche Verfahren liefert in diesem Fall $\vec{e}_3 = \sqrt{\frac{5}{8}}(3x^2 - 1)$.

Werden Polynome bezüglich dieser Basis dargestellt, so kann man das Skalarprodukt aus dem Standardskalarprodukt der Koordinatenspalten berechnen. Zum Beispiel läßt sich wegen $x + 1 = \sqrt{2} \cdot \vec{e}_1 + \sqrt{\frac{2}{3}} \cdot \vec{e}_2 + 0 \cdot \vec{e}_3$ das Polynom $x + 1$ als $\begin{pmatrix} \sqrt{2} \\ \sqrt{\frac{2}{3}} \\ 0 \end{pmatrix}$ darstellen.

Für $|x + 1|$ bekommt man dann $\sqrt{(\sqrt{2})^2 + (\sqrt{\frac{2}{3}})^2 + 0^2} = \sqrt{2 + \frac{2}{3}} = \sqrt{\frac{8}{3}}$, wie schon durch Integration im Beispiel 4.12. berechnet.

Wie wir gesehen haben, läßt sich auch in „undurchsichtigen" Fällen jedes Skalarprodukt auf das Standardskalarprodukt zurückführen. Man braucht nur eine orthonormierte Basis zu wählen, und da dies immer möglich ist, werden wir in Zukunft immer mit dem Standardskalarprodukt im $\mathbb{R}^2$ bzw. $\mathbb{R}^3$ arbeiten, ohne an Allgemeinheit einzubüßen. (Vgl. auch Abschnitt 2.5. zur Koordinatendarstellung.)

Möchte man metrische Geometrie im Punktraum treiben, so muß man Sorge tragen, daß das Koordinatensystem $(O, E_1, E_2, E_3)$ auf eine orthonormierte Basis $\{\overrightarrow{OE}_1, \overrightarrow{OE}_2, \overrightarrow{OE}_3\}$ führt. Ein solches Koordinatensystem heißt kartesisches Koordinatensystem[1] und wird im folgenden immer vorausgesetzt. Anschaulich gesprochen, liegen die Einheitspunkte eines kartesischen Koordinatensystems auf einem Würfel der Kantenlänge 1. Bezüglich eines kartesischen Koordinatensystems laufen alle Längen- und Winkelberechnungen analog zur Behandlung in der Mittelstufe ab.

---

[1] nach René Descartes (1596–1650), franz. Mathematiker und Philosoph.

**Bemerkung:**

Wählt man im $\mathbb{R}^3$ vier *beliebige* Punkte, die nicht in einer Ebene liegen, als Koordinatensystem $(O, E_1, E_2, E_3)$, so haben diese Punkte die Koordinatendarstellung $O\,(0|0|0)$, $E_1\,(1|0|0)$, $E_2\,(0|1|0)$, $E_3\,(0|0|1)$. Wird für die Koordinatenspalten bezüglich der zugehörigen Basis das Standardskalarprodukt *vereinbart*, so sind $\begin{pmatrix}1\\0\\0\end{pmatrix}, \begin{pmatrix}0\\1\\0\end{pmatrix}, \begin{pmatrix}0\\0\\1\end{pmatrix}$ orthonormiert. Man hat also den durch $\overrightarrow{OE_1}, \overrightarrow{OE_2}, \overrightarrow{OE_3}$ aufgespannten Spat durch *Definition* zum „Würfel" gemacht. Führt diese Tatsache für das zu behandelnde Problem zu Widersprüchen, so gibt es zwei Auswege: Entweder man benutzt ein Skalarprodukt, welches den wirklichen geometrischen Gegebenheiten Rechnung trägt, oder (für uns vorzuziehen), man gibt die Koordinaten der vier Punkte bezüglich eines *kartesischen* Koordinatensystems an.

### Aufgaben zu 4.5.

1. Man konstruiere, ausgehend vom Vektor $\begin{pmatrix}1\\2\\2\end{pmatrix}$, eine bezüglich des Standardskalarprodukts orthonormierte Basis des $\mathbb{R}^3$
   a) durch Probieren,
   b) mit Hilfe des Schmidtschen Verfahrens.

2. Im $\mathbb{R}^2$ ist durch $\begin{pmatrix}x_1\\x_2\end{pmatrix} * \begin{pmatrix}y_1\\y_2\end{pmatrix} = x_1 y_1 + 3 x_2 y_2$ ein Skalarprodukt festgelegt.
   a) Man überprüfe diese Aussage.
   b) Man berechne $\vec{a} * \vec{b}$ für $\vec{a} = \begin{pmatrix}1\\1\end{pmatrix}$ und $\vec{b} = \begin{pmatrix}3\\1\end{pmatrix}$.
   c) Welchen Winkel schließen $\vec{a}$ und $\vec{b}$ miteinander ein?
   d) Man konstruiere, ausgehend von $\vec{a}$, eine orthonormierte Basis $B$ des $\mathbb{R}^2$.
   e) Man berechne die Koordinaten von $\vec{a}$ und $\vec{b}$ bezüglich $B$ und bestätige, daß man $\vec{a} * \vec{b}$ aus den Koordinatenspalten bezüglich $B$ mit Hilfe des Standardskalarprodukts berechnen kann.

3. Im $\mathbb{R}^3$ ist durch $\begin{pmatrix}x_1\\x_2\\x_3\end{pmatrix} * \begin{pmatrix}y_1\\y_2\\y_3\end{pmatrix} = x_1 y_1 + 2 x_2 y_2 + 3 x_3 y_3$ ein Skalarprodukt festgelegt.
   a) Man überprüfe diese Aussage.
   b) Man zeige, daß $B = \left\{ \begin{pmatrix}\frac{1}{3}\\\frac{2}{3}\\0\end{pmatrix}, \begin{pmatrix}\frac{2\sqrt{2}}{3}\\-\frac{\sqrt{2}}{6}\\0\end{pmatrix}, \begin{pmatrix}0\\0\\\frac{\sqrt{3}}{3}\end{pmatrix} \right\}$ bezüglich dieses Skalarprodukts eine orthonormierte Basis ist.
   c) Man berechne $\vec{a} * \vec{b}$ für $\vec{a} = \begin{pmatrix}2\\1\\1\end{pmatrix}$ und $\vec{b} = \begin{pmatrix}1\\-1\\1\end{pmatrix}$.
   d) Man verfahre nun analog zu Aufgabe 2e.

## 4.6. Abstände im $\mathbb{R}^2$ und $\mathbb{R}^3$, Normalenformen

Im Abschnitt 3.5. haben wir die Darstellung einer Geraden im $\mathbb{R}^2$ in Parameterform und in parameterfreier Form kennengelernt. Mit diesen Darstellungen können wir aber nur Fragen der Inzidenzgeometrie beantworten, also z. B. die gegenseitige Lage von Punkten und Geraden untersuchen. Durch Einführung des Skalarproduktes wird metrische Geometrie ermöglicht, also z. B. die Berechnung des Abstandes zweier Punkte. Wir wollen in den folgenden Abschnitten weitere Untersuchungen zu Abstandsberechnungen vornehmen. *Dabei beziehen wir uns stets auf ein Koordinatensystem mit paarweise orthogonalen Basisvektoren der Länge 1 (orthonormierte Basis–kartesisches Koordinatensystem). Dies bedeutet, daß nur mit dem Standardskalarprodukt gerechnet wird.*

### 4.6.1. Normalenvektoren

Unter dem Abstand eines Punktes P von einer Geraden g bzw. Ebene E versteht man die kürzeste Entfernung des Punktes von den Punkten der Geraden bzw. Ebene.
Geometrisch findet man den Punkt Q auf g bzw. E, welcher die kürzeste Entfernung von P hat, indem man das Lot $l$ von P auf g bzw. E fällt (Fig. 4.23 bzw. 4.24).
Analytisch bedeutet dies, daß man einen Vektor $\vec{n}$ finden muß, welcher auf dem Richtungsvektor $\vec{u}$ der Geraden bzw. den Richtungsvektoren $\vec{u}$, $\vec{v}$ der Ebene senkrecht steht. Diesen Vektor bezeichnen wir als *Normalenvektor* zu $\vec{u}$ bzw. $\vec{u}$, $\vec{v}$.

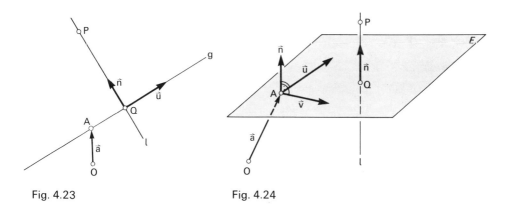

Fig. 4.23      Fig. 4.24

Bevor wir uns näher mit den geometrischen Überlegungen befassen (vgl. Abschnitt 4.6.3.), soll deshalb auf die rechnerische Bestimmung von Normalenvektoren eingegangen werden.

## Berechnung von Normalenvektoren einer Geraden im $\mathbb{R}^2$

Wie im Abschnitt 4.3. gezeigt wurde, ist $\vec{n} = \begin{pmatrix} -u_2 \\ u_1 \end{pmatrix}$ sicher ein Normalenvektor zu $\vec{u} = \begin{pmatrix} u_1 \\ u_2 \end{pmatrix}$ (vgl. Beispiel 4.11.) und auch jeder Vektor $k\vec{n}$ mit $k \in \mathbb{R}$. Man erkennt weiter, daß sich im $\mathbb{R}^2$ aus der Bedingung $\vec{n} * \vec{u} = n_1 u_1 + n_2 u_2 = 0$ ein Normalenvektor bis auf einen Skalarfaktor eindeutig bestimmen läßt. Im $\mathbb{R}^3$ ist das wegen $\vec{n} * \vec{u} = n_1 u_1 + n_2 u_2 + n_3 u_3$ nicht möglich, was auch anschaulich klar ist.

Im $\mathbb{R}^2$ erhält man also zu einem gegebenen Vektor $\vec{u} = \begin{pmatrix} u_1 \\ u_2 \end{pmatrix} \neq \vec{o}$ einen Normalenvektor $\vec{n} \neq \vec{o}$, indem man die Koordinaten von $\vec{u}$ vertauscht und bei einer Koordinate das Vorzeichen ändert.

## Berechnung von Normalenvektoren einer Ebene im $\mathbb{R}^3$

Es sei $\vec{n} \neq \vec{o}$, $\vec{n} \in \mathbb{R}^3$ ein Vektor mit den Eigenschaften $\vec{n} \perp \vec{u}$ und $\vec{n} \perp \vec{v}$, also $\vec{n} * \vec{u} = 0$ und $\vec{n} * \vec{v} = 0$ (Fig. 4.24). Dann gilt: $\vec{n} * (k\vec{u} + l\vec{v}) = k(\vec{n} * \vec{u}) + l(\vec{n} * v) =$
$= k \cdot 0 + l \cdot 0 = 0$, daher ist $\vec{n}$ orthogonal zu jedem Vektor der Ebene.
Im $\mathbb{R}^3$ erhält man also einen Normalenvektor einer Ebene, indem man einen Vektor ermittelt, der auf den beiden Richtungsvektoren der Ebene senkrecht steht.
Es sind daher die Gleichungen $\vec{n} * \vec{u} = 0$ und $\vec{n} * \vec{v} = 0$ zu lösen. Das zugehörige Gleichungssystem

$$n_1 u_1 + n_2 u_2 + n_3 u_3 = 0$$
$$n_1 v_1 + n_2 v_2 + n_3 v_3 = 0$$

für die drei Variablen $n_1$, $n_2$, $n_3$ ist unterbestimmt, da nur *zwei* Gleichungen vorhanden sind. Da aber die Vektoren $\vec{u}$ und $\vec{v}$ linear unabhängig sind, ist nur *eine* Variable frei wählbar. Andernfalls wäre eine Gleichung ein Vielfaches der anderen, $\vec{u}$ und $\vec{v}$ wären linear abhängig. Das bedeutet, daß auch ein Normalenvektor einer Ebene bis auf einen Skalarfaktor eindeutig bestimmt ist.
Die praktische Berechnung eines Normalenvektors einer Ebene erläutern wir anhand von Beispielen.

**Beispiel 4.26.**

Man berechne einen Normalenvektor zu den Vektoren $\vec{u} = \begin{pmatrix} 2 \\ 1 \\ -1 \end{pmatrix}$ und $\vec{v} = \begin{pmatrix} 3 \\ -1 \\ 2 \end{pmatrix}$.

Das zugehörige Gleichungssystem lautet:

$2n_1 + n_2 - n_3 = 0$
$3n_1 - n_2 + 2n_3 = 0$

Wir nehmen z. B. $n_3$ als frei wählbare Variable und setzen $n_3 = r$. Dann gilt:

$2n_1 + n_2 = r$
$3n_1 - n_2 = -2r$

Als Lösung erhalten wir $n_1 = -\frac{1}{5}r$ und $n_2 = \frac{7}{5}r$.

Damit ergibt sich für den Normalenvektor $\vec{n}$ zunächst $\vec{n} = r \begin{pmatrix} -\frac{1}{5} \\ \frac{7}{5} \\ 1 \end{pmatrix} = \frac{r}{5} \begin{pmatrix} -1 \\ 7 \\ 5 \end{pmatrix}$.

Wählen wir nun z. B. $r = 5$, so ist $\vec{n} = \begin{pmatrix} -1 \\ 7 \\ 5 \end{pmatrix}$ ein Normalenvektor mit ganzzahligen Koordinaten.

## 4.6. Abstände im $\mathbb{R}^2$ und $\mathbb{R}^3$, Normalenformen

**Beispiel 4.27.**

Man berechne einen Normalenvektor zu den Vektoren $\vec{u} = \begin{pmatrix} 2 \\ 1 \\ -1 \end{pmatrix}$ und $\vec{v} = \begin{pmatrix} 2 \\ 1 \\ -3 \end{pmatrix}$.

Das zugehörige Gleichungssystem lautet: $\quad 2n_1 + n_2 - n_3 = 0$
$\qquad\qquad\qquad\qquad\qquad\qquad\qquad\quad 2n_1 + n_2 - 3n_3 = 0$

Wählen wir wie im vorigen Beispiel $n_3 = r$, so erhalten wir $\quad 2n_1 + n_2 = r$
$\qquad\qquad\qquad\qquad\qquad\qquad\qquad\qquad\qquad\qquad\qquad\quad 2n_1 + n_2 = 3r$.

Dieses System hat nur für $r = 0$ eine Lösung, da die Subtraktion der beiden Gleichungen auf $0 = -2r$ führt. Also ist $n_3 = 0$ und das System reduziert sich auf die Gleichung $2n_1 + n_2 = 0$, d. h. $n_2 = -2n_1$. Nun können wir $n_1$ als frei wählbare Variable betrachten und erhalten als Normalenvektor $\vec{n} = \begin{pmatrix} n_1 \\ n_2 \\ n_3 \end{pmatrix} = \begin{pmatrix} n_1 \\ -2n_1 \\ 0 \end{pmatrix} = n_1 \begin{pmatrix} 1 \\ -2 \\ 0 \end{pmatrix}$. Wählen wir z. B. $n_1 = 1$, so ist $\vec{n} = \begin{pmatrix} 1 \\ -2 \\ 0 \end{pmatrix}$ ein Normalenvektor mit ganzzahligen Koordinaten.

**Bemerkungen:**

1. Wählt man im Beispiel 4.27. von vornherein $n_1$ (oder $n_2$) als frei wählbare Variable, so führt der Lösungsweg wie im Beispiel 4.26. ohne zusätzliche Überlegung zu einem geeigneten Normalenvektor.

2. Das Gleichungssystem zur Berechnung eines Normalenvektors ist im allgemeinen recht einfach zu lösen. Insbesondere kann man durch geschickte Wahl des Parameters in der Lösung häufig erreichen, daß die Koordinaten des Normalenvektors ganzzahlig werden. Die Richtigkeit der Lösung kann sofort durch Ausrechnen der Skalarprodukte überprüft werden.

**Aufgabe zu 4.6.1.** Siehe Aufgabe 1 zu 4.6.2.

### *4.6.2. Das Vektorprodukt im $\mathbb{R}^3$

In den Beispielen 4.26. und 4.27. wurde die Berechnung eines Normalenvektors $\vec{n}$ zu zwei Richtungsvektoren $\vec{u}$ und $\vec{v}$ einer Ebene exemplarisch erläutert. Im folgenden soll allgemein zu zwei Vektoren $\vec{x}, \vec{y} \in \mathbb{R}^3$ mit $\vec{x} \neq \vec{o}, \vec{y} \neq \vec{o}$ und $\vec{x} \neq k\vec{y}$ ein Normalenvektor $\vec{z}$ ermittelt werden:

$\vec{z}$ ist, sofern eine orthonormierte Basis zugrundegelegt wird, (wie schon erwähnt) Lösung des Gleichungssystems

$\begin{matrix} \vec{z} * \vec{x} = 0 \\ \vec{z} * \vec{y} = 0 \end{matrix}$, also $\begin{matrix} x_1 z_1 + x_2 z_2 + x_3 z_3 = 0 \\ y_1 z_1 + y_2 z_2 + y_3 z_3 = 0 \end{matrix}$ für die Variablen $z_1, z_2, z_3$.

Eine spezielle Lösung dieses unterbestimmten Gleichungssystems ist

$z_1 = \quad x_2 y_3 - x_3 y_2 \quad = \begin{vmatrix} x_2 & x_3 \\ y_2 & y_3 \end{vmatrix}$

$z_2 = -(x_1 y_3 - x_3 y_1) = -\begin{vmatrix} x_1 & x_3 \\ y_1 & y_3 \end{vmatrix}$

$z_3 = \quad x_1 y_2 - x_2 y_1 \quad = \begin{vmatrix} x_1 & x_2 \\ y_1 & y_2 \end{vmatrix}$ (vgl. Abschnitt 2.7.),

wie man mit Hilfe des Laplaceschen Entwicklungssatzes (vgl. S. 69) leicht nachrechnet (vgl. Aufgabe 5a).

Für den durch diese spezielle Wahl festgelegten Normalenvektor $\vec{z}$ zu $\vec{x}$ und $\vec{y}$ schreibt man $\vec{x} \times \vec{y}$, gelesen $\vec{x}$ kreuz $\vec{y}$. Durch diese Festlegung ist für $\vec{x}, \vec{y} \in \mathbb{R}^3$ mit $\vec{x} \neq \vec{o}, \vec{y} \neq \vec{o}$ und $\vec{x} \neq k\vec{y}$ eine innere Verknüpfung $(\vec{x}, \vec{y}) \mapsto \vec{x} \times \vec{y}$ definiert.

Für beliebige Vektoren $\vec{x}, \vec{y} \in \mathbb{R}^3$ definiert man:

Die durch $\vec{x} \times \vec{y} = \begin{pmatrix} x_2 y_3 - x_3 y_2 \\ -(x_1 y_3 - x_3 y_1) \\ x_1 y_2 - x_2 y_1 \end{pmatrix} = \begin{pmatrix} \begin{vmatrix} x_2 & x_3 \\ y_2 & y_3 \end{vmatrix} \\ -\begin{vmatrix} x_1 & x_3 \\ y_1 & y_3 \end{vmatrix} \\ \begin{vmatrix} x_1 & x_2 \\ y_1 & y_2 \end{vmatrix} \end{pmatrix}$

im Vektorraum $\mathbb{R}^3$ mit Standardskalarprodukt festgelegte innere Verknüpfung heißt *Vektorprodukt* (oder Kreuzprodukt).

Für $\vec{x} \neq \vec{o}, \vec{y} \neq \vec{o}$ und $\vec{x} \neq k\vec{y}$ liefert also das Vektorprodukt $\vec{x} \times \vec{y}$ einen zu $\vec{x}$ und $\vec{y}$ senkrechten Vektor; für $\vec{x} = \vec{o}, \vec{y} = \vec{o}$ oder $\vec{x} = k\vec{y}$ gilt (wie sofort aus obiger Definition ersichtlich ist): $\vec{x} \times \vec{y} = \vec{o}$

**Bemerkung:**

Für $\vec{x} = x_1 \vec{e}_1 + x_2 \vec{e}_2 + x_3 \vec{e}_3$, $\vec{y} = y_1 \vec{e}_1 + y_2 \vec{e}_2 + y_3 \vec{e}_3$ ($B = \{\vec{e}_1, \vec{e}_2, \vec{e}_3\}$ ist eine orthonormierte Basis!) läßt sich $\vec{x} \times \vec{y}$ formal als Determinante berechnen:

$\vec{x} \times \vec{y} = \begin{vmatrix} \vec{e}_1 & \vec{e}_2 & \vec{e}_3 \\ x_1 & x_2 & x_3 \\ y_1 & y_2 & y_3 \end{vmatrix} = \begin{vmatrix} x_2 & x_3 \\ y_2 & y_3 \end{vmatrix} \vec{e}_1 - \begin{vmatrix} x_1 & x_3 \\ y_1 & y_3 \end{vmatrix} \vec{e}_2 + \begin{vmatrix} x_1 & x_2 \\ y_1 & y_2 \end{vmatrix} \vec{e}_3$

(Entwicklung der Determinante nach der 1. Zeile)

Für das Vektorprodukt gelten folgende *Rechengesetze*, auf deren Beweise (die teilweise umfangreiche algebraische Umformungen erfordern) wir verzichten:

1. $\vec{x} \times \vec{x} = \vec{o}$, $(r\vec{x}) \times (s\vec{y}) = rs(\vec{x} \times \vec{y})$
2. $\vec{x} \times \vec{y} = -(\vec{y} \times \vec{x})$    Das Kommutativgesetz gilt *nicht*.
3. $(\vec{x} \times \vec{y}) \times \vec{z} = (\vec{x} * \vec{z})\vec{y} - (\vec{y} * \vec{z})\vec{x}$
   $\vec{x} \times (\vec{y} \times \vec{z}) = (\vec{x} * \vec{z})\vec{y} - (\vec{x} * \vec{y})\vec{z}$    Das Assoziativgesetz gilt *nicht*.
4. $(\vec{x} + \vec{y}) \times \vec{z} = (\vec{x} \times \vec{z}) + (\vec{y} \times \vec{z})$
   $\vec{x} \times (\vec{y} + \vec{z}) = (\vec{x} \times \vec{y}) + (\vec{x} \times \vec{z})$    Das Distributivgesetz gilt.
5. $(r\vec{x} + s\vec{y}) \times \vec{z} = r(\vec{x} \times \vec{z}) + s(\vec{y} \times \vec{z})$
6. $(\vec{x} \times \vec{y}) * \vec{z} = (\vec{z} \times \vec{x}) * \vec{y} = (\vec{y} \times \vec{z}) * \vec{x} = \det(\vec{x}, \vec{y}, \vec{z})$
7. $(\vec{x}_1 \times \vec{y}_1) * (\vec{x}_2 \times \vec{y}_2) = (\vec{x}_1 * \vec{x}_2) \cdot (\vec{y}_1 * \vec{y}_2) - (\vec{x}_1 * \vec{y}_2) \cdot (\vec{y}_1 * \vec{x}_2)$

## 4.6. Abstände im $\mathbb{R}^2$ und $\mathbb{R}^3$, Normalenformen

Für den *Betrag* von $\vec{x} \times \vec{y}$ gilt:

$$|\vec{x} \times \vec{y}| = |\vec{x}| \cdot |\vec{y}| \cdot |\sin \measuredangle (\vec{x}, \vec{y})|$$

**Beweis:**
Für $\vec{x} = \vec{o}$ oder $\vec{y} = \vec{o}$ ist die Aussage klarerweise erfüllt. Es sei also nun $\vec{x} \neq \vec{o}$ und $\vec{y} \neq \vec{o}$. Dann gilt:

$$|\vec{x} \times \vec{y}|^2 = (x_2 y_3 - x_3 y_2)^2 + (x_1 y_3 - x_3 y_1)^2 + (x_1 y_2 - x_2 y_1)^2 =$$
$$= (x_1^2 + x_2^2 + x_3^2)(y_1^2 + y_2^2 + y_3^2) - (x_1 y_1 + x_2 y_2 + x_3 y_3)^2 =$$
$$= |\vec{x}|^2 \cdot |\vec{y}|^2 - (\vec{x} * \vec{y})^2 = |\vec{x}|^2 \cdot |\vec{y}|^2 - |\vec{x}|^2 |\vec{y}|^2 (\cos \measuredangle (\vec{x}, \vec{y}))^2 =$$
$$= |\vec{x}|^2 \cdot |\vec{y}|^2 (1 - (\cos \measuredangle (\vec{x}, \vec{y}))^2) = |\vec{x}|^2 |\vec{y}|^2 (\sin \measuredangle (\vec{x}, \vec{y}))^2, \text{ also}$$
$$|\vec{x} \times \vec{y}| = |\vec{x}| \cdot |\vec{y}| \cdot |\sin \measuredangle (\vec{x}, \vec{y})|.$$

Der Betrag von $\vec{x} \times \vec{y}$ läßt sich geometrisch interpretieren (Fig. 4.25):

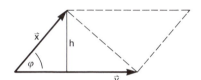

Fig. 4.25

Das von den Vektoren $\vec{x}, \vec{y}$ aufgespannte Parallelogramm mit $\varphi = \measuredangle (\vec{x}, \vec{y})$ und $h = |\vec{x}| \cdot \sin \varphi$ hat den Flächeninhalt $A_P = g \cdot h = |\vec{y}| \cdot |\vec{x}| \cdot |\sin \measuredangle (\vec{x}, \vec{y})|$, also $A_P = |\vec{x} \times \vec{y}|$.

Für den Flächeninhalt des von $\vec{x}$ und $\vec{y}$ aufgespannten Dreiecks folgt daraus:
$A_D = \frac{1}{2} |\vec{x} \times \vec{y}|$.

Damit ist anschaulich klar, daß
$\vec{x} \times \vec{y} = \vec{o} \Leftrightarrow \vec{x}, \vec{y}$ sind linear abhängig.

**Beispiel 4.28.**

Die Vektoren $\vec{a} = \begin{pmatrix} 1 \\ 1 \\ 2 \end{pmatrix}$, $\vec{b} = \begin{pmatrix} 2 \\ -3 \\ 4 \end{pmatrix}$ schließen einen Winkel von $\varphi \approx 57{,}95°$ ein, wie man mittels Skalarprodukt nachrechnet.

$$\vec{a} \times \vec{b} = \begin{vmatrix} \vec{e}_1 & \vec{e}_2 & \vec{e}_3 \\ 1 & 1 & 2 \\ 2 & -3 & 4 \end{vmatrix} = 10\vec{e}_1 - 0\vec{e}_2 + (-5)\vec{e}_3 = \begin{pmatrix} 10 \\ 0 \\ -5 \end{pmatrix} = 5 \begin{pmatrix} 2 \\ 0 \\ -1 \end{pmatrix},$$

also $|\vec{a} \times \vec{b}| = 5 \cdot \sqrt{5} \approx 11{,}18$.
Dieser Wert ergibt sich auch für $|\vec{a}| \cdot |\vec{b}| \cdot \sin \varphi \approx \sqrt{6} \cdot \sqrt{29} \cdot \sin 57{,}95°$. Das von den Vektoren $\vec{a}, \vec{b}$ aufgespannte Dreieck hat also einen Flächeninhalt von
$A_D = \frac{1}{2} |\vec{a} \times \vec{b}| = 2{,}5 \cdot \sqrt{5} \approx 5{,}59$.

**Bemerkung:**

Auch im $\mathbb{R}^2$ läßt sich eine einfache Formel für die Fläche des von den Vektoren $\vec{x} = \begin{pmatrix} x_1 \\ x_2 \end{pmatrix}$, $\vec{y} = \begin{pmatrix} y_1 \\ y_2 \end{pmatrix}$ aufgespannten Dreiecks herleiten. Hierzu wird der $\mathbb{R}^2$ in den $\mathbb{R}^3$ eingebettet (vgl. Beispiel 1.17):

Mit $\vec{x} = \begin{pmatrix} x_1 \\ x_2 \\ 0 \end{pmatrix}$, $\vec{y} = \begin{pmatrix} y_1 \\ y_2 \\ 0 \end{pmatrix}$, erhält man $\vec{x} \times \vec{y} = \begin{vmatrix} \vec{e}_1 & \vec{e}_2 & \vec{e}_3 \\ x_1 & x_2 & 0 \\ y_1 & y_2 & 0 \end{vmatrix} = \vec{e}_3 \begin{vmatrix} x_1 & x_2 \\ y_1 & y_2 \end{vmatrix}$

Der Betrag von $\vec{x} \times \vec{y}$ im $\mathbb{R}^3$ ist also nichts anderes als $|\det(\vec{x}, \vec{y})|$ im $\mathbb{R}^2$:

$A_D = \frac{1}{2} |\vec{x} \times \vec{y}|_{\vec{x}, \vec{y} \in \mathbb{R}^3} = \frac{1}{2} \det|(\vec{x}, \vec{y})|_{\vec{x}, \vec{y} \in \mathbb{R}^2}$

(Man beachte, daß der 1. Teil für den $\mathbb{R}^3$, der 2. Teil für den $\mathbb{R}^2$ gilt.)

Auch der Term $(\vec{x} \times \vec{y}) * \vec{z} = \det(\vec{x}, \vec{y}, \vec{z})$ läßt sich geometrisch interpretieren (Fig. 4.26):

Der von den Vektoren $\vec{x}$, $\vec{y}$, $\vec{z}$ aufgespannte Spat hat das Volumen

$V_{Sp} = G \cdot h = |\vec{x} \times \vec{y}| \cdot h$.

Für die Höhe ergibt sich $h = |\vec{z}| \cdot |\cos \varphi|$ und damit $V = |\vec{x} \times \vec{y}| \cdot |\vec{z}| \cdot |\cos \varphi| = |(\vec{x} \times \vec{y}) * \vec{z}|$. Man bezeichnet deshalb den Term $(\vec{x} \times \vec{y}) * \vec{z}$ als *Spatprodukt*.

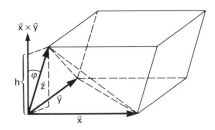

Fig. 4.26

Für das Volumen der von den Vektoren $\vec{x}$, $\vec{y}$, $\vec{z}$ aufgespannten Pyramide folgt daraus: $V_{Pyr} = \frac{1}{6} |(\vec{x} \times \vec{y}) * \vec{z}|$.

Für die *Richtung* von $\vec{x} \times \vec{y}$ gilt wegen $\vec{e}_1 \times \vec{e}_2 = \vec{e}_3$, $\vec{e}_2 \times \vec{e}_3 = \vec{e}_1$, $\vec{e}_3 \times \vec{e}_1 = \vec{e}_2$ (vgl. Aufgabe 5), daß $\vec{x}$, $\vec{y}$, $\vec{x} \times \vec{y}$ in dieser Reihenfolge ein Rechts- oder Linkssystem bilden, je nachdem, ob als orthonormierte Basis $B = \{\vec{e}_1, \vec{e}_2, \vec{e}_3\}$ ein Rechts- oder Linkssystem verwendet wird (Fig. 4.27).

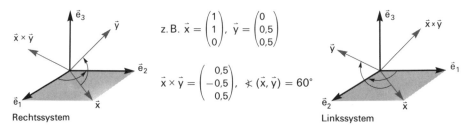

z.B. $\vec{x} = \begin{pmatrix} 1 \\ 1 \\ 0 \end{pmatrix}$, $\vec{y} = \begin{pmatrix} 0 \\ 0,5 \\ 0,5 \end{pmatrix}$

$\vec{x} \times \vec{y} = \begin{pmatrix} 0,5 \\ -0,5 \\ 0,5 \end{pmatrix}$, $\sphericalangle(\vec{x}, \vec{y}) = 60°$

Rechtssystem  Linkssystem

Fig. 4.27

Man spricht von einem Rechtssystem, wenn eine Drehung von $\vec{e}_1$ um 90° auf $\vec{e}_2$, in der Richtung von $\vec{e}_3$ betrachtet, eine Rechtsdrehung (Drehung im Uhrzeigersinn) ist.
Im allgemeinen ist es üblich, für $B = \{\vec{e}_1, \vec{e}_2, \vec{e}_3\}$ ein Rechtssystem zu wählen.

## 4.6. Abstände im $\mathbb{R}^2$ und $\mathbb{R}^3$, Normalenformen

**Bemerkung:**

Die in der Physik gebräuchlichen Regeln beziehen sich auf Rechtssysteme. Beispiele dafür sind:

a) Kraft auf einen stromdurchflossenen Leiter in einem Magnetfeld: $\vec{F} = I \cdot (\vec{l} \times \vec{B})$
   (Richtung der Kraft durch U-V-W-Regel)
b) Lorentzkraft: $\vec{F} = q \cdot (\vec{v} \times \vec{B})$
   (Richtung der Kraft hängt ab vom Vorzeichen der Ladung q.)
c) Bestimmung der Richtung des Induktionsstromes
d) Drehmoment: $\vec{M} = \vec{l} \times \vec{F}$ , Drehimpuls: $\vec{J} = m \cdot (\vec{r} \times \vec{v})$

Bei all diesen Formeln ist der Betrag des errechneten Vektors jeweils dann maximal, wenn die Vektoren der rechten Seite orthogonal sind.

### Aufgabe zu 4.6.2.

1. Berechnen Sie einen Normalenvektor $\vec{n}$, der auf den Vektoren $\vec{u}$ und $\vec{v}$ senkrecht steht.

   a) $\vec{u} = \begin{pmatrix} 2 \\ -2 \\ 1 \end{pmatrix}, \vec{v} = \begin{pmatrix} 1 \\ 3 \\ -4 \end{pmatrix}$ b) $\vec{u} = \begin{pmatrix} 2 \\ -2 \\ 1 \end{pmatrix}, \vec{v} = \begin{pmatrix} -1 \\ 1 \\ 3 \end{pmatrix}$ c) $\vec{u} = \begin{pmatrix} 1 \\ -2 \\ 0 \end{pmatrix}, \vec{v} = \begin{pmatrix} 1 \\ 0 \\ -1 \end{pmatrix}$

*2. Berechnen Sie die Fläche des von den Vektoren $\vec{a}$, $\vec{b}$ aufgespannten Dreiecks:

   a) $\vec{a} = \begin{pmatrix} 1 \\ 2 \end{pmatrix}, \vec{b} = \begin{pmatrix} -1 \\ 3 \end{pmatrix}$ b) $\vec{a} = \begin{pmatrix} 1 \\ 2 \\ 1 \end{pmatrix}, \vec{b} = \begin{pmatrix} -1 \\ 3 \\ 1 \end{pmatrix}$

*3. Ein Tetraeder wird von den Punkten $A(-4|1|-2)$, $B(0|3|1)$, $C(0|2|1)$ und $D(2|7|4)$ aufgespannt.
   a) Bestimmen Sie die Fläche des Dreiecks ABC.
   b) Bestimmen Sie das Volumen des Tetraeders.
   c) Wie weit ist D von E(A, B, C) entfernt?

*4. Ein Elektron ($e = 1,6 \cdot 10^{-19}$ As) fliegt mit der Geschwindigkeit $6 \cdot 10^5$ m/s unter einem Winkel von 45° gegenüber den Feldlinien eines homogenen Magnetfeldes der Stärke $B = 0,5 \cdot 10^{-4}$ T $= 0,5 \cdot 10^{-4}$ N/Am. Mit welcher Kraft wird es (wohin) abgelenkt? (Die angegebene Geschwindigkeit hat ein Elektron, wenn es die Spannung 1V durchlaufen hat; das Magnetfeld entspricht der mittleren Stärke des Erdmagnetfeldes.)

*5. a) Für $\vec{x}, \vec{y} \in \mathbb{R}^3$ mit Standardskalarprodukt zeige man: $\vec{x} \times \vec{y} \perp \vec{x}$ und $\vec{x} \times \vec{y} \perp \vec{y}$
   b) Zeigen Sie unter Verwendung des Gesetzes 7., daß $|\vec{x} \times \vec{y}| = |\vec{x}| \cdot |\vec{y}| \cdot \sin \angle(\vec{x}, \vec{y})|$.
   c) Für $\vec{x}, \vec{y} \in \mathbb{R}^3$ zeige man: $\vec{x}, \vec{y}$ linear unabhängig $\Leftrightarrow \vec{x}, \vec{y}, \vec{x} \times \vec{y}$ ist Basis des $\mathbb{R}^3$.
   d) Berechnen Sie für $\vec{e}_1 = \begin{pmatrix} 1 \\ 0 \\ 0 \end{pmatrix}, \vec{e}_2 = \begin{pmatrix} 0 \\ 1 \\ 0 \end{pmatrix}, \vec{e}_3 = \begin{pmatrix} 0 \\ 0 \\ 1 \end{pmatrix}$ die Vektorprodukte $\vec{e}_i \times \vec{e}_k$ ($1 \leq i, k \leq 3$).
   e) Veranschaulichen Sie in einem Rechtssystem $\{\vec{e}_1, \vec{e}_2, \vec{e}_3\}$ anhand geeigneter Skizzen, daß die Vektoren $\vec{x}, \vec{y}, \vec{x} \times \vec{y}$ in dieser Reihenfolge ein Rechtssystem bilden:
   
   i) $\vec{x} = \vec{e}_1, \vec{y} = -\vec{e}_2$ ii) $\vec{x} = \begin{pmatrix} 1 \\ 1 \\ 0 \end{pmatrix}, \vec{y} = \begin{pmatrix} 1 \\ -1 \\ 0 \end{pmatrix}$ iii) $\vec{x} = \begin{pmatrix} 1 \\ 0 \\ 1 \end{pmatrix}, \vec{y} = \begin{pmatrix} 0 \\ 1 \\ 1 \end{pmatrix}$

### 4.6.3. Normalenformen

Mit Hilfe eines Normalenvektors erhält man eine weitere Darstellungsform einer Geraden im $\mathbb{R}^2$, aus der sich eine elegante Möglichkeit für die Berechnung des Abstandes eines Punktes von einer Geraden ergibt.

### Normalenform einer Geraden im $\mathbb{R}^2$

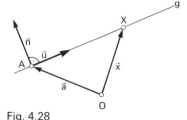

Es sei $\vec{x} = \vec{a} + k\vec{u}$ mit $\vec{u} \neq \vec{o}$, $k \in \mathbb{R}$ eine Parameterdarstellung einer Geraden g (bezüglich eines kartesischen Koordinatensystems im $\mathbb{R}^2$) und $\vec{n} \neq \vec{o}$ ein Normalenvektor zu $\vec{u}$ (Fig. 4.28).

Dann ist $\vec{x} - \vec{a} = k\vec{u}$ und $k\vec{u} \perp \vec{n}$,
also $\vec{n} * (\vec{x} - \vec{a}) = 0$.

Fig. 4.28

Die Gleichung $\vec{n} * (\vec{x} - \vec{a}) = 0$ heißt eine *Normalenform* der Geraden g.

Aus der Schreibweise $n_1 x_1 + n_2 x_2 + c = 0$ mit $c = -(\vec{n} * \vec{a}) = -(n_1 a_1 + n_2 a_2)$ erkennt man, daß die Normalenform der parameterfreien Darstellung $A_1 x_1 + A_2 x_2 + A_3 = 0$ entspricht. Mit $n_1 x_1 + n_2 x_2 + c = 0$ ist auch $rn_1 x_1 + rn_2 x_2 + rc = 0$ mit $r \in \mathbb{R} \setminus \{0\}$ eine Normalenform.

**Beispiel 4.29.**

Eine Normalenform der Geraden g: $\vec{x} = \begin{pmatrix} 2 \\ 3 \end{pmatrix} + k \begin{pmatrix} 4 \\ 1 \end{pmatrix}$, $k \in \mathbb{R}$, lautet wegen $\vec{u} = \begin{pmatrix} 4 \\ 1 \end{pmatrix}$, also $\vec{n} = \begin{pmatrix} 1 \\ -4 \end{pmatrix}$: $\begin{pmatrix} 1 \\ -4 \end{pmatrix} * \left( \vec{x} - \begin{pmatrix} 2 \\ 3 \end{pmatrix} \right) = 0$ oder $x_1 - 4x_2 + 10 = 0$.

Eine Parameterdarstellung der Geraden h: $3x_1 - 5x_2 + 12 = 0$ lautet wegen $\vec{n} = \begin{pmatrix} 3 \\ -5 \end{pmatrix}$, also $\vec{u} = \begin{pmatrix} 5 \\ 3 \end{pmatrix}$ und $A(1|3) \in h$: $\vec{x} = \begin{pmatrix} 1 \\ 3 \end{pmatrix} + k \begin{pmatrix} 5 \\ 3 \end{pmatrix}$, $k \in \mathbb{R}$.

### Tangente an einen Kreis

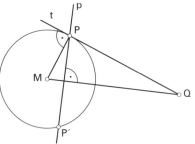

Benutzt man die Eigenschaft, daß die Tangente t im Punkt P eines Kreises $K_{M,r}$ auf dem Radius [MP] senkrecht (vgl. Aufgabe 4), so erhält man eine Normalenform der Tangentengleichung
t: $(\vec{p} - \vec{m}) * (\vec{x} - \vec{p}) = 0$.

Da P die Kreisgleichung erfüllt, gilt
$(\vec{p} - \vec{m})^2 = r^2$.

Addition zur Tangentengleichung liefert mit
$(\vec{p} - \vec{m}) * (\vec{x} - \vec{p}) + (\vec{p} - \vec{m})^2 =$
$= (\vec{p} - \vec{m}) * (\vec{x} - \vec{p} + \vec{p} - \vec{m}) = r^2$

Fig. 4.29

eine weitere Koordinatenform der Tangentengleichung t: $(\vec{p} - \vec{m}) * (\vec{x} - \vec{m}) = r^2$, die formale Ähnlichkeit zur Kreisgleichung $(\vec{x} - \vec{m}) * (\vec{x} - \vec{m}) = r^2$ aufweist.

Sucht man von einem Punkt Q außerhalb des Kreises $K_{M,r}$ die Tangenten, so gilt für die Berührpunkte P die Gleichung $(\vec{p} - \vec{m}) * (\vec{q} - \vec{p}) = 0$ (vgl. Fig. 4.29)

4.6. Abstände im $\mathbb{R}^2$ und $\mathbb{R}^3$, Normalenformen

und analog wie oben $(\vec{p} - \vec{m}) * (\vec{q} - \vec{m}) = r^2$. Dies läßt sich so interpretieren, daß die Punkte P die Gleichung einer zu QM senkrechten Geraden p: $(\vec{q} - \vec{m}) * (\vec{x} - \vec{m}) = r^2$, *Polare* zum Punkt Q genannt, erfüllen. Die Berührpunkte sind dann die Schnittpunkte der Polaren mit dem Kreis. (Man beachte, daß sich die Gleichung der Tangente in einem Punkt des Kreises und die Gleichung der Polaren zu einem Punkt außerhalb des Kreises formal nicht unterscheiden.)

**Beispiel 4.30.**

$\left(\vec{x} - \begin{pmatrix} 3 \\ 2 \end{pmatrix}\right)^2 - 25 = 0$ bzw. $x_1^2 + x_2^2 - 6x_1 - 4x_2 - 12 = 0$ ist die Gleichung eines Kreises mit M(3|2) und r = 5.

Für die Gleichung der Tangente t im Punkt P(−1|−1) des Kreises (Nachweis) erhält man

aus $(\vec{p} - \vec{m}) * (\vec{x} - \vec{p}) = 0$: $\begin{pmatrix} -4 \\ -3 \end{pmatrix} * \left(\vec{x} - \begin{pmatrix} -1 \\ -1 \end{pmatrix}\right) = 0$, also $4x_1 + 3x_2 + 7 = 0$,

aus $(\vec{p} - \vec{m}) * (\vec{x} - \vec{m}) - r^2 = 0$: $\begin{pmatrix} -4 \\ -3 \end{pmatrix} * \left(\vec{x} - \begin{pmatrix} 3 \\ 2 \end{pmatrix}\right) - 25 = 0$, also $4x_1 + 3x_2 + 7 = 0$.

Die Tangenten zum Punkt Q(2|−5) außerhalb des Kreises (Nachweis!) findet man folgendermaßen:

Die Polare zum Punkt Q hat die Gleichung $\begin{pmatrix} -1 \\ -7 \end{pmatrix} * \left(\vec{x} - \begin{pmatrix} 3 \\ 2 \end{pmatrix}\right) - 25 = 0$ bzw. $x_1 + 7x_2 + 8 = 0$.

Die Schnittpunkte der Polaren mit dem Kreis erhält man z. B. durch Einsetzen von $x_1 = -7x_2 - 8$ in die Kreisgleichung $(x_1 - 3)^2 + (x_2 - 2)^2 - 25 = 0$. Als Lösung der Gleichung $(-7x_2 - 11)^2 + (x_2 - 2)^2 - 25 = 0$ erhalten wir $x_2 = -1$ bzw. $x_2 = -2$, und damit $x_1 = -1$ bzw. $x_1 = 6$. Es gibt also, wie erwartet, zwei Berührpunkte $T_1(-1|-1)$ und $T_2(6|-2)$.

Die Tangentengleichungen lauten demnach

$t_1: \vec{x} = \begin{pmatrix} 2 \\ -5 \end{pmatrix} + s_1 \begin{pmatrix} -3 \\ 4 \end{pmatrix}$, $s_1 \in \mathbb{R}$,   $t_2: \vec{x} = \begin{pmatrix} 2 \\ -5 \end{pmatrix} + s_2 \begin{pmatrix} 4 \\ 3 \end{pmatrix}$, $s_2 \in \mathbb{R}$,   In diesem Beispiel sind die Tangenten $t_1$

bzw.  $4x_1 + 3x_2 + 7 = 0$,         bzw.  $3x_1 - 4x_2 - 26 = 0$.         und $t_2$ orthogonal.

**Aufgaben zu 4.6.3.**

1. Bestimmen Sie eine Normalenform
   a) der Mittelsenkrechten zu den Punkten A(3|2), B(7|−4),
   b) der Höhen des Dreiecks A(1|2), B(7|1), C(5|6).

2. a) Zeigen Sie, daß die Gleichung $x_1^2 - 4x_1 + x_2^2 - 2x_2 - 20 = 0$ einen Kreis beschreibt.
   b) Weisen Sie nach, daß P(6|4) auf dem Kreis, Q(13|3) außerhalb des Kreises liegt.
   Bestimmen Sie nun die Gleichungen der Tangenten
   c) im Punkt P des Kreises,         d) vom Punkt Q an den Kreis.

3. Bestimmen Sie die Gleichungen der Tangenten an den Kreis
   K: $x_1^2 + x_2^2 + 12x_1 - 10x_2 - 108 = 0$ durch die Punkte P(7|5) bzw. Q(1|−12).

4. Man zeige, daß die Gerade g: $\vec{x} = \vec{p} + k\vec{u}$ durch den Punkt P des Kreises K: $(\vec{x} - \vec{m})^2 = r^2$ mit K genau dann keinen weiteren Schnittpunkt hat, wenn $\vec{u} \perp (\vec{p} - \vec{m})$.

## Hessesche Normalenform[1] einer Geraden im $\mathbb{R}^2$

Es sei $\vec{n} * (\vec{x} - \vec{a}) = 0$ eine Normalenform der Geraden g, welche den Ursprung O nicht enthält. Dabei sei $\vec{n}$ so orientiert, daß $\vec{n} * \vec{a} > 0$, was bedeutet, daß $\vec{n}$ und $\vec{a}$ einen spitzen Winkel $\alpha$ einschließen, bzw. daß $\vec{n}$ vom Ursprung aus „zur Geraden g zeigt" (Fig. 4.30 a, b)

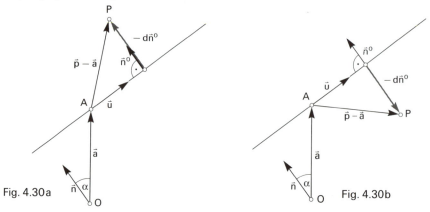

Fig. 4.30a  
Fig. 4.30b

Sei $\vec{u}$ der Richtungsvektor der Geraden g, $\vec{n}°$ der zu $\vec{n}$ gehörende Einheitsvektor und P ein beliebiger Punkt der Ebene. Bezeichnen wir den Abstand d(P, g) mit d, so entnimmt man, je nachdem ob der Ursprung O und P auf verschiedenen Seiten oder auf derselben Seite bezüglich der Geraden g liegen, aus Fig. 4.30 a, b:

$k\vec{u} \pm d\vec{n}° = \vec{p} - \vec{a}$, Multiplikation mit $\vec{n}°$ liefert wegen $\vec{n}° \perp \vec{u}$
$\pm d = \vec{n}° * (\vec{p} - \vec{a})$ und damit $d(P, g) = |\vec{n}° * (\vec{p} - \vec{a})|$.

Setzt man also in den Term $\vec{n}° * (\vec{x} - \vec{a})$ für $\vec{x}$ den Ortsvektor des Punktes P ein, so bekommt man (bis auf das Vorzeichen) den Abstand des Punktes P von der Geraden g. Die Gerade g zerlegt die Ebene in zwei Halbebenen. Läßt man negative Abstände zu und schreibt $d(P, g) = \vec{n}° * (\vec{p} - \vec{a})$, so bedeutet $d > 0$, daß P und der Ursprung O bezüglich g in verschiedenen Halbebenen liegen. $d < 0$ bedeutet, daß P und der Ursprung O bezüglich g in der gleichen Halbebene liegen.

Für $d = 0$ liegt P offenbar auf der Geraden und erfüllt die Normalenform der Geradengleichung.

Da mit $\vec{n} * (\vec{x} - \vec{a}) = 0$ auch $\vec{n}° * (\vec{x} - \vec{a}) = 0$ eine Normalenform von g ist und diese, wie gerade festgestellt, für die Abstandsbestimmung eine besondere Bedeutung hat, definiert man:

> Die Gleichung $\vec{n}° * (\vec{x} - \vec{a}) = 0$ mit der Bedingung $\vec{n} * \vec{a} > 0$ heißt *Hessesche Normalenform* der Geraden g.

Falls $\vec{n} * \vec{a} = 0$ (die Gerade g ist Ursprungsgerade), bezeichnet man sowohl $\vec{n}° * \vec{x} = 0$ als auch $-\vec{n}° * \vec{x} = 0$ als Hessesche Normalenform.

---

[1] Otto Ludwig Hesse (1811–1874), deutscher Mathematiker

## 4.6. Abstände im $\mathbb{R}^2$ und $\mathbb{R}^3$, Normalenformen

Wir wollen an dieser Stelle unsere bisherigen Überlegungen zusammenfassen:

> 1. Aus einer Normalenform $\vec{n} * (\vec{x} - \vec{a}) = 0$ einer Geraden g erhält man die Hessesche Normalenform $\vec{n}° * (\vec{x} - \vec{a}) = 0$, indem man den *Normalenvektor* $\vec{n}$ *normiert* und im Falle $\vec{n} * \vec{a} \neq 0$ so *orientiert*, daß $\vec{n} * \vec{a} > 0$ ist.
> Ist eine Normalenform in der Schreibweise $n_1 x_1 + n_2 x_2 + c = 0$ mit $c = -(\vec{n} * \vec{a}) = -(n_1 a_1 + n_2 a_2)$ gegeben, so bedeutet das, daß diese Gleichung durch $|\vec{n}|$ dividiert und, falls $c > 0$ ist, noch mit $-1$ multipliziert werden muß.
> Die Hessesche Normalenform lautet dann also $\dfrac{n_1 x_1 + n_2 x_2 + c}{\pm\sqrt{n_1^2 + n_2^2}} = 0$, wobei für die Wurzel das entgegengesetzte Vorzeichen von c zu wählen ist.
> Für $\vec{n} * \vec{a} = 0$ existieren zwei Hessesche Normalenformen, nämlich $\vec{n}° * \vec{x} = 0$ und $-\vec{n}° * \vec{x} = 0$.
>
> 2. Vergleichen wir den Term $d(P, g) = \vec{n}° * (\vec{p} - \vec{a})$ mit der Hesseschen Normalenform der Geraden, so erkennen wir:
> Den Abstand $d(P, g)$ eines Punktes P von einer Geraden g erhält man, indem man im Term $\vec{n}° * (\vec{x} - \vec{a})$ der Hesseschen Normalenform den Ortsvektor $\vec{x}$ durch den Ortsvektor $\vec{p}$ des Punktes P ersetzt. Ist $\vec{n} * \vec{a} > 0$, so bedeutet
>
> $d(P, g) > 0$, daß P und O in verschiedenen Halbebenen liegen,
> $d(P, g) = 0$, daß P auf g liegt,
> $d(P, g) < 0$, daß P und O in derselben Halbebene liegen.
>
> Ist $\vec{n} * \vec{a} = 0$, so liegt O auf g, und man kann wegen der Existenz zweier Hessescher Normalenformen nur $|d(P, g)|$ ermitteln.

|V9| Welchen Abstand $d(O, g)$ hat der Ursprung O von der Geraden $g: \vec{n} * (\vec{x} - \vec{a}) = 0$?

**Beispiel 4.31.**

Die Hessesche Normalenform der Geraden $g: x_1 - 2x_2 + 1 = 0$ lautet $\dfrac{x_1 - 2x_2 + 1}{-\sqrt{5}} = 0$, denn wegen $\vec{n} = \begin{pmatrix} 1 \\ -2 \end{pmatrix}$ ist $|\vec{n}| = \sqrt{5}$.

Der Punkt $P(3|5)$ hat von der Geraden g den Abstand $d(P, g) = \dfrac{3 - 10 + 1}{-\sqrt{5}} = \dfrac{6}{\sqrt{5}} > 0$, also liegen P und O in verschiedenen Halbebenen.

Der Punkt $Q(1|1)$ hat von g den Abstand $d(Q, g) = 0$, also liegt Q auf g.

Der Punkt $R(-1|-\sqrt{5})$ hat von g den Abstand $d(R, g) = -2 < 0$, also liegen R und O in derselben Halbebene.

**Bemerkung:**
Für die Berechnung des Abstandes eines Punktes von einer Geraden im $\mathbb{R}^3$ gibt es kein analoges Verfahren, da – wie bereits erwähnt – im $\mathbb{R}^3$ ein Normalenvektor $\vec{n}$ zum Richtungsvektor $\vec{u}$ der Geraden nicht bis auf einen Skalarfaktor eindeutig zu bestimmen ist. In der Gleichung $\vec{n} * \vec{u} = n_1 u_1 + n_2 u_2 + n_3 u_3 = 0$ sind *zwei* Variable frei wählbar.

Wir können mit Hilfe der Hesseschen Normalenform einer Geraden auch den *Abstand zweier paralleler Geraden im* $\mathbb{R}^2$ berechnen.
Es läßt sich nämlich zeigen, daß für zwei parallele Geraden alle Punkte der einen Geraden denselben Abstand von der anderen Geraden haben:

Es seien

g: $\vec{x} = \vec{a}_1 + k\vec{u}_1$ und h: $\vec{x} = \vec{a}_2 + l\vec{u}_2$

zwei parallele Geraden, also z. B. $\vec{u}_2 = r\vec{u}_1$. Da die Normalenvektoren $\vec{n}_1$ und $\vec{n}_2$ zu $\vec{u}_1$ bzw. $\vec{u}_2$ bis auf einen Skalarfaktor eindeutig bestimmt sind, gilt wegen $\vec{u}_2 = r\vec{u}_1$ auch $\vec{n}_2 = s\vec{n}_1$.

Wir können also zunächst feststellen:

> Zwei Geraden im $\mathbb{R}^2$ sind genau dann parallel, wenn ihre Normalenvektoren bis auf einen Skalarfaktor übereinstimmen.

Ist nun $\vec{n}_2^\circ * (\vec{x} - \vec{a}_2) = 0$ die Hessesche Normalenform der Geraden h, so hat ein beliebiger Punkt P der Geraden g von der Geraden h den (positiven) Abstand

$d(P, h) = |\vec{n}_2^\circ * (\vec{a}_1 + k\vec{u}_1 - \vec{a}_2)| = |\vec{n}_2^\circ * (\vec{a}_1 - \vec{a}_2)|$, da $\vec{n}_2^\circ * \vec{u}_1 = 0$.

Analog läßt sich zeigen, daß auch alle Punkte der Geraden h von der Geraden g denselben Abstand haben.

**Beispiel 4.32.**

Die Geraden g: $\vec{x} = \begin{pmatrix} 1 \\ 2 \end{pmatrix} + k \begin{pmatrix} -1 \\ 3 \end{pmatrix}$ bzw. $3x_1 + x_2 - 5 = 0$ und h: $\vec{x} = \begin{pmatrix} 1,5 \\ -1 \end{pmatrix} + r \begin{pmatrix} 2 \\ -6 \end{pmatrix}$ bzw. $6x_1 + 2x_2 - 7 = 0$ sind parallel. Ihre Normalenvektoren $\vec{n}_g = \begin{pmatrix} 3 \\ 1 \end{pmatrix}$ und $\vec{n}_h = \begin{pmatrix} 6 \\ 2 \end{pmatrix}$ stimmen bis auf den Skalarfaktor 2 (oder $\frac{1}{2}$) überein. Für den Abstand $d(g, h)$ erhält man also

$d(g, h) = \left| \frac{1}{\sqrt{40}} \begin{pmatrix} 6 \\ 2 \end{pmatrix} * \left( \begin{pmatrix} 1 \\ 2 \end{pmatrix} - \begin{pmatrix} 1,5 \\ -1 \end{pmatrix} \right) \right| = \frac{3}{20}\sqrt{10}$, bzw. mit der Hesseschen Normalenform von h:

$d(g, h) = \left| \frac{6 \cdot 1 + 2 \cdot 2 - 7}{\sqrt{40}} \right| = \frac{3}{20}\sqrt{10}$.

4.6. Abstände im $\mathbb{R}^2$ und $\mathbb{R}^3$, Normalenformen

**Aufgaben zu 4.6.3.**

5. Geben Sie die Hessesche Normalenform folgender Geraden an und berechnen Sie jeweils den Abstand der Punkte P(1|1) und Q(1|−1) von den Geraden:

   a) $\vec{x} = \begin{pmatrix} 1 \\ -2 \end{pmatrix} + k \begin{pmatrix} -3 \\ 2 \end{pmatrix}$
   
   b) $5x_1 + 12x_2 + 7 = 0$
   
   c) $\vec{x} = \begin{pmatrix} 3 \\ 4 \end{pmatrix} + r \begin{pmatrix} 1 \\ 0 \end{pmatrix}$
   
   d) $3x_1 + 5 = 0$

6. Die Punkte A, B, C sind die Ecken eines Dreiecks. Berechnen Sie jeweils den Abstand einer Ecke von der Gegenseite (Höhe) und die Dreiecksfläche.

   a) A(−2|−1), B(5|−2), C(1|−5)
   
   b) A(−2|−3), B(2|3), C(−2|3)

7. Im $\mathbb{R}^2$ sind die Geraden $g: \vec{x} = \begin{pmatrix} 2 \\ 3 \end{pmatrix} + k \begin{pmatrix} 1 \\ -2 \end{pmatrix}$ und $h: 4x_1 + 2x_2 + 3 = 0$ gegeben.

   a) Zeigen Sie, daß g und h echt parallel sind.
   
   b) Berechnen Sie den (positiven) Abstand d(g, h).
   
   *c) Geben Sie eine Gleichung der Mittelparallelen von g und h an.
   
   *d) Geben Sie eine Gleichung der Geraden an, welche von g den (positiven) Abstand 2 LE hat und in derselben Halbebene liegt wie die Gerade h.

8. Bestimmen Sie den Punkt D so, daß die Punkte A, B, C, D ein Parallelogramm bilden. Berechnen Sie die Abstände der gegenüberliegenden Seiten (Höhen) des Parallelogramms und seinen Flächeninhalt.

   a) A(2|4), B(8|2), C(11|5)
   
   b) A(−2|1), B(1|−3), C(6|0)

*9. Im $\mathbb{R}^2$ sind zwei sich schneidende Geraden $g: \vec{x} = \begin{pmatrix} -1 \\ 6 \end{pmatrix} + k \begin{pmatrix} 3 \\ -4 \end{pmatrix}$ und $h: \vec{x} = \begin{pmatrix} 6 \\ 5 \end{pmatrix} + l \begin{pmatrix} 4 \\ 3 \end{pmatrix}$ gegeben.

   Zeigen Sie, daß jeder Punkt der Geraden $w_1: \vec{x} = \begin{pmatrix} 1 \\ -5 \end{pmatrix} + r \begin{pmatrix} 1 \\ 7 \end{pmatrix}$ und der Geraden $w_2: \vec{x} = \begin{pmatrix} 2 \\ 2 \end{pmatrix} + s \begin{pmatrix} -7 \\ 1 \end{pmatrix}$ von den Geraden g und h den gleichen (positiven) Abstand hat.

   Geben Sie eine geometrische Deutung der Geraden $w_1$ und $w_2$.

10. Zeigen Sie, daß $(x_1 - 7)^2 + (x_2 - 5)^2 = 16$ die Gleichung des *Inkreises* des Dreiecks ABC mit A(1|1), B(15|1), C(6|13) ist.

11. Gegeben seien die Punkte A(3|−3), B(7|5) und C(0|6).

    a) Bestimmen Sie die Gleichungen der Mittelsenkrechten von [AB] und [BC].
    
    b) Bestimmen Sie die Gleichung des *Umkreises* des Dreiecks ABC.

## Normalenform einer Ebene im $\mathbb{R}^3$

Ähnlich wie bei Geraden im $\mathbb{R}^2$ erhalten wir mit Hilfe eines Normalenvektors eine weitere Darstellung einer Ebene (Fig. 4.31):

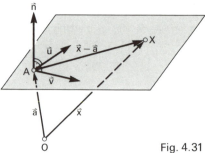

Fig. 4.31

Es seien $\vec{x} = \vec{a} + k\vec{u} + l\vec{v}$ mit $k, l \in \mathbb{R}$ eine Parameterdarstellung einer Ebene $E$ und $\vec{n} \neq \vec{o}$ ein Normalenvektor dieser Ebene. Aus $\vec{x} - \vec{a} = k\vec{u} + l\vec{v}$ erhalten wir durch Skalarproduktbildung mit $\vec{n}$ die Darstellung $\vec{n} * (\vec{x} - \vec{a}) = 0$ bzw.

$n_1 x_1 + n_2 x_2 + n_3 x_3 - c = 0$ mit $c = -(\vec{n} * \vec{a}) = -(n_1 a_1 + n_2 a_2 + n_3 a_3)$.

**Die Gleichung $\vec{n} * (\vec{x} - \vec{a}) = 0$ heißt eine *Normalenform* der Ebene $E$.**

Sie entspricht der parameterfreien Darstellung $A_1 x_1 + A_2 x_2 + A_3 x_3 + A_4 = 0$. Mit $n_1 x_1 + n_2 x_2 + n_3 x_3 + c = 0$ ist auch $r n_1 x_1 + r n_2 x_2 + r n_3 x_3 + r c = 0$ mit $r \in \mathbb{R} \setminus \{0\}$ eine Normalenform.

### Beispiel 4.33.

Eine Normalenform der Ebene $E: \vec{x} = \begin{pmatrix} 3 \\ 1 \\ -2 \end{pmatrix} + k \begin{pmatrix} 2 \\ 1 \\ -1 \end{pmatrix} + l \begin{pmatrix} 3 \\ -1 \\ 2 \end{pmatrix}$ lautet wegen $\vec{n} = \begin{pmatrix} -1 \\ 7 \\ 5 \end{pmatrix}$

(vgl. Beispiel 4.26.): $\begin{pmatrix} -1 \\ 7 \\ 5 \end{pmatrix} * \left( \vec{x} - \begin{pmatrix} 3 \\ 1 \\ -2 \end{pmatrix} \right) = 0$ bzw. $-x_1 + 7x_2 + 5x_3 + 6 = 0$.

Umgekehrt erhält man aus einer Normalenform (parameterfreien Darstellung) einer Ebene eine Parameterdarstellung, wenn man wie in Abschnitt 3.5.3. Beispiel 3.25. verfährt.

### Bemerkung:

Die Gleichung $(\vec{p} - \vec{m}) * (\vec{x} - \vec{p}) = 0$ stellt eine Normalenform der Tangentialebene im Punkt P der Kugel $K_{M,r}$ dar. Eine weitere Darstellungsform wäre $(\vec{p} - \vec{m}) * (\vec{x} - \vec{m}) = r^2$ (vgl. Kreistangente S. 170).

## Hessesche Normalenform einer Ebene im $\mathbb{R}^3$

Es sei $\vec{n} * (\vec{x} - \vec{a}) = 0$ eine Normalenform der Ebene $E$, welche den Ursprung $O$ nicht enthält (Fig. 4.32).

In Analogie zur Hesseschen Normalenform einer Geraden gilt:

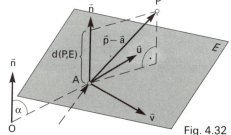

Fig. 4.32

**Die Gleichung $\vec{n}° * (\vec{x} - \vec{a}) = 0$ mit der Bedingung $\vec{n} * \vec{a} > 0$ heißt *Hessesche Normalenform* der Ebene $E$.**

## 4.6. Abstände im $\mathbb{R}^2$ und $\mathbb{R}^3$, Normalenformen

Falls $\vec{n} * \vec{a} = 0$ (die Ebene $E$ enthält den Ursprung O), bezeichnet man sowohl $\vec{n}° * \vec{x} = 0$ als auch $-\vec{n}° * \vec{x} = 0$ als Hessesche Normalenform.

Entsprechend wie bei Geraden im $\mathbb{R}^2$ gilt auch hier zunächst für den (positiven) Abstand eines Punktes P von der Ebene $E$: $d(P, E) = |\vec{n} * (\vec{p} - \vec{a})|$ (vgl. Fig. 4.31). Desgleichen läßt sich auch das Vorzeichen des Abstandes $d(P, E)$ geometrisch interpretieren. Die Ebene $E$ zerlegt den $\mathbb{R}^3$ in zwei Halbräume. Bei der durch die Bedingung $\vec{n} * \vec{a} > 0$ festgelegten Orientierung des Normalenvektors $\vec{n}$ haben alle Punkte, welche im gleichen Halbraum wie der Ursprung liegen, negative Abstände, dagegen alle Punkte, die im anderen Halbraum liegen, positive Abstände (vgl. Fig. 4.31).

Wir können also die Ergebnisse von Geraden im $\mathbb{R}^2$ auf Ebenen im $\mathbb{R}^3$ übertragen und folgendermaßen zusammenfassen:

---

1. Ist $\vec{n} * (\vec{x} - \vec{a}) = 0$ bzw. $n_1 x_1 + n_2 x_2 + n_3 x_3 + c = 0$ mit $c = -(n_1 a_1 + n_2 a_2 + n_3 a_3)$ eine Normalenform einer Ebene im $\mathbb{R}^3$, so erhält man daraus die Hessesche Normalenform, indem man den *Normalenvektor* $\vec{n}$ *normiert* und im Falle $\vec{n} * \vec{a} = -c \neq 0$ so *orientiert*, daß $\vec{n} * \vec{a} > 0$ ist.

Für $\vec{n} * \vec{a} \neq 0$ lautet die Hessesche Normalenform also $\vec{n}° * (\vec{x} - \vec{a}) = 0$ bzw. $\dfrac{n_1 x_1 + n_2 x_2 + n_3 x_3 + c}{\pm \sqrt{n_1^2 + n_2^2 + n_3^2}} = 0$, wobei die Wurzel stets das entgegengesetzte Vorzeichen von c erhält.

Für $\vec{n} * \vec{a} = 0$ ist sowohl $\vec{n}° * \vec{x} = 0$ als auch $-\vec{n}° * \vec{x} = 0$ eine Hessesche Normalenform.

2. Den Abstand $d(P, E)$ eines Punktes P von einer Ebene $E$ erhält man, indem man im Term $\vec{n}° * (\vec{x} - \vec{a})$ der Hesseschen Normalenform den Ortsvektor $\vec{x}$ durch den Ortsvektor $\vec{p}$ des Punktes P ersetzt. Ist $\vec{n} * \vec{a} > 0$, so bedeutet

$d(P, E) > 0$, daß P und O in verschiedenen Halbräumen liegen,
$d(P, E) = 0$, daß P in $E$ liegt,
$d(P, E) < 0$, daß P und O im gleichen Halbraum liegen.

Ist $\vec{n} * \vec{a} = 0$, so liegt O in $E$, und man kann wegen der Existenz zweier Hessescher Normalenformen nur $|d(P, E)|$ ermitteln.

---

**Beispiel 4.34.**

Die Hessesche Normalenform der Ebene $E$: $2x_1 + 2x_2 - x_3 + 5 = 0$ lautet $\dfrac{2x_1 + 2x_2 - x_3 + 5}{-3} = 0$.

Der Punkt P$(3|2|0)$ hat von der Ebene $E$ den Abstand $d(P, E) = \dfrac{6 + 4 + 0 + 5}{-3} = -5 < 0$, also liegen P und O im gleichen Halbraum.
Der Punkt Q$(-1|-1|1)$ hat von $E$ den Abstand $d(Q, E) = 0$, also liegt Q in $E$.
Der Punkt R$(0|-3|2)$ hat von $E$ den Abstand $d(R, E) = 1 > 0$, also liegen R und O in verschiedenen Halbräumen.

Mit Hilfe der Hesseschen Normalenform einer Ebene im $\mathbb{R}^3$ kann man den *Abstand zweier paralleler Ebenen im $\mathbb{R}^3$* berechnen.

Wie für parallele Gerade im $\mathbb{R}^2$ gilt analog für zwei Ebenen im $\mathbb{R}^3$:

> Zwei Ebenen im $\mathbb{R}^3$ sind genau dann parallel, wenn ihre Normalenvektoren bis auf einen Skalarfaktor übereinstimmen.

Desgleichen läßt sich analog zeigen, daß alle Punkte der einen Ebene den gleichen Abstand von der anderen Ebene haben.

V10 Welchen Abstand haben die beiden parallelen Ebenen
$E_1: \vec{n} * (\vec{x} - \vec{a}_1) = 0$ und $E_2: \vec{n} * (\vec{x} - \vec{a}_2) = 0$?

**Beispiel 4.35.**

Die Ebenen $E_1: 2x_1 - 3x_2 - 5x_3 - 7 = 0$ und $E_2: -4x_1 + 6x_2 + 10x_3 - 1 = 0$ sind parallel, denn für ihre Normalenvektoren $\vec{n}_1 = \begin{pmatrix} 2 \\ -3 \\ -5 \end{pmatrix}$ und $\vec{n}_2 = \begin{pmatrix} -4 \\ 6 \\ 10 \end{pmatrix}$ gilt: $\vec{n}_2 = -2\vec{n}_1$.

Die Ebenen sind echt parallel, da die Gleichung von $E_2$ nicht Vielfaches der Gleichung von $E_1$ ist. Da $P(1|0|-1)$ in $E_1$ liegt und $\dfrac{-4x_1 + 6x_2 + 10x_3 - 1}{\sqrt{152}} = 0$ die Hessesche Normalenform von $E_2$ ist, erhält man für den (positiven) Abstand $d(E_1, E_2) = \left|\dfrac{-4 - 10 - 1}{2\sqrt{38}}\right| = \dfrac{15}{76}\sqrt{38}$.

**Aufgaben zu 4.6.3.**

12. Welchen Abstand hat der Punkt P von der Ebene $E$?
    a) $P(1|2|1)$, $E: 3x_1 - 2x_2 + 6x_3 + 2 = 0$
    b) $P(2|-1|0)$, $E: x_1 + x_2 - 2x_3 + 2 = 0$
    c) $P(1|1|1)$, $E: x_1 + x_3 = 0$

13. Im $\mathbb{R}^3$ sind die Punkte $A(12|0|0)$, $B(3|2|2)$, $C(0|4|0)$ gegeben.
    a) Stellen Sie eine Gleichung der Ebene $E(A, B, C)$ in Parameterform und Normalenform auf.
    b) Berechnen Sie die Abstände $d(Z, E)$ und $d(W, E)$ für $Z(-6|2|8)$ und $W(10|-6|-3)$.
    c) Bestimmen Sie die Koordinaten des Fußpunktes des Lotes von W auf $E$.

14. Im $\mathbb{R}^3$ sind der Punkt $P(-3|2|2)$ und die Gerade $g: \vec{x} = \begin{pmatrix} 0 \\ 5 \\ 4 \end{pmatrix} + k \begin{pmatrix} 1 \\ 1 \\ 2 \end{pmatrix}$, $k \in \mathbb{R}$, gegeben.
    a) Geben Sie eine Gleichung der Ebene $E$ durch P und g in Parameter- und Normalenform an.
    b) Bestimmen Sie $n_2$ und $n_3$ so, daß $\vec{n} = \begin{pmatrix} 1 \\ n_2 \\ n_3 \end{pmatrix}$ ein Normalenvektor zur Ebene $E$ ist.
    c) Geben Sie die Hessesche Normalenform der Ebene $E$ an und berechnen Sie $d(Q, E)$ für $Q(-1|2|0)$.

4.6. Abstände im $\mathbb{R}^2$ und $\mathbb{R}^3$, Normalenformen

15. Gegeben sind im $\mathbb{R}^3$ die Geraden

    $g: \vec{x} = \begin{pmatrix} 4 \\ -3 \\ -1 \end{pmatrix} + r \begin{pmatrix} 2 \\ -2 \\ 1 \end{pmatrix}$, $r \in \mathbb{R}$, und $h: \vec{x} = \begin{pmatrix} -4 \\ -1 \\ 0 \end{pmatrix} + s \begin{pmatrix} 3 \\ 0 \\ -1 \end{pmatrix}$, $s \in \mathbb{R}$, sowie $A(3|-1|1)$.

    a) Berechnen Sie den Schnittpunkt S der beiden Geraden.
    b) Geben Sie eine Normalenform der Ebene $E_1$ an, welche g und h enthält und berechnen Sie den Abstand $d(A, E_1)$.
    c) Bestimmen Sie eine Gleichung der Ebene $E_2$, welche A enthält und orthogonal zur Geraden h ist.
    d) Von A wird das Lot auf h gefällt. Berechnen Sie die Koordinaten des Punktes L, in dem sich Lot und Gerade schneiden.

16. Im $\mathbb{R}^3$ sind die Ebene $E_1: 3x_1 - 2x_2 + 6x_3 + 14 = 0$ und die Gerade $g: \vec{x} = \begin{pmatrix} -7 \\ 4 \\ -1 \end{pmatrix} + r \begin{pmatrix} 3 \\ -3 \\ 1 \end{pmatrix}$ gegeben.

    a) Stellen Sie eine Normalengleichung der Ebene $E_2$ auf, welche den Punkt $P(-2|1|6)$ enthält und parallel zur Ebene $E_1$ ist.
    b) Berechnen Sie den (positiven) Abstand dieser beiden Ebenen.
    c) Zeigen Sie, daß die Gerade g diese beiden Ebenen schneidet.

17. Im $\mathbb{R}^3$ sind die Gerade $g: \vec{x} = \begin{pmatrix} 1 \\ -6 \\ 0 \end{pmatrix} + r \begin{pmatrix} 1 \\ -4 \\ 1 \end{pmatrix}$, $r \in \mathbb{R}$, und der Punkt $A(4|0|3)$ gegeben.

    a) Zeigen Sie, daß A nicht auf g liegt.
    b) Geben Sie eine Normalengleichung der Ebene E an, welche g und A enthält. Welchen Abstand hat der Ursprung von dieser Ebene?
    c) Geben Sie eine Gleichung des Lotes l von A auf g an und berechnen Sie den Lotfußpunkt.

18. Im $\mathbb{R}^3$ sind die Geraden $g: \vec{x} = \begin{pmatrix} 2 \\ -5 \\ -2 \end{pmatrix} + r \begin{pmatrix} -1 \\ 2 \\ 0 \end{pmatrix}$, $r \in \mathbb{R}$, und $h: \vec{x} = \begin{pmatrix} -1 \\ 1 \\ -2 \end{pmatrix} + s \begin{pmatrix} 3 \\ 4 \\ 5 \end{pmatrix}$, $s \in \mathbb{R}$, gegeben.

    a) Weisen Sie nach, daß sich die beiden Geraden schneiden und berechnen Sie die Koordinaten des Schnittpunktes S.
    b) Stellen Sie eine Normalengleichung der Ebene $E_1$ auf, welche von den Geraden g und h aufgespannt wird.
    c) Die Ebene $E_2$ steht senkrecht auf $E_1$ und enthält die Gerade g. Geben Sie eine Normalengleichung der Ebene $E_2$ an.
    d) Zeigen Sie, daß die beiden Punkte $A(4|1|4)$ und $B(-4|-3|-8)$ symmetrisch zur Geraden g liegen.

19. In einem kartesischen Koordinatensystem sind die Ebene $E: \begin{pmatrix} 2 \\ -1 \\ 2 \end{pmatrix} * \vec{x} - 12 = 0$ und die Gerade $g: \vec{x} = \begin{pmatrix} 4 \\ -7 \\ 3 \end{pmatrix} + k \begin{pmatrix} -2 \\ 10 \\ 7 \end{pmatrix}$, $k \in \mathbb{R}$, gegeben.

    a) Zeigen Sie, daß die Gerade g zur Ebene E parallel ist und berechnen Sie den Abstand der Geraden g von E.
    b) Stellen Sie eine Gleichung der Geraden h auf, welche zur Geraden g bezüglich der Ebene E symmetrisch liegt.
    c) Stellen Sie die Gleichung der mittelparallelen Geraden zu g und h auf. (Abiturprüfung 1974)

*20. Stellen Sie eine Gleichung der Ebene $E_1$ auf, welche zur Ebene $E: x_1 + 2x_2 + 2x_3 - 12 = 0$ parallel ist, von ihr den Abstand 6 LE hat und im gleichen Halbraum liegt wie der Ursprung.

*21. In einem kartesischen Koordinatensystem ist die Ebene $E: x_1 + x_2 - 2x_3 = 0$ gegeben.

a) Zeigen Sie, daß die Geradenschar $g_k: \vec{x} = \begin{pmatrix} 1 \\ 1 \\ k \end{pmatrix} + r \begin{pmatrix} -5 \\ 3 \\ -1 \end{pmatrix}$, $k, r \in \mathbb{R}$, parallel zu $E$ ist.

b) Bestimmen Sie diejenige Gerade der Schar, welche in $E$ liegt.

22. Zeigen Sie, daß jeder Punkt der Ebene $E: 2x_1 - x_3 - 6 = 0$ von den Punkten $P(8|0|0)$ und $Q(0|0|4)$ jeweils den gleichen (positiven) Abstand hat.

23. Gegeben sind die Ebene $E: \vec{x} = \begin{pmatrix} 1 \\ 8 \\ 5 \end{pmatrix} + r \begin{pmatrix} -1 \\ -2 \\ 0 \end{pmatrix} + s \begin{pmatrix} 3 \\ 4 \\ 5 \end{pmatrix}$ und der Punkt $M(1|4|3)$.

Bestimmen Sie die Gleichung der Kugel mit dem Mittelpunkt $M$, welche die Ebene $E$ berührt.

24. Man bestimme die Gleichungen der *Tangentialebenen* in den Punkten $P(?|-4|11)$ und $Q(3|?|-3)$ der Kugel $K: x_1^2 + x_2^2 + x_3^2 + 6x_1 - 4x_2 - 8x_3 - 92 = 0$.

## *4.6.4. Weitere Abstandsprobleme

### Abstand eines Punktes von einer Geraden im $\mathbb{R}^3$

Es seien $\vec{x} = \vec{a} + k\vec{u}$ mit $\vec{u} \neq \vec{o}$ und $k \in \mathbb{R}$ eine Parameterdarstellung einer Geraden $g$ und $P$ ein Punkt, der nicht auf $g$ liegt (Fig. 4.33).
Da im $\mathbb{R}^3$ für eine Gerade keine Hessesche Normalenform existiert, berechnen wir den (positiven) Abstand $d(P, g)$ folgendermaßen: Wir legen durch $P$ eine Ebene $E$ mit dem Normalenvektor $\vec{u}$ und bestimmen den Schnittpunkt $L$ (Lotfußpunkt) von $g$ und $E$. Dann ist die Gerade $l(P, L)$ eine Lotgerade zu $g$ und deshalb $d(P, g) = d(P, L)$.

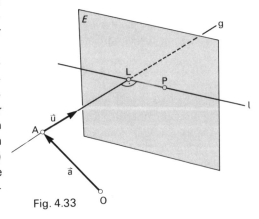

Fig. 4.33

### Beispiel 4.36.

Um den Abstand des Punktes $P(3|-4|2)$ von der Geraden $g: \vec{x} = \begin{pmatrix} 2 \\ 1 \\ 0 \end{pmatrix} + k \begin{pmatrix} 1 \\ -3 \\ 2 \end{pmatrix}$, $k \in \mathbb{R}$, zu berechnen, ermitteln wir zunächst eine Gleichung der Ebene $E$ mit dem Normalenvektor $\vec{u} = \begin{pmatrix} 1 \\ -3 \\ 2 \end{pmatrix}$, welche $P$ enthält. Aus einer Normalenform $\vec{u} * (\vec{x} - \vec{p}) = 0$ erhalten wir $x_1 - 3x_2 + 2x_3 - 19 = 0$. Für den Lotfußpunkt $L$ ergibt sich aus $2 + k - 3(1 - 3k) + 2(2k) - 19 = 0$ der Parameterwert $k = \frac{10}{7}$ und damit $L(\frac{24}{7}|-\frac{23}{7}|\frac{20}{7})$. Also ist $d(P, g) = |\vec{p} - \vec{l}| = \sqrt{(\frac{3}{7})^2 + (\frac{5}{7})^2 + (\frac{6}{7})^2} = \frac{1}{7}\sqrt{70}$.

4.6. Abstände im $\mathbb{R}^2$ und $\mathbb{R}^3$, Normalenformen

## Abstand zweier paralleler Geraden im $\mathbb{R}^3$

Die Berechnung des Abstandes zweier paralleler Geraden läßt sich zurückführen auf die Berechnung des Abstandes eines Punktes von einer Geraden. Da die beiden Geraden parallel sind, liegen sie in einer Ebene. Sie lassen sich „in einen geeigneten zweidimensionalen Punktraum einbetten". In diesem Punktraum haben aber alle Punkte der einen Geraden von der anderen Geraden den gleichen Abstand. Diese Tatsache gilt also auch im $\mathbb{R}^3$ und deshalb erhält man für den (positiven) Abstand zweier paralleler Geraden $g$: $\vec{x} = \vec{a}_1 + k\vec{u}_1$ und $h$: $x = \vec{a}_2 + l\vec{u}_1$ z.B. $d(g, h) = d(A_2, g)$.

## Abstand zweier windschiefer Geraden im $\mathbb{R}^3$

Unter dem Abstand $d(g, h)$ zweier windschiefer Geraden $g$ und $h$ versteht man die kürzeste der Entfernungen der Punkte von $g$ von den Punkten von $h$ (Fig. 4.34).
Die kürzeste Entfernung ist die Entfernung derjenigen Punkte $P \in g$ und $Q \in h$, welche auf einer gemeinsamen Lotgeraden $l$ von $g$ und $h$ liegen.

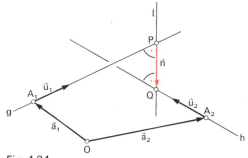

Fig. 4.34

Sind $g: \vec{x} = \vec{a}_1 + k\vec{u}_1$, $k \in \mathbb{R}$ und $h: \vec{x} = \vec{a}_2 + l\vec{u}_2$, $l \in \mathbb{R}$, die Parameterdarstellungen zweier windschiefer Geraden, so können wir den Abstand $d(g, h)$ folgendermaßen berechnen:

Wir bestimmen z.B. eine Gleichung der Ebene $E$, welche $g$ enthält und parallel zu $h$ ist. Eine Normalengleichung dieser Ebene lautet $\vec{n} * (\vec{x} - \vec{a}_1) = 0$, wobei $\vec{n} \perp \vec{u}_1$ und $\vec{n} \perp \vec{u}_2$ ist. Für den (positiven) Abstand $d(h, g)$ gilt dann $d(h, g) = d(h, E) = d(A_2, E)$. Also ist $d(h, g) = |\vec{n}^\circ * (\vec{a}_2 - \vec{a}_1)|$.

### Beispiel 4.37.

Die Geraden $g: \vec{x} = \begin{pmatrix} 5 \\ -3 \\ 4 \end{pmatrix} + k \begin{pmatrix} 2 \\ -1 \\ 2 \end{pmatrix}$ und $h: \vec{x} = \begin{pmatrix} 0 \\ 2 \\ -5 \end{pmatrix} + l \begin{pmatrix} 3 \\ -1 \\ 4 \end{pmatrix}$ sind windschief.

(Den Nachweis möge der Leser selbst erbringen.)

Ein Normalenvektor $\vec{n}$, der zu $\vec{u}_1$ und $\vec{u}_2$ orthogonal ist, ist $\vec{n} = \begin{pmatrix} 2 \\ 2 \\ -1 \end{pmatrix}$.

Damit ist $d(h, g) = \left| \frac{1}{3} \begin{pmatrix} 2 \\ 2 \\ -1 \end{pmatrix} * \left[ \begin{pmatrix} 0 \\ 2 \\ -5 \end{pmatrix} - \begin{pmatrix} 5 \\ -3 \\ 4 \end{pmatrix} \right] \right| = \left| \frac{1}{3} \begin{pmatrix} 2 \\ 2 \\ -1 \end{pmatrix} * \begin{pmatrix} -5 \\ 5 \\ -9 \end{pmatrix} \right| = 3$.

Eine weitere Möglichkeit zur Berechnung des Abstandes zweier windschiefer Geraden ergibt sich durch Verwendung einer geschlossenen Vektorkette, z. B. $OA_1PQA_2O$ (Fig. 4.34), also $\vec{a}_1 + k\vec{u}_1 + d\vec{n}° - l\vec{u}_2 - \vec{a}_2 = \vec{o}$. Die Zweckmäßigkeit der Wahl von $\vec{n}°$ statt $\vec{n}$ zeigt sich darin, daß man dann mit dem Betrag des Skalarfaktors d den (positiven) Abstand der beiden Geraden erhält, wobei die Orientierung von $\vec{n}°$ beliebig sein kann. Gleichzeitig kann man mit dieser geschlossenen Vektorkette die beiden Punkte P und Q auf den Geraden g und h berechnen, zwischen denen die kürzeste Entfernung besteht. Ordnet man die Gleichung der Vektorkette in der Form $k\vec{u}_1 + d\vec{n}° + l(-\vec{u}_2) = \vec{a}_2 - \vec{a}_1$, so erhält man ein inhomogenes Gleichungssystem mit drei Gleichungen für die Variablen k, d, l. Dieses Gleichungssystem hat immer eine eindeutige Lösung, da die Vektoren $\vec{u}_1, \vec{n}°, \vec{u}_2$ linear unabhängig sind.

### Beispiel 4.38.

Für die Geraden g und h aus Beispiel 4.37. lautet die Gleichung der Vektorkette

$$\begin{pmatrix} 5 \\ -3 \\ 4 \end{pmatrix} + k \begin{pmatrix} 2 \\ -1 \\ 2 \end{pmatrix} + \frac{d}{3} \begin{pmatrix} 2 \\ 2 \\ -1 \end{pmatrix} - l \begin{pmatrix} 3 \\ -1 \\ 4 \end{pmatrix} - \begin{pmatrix} 0 \\ 2 \\ -5 \end{pmatrix} = \vec{o}.$$

Multiplizieren wir diese Gleichung zunächst mit 3 und ordnen, so erhalten wir

$$k \begin{pmatrix} 6 \\ -3 \\ 6 \end{pmatrix} + d \begin{pmatrix} 2 \\ 2 \\ -1 \end{pmatrix} + l \begin{pmatrix} -9 \\ 3 \\ -12 \end{pmatrix} = \begin{pmatrix} -15 \\ 15 \\ -27 \end{pmatrix}.$$

Das Schema des zugehörigen inhomogenen Gleichungssystem $\begin{array}{ccc|c} 6 & 2 & -9 & -15 \\ -3 & 2 & 3 & 15 \\ 6 & -1 & -12 & -27 \end{array}$ läßt

sich umformen auf $\begin{array}{ccc|c} 1 & 0 & 0 & -2 \\ 0 & 1 & 0 & 3 \\ 0 & 0 & 1 & 1 \end{array}$ und liefert demnach die Lösungen $k = -2, d = 3, l = 1$.

Aus der Gleichung für die Gerade g erhält man mit $k = -2$ den Punkt $P(1|-1|0)$ und aus der Gleichung für die Gerade h mit $l = 1$ den Punkt $Q(3|1|-1)$. Als Kontrollmöglichkeit hat man die Beziehung $d(g, h) = d(P, Q)$.

### Bemerkung:

Multipliziert man die Vektorgleichung $k\vec{u}_1 + d\vec{n}° + l(-\vec{u}_2) = \vec{a}_2 - \vec{a}_1$ mit dem Vektor $\vec{n}°$ (Skalarprodukt), so erhält man $d = \vec{n}° * (\vec{a}_2 - \vec{a}_1)$, die Beziehung, die im Beispiel 4.37. verwendet wurde.

### Aufgaben zu 4.6.4.

1. Im $\mathbb{R}^3$ sind der Punkt $A(6|-5|3)$ und die Gerade $g: \vec{x} = \begin{pmatrix} 6 \\ 4 \\ 3 \end{pmatrix} + k \begin{pmatrix} -2 \\ -5 \\ 4 \end{pmatrix}$ gegeben.

   a) Weisen Sie nach, daß der Punkt A nicht auf der Geraden g liegt. Geben Sie eine Normalengleichung der Ebene E an, die durch den Punkt A geht und auf der Geraden g senkrecht steht.

   b) Bestimmen Sie den Punkt B auf der Geraden g, der vom Punkt A die kürzeste Entfernung hat.

## 4.6. Abstände im $\mathbb{R}^2$ und $\mathbb{R}^3$, Normalenformen

c) Bestimmen Sie den Punkt B auch mit den Mitteln der Differentialrechnung. (Ist X ein Punkt auf der Geraden g, so ist d (A, X) eine von k abhängige differenzierbare Funktion.)

d) Der Punkt $A_1$ ist der Spiegelpunkt von A bezüglich des Punktes B. Berechnen Sie die Koordinaten des Punktes $A_1$ und die Entfernung der Punkte A und $A_1$.

2. Berechnen Sie den Abstand des Punktes A (5|4|0) von der Geraden g: $\vec{x} = \begin{pmatrix} 2 \\ 1 \\ 0 \end{pmatrix} + k \begin{pmatrix} 1 \\ 2 \\ 2 \end{pmatrix}$

3. Im $\mathbb{R}^3$ sind die parallelen Geraden g: $\vec{x} = \begin{pmatrix} 1 \\ 4 \\ 3 \end{pmatrix} + r \begin{pmatrix} 12 \\ -9 \\ 16 \end{pmatrix}$ und h: $\vec{x} = \begin{pmatrix} -10 \\ 9 \\ -16 \end{pmatrix} + s \begin{pmatrix} 12 \\ -9 \\ 16 \end{pmatrix}$ gegeben. Stellen Sie eine Normalengleichung der Ebene E auf, die durch den Punkt A (1|4|3) der Geraden g geht und auf g senkrecht steht. Berechnen Sie die Koordinaten des Schnittpunktes S von h und E. Berechnen Sie den Abstand der Geraden g und h.

4. Im $\mathbb{R}^3$ sind eine Gerade g: $\vec{x} = \begin{pmatrix} 1 \\ -6 \\ 0 \end{pmatrix} + k \begin{pmatrix} 1 \\ -4 \\ 1 \end{pmatrix}$ und der Punkt B (4|0|3) gegeben.

a) Zeigen Sie, daß B nicht auf der Geraden g liegt. Stellen Sie eine Gleichung der Geraden h auf, die durch B und parallel zu g verläuft.

b) Das Lot durch B auf die Gerade g schneidet diese im Punkt A. Berechnen Sie die Koordinaten von A und geben Sie eine Gleichung des Lotes an.

c) Berechnen Sie den Abstand der Geraden g und h.

5. Im $\mathbb{R}^3$ sind die Geraden g: $\vec{x} = \begin{pmatrix} 2 \\ -3 \\ 0 \end{pmatrix} + k \begin{pmatrix} -1 \\ 0 \\ 1 \end{pmatrix}$ und h: $\vec{x} = \begin{pmatrix} 0 \\ -2 \\ 2 \end{pmatrix} + l \begin{pmatrix} 2 \\ 1 \\ 1 \end{pmatrix}$ gegeben.

a) Zeigen Sie, daß die Geraden g und h windschief sind.

b) Berechnen Sie den Abstand der beiden Geraden.

6. Im $\mathbb{R}^3$ sind die Geraden g: $\vec{x} = \begin{pmatrix} 1 \\ -5 \\ -1 \end{pmatrix} + r \begin{pmatrix} 1 \\ 1 \\ -1 \end{pmatrix}$ und h: $\vec{x} = s \begin{pmatrix} 1 \\ -2 \\ 5 \end{pmatrix}$ gegeben.

a) Zeigen Sie, daß die Geraden g und h windschief sind.

b) Geben Sie eine Gleichung der Ebene E in Normalform an, welche g enthält und parallel zu h ist.

c) Berechnen Sie den Abstand der Geraden h von der Ebene E.

d) Berechnen Sie die Koordinaten des Punktes P auf der Geraden h, welcher von g die kürzeste Entfernung hat.

e) Berechnen Sie die Koordinaten des Punktes Q, welcher zu P symmetrisch liegt bezüglich der Geraden g.

7. Im $\mathbb{R}^3$ sind die Geraden g: $\vec{x} = \begin{pmatrix} 2 \\ 1 \\ 6 \end{pmatrix} + r \begin{pmatrix} 1 \\ 2 \\ -3 \end{pmatrix}$ und h: $\vec{x} = \begin{pmatrix} -1 \\ 2 \\ -4 \end{pmatrix} + s \begin{pmatrix} 0 \\ 1 \\ -1 \end{pmatrix}$ gegeben.

a) Zeigen Sie, daß g und h windschief sind.

b) Stellen Sie eine Normalengleichung der Ebene $E_1$ auf, welche die Gerade g und das gemeinsame Lot der Geraden g und h enthält.

c) Weisen Sie nach, daß die Ebene $E_2: x_1 + x_2 + x_3 - 9 = 0$ die Gerade g enthält und parallel zur Geraden h ist.

d) Berechnen Sie den Abstand der Geraden g und h. (Abiturprüfung 1974)

8. Im $\mathbb{R}^3$ sind die Geraden $g: \vec{x} = \begin{pmatrix} 3 \\ 7 \\ -3 \end{pmatrix} + r \begin{pmatrix} 2 \\ 1 \\ 2 \end{pmatrix}$ und $h: \vec{x} = \begin{pmatrix} -1 \\ -5 \\ 10 \end{pmatrix} + s \begin{pmatrix} 2 \\ 2 \\ 3 \end{pmatrix}$ gegeben.

   a) Weisen Sie nach, daß die beiden Geraden windschief sind.
   b) Bestimmen Sie einen Vektor $\vec{n}$ in Richtung des kürzesten Abstands beider Geraden.
   c) Berechnen Sie eine Gleichung der Trägergeraden $l$ des kürzesten Abstands beider Geraden g und h.
   d) Wie groß ist der Abstand der beiden Geraden g und h. (Abiturprüfung 1972)

9. Zeigen Sie, daß die Geraden $g: \vec{x} = \begin{pmatrix} 2 \\ 0 \\ 5 \end{pmatrix} + k \begin{pmatrix} -2 \\ 5 \\ 0 \end{pmatrix}$ und $h: \vec{x} = \begin{pmatrix} 2 \\ 0 \\ 3 \end{pmatrix} + l \begin{pmatrix} 2 \\ 5 \\ a \end{pmatrix}$, $a \in \mathbb{R}$, unabhängig von der Wahl von a zueinander windschief sind. Berechnen Sie den Abstand der beiden Geraden. (Abiturprüfung 1975)

### 4.6.5. Eine Anwendung: Ermittlung einer Ausgleichsgeraden

Um zu zeigen, wie eng die verschiedenen Bereiche der Mathematik in ihren Anwendungen zusammenhängen, erläutern wir, wie sich ein Problem aus der Approximationstheorie (Analysis) elegant und übersichtlich in der Sprache der Geometrie (Vektorrechnung) formulieren und lösen läßt.

Als Ergebnis einer Meßreihe sei eine Tabelle mit n Wertepaaren $(x_1, y_1)$, $(x_2, y_2)$, ..., $(x_n, y_n)$ gegeben, zum Beispiel

| x | 1 | 2 | 3 | 4 | 5 | 6 |
|---|---|---|---|---|---|---|
| y | 0,1 | 3,0 | 4,0 | 4,3 | 7,4 | 7,9 |

Trägt man die Wertepaare als Punkte in ein Koordinatensystem ein (vgl. Fig. 4.35a), so liegt häufig der Verdacht nahe, daß zwischen den Werten $x_i$ und $y_i$ ein „linearer" Zusammenhang $y = ax + b$ besteht, das heißt, daß man die „Punktwolke" näherungsweise durch eine „Ausgleichsgerade" beschreiben kann.

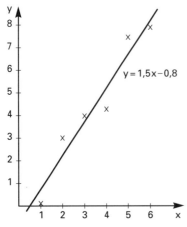

Fig. 4.35a

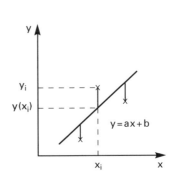

Fig. 4.35b

## 4.6. Abstände im $\mathbb{R}^2$ und $\mathbb{R}^3$, Normalenformen

Die Werte $y(x_i) = ax_i + b$, welche man durch Einsetzen der Meßwerte $x_i$ in die Funktionsgleichung $y = ax + b$ erhält, sind natürlich im allgemeinen von den Meßwerten $y_i$ verschieden.

Unter der Ausgleichsgeraden versteht man nun hierbei die Gerade, für welche die Summe der Abstandsquadrate $(y_i - y(x_i))^2$ minimal wird, also eine in gewissem Sinn für die Punktwolke „beste" Gerade (vgl. Fig. 4.35b und Abschnitt 4.1.).

Wir suchen also die Werte a, b für eine Geradengleichung $y = ax + b$ so zu finden, daß der Term $q(a, b) = (y_1 - ax_1 - b)^2 + (y_2 - ax_2 - b)^2 + \ldots + (y_n - ax_n - b)^2$ den kleinstmöglichen Wert annimmt.

Für unser Zahlenbeispiel ist also

$(0{,}1 - a - b)^2 + (3{,}0 - 2a - b)^2 + (4{,}0 - 3a - b)^2 + (4{,}3 - 4a - b)^2 +$
$+ (7{,}4 - 5a - b)^2 + (7{,}9 - 6a - b)^2$

zu minimieren.

Statt die Extremwertsuche mit den Mitteln der Analysis anzugehen, nehmen wir folgende Umstrukturierung vor:

Wir bilden den Vektor

$$\begin{pmatrix} ax_1 + b \\ ax_2 + b \\ \vdots \\ ax_n + b \end{pmatrix} = a \begin{pmatrix} x_1 \\ x_2 \\ \vdots \\ x_n \end{pmatrix} + b \begin{pmatrix} 1 \\ 1 \\ \vdots \\ 1 \end{pmatrix} = a\vec{x}^* + b\vec{e},$$

wobei $\vec{x}^*$ der Vektor des $\mathbb{R}^n$ ist, der aus den Meßwerten $x_i$ gebildet werden kann, $\vec{e}$ ist der „Einservektor" im $\mathbb{R}^n$. Dies kann man für variable $a, b \in \mathbb{R}$ auch als Parameterdarstellung $\vec{x} = a\vec{x}^* + b\vec{e}$ einer Ebene $E$ im $\mathbb{R}^n$ auffassen, welche durch den Ursprung verläuft und von den Vektoren $\vec{x}^*$ und $\vec{e}$ aufgespannt wird. (Mit Ausnahme des trivialen Falles $\vec{x}^* = k\vec{e}$, bei dem alle Meßwerte $x_i$ gleich sind.)

Faßt man den Vektor $\vec{y}^*$, der aus den Meßwerten $y_i$ gebildet werden kann, als Ortsvektor eines Punktes $Y^*$ im $\mathbb{R}^n$ auf, so kann man den Term $q(a, b)$ als Quadrat des Abstandes $|\vec{y}^* - \vec{x}|$ des Punktes $Y^*$ von den Punkten der Ebene $E$ interpretieren. Dieser Abstand ist sicher für den Punkt X der Ebene minimal, für den $\overline{XY^*}$ senkrecht zur Ebene ist. Es muß also gelten

$(\vec{y}^* - \vec{x}) \cdot \vec{x}^* = 0$ und $(\vec{y}^* - \vec{x}) \cdot \vec{e} = 0$, also
$(\vec{y}^* - a\vec{x}^* - b\vec{e}) \cdot \vec{x}^* = \vec{y}^* \cdot \vec{x}^* - a\vec{x}^{*2} - b\vec{e} \cdot \vec{x}^* = 0$ und
$(\vec{y}^* - a\vec{x}^* - b\vec{e}) \cdot \vec{e} = \vec{y}^* \cdot \vec{e} - a\vec{x}^* \cdot \vec{e} - b\vec{e}^2 = 0$.

Dies ist ein Gleichungssystem für die unbekannten Werte a, b, dessen Koeffizienten sich leicht berechnen lassen.

Für unser Beispiel mit $\vec{x}^* = \begin{pmatrix} 1 \\ 2 \\ 3 \\ 4 \\ 5 \\ 6 \end{pmatrix}$ und $\vec{y}^* = \begin{pmatrix} 0{,}1 \\ 3{,}0 \\ 4{,}0 \\ 4{,}3 \\ 7{,}4 \\ 7{,}9 \end{pmatrix}$ erhalten wir

$\vec{y}^* * \vec{x}^* = 119{,}7$, $\vec{x}^{*2} = 91$, $\vec{e} * \vec{x}^* = \vec{x}^* * \vec{e} = 21$, $\vec{y}^* * \vec{e} = 26{,}7$, $\vec{e}^2 = 6$,

also nach entsprechender Umformung das Gleichungssystem

91 a + 21 b = 119,7
21 a + 6 b = 26,7

woraus sich leicht die Lösungen a = 1,5 und b = − 0,8 errechnen.

Die Ausgleichsgerade für unsere Meßreihe hat also die Gleichung y = 1,5x − 0,8. (Der Graph ist in Fig. 4.35a eingetragen.)
Vermutet man also zwischen den Meßwerten $x_i$ und $y_i$ einen linearen Zusammenhang, so wird dieser am besten durch y = 1,5x − 0,8 beschrieben.
Der kleinstmögliche Abstand $d(Y^*, E)$ errechnet sich für unser Beispiel zu $\sqrt{2{,}48} \approx 1{,}57$ und ist (für festes n) ein Maß für die Güte dieser Approximation. (Liegen die Punkte $(x_i | y_i)$ alle auf einer Geraden, so wird $d(Y^*, E) = 0$.)

**Aufgabe zu 4.6.5.**

Man berechne die Ausgleichsgerade für folgende Meßreihen und skizziere jeweils Punktwolke und Ausgleichsgerade:

a)
| x | 1 | 1,5 | 2 | 2,5 | 3 |
|---|---|---|---|---|---|
| y | 1,5 | 2,5 | 1,0 | 2,5 | 3,0 |

b)
| x | 0 | 0 | 1 | 1 | 1 | 2 | 2 |
|---|---|---|---|---|---|---|---|
| y | 0 | 1 | 0 | 1 | 2 | 1 | 2 |

## 4.7. Winkel zwischen Geraden und Ebenen

**Winkel zwischen Geraden**

Im Abschnitt 4.3. haben wir mit Hilfe des Skalarproduktes den Winkel $\varphi$ zwischen zwei Vektoren $\vec{x}$ und $\vec{y}$ definiert: $\cos \varphi = \vec{x}^\circ * \vec{y}^\circ$ mit $0° \leq \varphi \leq 180°$.

> Unter dem Winkel $\varphi$ zwischen zwei sich schneidenden Geraden g und h versteht man denjenigen der beiden Winkel zwischen den Richtungsvektoren $\vec{u}_1$ und $\vec{u}_2$ oder $\vec{u}_1$ und $-\vec{u}_2$, für den gilt: $0° \leq \varphi \leq 90°$ (Fig. 4.36).

Sind also g: $\vec{x} = \vec{a}_1 + k\vec{u}_1$, $k \in \mathbb{R}$, und
h: $\vec{x} = \vec{a}_2 + l\vec{u}_2$, $l \in \mathbb{R}$,
die Parameterdarstellungen zweier Geraden, so gilt für den Winkel $\varphi$ zwischen g und h:

$$\cos \varphi = |\vec{u}_1^\circ * \vec{u}_2^\circ|$$

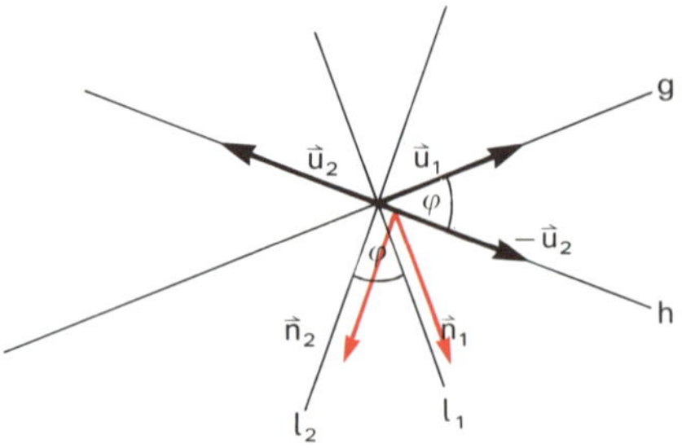

Fig. 4.36

Sonderfälle:
Ist $\cos \varphi = 0$, also $\varphi = 90°$, sind die beiden Geraden orthogonal,
ist $\cos \varphi = 1$, also $\varphi = 0°$, fallen die beiden Geraden zusammen.

## 4.7. Winkel zwischen Geraden und Ebenen

**Beispiel 4.39.**

Für den Winkel zwischen den Geraden $g: \vec{x} = \begin{pmatrix} 3 \\ 2 \\ 1 \end{pmatrix} + k \begin{pmatrix} -1 \\ 2 \\ 3 \end{pmatrix}$ und $h: \vec{x} = \begin{pmatrix} 0 \\ 7 \\ 3 \end{pmatrix} + l \begin{pmatrix} 2 \\ -3 \\ 1 \end{pmatrix}$

erhält man $\cos \varphi = \left| \frac{1}{\sqrt{14}} \begin{pmatrix} -1 \\ 2 \\ 3 \end{pmatrix} * \frac{1}{\sqrt{14}} \begin{pmatrix} 2 \\ -3 \\ 1 \end{pmatrix} \right| = \left| \frac{1}{14} \cdot (-5) \right|$ und damit $\varphi \approx 69{,}1°$.

Sind im $\mathbb{R}^2$ die beiden Geraden g und h durch eine parameterfreie Darstellung (Normalenform) gegeben, so erhält man den Winkel zwischen g und h als Winkel zwischen ihren Loten $l_1$ und $l_2$ mit den Richtungsvektoren $\vec{n}_1$ und $\vec{n}_2$ (Fig. 4.36):
$\cos \varphi = |\vec{n}_1° * \vec{n}_2°|$

**Beispiel 4.40.**

Für den Winkel zwischen den Geraden $g: 2x_1 - x_2 + 5 = 0$ und $h: 3x_1 + 4x_2 - 1 = 0$ erhält

man wegen $\vec{n}_1° = \frac{1}{\sqrt{5}} \begin{pmatrix} 2 \\ -1 \end{pmatrix}$ und $\vec{n}_2° = \frac{1}{5} \begin{pmatrix} 3 \\ 4 \end{pmatrix}$: $\cos \varphi = \left| \frac{2}{5\sqrt{5}} \right|$ und $\varphi \approx 79{,}7°$

### *Winkel zwischen Gerade und Ebene

Es seien $E$ eine Ebene und $g: \vec{x} = \vec{a} + k\vec{u}$ mit $\vec{u} \neq \vec{o}$ und $k \in \mathbb{R}$ eine Gerade, welche die Ebene $E$ schneidet (Fig. 4.37).

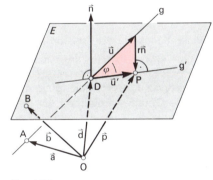

Fig. 4.37

> Unter dem Winkel $\varphi$ zwischen der Geraden g und der Ebene $E$ versteht man den Winkel zwischen der Geraden g und ihrer senkrechten Projektion g' in die Ebene $E$.

Mit Hilfe eines Normalenvektor $\vec{n}$ der Ebene läßt sich der Winkel leicht berechnen (Fig. 4.37).

Ist $\vec{n}$ so orientiert, daß $\vec{n}$ und $\vec{u}$ einen spitzen Winkel einschließen, also $\vec{n} * \vec{u} > 0$, so gilt:

$\cos(90° - \varphi) = \sin \varphi = \dfrac{\vec{n} * \vec{u}}{|\vec{n}| \cdot |\vec{u}|} = \vec{n}° * \vec{u}°$

Ist $\vec{n}$ so orientiert, daß $\vec{n}$ und $\vec{u}$ einen stumpfen Winkel einschließen, also $\vec{n} * \vec{u} < 0$, so gilt:

$\cos(90° + \varphi) = -\sin \varphi = \dfrac{\vec{n} * \vec{u}}{|\vec{n}| \cdot |\vec{u}|}$, also $\sin \varphi = -(\vec{n}° * \vec{u}°)$

Beide Fälle lassen sich zusammenfassen zu $\sin \varphi = |\vec{n}° * \vec{u}°|$

**Sonderfälle:**
Ist $\sin\varphi = 0$, also $\varphi = 0°$, so ist für $A \notin E$ die Gerade echt parallel zur Ebene, für $A \in E$ liegt die Gerade in $E$.
Ist $\sin\varphi = 1$, also $\varphi = 90°$, so ist die Gerade orthogonal zur Ebene.

### Beispiel 4.41.

Für den Winkel $\varphi$ zwischen der Geraden $g: \vec{x} = \begin{pmatrix} 2 \\ -1 \\ 1 \end{pmatrix} + k \begin{pmatrix} 1 \\ 2 \\ 2 \end{pmatrix}$ und der Ebene

$E: \vec{x} = \begin{pmatrix} 3 \\ 2 \\ 0 \end{pmatrix} + r \begin{pmatrix} 1 \\ 1 \\ 5 \end{pmatrix} + s \begin{pmatrix} 3 \\ 1 \\ 7 \end{pmatrix}$ erhält man mit dem Normalenvektor $\vec{n} = \begin{pmatrix} 1 \\ 4 \\ -1 \end{pmatrix}$ der Ebene:

$\sin\varphi = \left| \frac{1}{3\sqrt{2}} \begin{pmatrix} 1 \\ 4 \\ -1 \end{pmatrix} * \frac{1}{3} \begin{pmatrix} 1 \\ 2 \\ 2 \end{pmatrix} \right| = \left| \frac{7}{18} \sqrt{2} \right|$, also $\varphi \approx 33{,}4°$.

**Bemerkung:**

Ist die Ebene $E$ in Normalenform gegeben, so verringert sich der Rechenaufwand, da die Berechnung eines Normalenvektors entfällt.

Wir wollen in diesem Zusammenhang ein Verfahren zur Bestimmung der **senkrechten (orthogonalen) Projektion** $g'$ angeben (Fig. 4.37). Es sei $\vec{n} * (\vec{x} - \vec{b}) = 0$ eine Normalengleichung der Ebene $E$. (Falls die Ebene $E$ in Parameterform gegeben ist, wird zuerst eine Normalengleichung ermittelt.)
Für die Gerade $g'$ machen wir den Ansatz $\vec{x} = \vec{d} + m\vec{u}'$ mit $m \in \mathbb{R}$, wobei $\vec{d}$ der Ortsvektor des Schnittpunktes D (Durchstoßpunkt) von $g$ mit $E$ ist. Einen Richtungsvektor $\vec{u}'$ erhalten wir z. B. durch orthogonale Projektion von $\vec{u}$ in die Ebene $E$, also $\vec{u}' = \vec{u} + r\vec{n}$ mit geeignetem $r \in \mathbb{R}$. Diesen Parameter $r$ können wir wegen $\vec{u}' * \vec{n} = 0$ aus $(\vec{u} + r\vec{n}) * \vec{n} = \vec{u} * \vec{n} + r\vec{n}^2 = 0$ berechnen.

### Beispiel 4.42.

Für die Gerade $g$ und die Ebene $E$ aus Beispiel 4.41. erhält man aus der Normalenform $x_1 + 4x_2 - x_3 - 11 = 0$ für den Schnittpunkt D den Parameterwert $k = 2$ und damit $D(4|3|5)$. Für den Richtungsvektor $\vec{u}'$ errechnet sich aus

$\vec{u} * \vec{n} + r\vec{n}^2 = \begin{pmatrix} 1 \\ 2 \\ 2 \end{pmatrix} * \begin{pmatrix} 1 \\ 4 \\ -1 \end{pmatrix} + r \begin{pmatrix} 1 \\ 4 \\ -1 \end{pmatrix} * \begin{pmatrix} 1 \\ 4 \\ -1 \end{pmatrix} = 7 + r \cdot 18$

der Parameterwert $r = -\frac{7}{18}$ und damit $\vec{u}' = \begin{pmatrix} 1 \\ 2 \\ 2 \end{pmatrix} - \frac{7}{18} \begin{pmatrix} 1 \\ 4 \\ -1 \end{pmatrix} = \frac{1}{18} \begin{pmatrix} 11 \\ 8 \\ 43 \end{pmatrix}$.

Damit lautet eine Gleichung der Geraden

$g': \vec{x} = \begin{pmatrix} 4 \\ 3 \\ 5 \end{pmatrix} + m \begin{pmatrix} 11 \\ 8 \\ 43 \end{pmatrix}$. Der Leser zeige selbst, daß $g$ und $g'$ den Winkel $\varphi \approx 33{,}4°$ einschließen.

## 4.7. Winkel zwischen Geraden und Ebenen

### *Winkel zwischen zwei Ebenen

> Unter dem Winkel $\varphi$ zwischen zwei sich schneidenden Ebenen $E_1$ und $E_2$ versteht man den Winkel zwischen zwei Lotgeraden $l_1$ und $l_2$ dieser Ebenen (Fig. 4.38).

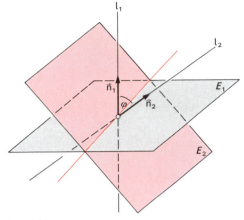

Sind $\vec{n}_1$ und $\vec{n}_2$ die Richtungsvektoren dieser Lotgeraden (Normalenvektoren der beiden Ebenen), so gilt für den Winkel $\varphi$ zwischen den beiden Ebenen:

$\cos\varphi = |\vec{n}_1^{\circ} * \vec{n}_2^{\circ}|$       Fig. 4.38

Sonderfälle:
Ist $\cos\varphi = 0$, also $\varphi = 90°$, so sind die beiden Ebenen orthogonal,
ist $\cos\varphi = 1$, also $\varphi = 0°$, so fallen die beiden Ebenen zusammen.

### Beispiel 4.43.

Für den Winkel $\varphi$ zwischen den Ebenen $E_1: \vec{x} = \begin{pmatrix} 3 \\ 2 \\ 0 \end{pmatrix} + r\begin{pmatrix} 1 \\ 1 \\ 5 \end{pmatrix} + s\begin{pmatrix} 3 \\ 1 \\ 7 \end{pmatrix}$ und

$E_2: 2x_1 - x_2 + 2x_3 + 4 = 0$ erhält man wegen $\vec{n}_1 = \begin{pmatrix} 1 \\ 4 \\ -1 \end{pmatrix}$ und $\vec{n}_2 = \begin{pmatrix} 2 \\ -1 \\ 2 \end{pmatrix}$:

$\cos\varphi = \left|\dfrac{-4}{3\sqrt{2} \cdot 3}\right| = \tfrac{2}{9}\sqrt{2}$ und $\varphi \approx 71{,}7°$.

### * Winkelhalbierende zweier Geraden

Es seien g und h zwei sich schneidende Geraden mit den Richtungsvektoren $\vec{u}_1$ und $\vec{u}_2$, und $\varphi$ der Winkel zwischen $\vec{u}_1$ und $\vec{u}_2$ (Fig. 4.39).
Für die Richtungsvektoren der beiden Winkelhalbierenden gilt:

$\vec{w}_1 = \vec{u}_1^{\circ} + \vec{u}_2^{\circ}$, $\vec{w}_2 = \vec{u}_1^{\circ} - \vec{u}_2^{\circ}$,
$\vec{w}_1 \perp \vec{w}_2$

(vgl. Abschnitt 4.4.1. Aufgabe 6, sowie Abschnitt 4.6.3. Aufgabe 9)

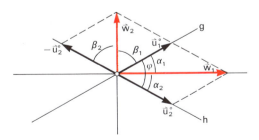

Fig. 4.39

**Beweis:**

$$\cos\alpha_1 = \frac{\vec{u}_1^\circ * (\vec{u}_1^\circ + \vec{u}_2^\circ)}{|\vec{u}_1^\circ| \cdot |\vec{u}_1^\circ + \vec{u}_2^\circ|} = \frac{1 + (\vec{u}_1^\circ * \vec{u}_2^\circ)}{1 \cdot |\vec{u}_1^\circ + \vec{u}_2^\circ|} = \frac{\vec{u}_2^\circ * (\vec{u}_1^\circ + \vec{u}_2^\circ)}{|\vec{u}_2^\circ| \cdot |\vec{u}_1^\circ + \vec{u}_2^\circ|} = \cos\alpha_2, \text{ also } \alpha_1 = \alpha_2.$$

$$\cos\beta_1 = \frac{\vec{u}_1^\circ * (\vec{u}_1^\circ - \vec{u}_2^\circ)}{|\vec{u}_1^\circ| \cdot |\vec{u}_1^\circ - \vec{u}_2^\circ|} = \frac{1 - (\vec{u}_1^\circ * \vec{u}_2^\circ)}{1 \cdot |\vec{u}_1^\circ - \vec{u}_2^\circ|} = \frac{-\vec{u}_2^\circ * (\vec{u}_1^\circ - \vec{u}_2^\circ)}{|\vec{u}_2^\circ| \cdot |\vec{u}_1^\circ - \vec{u}_2^\circ|} = \cos\beta_2, \text{ also } \beta_1 = \beta_2.$$

$\vec{w}_1 * \vec{w}_2 = (\vec{u}_1^\circ + \vec{u}_2^\circ) * (\vec{u}_1^\circ - \vec{u}_2^\circ) = (\vec{u}_1^\circ * \vec{u}_1^\circ) - (\vec{u}_2^\circ * \vec{u}_2^\circ) = 1 - 1 = 0.$ also $\vec{w}_1 \perp \vec{w}_2$.

Die Gleichungen der beiden Winkelhalbierenden lauten also in Parameterdarstellung:

$w_1: \vec{x} = \vec{s} + k(\vec{u}_1^\circ + \vec{u}_2^\circ), \qquad w_2: \vec{x} = \vec{s} + l(\vec{u}_1^\circ - \vec{u}_2^\circ),$

wobei $\vec{s}$ der Ortsvektor des Schnittpunktes S der beiden Geraden ist.

**Bemerkung:**

Gilt $0° \leq \varphi \leq 90°$, so ist $\vec{w}_1$ der Richtungsvektor der Winkelhalbierenden des (spitzen) Winkels zwischen g und h, andernfalls $\vec{w}_2$.

Sind die beiden Geraden g und h im $\mathbb{R}^2$ durch Gleichungen in Normalenform gegeben, so erhält man für die Richtungsvektoren der Winkelhalbierenden:
$\vec{w}_{1,2} = \vec{n}_1^\circ \pm \vec{n}_2^\circ$, wenn $\vec{n}_1$ und $\vec{n}_2$ die Normalenvektoren der Geraden sind.
(Der Leser überzeuge sich davon anhand einer geeigneten Skizze.)
Die Gleichungen der Winkelhalbierenden in Normalenform lauten dann:
$(\vec{n}_1^\circ \pm \vec{n}_2^\circ) * (\vec{x} - \vec{s}) = 0$, wobei $\vec{s}$ der Ortsvektor des Schnittpunktes S der beiden Geraden ist. Wegen $(\vec{n}_1^\circ \pm \vec{n}_2^\circ) * (\vec{x} - \vec{s}) = \vec{n}_1^\circ * (\vec{x} - \vec{s}) \pm \vec{n}_2^\circ * (\vec{x} - \vec{s})$ erkennt man, daß man die Normalenformen der Winkelhalbierenden durch Addition (Subtraktion) der Hesseschen Normalformen der beiden Geraden erhält, da S ja für beide Geraden als Antragspunkt dienen kann. (S braucht nicht berechnet zu werden!)

**Beispiel 4.45.**

Für die Geraden $g: x_1 - 4x_2 + 3 = 0$ und $h: 3x_1 + 5x_2 - 8 = 0$ ergeben sich aus den Hesseschen Normalformen $g: \frac{1}{\sqrt{17}}(-x_1 + 4x_2 - 3) = 0$ und $h: \frac{1}{\sqrt{34}}(3x_1 + 5x_2 - 8) = 0$
die Normalenformen der Winkelhalbierenden zu

$$\left(-\frac{1}{\sqrt{17}} \pm \frac{3}{\sqrt{34}}\right)x_1 + \left(\frac{4}{\sqrt{17}} \pm \frac{5}{\sqrt{34}}\right)x_2 + \left(-\frac{3}{\sqrt{17}} \mp \frac{8}{\sqrt{34}}\right) = 0$$

also $w_1: (-\sqrt{2} + 3)x_1 + (4\sqrt{2} + 5)x_2 - 3\sqrt{2} - 8 = 0$
und $w_2: (-\sqrt{2} - 3)x_1 + (4\sqrt{2} - 5)x_2 - 3\sqrt{2} + 8 = 0.$

Bei dieser Orientierung der Normalenvektoren in den Hesseschen Normalformen ist, wegen $\vec{n}_1^\circ * \vec{n}_2^\circ > 0$, die Gerade $w_1$ die Winkelhalbierende des (spitzen) Winkels zwischen g und h.

## 4.7. Winkel zwischen Geraden und Ebenen

Man kann die Richtungsvektoren der Winkelhalbierenden $w_{1,2}$ auch als die Normalenvektoren der Winkelhalbierenden $w_{2,1}$ interpretieren. Dann kann man die Normalenform für Geraden im $\mathbb{R}^2$ auf Ebenen im $\mathbb{R}^3$ übertragen:
Die *Gleichungen der winkelhalbierenden Ebenen* zweier sich schneidender Ebenen
$E_1: \vec{n}_1 * (\vec{x} - \vec{a}_1) = 0$ und $E_2: \vec{n}_2 * (\vec{x} - \vec{a}_2) = 0$
lauten in Normalenform: $W_{1,2}: (\vec{n}_1^\circ \pm \vec{n}_2^\circ) * (\vec{x} - \vec{s}) = 0$, wobei $\vec{s}$ der Ortsvektor eines gemeinsamen Punktes S beider Ebenen ist.

Beispiel 4.45

Die Gleichungen der winkelhalbierenden Ebenen der beiden Ebenen
$E_1: 2x_1 - 2x_2 - x_3 + 1 = 0$ und $E_2: 6x_1 + 7x_2 - 6x_3 - 13 = 0$
errechnen sich mit $E_1: \frac{1}{3}(-2x_1 + 2x_2 + x_3 - 1) = 0$ und $E_2: \frac{1}{11}(6x_1 + 7x_2 - 6x_3 - 13) = 0$
zu:
$(-\frac{2}{3} \pm \frac{6}{11})x_1 + (\frac{2}{3} \pm \frac{7}{11})x_2 + (\frac{1}{3} \mp \frac{6}{11})x_3 + (-\frac{1}{3} \mp \frac{13}{11}) = 0$
also $W_1: -4x_1 + 43x_2 - 7x_3 - 50 = 0$ und $W_2: -40x_1 + x_2 + 29x_3 + 28 = 0$
Bei dieser Orientierung der Normalenvektoren in den Hesseschen Normalenformen ist wegen $\vec{n}_1^\circ * \vec{n}_2^\circ < 0$ die Ebene $W_2$ die winkelhalbierende Ebene des (spitzen) Winkels zwischen $E_1$ und $E_2$.

**Aufgaben zu 4.7.**

1. Berechnen Sie die Innenwinkel des Dreiecks ABC:
   a) $A(3|2)$, $B(-5|4)$, $C(-1|-1)$
   b) $A(5|2)$, $B(1|4)$, $C(-1|0)$
   
   Überprüfen Sie anhand dieser Beispiele die Gültigkeit der Formel für den Flächeninhalt eines Dreiecks: $A = \frac{1}{2}\sqrt{\vec{u}^2 \vec{v}^2 - (\vec{u} * \vec{v})^2}$, wobei $\vec{u}$ und $\vec{v}$ zwei Vektoren sind, welche das Dreieck aufspannen.

2. Gegeben sind die Punkte $A(4|1|3)$, $B(4|-2|6)$, $C(1|1|6)$, $D(5|2|7)$.
   a) Zeigen Sie, daß diese Punkte ein reguläres Tetraeder bilden.
   b) Berechnen Sie den Winkel zwischen zwei Kanten.
   *c) Berechnen Sie den Winkel zwischen einer Kante und einer nicht anliegenden Seitenfläche.
   *d) Berechnen Sie den Winkel zwischen zwei Seitenflächen.
   *e) Berechnen Sie das Volumen des Tetraeders.

*3. Gegeben sind die Geraden $g: \vec{x} = \begin{pmatrix} 2 \\ 4 \\ 2 \end{pmatrix} + k \begin{pmatrix} 1 \\ 1 \\ 1 \end{pmatrix}$ und $h: \vec{x} = \begin{pmatrix} 3 \\ 6 \\ 2 \end{pmatrix} + l \begin{pmatrix} 1 \\ 0 \\ 2 \end{pmatrix}$.
   a) Berechnen Sie den Winkel zwischen den Geraden.
   b) Berechnen Sie die Winkel zwischen einer Geraden und den Koordinatenebenen.
   c) Geben Sie jeweils eine Gleichung der Winkelhalbierenden an.
   d) Berechnen Sie den Winkel zwischen den senkrechten Projektionen dieser Geraden in die $x_1x_2$-Ebene.
   e) Die Geraden g und h spannen die Ebene $E$ auf.
      Berechnen Sie die Winkel zwischen der Ebene $E$ und den Koordinatenebenen.

4. Die Geraden $s_1$ und $s_2$ sind die Schnittgeraden der Ebene $E: x_1 + x_3 - 6 = 0$ mit der $x_1x_2$- bzw. $x_2x_3$-Ebene. Welchen Winkel schließen $s_1$ und $s_2$ ein?

*5. Die Punkte A(3|−6), B(3|2), C(−3|2) bilden ein Dreieck.
   a) Stellen Sie je eine Gleichung der Winkelhalbierenden $w_\alpha$, $w_\beta$, $w_\gamma$ auf.
   b) Zeigen Sie, daß sich die Winkelhalbierenden in einem Punkt R schneiden.
   c) Berechnen Sie die (positiven) Abstände des Punktes R von den Dreieckseiten. Welche geometrische Bedeutung hat der Punkt R?
   d) Zeigen Sie für eine Winkelhalbierende: Jeder Punkt der Winkelhalbierenden hat von den beiden zugehörigen Dreieckseiten den gleichen (positiven) Abstand.

*6. Bestimmen Sie den Inkreis des Dreiecks A(0|0), B(21|0), C(15|8).

*7. Die Punkte A(0|1|3), B(1|−1|1), C(3|0|3), D(2|2|5) bilden eine Raute (Nachweis!).
   a) Zeigen Sie, daß die Diagonalen die Innenwinkel halbieren.
   b) Berechnen Sie den Diagonalenschnittpunkt R und zeigen Sie, daß R von allen Seiten gleichweit entfernt ist. Welche geometrische Bedeutung hat R?

*8. Gegeben sind die Ebenen $E_1$ und $E_2$. Berechnen Sie den Winkel zwischen den beiden Ebenen und geben Sie die Gleichungen der winkelhalbierenden Ebenen an. Welche Ebene halbiert den (spitzen) Winkel zwischen $E_1$ und $E_2$?
   a) $E_1: 2x_1 - x_2 + 2x_3 + 5 = 0$, $E_2: 6x_1 + 6x_2 - 7x_3 + 11 = 0$
   b) $E_1: 4x_1 - x_2 + 1 = 0$, $E_2: 2x_2 + 8x_3 - 7 = 0$

*9. Im $\mathbb{R}^3$ sind die Gerade g: $\vec{x} = k \begin{pmatrix} 2 \\ -2 \\ 1 \end{pmatrix}$ und die Menge E aller Punkte X(5r+s|4r|10−2s) gegeben.
   a) Zeigen Sie, daß E eine Ebene ist.
   b) Schneidet g die Ebene? Wenn ja: Berechnen Sie die Koordinaten des Schnittpunktes S der Geraden g mit E und den Winkel zwischen g und E. h ist die orthogonale Projektion von g auf E. Stellen Sie eine Gleichung von h auf. (Abiturprüfung 1975)

*10. Im $\mathbb{R}^3$ sind die Geraden g: $\vec{x} = \begin{pmatrix} 2 \\ 4 \\ 2 \end{pmatrix} + k \begin{pmatrix} -1 \\ 1 \\ 1 \end{pmatrix}$ und h: $\vec{x} = \begin{pmatrix} 3 \\ 6 \\ 2 \end{pmatrix} + l \begin{pmatrix} 1 \\ 0 \\ 2 \end{pmatrix}$ gegeben.
   a) Zeigen Sie, daß die beiden Geraden g und h zueinander windschief sind.
   b) Bestimmen Sie die Durchstoßpunkte G und H von g und h mit der $x_1 x_2$-Ebene und berechnen Sie jeweils den Winkel zwischen Gerade und Ebene.
   c) Bestimmen Sie die orthogonalen Projektionen von g und h in die $x_1 x_2$-Ebene.

*11. Im $\mathbb{R}^3$ seien die Gerade g: $\vec{x} = \begin{pmatrix} 1 \\ -2 \\ -1 \end{pmatrix} + k \begin{pmatrix} 1 \\ 0 \\ 4 \end{pmatrix}$ und die Ebene E: $x_1 + x_2 + 2x_3 - 15 = 0$ gegeben.
   a) Berechnen Sie den Winkel zwischen Gerade und Ebene.
   b) Berechnen Sie die orthogonale Projektion der Geraden in die Ebene.

*12. Im $\mathbb{R}^3$ sind die Ebenen $E_1$, $E_2$ sowie die Gerade g gegeben mit
$E_1: \vec{x} = \begin{pmatrix} 2 \\ 1 \\ 0 \end{pmatrix} + k \begin{pmatrix} 1 \\ 1 \\ 3 \end{pmatrix} + l \begin{pmatrix} 1 \\ 0 \\ 4 \end{pmatrix}$; $E_2: 5x_1 + x_2 + x_3 - 20 = 0$; g: $\vec{x} = r \begin{pmatrix} 1 \\ 1 \\ 1 \end{pmatrix}$
   a) Bestimmen Sie die Schnittgerade s und den Winkel zwischen den beiden Ebenen.
   b) Bestimmen Sie die orthogonalen Projektionen $g_1$, $g_2$ der Gerade g in die Ebenen $E_1$, $E_2$.
   c) Bestimmen Sie Schnittpunkt und Schnittwinkel von $g_1$ und $g_2$. Vergleichen Sie mit Teilaufgabe a) und erläutern Sie die Ergebnisse unter Berücksichtigung der speziellen Lage von g in bezug auf die Schnittgerade s.

## *4.8. Bildschirmdarstellungen (2)

Mit den in den Abschnitten 4.5. und 4.6. bereitgestellten Methoden sind wir nun in der Lage, die Darstellungsmöglichkeiten für räumliche Objekte durch Zentralprojektion zu verfeinern. Um dem am Ende von Abschnitt 3.5.8. angesprochenen Verzerrungsproblem zu begegnen, orientieren wir uns nochmals am Sehvorgang (Fig. 3.35):

Man bemerkt, daß bei festem Objekt eine räumliche Bewegung des Auges auch zu einer Veränderung der Lage der Bildebene führen muß. Anstatt wie bisher die Bildebene festzulassen, projizieren wir nun in eine Bildebene, welche sich mit dem Augpunkt mitbewegt: Wir wählen diejenige Ebene durch den Ursprung, welche auf der Verbindungslinie vom Augpunkt zum Ursprung senkrecht steht:

$E: \vec{x} * \vec{a} = 0$

Hiermit sind für Objekte, welche in der Nähe des Ursprungs liegen, unverzerrte Bilder zu erwarten. Der Augpunkt darf nun beliebig um das Objekt herumwandern, mit der einzigen Einschränkung, daß er sich nicht im Ursprung befinden darf.

Die rechnerische Behandlung des Problems erfolgt schrittweise:

1. Projektion eines Punktes P vom Augpunkt A aus in die Bildebene $E$:

$E: \vec{x} * \vec{a} = 0; \quad g(A, P): \vec{x} = \vec{a} + k(\vec{p} - \vec{a})$

$P' = E \cap g$, also $\vec{x} * \vec{a} = \vec{a}^2 + k(\vec{p} - \vec{a}) * \vec{a} = 0$ bzw. $k = \dfrac{\vec{a}^2}{\vec{a}^2 - \vec{a} * \vec{p}}$ und damit

$\vec{p}' = \vec{a} + \dfrac{\vec{a}^2}{\vec{a}^2 - \vec{a} * \vec{p}} (\vec{p} - \vec{a}) = \dfrac{1}{\vec{a}^2 - \vec{a} * \vec{p}} (\vec{a}^2 \cdot \vec{p} - (\vec{a} * \vec{p}) \vec{a})$.

(Die Skalare $\vec{a}^2$ und $\vec{a} * \vec{p}$ lassen sich leicht berechnen und damit der Bildpunkt P'.)

2. Die Bildpunkte liegen nun allerdings in der im allgemeinen zu den Koordinatenebenen schrägliegenden Ebene $E$. Um sie auf einem zweidimensionalen Bildschirm darstellen zu können, benötigen wir ein kartesisches Koordinatensystem, für welches zwei Basisvektoren in der Ebene liegen: Zu einem Ursprung O wählen wir als ersten Basisvektor $\vec{e}_1$ den auf der Ebene $E$ senkrecht stehenden Einheitsvektor $\vec{a}^0$. Den zweiten Basisvektor $\vec{e}_2$ wählen wir parallel zur orthogonalen Projektion des in Richtung der $x_2$-Achse weisenden Einheitsvektors

$\vec{b}_2 = \begin{pmatrix} 0 \\ 1 \\ 0 \end{pmatrix}: \quad \vec{n}_2 = \vec{b}_2 - (\vec{e}_1 * \vec{b}_2) \vec{e}_1 \quad \text{und} \quad \vec{e}_2 = \vec{n}_2^0$ (vgl. S. 188)[1]

Dies entspricht formal und inhaltlich dem Vorgehen nach dem Schmidtschen Orthonormierungsverfahren (Abschnitt 4.5.). Der dritte Basisvektor ergibt sich demzufolge aus

$\vec{n}_3 = \vec{b}_3 - (\vec{e}_1 * \vec{b}_3) \vec{e}_1 - (\vec{e}_2 * \vec{b}_3) \vec{e}_2 \quad \text{mit} \quad \vec{b}_3 = \begin{pmatrix} 0 \\ 0 \\ 1 \end{pmatrix} \quad \text{zu} \quad \vec{e}_3 = \vec{n}_3^0$ (vgl. S. 158).

Bezüglich des zugehörigen Koordinatensystems $(O, E_1, E_2, E_3)$ haben die Bildpunkte P' nun die für die Bildschirmdarstellung benötigte Koordinatendarstellung $(0 \mid p_2' \mid p_3')$.

---

[1] Liegt A auf der $x_2$-Achse, so versagt dieser Ansatz; dann geht man entsprechend von $\vec{b}_3$ aus.

3. Es bleibt nun die Berechnung der Koordinaten von P' bezüglich des Koordinatensystems $(O, E_1, E_2, E_3)$ durchzuführen. Hierzu ist das Gleichungssystem

$$\vec{p}' = x_1 \vec{e}_1 + x_2 \vec{e}_2 + x_3 \vec{e}_3$$

nach einem der im Abschnitt 2.6. bzw. 2.7. beschriebenen Verfahren zu lösen. Aufgrund der Wahl von $\vec{e}_1$ ergibt sich sicher $x_1 = 0$; der Punkt mit den Koordinaten $x_2, x_3$ kann direkt auf einem geeigneten Bildschirm ausgedruckt werden.

Man vergleiche die beiden Darstellungen des Hausmodells (Fig. 3.36 aus Abschnitt 3.5.8.) für den Augpunkt $(8|-5|0)$:

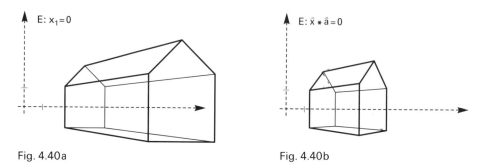

Fig. 4.40a              Fig. 4.40b

**Bemerkung:**
Auch die in Abschnitt 4.7. erläuterte orthogonale Projektion kommt als Darstellungsart für räumliche Objekte in Frage. Anwendung findet sie vor allem bei Grundriß und Aufriß im Technischen Zeichnen. Sie stellt einen Spezialfall einer sogenannten Parallelprojektion dar, bei der mit parallelen Projektionsstrahlen gearbeitet wird, die nicht orthogonal zur Projektionsebene verlaufen müssen. Mit elementargeometrischen Mitteln läßt sich zeigen, daß hierbei die in Abschnitt 3.5.8. betrachteten Schrägbilder entstehen. Anschaulich ist klar, daß die Parallelprojektion als Grenzfall der Zentralprojektion betrachtet werden kann, wenn der Augpunkt sehr weit von der Projektionsebene entfernt ist (Fig. 4.41a, b).

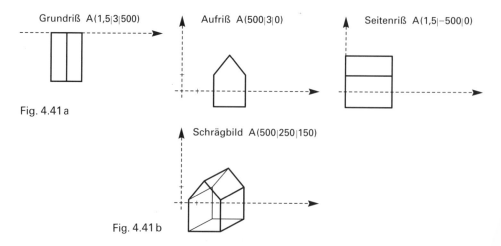

Fig. 4.41a

Fig. 4.41b

## 4.8. Bildschirmdarstellungen (2)

### Hidden-Line – Algorithmus

Wie in Fig. 4.40a ersichtlich, kann die Zentralprojektion der Punkte eines Objekts auf eine geeignete Ebene für Körper, die von ebenen Seitenflächen begrenzt sind (sog. Polyeder), zu befriedigenden Bildern führen. Wir haben uns bisher nur mit der Projektion der Objektpunkte beschäftigt und haben stillschweigend die Tatsache benutzt, daß die Projektionen der Seitenkanten sich als Verbindungslinien der Bildpunkte ergeben. Nun ist jedoch nicht jede Verbindungsstrecke zweier Eckpunkte eines Polyeders auch eine Kante. Nur bei den einfachsten Polyedern, denen ohne einspringende Ecken, sogenannten konvexen Polyedern, ist durch Angabe der Eckpunkte auch die Menge der Seitenkanten und Seitenflächen eindeutig festgelegt. Ein konvexes Polyeder läßt sich als Schnittmenge von Halbräumen auffassen. (Allgemein versteht man unter einem konvexen Körper eine Punktmenge, für die gilt, daß für je zwei ihrer Punkte auch die Menge aller Punkte der Verbindungsstrecke zum Körper gehört. (Fig. 4.42))

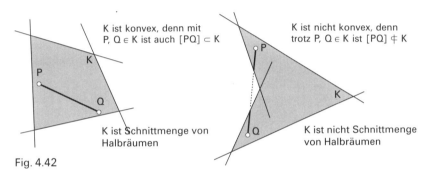

Fig. 4.42

Um ein Polyeder festzulegen, genügt es also im allgemeinen nicht, seine Eckpunkte zu bestimmen. Man muß auch angeben, wie diese Eckpunkte die Seitenkanten und -flächen definieren. Die geeignete Datenstruktur ergibt sich folgendermaßen:

Ein Polyeder besteht aus: Punkten $P_1, P_2, \ldots, P_n$
Kanten $k_1 = P_1 P_2, k_2 = P_1 P_3, \ldots, k_m = P_i P_k$
Flächen $F_1 = k_1 k_2 \ldots k_k, \ldots, F_i = k_i k_j \ldots k_r$

Gezeichnet werden dann die Kanten $k_i'$ als Verbindungsstrecken der entsprechenden Punkte $P_j'$. (Auf die interessante Frage, wie viele Kanten und Flächen ein Polyeder mit n Ecken hat, wollen wir hier nicht eingehen.)

Will man in der graphischen Darstellung die verdeckten Kanten ausblenden oder besonders kennzeichnen, um eine bessere räumliche Wirkung zu erzielen, so müssen diese rechnerisch erkannt werden. Solche sogenannten *Hidden-Line-Verfahren* sind im allgemeinen sehr aufwendig. Ein Verfahren, welches für konvexe Polyeder mit unseren Methoden durchführbar ist, sei im folgenden skizziert:
Eine Seitenfläche F eines konvexen Polyeders ist sichtbar, wenn der Augpunkt A und die Punkte des Polyeders bezüglich der durch F festgelegten Ebene $E_F$ in verschiedenen Halbräumen liegen, andernfalls „verdeckt" das Polyeder die Sei-

tenfläche. Da ein konvexes Polyeder als Schnitt von Halbräumen aufgefaßt werden kann, liegen alle Punkte des Polyeders im selben Halbraum bezüglich $E_F$. $F$ ist also sichtbar, falls A und ein beliebiger weiterer Eckpunkt des Polyeders, der nicht in $F$ liegt, bezüglich $E_F$ in verschiedenen Halbräumen liegen (vgl. Fig. 4.43).

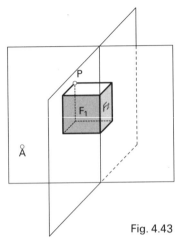

$F_1$ ist von A aus sichtbar, denn P liegt jenseits von $F_1$.

$F_2$ ist von A aus unsichtbar, denn P liegt diesseits von $F_2$.

Fig. 4.43

Man muß also lediglich für alle durch die Seitenflächen festgelegten Ebenen $E_F$ die Hessesche Normalenform aufstellen und für je einen weiteren Eckpunkt P feststellen, ob $d(P, E_F)$ und $d(A, E_F)$ verschiedene Vorzeichen haben. Eine Kante schließlich ist genau dann sichtbar, wenn sie in wenigstens einer sichtbaren Seitenfläche liegt.

### Beispiel 4.46.

Für das Prisma PQRUVW mit $P(0|2|-1)$, $Q(2|2|-1)$, $R(2|4|-1)$, $U(0|4|-1)$, $V(0|2|1)$, $W(2|2|1)$ aus Abschnitt 3.5.8. soll entschieden werden, ob die Seitenkanten PU bzw. UV vom Augpunkt $A(6|6|0)$ aus sichtbar sind. Wir benutzen die Hesseschen Normalenformen der Seitenflächen, in denen die Kanten vorkommen:

$F_1$ = PUV:    $x_1 = 0$
$F_2$ = RUVW:   $\frac{1}{2}\sqrt{2}\,(x_2 + x_3 - 3) = 0$
$F_3$ = PQRU:   $x_3 + 1 = 0$

$d(Q, F_1) = 2 > 0$, $d(A, F_1) = 6 > 0$, also $F_1$ unsichtbar
$d(Q, F_2) = -\sqrt{2} < 0$, $d(A, F_2) = \frac{3}{2}\sqrt{2} > 0$, also $F_2$ sichtbar
$d(V, F_3) = 2 > 0$, $d(A, F_3) = 1 > 0$, also $F_3$ unsichtbar

Damit ist die Kante PU unsichtbar, die Kante UV hingegen sichtbar, da sie in der sichtbaren Seitenfläche liegt (Fig. 4.44a). Man führe die Rechnung auch für den Augpunkt $(6|-6|0)$ durch!

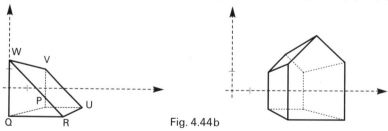

Fig. 4.44a     Fig. 4.44b

Fig. 4.44b illustriert die Hidden-Line-Darstellung an unserem Standardobjekt mit Augpunkt $A(8|0|0)$.

## 4.8. Bildschirmdarstellungen (2)

### Ray-Tracing

Besonders realistische Darstellungen, bei denen sogar die Lichtreflexe auf Flächen simuliert werden können, erreicht man mit folgendem Verfahren:
Man verfolgt alle in den Augpunkt fallenden Strahlen rückwärts über reflektierende Flächen mit variablem Reflexvermögen bis hin zu vorgegebenen Lichtquellen, um alle Flächen entsprechend färben und schattieren zu können. Es ist offensichtlich, daß dies nur mit sehr schnellen Rechnern mit hoher Speicherkapazität durchführbar ist. Hierzu noch folgendes

**Beispiel 4.47.**

Um die (ursprüngliche) Richtung $\vec{u}$ eines Strahles, welcher nach Reflexion im Punkt R der Ebene $E: \vec{n} * (\vec{x} - \vec{r}) = 0$ in den Augpunkt A gelangt, zu berechnen, berücksichtigen wir, daß der Normalenvektor $\vec{n}$ den Winkel zwischen $-\vec{u}$ und $\vec{a} - \vec{r}$ halbiert (vgl. Fig. 4.45):

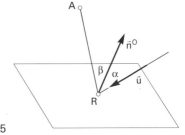

Wir schreiben $\vec{a} - \vec{r} = \vec{v}$,
so daß aus $\alpha = \beta$ folgt $-\vec{u}° * \vec{n}° = \vec{v}° * \vec{n}°$.
Für die Winkelhalbierende gilt $k\vec{n}° = \vec{v}° - \vec{u}°$.
Multiplikation mit $\vec{n}°$ liefert
$k = \vec{v}° * \vec{n}° - \vec{u}° * \vec{n}° = 2\vec{v}° * \vec{n}°$
und $\vec{u}°$ erhalten wir aus $\vec{u}° = \vec{v}° - k\vec{n}°$.

Fig. 4.45

Man überprüfe das Ergebnis für $E: x_1 + x_2 + x_3 - 3 = 0$, $R(1|1|1)$ und $A(2|2|1)$.

**Bemerkung:**

Viele wichtige Überlegungen konnten in Abschnitt 3.5.8. und 4.8. nur angedeutet werden. Unser Ziel war, einen Einblick zu geben, wie Computergrafik realisiert werden kann und wie die im Lehrbuch erarbeiteten Methoden hier in der Praxis Anwendung finden können.

## Ausgewählte Abiturprüfungsaufgaben[1]

### GK 1984/III.

In einem kartesischen Koordinatensystem sind die Gerade

$$g: \vec{x} = \begin{pmatrix} -2 \\ 4 \\ 7 \end{pmatrix} + \sigma \begin{pmatrix} -3 \\ 2 \\ 6 \end{pmatrix} \text{ mit } \sigma \in \mathbb{R}$$

sowie die Punkte A(1|2|1),

B(0|−2|10) und C(3|−4|4) gegeben.

1. a) Zeigen Sie, daß der Punkt A auf der Geraden g liegt.

   b) Die Punkte B und C bestimmen die Gerade h. Zeigen Sie, daß g und h zwei verschiedene parallele Geraden sind.

   c) Bestimmen Sie eine Gleichung der von g und h aufgespannten Ebene E in Parameter- und Normalenform. [Mögliches Teilergebnis: $E: 6x_1 + 3x_2 + 2x_3 - 14 = 0$]

   d) Weiter ist die Ebene $F: \vec{x} = \begin{pmatrix} -2 \\ -1 \\ -10 \end{pmatrix} + \lambda \begin{pmatrix} 1 \\ 0 \\ -3 \end{pmatrix} + \mu \begin{pmatrix} 0 \\ 2 \\ -3 \end{pmatrix}$ mit $\lambda, \mu \in \mathbb{R}$ gegeben.

   Berechnen Sie den Abstand eines allgemeinen Punktes $P(p_1|p_2|p_3)$ der Ebene $F$ von der Ebene $E$. Welche Folgerung läßt sich aus dem Ergebnis hinsichtlich der gegenseitigen Lage von $E$ und $F$ ziehen?

2. a) Bestimmen Sie eine Gleichung der Geraden durch A, die auf der Ebene $E$ (siehe Teilaufgabe 1c) senkrecht steht. In welchem Punkt D schneidet diese Lotgerade die Ebene $F$ (siehe Teilaufgabe 1d)? [Teilergebnis: D(−5|−1|−1)]

   b) Welchen spitzen Winkel schließen die Geraden DA und DC ein?

3. Die Gerade h (siehe Teilaufgabe 1b) schneidet die $x_1 x_3$-Koordinatenebene im Punkt T. Bestimmen Sie die Koordinaten von T. In welchem Verhältnis teilt T die Strecke [BC]? Welcher der drei Punkte B, C, T liegt zwischen den beiden anderen?

### GK 1988/IV.

In einem kartesischen Koordinatensystem sind die Punkte A(3|8|−2), B(4|10|−4) und $T_t(-t|0|6t)$ mit $t \in \mathbb{R}$ sowie die Ebene

$$E: \vec{x} = \begin{pmatrix} 1 \\ -1 \\ 6 \end{pmatrix} + \lambda \begin{pmatrix} -2 \\ 1 \\ 0 \end{pmatrix} + \mu \begin{pmatrix} 2 \\ 0 \\ 1 \end{pmatrix} \text{ mit } \lambda, \mu \in \mathbb{R} \text{ gegeben.}$$

1. a) Für welche Werte von t bestimmen die Punkte A, B und $T_t$ eindeutig eine Ebene, die die drei Punkte enthält?

   b) Der Parameter t sei nun so gewählt, daß der Punkt $T_t$ auf der Geraden g = AB liegt. In welchem Verhältnis teilt dann der Punkt $T_t$ die Strecke [AB]? Skizzieren Sie, wie die drei Punkte zueinander liegen.

---

[1] Aufgaben für Grundkurse (GK) und Leistungskurse (LK) in Bayern.

2. a) Ermitteln Sie eine Gleichung der Ebene $E$ in Normalenform. Zeigen Sie, daß die Gerade $g = AB$ auf $E$ senkrecht steht. [Mögliches Ergebnis für $E$: $x_1 + 2x_2 - 2x_3 + 13 = 0$]

   b) Weisen Sie nach, daß der Punkt $Q(3|-1|7)$ in der Ebene $E$ liegt, und bestimmen Sie unter Verwendung dieser Tatsache den Abstand des Punktes Q von der Geraden g.

3. a) Berechnen Sie den Abstand des Punktes A von der Ebene $E$.

   b) A' sei der Spiegelpunkt von A bezüglich der Ebene $E$. Stellen Sie in Normalenform eine Gleichung der Ebene $E_1$ auf, die parallel zur Ebene $E$ durch A' verläuft.


## GK 1991/III.

Gegeben sind in einem kartesischen Koordinatensystem der Punkt $P(-3|5|3)$ sowie die Geraden

$$g_1: \vec{x} = \begin{pmatrix} 0 \\ 3 \\ 1 \end{pmatrix} + \sigma \cdot \begin{pmatrix} -2 \\ 2 \\ 1 \end{pmatrix} \quad \text{und} \quad g_2: \vec{x} = \begin{pmatrix} -2 \\ 2 \\ -1 \end{pmatrix} + \lambda \cdot \begin{pmatrix} 1 \\ -1 \\ 4 \end{pmatrix}; \quad \sigma, \lambda \in \mathbb{R}.$$

1. a) Weisen Sie nach, daß der Punkt P nicht auf der Geraden $g_1$ liegt, und stellen Sie in Normalenform eine Gleichung der Ebene $E$ auf, die P und $g_1$ enthält.
   [Mögliches Ergebnis: $E$: $2x_1 + x_2 + 2x_3 - 5 = 0$]

   b) Zeigen Sie, daß die Richtungsvektoren von $g_1$ und $g_2$ aufeinander senkrecht stehen, die Geraden selbst aber windschief zueinander verlaufen.

   c) Berechnen Sie die Koordinaten des Schnittpunktes S von $E$ und $g_2$ sowie den Winkel $\varphi$ zwischen $g_2$ und der Lotgeraden zu $E$ in S. [Teilergebnis: $S(-1|1|3)$]

2. a) $Q(-2|2|-1)$ ist ein Punkt der Geraden $g_2$. Bestimmen Sie auf der Geraden $g_1$ den Punkt R so, daß die Gerade QR senkrecht zu $g_1$ verläuft. [Ergebnis: $R(0|3|1)$]

   b) Fertigen Sie eine Skizze an, aus der die Lagebeziehungen aller bisher vorkommenden geometrischen Elemente hervorgehen.

   c) Weisen Sie nach, daß das Dreieck QRS gleichschenklig-rechtwinklig ist, und berechnen Sie seinen Flächeninhalt J.


## GK 1992/III.

In einem kartesischen Koordinatensystem sind die Punkte $A(5|5|-3)$, $B(3|4|-1)$ und $C(5|2|0)$ sowie die Gerade

$$g: \vec{x} = \begin{pmatrix} 8 \\ 5 \\ -3 \end{pmatrix} + \lambda \cdot \begin{pmatrix} 2 \\ 1 \\ -1 \end{pmatrix} \quad \text{mit} \quad \lambda \in \mathbb{R} \quad \text{gegeben}.$$

1. a) Zeigen Sie, daß durch die Punkte A, B und C eine Ebene $E$ festgelegt ist, und bestimmen Sie eine Gleichung von $E$ in Normalenform.
   [Mögliches Ergebnis: $E$: $x_1 + 2x_2 + 2x_3 - 9 = 0$]

   b) Berechnen Sie die Koordinaten des Schnittpunktes P von g und $E$.

2. a) Zeigen Sie, daß die Punkte A, B und C ein rechtwinklig-gleichschenkliges Dreieck mit der Basis [AC] bilden.

   b) Berechnen Sie für das Dreieck ABC den Radius des Umkreises.

   c) Der Punkt D bildet mit A, B und C ein Quadrat. Bestimmen Sie die Koordinaten von D.

3. Bestimmen Sie die Gleichungen zweier Ebenen $F$ und $G$, die zu $E$ parallel sind und von $E$ jeweils einen Abstand von 6 Längeneinheiten haben.

   [Mögliches Teilergebnis: $F: x_1 + 2x_2 + 2x_3 - 27 = 0$]

4. $S_1$ und $S_2$ sind die Spitzen zweier Pyramiden, deren Grundfläche das Quadrat ABCD ist und deren Volumen jeweils 18 Volumeneinheiten beträgt. Berechnen Sie die Koordinaten von $S_1$ und $S_2$, wenn zusätzlich gefordert wird, daß $S_1$ und $S_2$ auf der Geraden g liegen sollen.


## LK 1984/VI.

In einem kartesischen Koordinatensystem sind eine Menge M von Ebenen
$E_a: (a-1) \cdot x_1 + (5+a) \cdot x_3 - (19 + 11a) = 0$ mit $a \in \mathbb{R}$ und die Gerade s:

$\vec{x} = \begin{pmatrix} 6 \\ 4 \\ 5 \end{pmatrix} + \lambda \begin{pmatrix} 0 \\ 1 \\ 0 \end{pmatrix}$ gegeben.

1. a) Zeigen Sie, daß die Gerade s die gemeinsame Schnittgerade aller Ebenen $E_a$ ist.

   b) Bestimmen Sie den Parameter $a = a_0$ so, daß die Gerade g: $\vec{x} = \begin{pmatrix} 4 \\ 3 \\ -5 \end{pmatrix} + \mu \begin{pmatrix} 0 \\ 3 \\ 0 \end{pmatrix}$ in der zugehörigen Ebene $E_{a_0}$ liegt, und geben Sie die Gleichung dieser Ebene $E_{a_0}$ an.

   [Teilergebnis: $E_{a_0}: 5x_1 - x_3 - 25 = 0$]

   c) Wieso ist diese Gerade g zu allen übrigen Ebenen $E_a$ mit $a \neq a_0$ echt parallel?

2. Fertigen Sie in der $x_1 x_3$-Ebene eine sorgfältige Zeichnung an, in die Sie die senkrechten Projektionen von s, g, $E_{a_0}$ eintragen. Ergänzen Sie diese Zeichnung während der Bearbeitung von Aufgabe 3 fortlaufend.

3. Die Ebene $E_0$ sei diejenige Ebene aus der Menge M, die man für den Parameterwert $a = 0$ erhält.

   a) Bestimmen Sie den spitzen Schnittwinkel zwischen $E_{a_0}$ und $E_0$ (auf Grad gerundet).

   b) Weisen Sie nach, daß durch $W: x_1 - x_3 - 1 = 0$ eine winkelhalbierende Ebene zu $E_0$ und $E_{a_0}$ beschrieben wird, und geben Sie auch die zweite winkelhalbierende Ebene $\overline{W}$ an.

   c) W ist eine Ebene aus der oben definierten Menge M. Welches a gehört zu W? Zeigen Sie, daß $\overline{W}$ nicht zu M gehört.

   d) Die Gerade g' ist das Spiegelbild von g bezüglich W. Leiten Sie eine Gleichung für g' her, indem Sie zunächst einen Punkt von g an W spiegeln.

## LK 1981/V.

In einem kartesischen Koordinatensystem sind die beiden Ebenen $E_1: 2x_1 - x_2 - 2x_3 - 3 = 0$
und $E_2: x_1 - 2x_2 + 2x_3 + 6 = 0$

sowie die Gerade g: $\vec{x} = \begin{pmatrix} 0 \\ 2 \\ -1 \end{pmatrix} + k \begin{pmatrix} 2 \\ 0 \\ 1 \end{pmatrix}$ mit $k \in \mathbb{R}$ gegeben.

1. a) Bestimmen Sie eine Gleichung der Schnittgeraden s von $E_1$ und $E_2$.

   $\left[ \text{Mögliches Ergebnis: s: } \vec{x} = \begin{pmatrix} 0 \\ 1 \\ -2 \end{pmatrix} + r \begin{pmatrix} 2 \\ 2 \\ 1 \end{pmatrix} \right]$

   b) Unter welchem Winkel $\varphi$ schneiden sich $E_1$ und $E_2$?

   c) Ermitteln Sie die Gleichungen der Ebenen $F_1$ und $F_2$, deren Punkte von $E_1$ den dreifachen Abstand haben wie von $E_2$.

2. a) Berechnen Sie den Neigungswinkel $\varepsilon$ der Geraden g gegen die Ebene $E_1$ (gerundet auf 1 Dezimale) sowie die Koordinaten des Schnittpunkts S von g und $E_1$.

   b) Die Gerade g werde in Richtung von $\vec{p} = \begin{pmatrix} 1 \\ 0 \\ -2 \end{pmatrix}$ auf die Ebene $E_1$ projiziert.

   Geben Sie eine Gleichung der Bildgeraden g' an.
   Welcher Punkt wird bei dieser Projektion auf sich selbst abgebildet?

## LK 1988/V.

Durch die Punkte A(0|0|0), B(10|0|0), C(6|12|0) und D(6|2|8) ist eine auf der $x_1 x_2$-Ebene stehende dreiseitige Pyramide gegeben. Die Ebene, in der die Punkte A, B und C liegen, werde mit $E_1$, diejenige, in der die Punkte A, C und D liegen, mit $E_2$ bezeichnet.

a) Legen Sie ein Schrägbild des kartesischen Koordinatensystems an (Ursprung in Blattmitte, Querformat, Einheit 1 cm), und zeichnen Sie die Pyramide ABCD ein.

b) Bestimmen Sie einen Lotvektor $\vec{n}_1$ der Ebene $E_1$ und einen Lotvektor $\vec{n}_2$ der Ebene $E_2$ und zeigen Sie, daß $\vec{n}_1, \vec{n}_2$ linear unabhängig, dagegen $\vec{n}_1, \vec{n}_2, \overrightarrow{BD}$ linear abhängig sind. Welche Dimension hat also der von den Vektoren $\vec{n}_1, \vec{n}_2$ und $\overrightarrow{BD}$ aufgespannte Vektorraum?

2. Es sei $h_B$ die Lotgerade von B auf $E_2$ und $h_D$ die Lotgerade von D auf $E_1$.

   a) Berechnen Sie die Koordinaten des Schnittpunktes H von $h_B$ und $h_D$ und die Koordinaten des Fußpunktes $D_0$ des Lotes $h_D$.

   [Zur Kontrolle: H(6|2|2,5)]

   b) Die durch die Punkte B, D und H bestimmte Ebene sei $E_3$. Sie hat mit der Kante [AC] den Punkt G gemeinsam. Tragen Sie H und $D_0$ in die angelegte Zeichnung ein und konstruieren Sie damit den Punkt G und den Fußpunkt $B_0$ des Lotes $h_B$.

   c) Zeigen Sie rechnerisch, daß die Geraden GH und BD sich senkrecht schneiden. Wie kann man dieses Ergebnis ohne Rechnung erschließen?

## LK 1991/V.

In einem kartesischen Koordinatensystem sind das Büschel der Ebenen
$E_k : kx_1 - kx_2 + x_3 = 8$, $k \in \mathbb{R} \setminus \{0\}$, und der Punkt A (12|12|8) gegeben.

1. a) Zeigen Sie: Der Punkt A gehört allen Büschelebenen an.

   b) $S_{ik}$ sei der Schnittpunkt der $x_i$-Achse (i = 1, 2, 3) mit der Ebene $E_k$. Bestimmen Sie die Koordinaten der drei Punkte $S_{ik}$.

   c) Geben Sie eine Gleichung der Ebene F an, der sich die Ebenen $E_k$ für $|k| \to \infty$ nähern.

   d) Weisen Sie nach, daß es zu jeder Ebene $E_k$ in dem Ebenenbüschel eine Ebene $E_{k^*}$ gibt, die auf $E_k$ senkrecht steht. Welcher Zusammenhang muß dazu zwischen k* und k bestehen?

   e) Zeichnen Sie nach nebenstehendem Muster ein Schrägbild des Koordinatensystems. Tragen Sie für die Ebenen $E_1$ und $E_2$ die Schnittgeraden mit den Koordinatenebenen ein. Zeichnen Sie auch den Punkt A ein.

   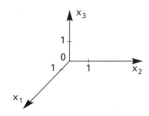

   f) In den bisherigen Untersuchungen ergab sich ein weiterer, von A verschiedener Punkt, den die Ebenen $E_k$ gemeinsam haben. Um welchen Punkt handelt es sich?

   Zeigen Sie, daß die Punkte $S_{ik}$ für i = 1, 2, 3 und A ein Trapez bilden. Zeichnen Sie diese Trapeze für k = 1 und k = 2 ein.

2. a) Der Ursprung O und die Punkte $S_{ik}$ (i = 1, 2, 3) bestimmen jeweils eine Pyramide $P_k$. Berechnen Sie das Volumen dieser Pyramide in Abhängigkeit von k.

   b) $M_k(m_k|-m_k|4)$ ist der Mittelpunkt der Kugel, auf der die vier Ecken der Pyramide $P_k$ liegen. Bestimmen Sie $m_k$ und den Kugelradius $r_k$.

# Lösungen der Verständnisaufgaben

V1: $\vec{v}_1 = 1\vec{v}_1 + 0\vec{v}_2 + \ldots 0\vec{v}_n$, $\vec{v}_2 = 0\vec{v}_1 + 1\vec{v}_2 + 0\vec{v}_3 + \ldots + 0\vec{v}_n$, $\vec{o} = 0\vec{v}_1 + 0\vec{v}_2 + \ldots + 0\vec{v}_n$.

V2: $\vec{o} = 1\,\vec{o} + 0\vec{v}_1 + 0\vec{v}_2 + \ldots + 0\vec{v}_n$; es gibt also eine nichttriviale Linearkombination des Nullvektors.

V3: $\vec{o} = 1\vec{u} - k_1\vec{v}_1 - \ldots - k_n\vec{v}_n$; es gibt also eine nichttriviale Linearkombination des Nullvektors.

V4: $\dim P_2 = 3$, denn $\{1, x, x^2\}$ ist Basis.

V5: Nein, denn $N_2$ ist nicht erfüllt: für $|k| \ne 1$ ist $\|k\vec{v}\| = 1 \ne |k|\,\|\vec{v}\|$.

V6: Beim ersten Term ist $S_4$ nicht erfüllt, man betrachte etwa den Vektor $\begin{pmatrix}1\\1\end{pmatrix}$, beim zweiten Term ist $S_2$ nicht erfüllt: $\left(k\begin{pmatrix}x_1\\x_2\end{pmatrix}\right) * \begin{pmatrix}y_1\\y_2\end{pmatrix} = k^2 x_1^2 + k^2 x_2^2 + y_1^2 + y_2^2 \ne k\left(\begin{pmatrix}x_1\\x_2\end{pmatrix} * \begin{pmatrix}y_1\\y_2\end{pmatrix}\right)$.

V7: $S_1$ und $S_3$ (Kommutativgesetz und Distributivgesetz) erlauben dieselben Umformungen, wie sie auch für reelle Zahlen gelten.

V8: $\begin{pmatrix}-1\\2\end{pmatrix}$ ist orthogonal zu $\begin{pmatrix}2\\1\end{pmatrix}$, $\begin{pmatrix}0\\1\end{pmatrix}$ ist orthogonal zu $\begin{pmatrix}2\\0\end{pmatrix}$.

V9: Durch Einsetzen des Ortsvektors des Ursprungs in die Hessesche Normalenform der Geraden g ergibt sich
$d(O, g) = \vec{n}° * (\vec{o} - \vec{a}) = -\vec{n}° * \vec{a}$.

V10: Es gilt $d(E_1, E_2) = d(A_1, E_2) = \vec{n}° * (\vec{a}_1 - \vec{a}_2)$.
(Zum (betragsmäßig) selben Ergebnis kommt man auch durch Einsetzen des Ortsvektors von $A_2$ in die Hessesche Normalenform von $E_1$).

## Sach- und Namenverzeichnis

Abel, N. H. 21
Abgeschlossenheit 20
Abstand eines Punktes
– von einer Ebene 177
– von einer Geraden 172
– zweier Punkte 136
Abstand zweier paralleler
 Geraden 174, 181
Abstand zweier paralleler
 Ebenen 178
Achsenabschnittsform 93, 108
Addition von Pfeilvektoren 11
affine Geometrie 136
affiner Punktraum 77
algebraisches Komplement 69
Algorithmus 159
analytische Geometrie 76
Angriffspunkt 9
Antragspunkt 89
Apollonius, Kreis des 155
Assoziativgesetz 13, 16, 142
Aufriß 194
Augpunkt 127, 193
Ausgleichsgerade 184
äußere Verknüpfung 15
Axiom 143
axonometrische
 Darstellung 124

Basis 44, 158
Betrag eines Vektors 146
Betragssummennorm 137

Cauchy, A. L. 147
Cauchy-Schwarz-
 Ungleichung 147
Cramer, G. 68
Cramersche Regel 68, 72

Dantzig, G. B. 129
Descartes, R. 76
Determinante 67
Diagonalform 52
Dimension 44
Distanzdefinition 140
Distributivgesetz 17, 142
Dreiecksungleichung 136, 147
Drei-Punkte-Gleichung
 einer Ebene 104

Ebene 104
echt parallel 95, 109
einbetten 31, 168, 181
Einheitskreis 141
Einheitspunkte 79
Einheitsvektor 146
Einselement 21
entartet parallel 95
Erzeugendensystem 37
Euklid 150
euklidische Norm 137
euklidischer Punktraum 150
Euler, L. 76

F, Vektorraum der auf $\mathbb{R}$
 stetigen Funktionen 26
$F_{[a,b]}$ 26, 145
Fermat, P. de 76
Flächeninhalt
– eines Dreiecks 167
– eines Parallelogramms 167

Gauß, C. F. 51
Gaußscher Algorithmus 51
Gegenvektor 12
Gerade 84
Geradenschar 180
Gleichheit von
 Pfeilvektoren 9
Gleichstromnetzwerk 63
Gleichung einer Ebene
– mit Parameter 104
– ohne Parameter 106
Gleichung einer Geraden
– mit Parameter 89
– ohne Parameter 91
Gleichung eines Kreises 154
Gleichung einer Kugel 154
Gleichungssystem
–, homogenes 55
–, inhomogenes 52
–, überbestimmtes 97, 123
–, unterbestimmtes 72, 116, 123
goldener Schnitt 88
Gozinto-Graph 61
Grundriß 194
Gruppe 20
–, abelsche 21
–, kommutative 21

Halbdiagonalform 59
harmonische Teilung 88
Hesse, O. L. 172
Hessesche Normalenform
– einer Ebene 176
– einer Geraden 172
Hidden-Linie –
 Algorithmus 195
homogenes
 Gleichungssystem 55
inhomogenes
 Gleichungssystem 52
Inkreis 175, 192
innere Verknüpfung 12
Integral 145, 149, 160, 161
inverses Element 20
isomorph 49

Kantorowicz, L. W. 129
kartesisches Koordinaten-
 system 161, 163
Kirchhoffscher Satz 64
Knotensatz 64
Koeffizientendeterminante 68
Kolmogorow, A. N. 62
Kommutativgesetz 13, 142
Komponenten eines
 Vektors 48
konvex 195
Koordinaten
– eines Punktes 79
– eines Vektors 46
Koordinatenachse 79
Koordinatenform 92, 107
Koordinatenspalte 47
Koordinatensystem 79
Kosinussatz 153
Kräfteparallelogramm 10
Kraftvektor 9
Kreis 154
Kreis des Apollonius 155
Kreuzprodukt 166
Kugel 154

L, lineare Funktionen 31, 36, 45
Längenmessung 136
Laplace, P. S. 69
Laplacescher
 Entwicklungssatz 69
Lehrsatz des Pythagoras 137, 151

# Sach- und Namenverzeichnis

Lehrsatz des Thales 151
lineare Abhängigkeit 39
lineare Optimierung 129
lineare Unabhängigkeit 39
– als Beweisprinzip 81
Linearkombination 34
Linkssystem 168
Lösungsverfahren für
  Gleichungssysteme 53

Manhattan-Distanz 138
Markow, A. A. 62
Markow-Kette 62
Maschensatz 64
Matrix 28, 67
Maximumnorm 138
metrische Geometrie 136
Mittelpunkt 154
Mittelsenkrechte 171, 175

neutrales Element 20
Norm 137
Normalenform
– einer Ebene 176
– einer Geraden 170
– Hessesche 172, 176
Normalenvektor 163
n-Tupel 21
Nullelement 21
Nullfunktion 26
Nullpolynom 23
Nullraum 31
Nullvektor 12
Nullzeile 57

Optimierung, lineare 129
orthogonale Projektion
  188, 194
orthogonale Vektoren 148
orthonormierte Basis 158
Orthonormierungs-
  verfahren 159
Ortsvektor 78

$P_2$, Vektorraum der
  Polynome höchstens
  zweiten Grades 22, 25,
  149, 161
parallel 84
parallelgleich 9
Parallelität von
– Ebenen 115, 178
– Geraden 95, 174
– Gerade und Ebene 109,
  188
Parallelogramm 81

Parallelprojektion 194
Parameterdarstellung
– einer Ebene 104
– einer Geraden 89
parameterfreie Gleichung
– einer Ebene 107
– einer Geraden 92
Pfeilvektor 9
Planungsgebiet 129
Polare 171
Polyeder 131, 195
Polynom 22, 25
positiv definit 143
Potenz eines Punktes 154
Punkt 76
Punktraum
– affiner 77
– euklidischer 150
– $\mathbb{R}^2$, $\mathbb{R}^3$ 79
Punkt-Richtungs-
  Gleichung
– einer Ebene 105
– einer Geraden 89
Pythagoras 151

Rechtssystem 168
Reihen einer Matrix 67
Repräsentant eines Vektors
  9
Richtungsvektor 89, 105
Raute 153
Ray-Tracing 197
Restriktion 129

S, Sinusfunktionen 36, 40,
  45, 139, 160
Sarrus-Regel 70
Schiebungsvektor 8
Schlupfvariablen 131
Schmidt, E. 158
Schnittpunkt von
– Ebenen 115
– Geraden 95
– Ebene und Gerade 109
Schrägbild 124, 194
Schwarz, H. A. 147
Schwerpunkt eines
  Dreiecks 86
senkrechte Projektion
  188
Simplexmethode 131
Sinussatz 153
Skalar 15, 24
Skalarprodukt 142
S-Multiplikation 15
Spalten einer Matrix 67

Spaltenschreibweise von
  n-Tupeln 21
Spaltenvektor 67
Spat 83
Spatprodukt 168
Spiegelpunkt 183
Spurgerade 122, 124
Spurpunkt 114, 124
Standardbasis 47
stetige Teilung 88
Strecke 85
Subtraktion von Vektoren
  14
symmetrisch 136

Tangente 170
Tangentialebene 176
Teilpunkt 85
Teilverhältnis 85
Thales 151
trigonometrische
  Funktionen 36, 40, 45,
  49, 139, 148, 153, 160
triviale Linearkombination
  38
triviale Lösung 55, 73
Tschebyschew, P. L. 62
– -Approximation 141
– -Norm 139
Tupel 21

überbestimmtes Glei-
  chungssystem 97, 123
Umkreis 175
Unabhängigkeit eines
  Axiomensystems 143
unitäres Gesetz 18
unterbestimmtes
  Gleichungssystem 72,
  116, 123
Unterdeterminante 69
Untervektorraum 30
Ursprung 78

Vektor 8
Vektoraddition 10
Vektorkette 14
Vektorprodukt 166
Vektorraum 24
– der n-Tupel 25
– der Polynome 28
– der stetigen reellen
  Funktionen 26
– $\mathbb{R}^n$ 25
Verknüpfung
– äußere 15

– innere 12
Verständnisaufgaben 36, 40, 41, 45, 139, 144, 146, 149, 173, 178, 202
Vollständigkeit eines Axiomensystems 143
Volumen
– einer Pyramide 168
– eines Spats 168

Widerspruchsfreiheit eines Axiomensystems 143
windschief 95
Winkel 148, 186, 189
Winkelhalbierende 152, 189
winkelhalbierende Ebenen 191

Zeilen einer Matrix 67

Zeilensummenkontrolle 53
Zeilenvektor 67
Zentralprojektion 127
Zielfunktion 130
Zusammenfallen von
– Ebenen 115
– Geraden 95
Zwei-Punkte-Gleichung einer Geraden 89

# bsv
# Mathematik

**Eckart
Jehle
Vogel**

**Analytische
Geometrie B**

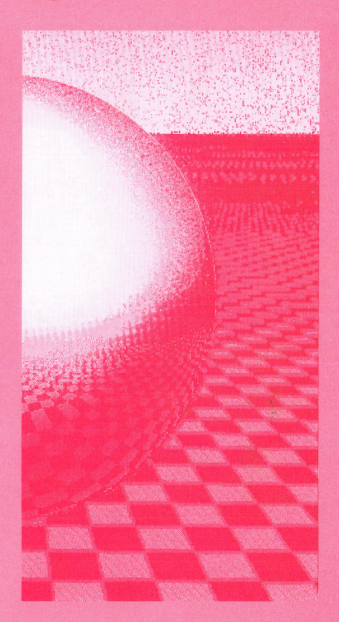

Lösungen

# Analytische Geometrie B

von

Rudolf Eckart
Franz Jehle
Wilhelm Vogel

LÖSUNGEN

Bayerischer Schulbuch-Verlag · München

Gedruckt auf chlorfrei gebleichtem Papier

1995
1. Auflage
© Bayerischer Schulbuch-Verlag, München
Satz: Tutte Druckerei GmbH, Salzweg-Passau
Druck: MB Verlagsdruck, Schrobenhausen
ISBN 3-7627-3861-0

# 1.1. S.19

1. Von jeder der 8 Ecken des Würfels gehen 7 Pfeile aus, also insgesamt $8 \cdot 7 = 56$ Pfeile. (Man unterscheide Pfeil und Gegenpfeil!)
   Dadurch werden 27 Vektoren festgelegt:
   
   a) der Nullvektor
   
   b) $2 \cdot 3$ Vektoren in Kantenrichtung
   
   c) $2 \cdot 6$ Vektoren in Richtung der Flächendiagonalen
   
   d) $2 \cdot 4$ Vektoren in Richtung der Raumdiagonalen

2. $\vec{x} = -(\vec{b}+\vec{c})$; $\vec{d}_1 = \vec{a}+\vec{b}$; $\vec{d}_2 = \vec{a}+\vec{b}+\vec{c}$; $\vec{d}_3 = \vec{b}+\vec{c}$; $\vec{d}_4 = \vec{b}+\vec{c}-\vec{a}$; $\vec{d}_5 = \vec{c}-\vec{a}$
   Für die Diagonalen kommen natürlich auch die entsprechenden Gegenvektoren in Frage.

3. $\vec{d}_1 = \vec{a}+\vec{b}+\vec{c}$; $\vec{d}_2 = -\vec{d}_1$; $\vec{d}_3 = \vec{a}+\vec{b}-\vec{c}$; $\vec{d}_4 = -\vec{d}_3$; $\vec{d}_5 = \vec{a}-\vec{b}+\vec{c}$; $\vec{d}_6 = -\vec{d}_5$; $\vec{d}_7 = -\vec{a}+\vec{b}+\vec{c}$; $\vec{d}_8 = -\vec{d}_7$

4. $\sqrt{4^2 + 2^2 - 2 \cdot 4 \cdot 2 \cdot \cos 150°} = 5{,}82$

5. a) $v_a = 348$ km/h; Ablenkung nach Süden um $\alpha \approx 9{,}36°$
   
   b) Gegensteuerung um $\beta \approx 8{,}13°$ in Nordrichtung
   
   Benutzt wurde Kosinussatz und Sinussatz

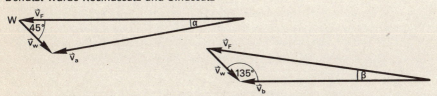

6. a) Der Schwimmer wird um 50 m abgetrieben. (Elementargeometrie!)
   
   b) Um $\alpha = 30°$ gegen die Fließrichtung. ($\sin \alpha = 0{,}5$)
   
   c) $t_a = 100$ s; $t_b = 115{,}5$ s (Lehrsatz des Pythagoras)
   
   Benutzt wurde, daß sich Geschwindigkeiten wie Vektoren addieren.

7. a) $\vec{x} = \vec{c} - \vec{a} - \vec{b}$      b) $\vec{x} = 2\vec{v} + \vec{w}$

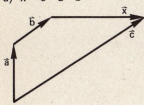
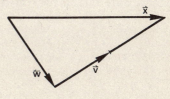

8. a) $\vec{x} = 4\vec{a}$   b) $\vec{x} = 2(\vec{a}+\vec{b})$   c) $\vec{x} = \vec{v}$   falls $k \neq 0$, sonst allgemeingültig
   
   d) $\vec{x} = \vec{u} - \vec{v}$   falls $s \neq 1$, sonst allgemeingültig

**S. 26** | **1.2.**

1. a) Nach Definition ist $\bar{a} * a = e$ für alle $a \in G$, also auch $\bar{\bar{a}} * \bar{a} = e$.
   Hiermit gilt $a = e * a = (\bar{\bar{a}} * \bar{a}) * a = \bar{\bar{a}} * (\bar{a} * a) = \bar{\bar{a}} * e = \bar{\bar{a}}$.

   **Anmerkung:** Hiermit haben wir aus $\bar{a} * a = e$ die Beziehung $a * \bar{a} = e$ gefolgert, d. h. einen Teil der Forderung $G_4$. Man beachte, daß es sich nicht um eine kommutative Gruppe handeln muß.
   Daß es zu $a \in G$ genau ein Inverses $\bar{a}$ geben muß, zeigt man folgendermaßen:
   Sei $\bar{a} * a = e$ *und* $\tilde{a} * a = e$, also $\bar{a} * a = \tilde{a} * a$. Verknüpft man die beiden Seiten dieser Gleichung von rechts mit $\bar{a}$ so ergibt sich $\bar{a} = \tilde{a}$.

   b) $(\bar{b} * \bar{a}) * (a * b) = \bar{b} * (\bar{a} * a) * b = \bar{b} * e * b = \bar{b} * b = e$ also $\bar{b} * \bar{a} = \overline{(a * b)}$

   Schreibweisen: Additive Gruppe: $\quad -(-a) = a; \quad -(a+b) = -b - a$
   Multiplikative Gruppe: $(a^{-1})^{-1} = a; \quad (a \cdot b)^{-1} = b^{-1} \cdot a^{-1}$

2. a) $(-1)\vec{a} + \vec{a} = (-1)\vec{a} + (1)\vec{a} = (-1+1)\vec{a} = 0\vec{a} = \vec{o}$.
   Also ist $(-1)\vec{a}$ invers zu $\vec{a}$: $\quad (-1)\vec{a} = -\vec{a}$.

   b) Man benutzt 1b) und 2a) und folgert: $-(\vec{b} + \vec{a}) = -\vec{a} - \vec{b} = (-1)\vec{a} + (-1)\vec{b} =$
   $= (-1)(\vec{a} + \vec{b}) = -(\vec{a} + \vec{b})$
   Multiplikation dieser Gleichung mit $(-1)$ liefert dann unter Benutzung von 1a) die Behauptung $\vec{b} + \vec{a} = \vec{a} + \vec{b}$ für beliebige Vektoren $\vec{a}, \vec{b} \in V$.

**S. 27**

3. a) Für stumpfe Winkel zwischen den Vektoren trifft man dieselbe Summendefinition wie für spitze. Falls einer der Vektoren der Nullvektor ist, ist für die Winkelhalbierende keine Richtung erklärt; wir definieren $\vec{a} \circ \vec{o} = \vec{a}$. Ist der Winkel zwischen den beiden Vektoren gleich 180° so ist die Zuordnung nicht eindeutig; wir definieren z. B., daß $\vec{a} \circ \vec{o}$ vom längeren der beiden Vektoren aus gesehen nach rechts zeigt, bei gleicher Länge ergebe sich der Nullvektor.

   b) Die Verknüpfung ist nicht assoziativ, wie man anhand der nebenstehenden Skizze leicht bestätigt.

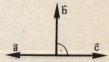

4. 
   | ∘ | $f_1$ | $f_2$ | $f_3$ | $f_4$ |
   |---|---|---|---|---|
   | $f_1$ | $f_1$ | $f_2$ | $f_3$ | $f_4$ |
   | $f_2$ | $f_2$ | $f_1$ | $f_4$ | $f_3$ |
   | $f_3$ | $f_3$ | $f_4$ | $f_1$ | $f_2$ |
   | $f_4$ | $f_4$ | $f_3$ | $f_2$ | $f_1$ |

   Die Verknüpfungstafel zeigt, daß es sich um eine kommutative Gruppe handelt. $f_1$ ist neutrales Element, jedes Element ist zu sich selbst invers.
   Für beliebige Funktionen $f, g$ kann natürlich gelten: $f \circ g \neq g \circ f$.
   z. B. $f(x) = x + 1, \quad g(x) = 2x,$
   $f(g(x)) = 2x + 1,$
   $g(f(x)) = 2(x + 1)$

5. Die Drehwinkel addieren sich beim Hintereinanderausführen der Drehungen; die Addition von Zahlen gehorcht aber dem Assoziativ- und Kommutativgesetz.

   | ∘ | $D_0$ | $D_1$ | $D_2$ |
   |---|---|---|---|
   | $D_0$ | $D_0$ | $D_1$ | $D_2$ |
   | $D_1$ | $D_1$ | $D_2$ | $D_0$ |
   | $D_2$ | $D_2$ | $D_0$ | $D_1$ |

   $D_0$: Drehung um 0°
   $D_1$: Drehung um 120°
   $D_2$: Drehung um 240°

   $D_0$ ist neutrales Element.
   $\overline{D_1} = D_2, \quad \overline{D_2} = D_1$

6. Neutrales Element ist $\begin{pmatrix} 1 \\ 1 \\ 1 \end{pmatrix}$. Damit gibt es zu $\begin{pmatrix} a_1 \\ a_2 \\ a_3 \end{pmatrix}$ kein Inverses, falls eine der  S. 27

   Zahlen $a_1, a_2, a_3$ gleich Null ist. (Zum Beispiel hat $\begin{pmatrix} 1 \\ 0 \\ 0 \end{pmatrix}$ kein Inverses.)

7. a) Kommutativgesetz: $a \circ b = \dfrac{a+b}{2} = \dfrac{b+a}{2} = b \circ a$

   Assoziativitätsgesetz: $(a \circ b) \circ c = \dfrac{a+b}{2} \circ c = \dfrac{\frac{a+b}{2} + c}{2} = \dfrac{a}{4} + \dfrac{b}{4} + \dfrac{c}{2}$

   $a \circ (b \circ c)$ ergibt hingegen $\dfrac{a}{2} + \dfrac{b}{4} + \dfrac{c}{4} \neq \dfrac{a}{4} + \dfrac{b}{4} + \dfrac{c}{2}$

   b) $a \circ a = \dfrac{a+a}{2} = a$ also $n_a = a$. Es gibt kein neutrales Element, denn jedes $a \in \mathbb{R}$ hat sein eigenes „neutrales Element" im Gegensatz zur Definition des neutralen Elements.

8. a) $\vec{x} = \begin{pmatrix} 2 \\ 4{,}5 \\ 2{,}5 \end{pmatrix}$  b) $\vec{x} = \begin{pmatrix} 1 \\ 2 \\ 4 \end{pmatrix}$  c) $\vec{x} = \begin{pmatrix} -1 \\ -2 \\ 1 \end{pmatrix}$  d) $\vec{x} = \begin{pmatrix} 2 \\ -2 \\ -6 \end{pmatrix}$

9. a) $p(x) = x^2 + x$  b) $p(x) = 3(x+1)$  c) $p(x) = o(x)$  d) $p(x) = -2$

## 1.3.    S. 32

1. In den Teilaufgaben a, d, g, h, i handelt es sich um Untervektorräume. Bei b, c, e und f handelt es sich nicht um Unterräume, wie wir anhand von Gegenbeispielen zeigen:

   b) $\begin{pmatrix} 1 \\ a \end{pmatrix} + \begin{pmatrix} 1 \\ b \end{pmatrix} = \begin{pmatrix} 2 \\ a+b \end{pmatrix}$ gehört nicht zur Menge

   c) $\begin{pmatrix} 1 \\ 1 \end{pmatrix}$ und $\begin{pmatrix} 2 \\ 4 \end{pmatrix}$ gehören zur Menge, nicht aber $\begin{pmatrix} 1 \\ 1 \end{pmatrix} + \begin{pmatrix} 2 \\ 4 \end{pmatrix} = \begin{pmatrix} 3 \\ 5 \end{pmatrix}$ da $5 \neq 3^2$

   e) $\begin{pmatrix} 2 \\ 1 \end{pmatrix}$ und $\begin{pmatrix} -1 \\ -1 \end{pmatrix}$ gehören zur Menge, nicht aber $\begin{pmatrix} 2 \\ 1 \end{pmatrix} + \begin{pmatrix} -1 \\ -1 \end{pmatrix} = \begin{pmatrix} 1 \\ 0 \end{pmatrix}$ da $2 \cdot 1 - 3 \cdot 0 = 2 \neq 1$

   f) $\begin{pmatrix} 1 \\ 0 \\ 0 \end{pmatrix}$ und $\begin{pmatrix} 0 \\ 1 \\ 0 \end{pmatrix}$ gehören zur Menge, nicht aber der Summenvektor $\begin{pmatrix} 1 \\ 1 \\ 0 \end{pmatrix}$

Noch leichter findet man Gegenbeispiele, wenn man in Satz 1.1. statt der Summationseigenschaft die S-Multiplikation heranzieht. In den Fällen b) und e) sieht man auch sofort, daß der Nullvektor nicht zur Menge gehört.

**S. 32** **2.** In den Teilaufgaben a, b, c handelt es sich um Unterräume, während in d kein Untervektorraum vorliegt: Zum Beispiel gehören $(x+1)^2$ und $(x-1)^2$ zur Menge, nicht aber das Summenpolynom $(x+1)^2 + (x-1)^2 = 2x^2 + 2$, welches sich nicht in der Form $(ax+b)^2$ darstellen läßt.

**3.** $D$, $R$, $B$ und $P$ sind Unterräume von $F$. $M_s$ ist kein Untervektorraum, da mit streng monoton wachsendem f die Funktion $(-1) \cdot f$ streng monoton abnehmend ist. $M$ ist kein Unterraum, weil die Summenfunktion zu zwei monotonen Funktionen nicht immer monoton ist. Zum Beispiel ist f mit $f(x) = x$ monoton wachsend und g mit $g(x) = -x^3$ monoton abnehmend. Die Funktion $f+g$ mit $(f+g)(x) = x - x^3$ ist aber nicht monoton.

**4.** $G_0$, $N_0$ und $I$ sind Unterräume. $G_1$ ist nicht Unterraum, denn aus $\lim_{x \to \infty} f(x) = 1$ folgt $\lim_{x \to \infty} kf(x) = k$. Genauso gehen wir bei $N_1$ vor: Aus $f(0) = 1$ folgt $kf(0) = k$.

**S. 36** $\boxed{\text{2.1.}}$

**1.** a) $\begin{pmatrix} 0 \\ 2 \end{pmatrix} = \begin{pmatrix} 1 \\ 1 \end{pmatrix} + \begin{pmatrix} -1 \\ 1 \end{pmatrix}$ \quad b) $\begin{pmatrix} 1 \\ 0 \end{pmatrix} = \frac{1}{2} \begin{pmatrix} 1 \\ 1 \end{pmatrix} - \frac{1}{2} \begin{pmatrix} -1 \\ 1 \end{pmatrix}$

c) $\begin{pmatrix} 1 \\ 2 \end{pmatrix} = \begin{pmatrix} 0 \\ 2 \end{pmatrix} + \begin{pmatrix} 1 \\ 0 \end{pmatrix} = \frac{3}{2} \begin{pmatrix} 1 \\ 1 \end{pmatrix} + \frac{1}{2} \begin{pmatrix} -1 \\ 1 \end{pmatrix}$

**2.** $\begin{pmatrix} 2 \\ 1 \end{pmatrix} = k_1 \begin{pmatrix} 1 \\ 2 \end{pmatrix} + k_2 \begin{pmatrix} 1 \\ 1 \end{pmatrix}$ führt auf das Gleichungssystem $\begin{array}{l} k_1 + k_2 = 2 \\ 2k_1 + k_2 = 1 \end{array}$

mit den Lösungen $k_1 = -1$, $k_2 = 3$

**S. 37** **3.** Einige der Möglichkeiten:

$\begin{pmatrix} 2 \\ 1 \end{pmatrix} = 1 \begin{pmatrix} 1 \\ 0 \end{pmatrix} + 1 \begin{pmatrix} 1 \\ 1 \end{pmatrix} + 0 \begin{pmatrix} -1 \\ 1 \end{pmatrix}$; \quad $\begin{pmatrix} 2 \\ 1 \end{pmatrix} = 3 \begin{pmatrix} 1 \\ 0 \end{pmatrix} + 0 \begin{pmatrix} 1 \\ 1 \end{pmatrix} + 1 \begin{pmatrix} -1 \\ 1 \end{pmatrix}$

$\begin{pmatrix} 2 \\ 1 \end{pmatrix} = 0 \begin{pmatrix} 1 \\ 0 \end{pmatrix} + \frac{3}{2} \begin{pmatrix} 1 \\ 1 \end{pmatrix} - \frac{1}{2} \begin{pmatrix} -1 \\ 1 \end{pmatrix}$

**4.** a) $\begin{pmatrix} -1 \\ 5 \\ 1 \end{pmatrix} = -1 \begin{pmatrix} 1 \\ 0 \\ -1 \end{pmatrix} + 5 \begin{pmatrix} 0 \\ 1 \\ 0 \end{pmatrix}$ \quad b) $\begin{pmatrix} 0 \\ 1 \\ 0 \end{pmatrix} = 0 \begin{pmatrix} 1 \\ 0 \\ -1 \end{pmatrix} + 1 \begin{pmatrix} 0 \\ 1 \\ 0 \end{pmatrix}$

c) $\begin{pmatrix} 2 \\ 0 \\ -2 \end{pmatrix} = 2 \begin{pmatrix} 1 \\ 0 \\ -1 \end{pmatrix} + 0 \begin{pmatrix} 0 \\ 1 \\ 0 \end{pmatrix}$

d) $\begin{pmatrix} 1 \\ 1 \\ 1 \end{pmatrix}$ ist nicht Linearkombination von $\begin{pmatrix} 1 \\ 0 \\ -1 \end{pmatrix}$ und $\begin{pmatrix} 0 \\ 1 \\ 0 \end{pmatrix}$ denn

$\begin{pmatrix} 1 \\ 1 \\ 1 \end{pmatrix} \neq \begin{pmatrix} k_1 \\ k_2 \\ -k_1 \end{pmatrix} = k_1 \begin{pmatrix} 1 \\ 0 \\ -1 \end{pmatrix} + k_2 \begin{pmatrix} 0 \\ 1 \\ 0 \end{pmatrix}$

## 2.2.

S. 38

1. Ansatz: $\begin{pmatrix} x_1 \\ x_2 \end{pmatrix} = k_1 \begin{pmatrix} 1 \\ 1 \end{pmatrix} + k_2 \begin{pmatrix} 2 \\ 2 \end{pmatrix} = \begin{pmatrix} k_1 + 2k_2 \\ k_1 + 2k_2 \end{pmatrix}$ Hierbei existieren $k_1$, $k_2$ nur, falls $x_1 = x_2$, also nicht für jeden beliebigen Vektor $\begin{pmatrix} x_1 \\ x_2 \end{pmatrix} \in \mathbb{R}^2$.

2. a) $\left\{ \begin{pmatrix} 1 \\ 0 \\ 0 \end{pmatrix}, \begin{pmatrix} 0 \\ 0 \\ 1 \end{pmatrix} \right\}$   b) $\left\{ \begin{pmatrix} 1 \\ -1 \\ 0 \end{pmatrix}, \begin{pmatrix} 0 \\ 0 \\ 1 \end{pmatrix} \right\}$

3. a) $k_1 = x_1 - x_2$, $k_2 = x_2$
   b) Da sich jeder beliebige Vektor des $\mathbb{R}^2$ als Linearkombination der Vektoren $\begin{pmatrix} 1 \\ 0 \end{pmatrix}, \begin{pmatrix} 1 \\ 1 \end{pmatrix}$ darstellen läßt, bilden diese ein Erzeugensystem des $\mathbb{R}^2$.

## 2.3.

S. 41

1. a) $\begin{pmatrix} 1 \\ 1 \end{pmatrix} + \begin{pmatrix} -1 \\ 1 \end{pmatrix} - \begin{pmatrix} 0 \\ 2 \end{pmatrix} = \begin{pmatrix} 0 \\ 0 \end{pmatrix}$   b) $2 \begin{pmatrix} -1 \\ 1 \end{pmatrix} + \begin{pmatrix} 2 \\ -2 \end{pmatrix} = \begin{pmatrix} 0 \\ 0 \end{pmatrix}$

   c) $a \begin{pmatrix} 1 \\ 0 \end{pmatrix} + b \begin{pmatrix} 0 \\ 1 \end{pmatrix} - \begin{pmatrix} a \\ b \end{pmatrix} = \begin{pmatrix} 0 \\ 0 \end{pmatrix}$   d) $-\begin{pmatrix} 1 \\ 0 \end{pmatrix} + 3 \begin{pmatrix} 1 \\ 1 \end{pmatrix} - \begin{pmatrix} 2 \\ 3 \end{pmatrix} = \begin{pmatrix} 0 \\ 0 \end{pmatrix}$

2. $(x+1)^2 - (x^2+1) - 2 \cdot x = o(x)$

3. Der Ansatz $\begin{pmatrix} 1 \\ 2 \\ k \end{pmatrix} = m \begin{pmatrix} l \\ 3 \\ -1 \end{pmatrix}$ liefert $m = \frac{2}{3}$, also $l = \frac{3}{2}$ und $k = -\frac{2}{3}$.

4. Der Ansatz $k_1 \begin{pmatrix} 1 \\ 0 \\ 0 \end{pmatrix} + k_2 \begin{pmatrix} 1 \\ 1 \\ 0 \end{pmatrix} + k_3 \begin{pmatrix} 1 \\ 1 \\ 1 \end{pmatrix} = \begin{pmatrix} 0 \\ 0 \\ 0 \end{pmatrix}$ führt auf das Gleichungssystem   S. 42

$k_1 + k_2 + k_3 = 0$
$\phantom{k_1 +\,} k_2 + k_3 = 0$
$\phantom{k_1 + k_2 +\,} k_3 = 0$

mit den Lösungen $k_1 = k_2 = k_3 = 0$. Hieraus folgt die behauptete lineare Unabhängigkeit. Jede Teilmenge dieser Vektoren ist dann wiederum linear unabhängig. Der Nachweis der linearen Unabhängigkeit der beiden angegebenen Vektoren kann auch über die Tatsache erfolgen, daß die beiden Vektoren nicht Vielfache voneinander sind, oder durch einen Rechenansatz analog zum obigen.

5. Der Ansatz $k_1 x + k_2 \sin x = o(x)$ liefert für $x = \pi$ sofort $k_1 = 0$ sowie für $x = \frac{\pi}{2}$ mit $k_1 = 0$ auch $k_2 = 0$, also die behauptete lineare Unabhängigkeit der beiden Funktionen.

S. 46 | 2.4.

1. Da $\dim \mathbb{R}^3 = 3$ kann es sich bei den Fällen a) und c) nicht um Basen handeln. Die Vektoren in Teilaufgabe b) bilden hingegen nach Satz 2.4. eine Basis, da sie linear unabhängig sind (vgl. Aufgabe 4 zu 2.3.).

2. In den Ansatz $\begin{pmatrix} x_1 \\ x_2 \end{pmatrix} = x_1 \begin{pmatrix} 1 \\ 0 \end{pmatrix} + x_2 \begin{pmatrix} 0 \\ 1 \end{pmatrix} + 0 \begin{pmatrix} 1 \\ 1 \end{pmatrix}$ wird $\begin{pmatrix} 0 \\ 1 \end{pmatrix} = \begin{pmatrix} 1 \\ 1 \end{pmatrix} - \begin{pmatrix} 1 \\ 0 \end{pmatrix}$ eingesetzt. Dann folgt

$$\begin{pmatrix} x_1 \\ x_2 \end{pmatrix} = x_1 \begin{pmatrix} 1 \\ 0 \end{pmatrix} + x_2 \left[ \begin{pmatrix} 1 \\ 1 \end{pmatrix} - \begin{pmatrix} 1 \\ 0 \end{pmatrix} \right] + 0 \begin{pmatrix} 1 \\ 1 \end{pmatrix} = (x_1 - x_2) \begin{pmatrix} 1 \\ 0 \end{pmatrix} + x_2 \begin{pmatrix} 1 \\ 1 \end{pmatrix}$$

Da die beiden Vektoren $\begin{pmatrix} 1 \\ 0 \end{pmatrix}, \begin{pmatrix} 1 \\ 1 \end{pmatrix}$ linear unabhängig sind, bilden sie eine Basis des $\mathbb{R}^2$ und sind damit natürlich Erzeugendensystem.

3. $\vec{v}_1$ und $\vec{v}_2$ müssen linear unabhängig sein, dann bilden sie eine Basis und jeder Vektor ist als Linearkombination von ihnen darstellbar. Dies ist für $a \neq 4$ der Fall. Für $a = 4$ ist $\vec{w}$ nicht Linearkombination von $\vec{v}_1, \vec{v}_2$, da $\vec{w}$ nicht Vielfaches von $\vec{v}_1$ ist.

4. Zum Beispiel $\left\{ \begin{pmatrix} a \\ 0 \end{pmatrix} \middle| a \in \mathbb{R} \right\}$, $\left\{ \begin{pmatrix} a \\ 0 \\ 0 \end{pmatrix} \middle| a \in \mathbb{R} \right\}$, $\{ ax^2 | a \in \mathbb{R} \}$, $\{ ax^3 + bx^2 + cx + d | a, b, c, d \in \mathbb{R} \}$

5. $x, x^2, x^3, \ldots$ liefern unendlich viele differenzierbare, linear unabhängige Funktionen. Es liegt also keine endliche Dimension vor.

S. 50 | 2.5.

1. a) $1, -2, 2$  b) $1, 1, 1$  c) $-1, -1, 3$  d) $0, 1, 0$
   In den Fällen b) und d) kann man die Lösung direkt „sehen".

2. a) $0, 1, -1$  b) $0, 1, 0$  c) $1, 0, 1$  d) $1, 3, -6$
   Für d) empfiehlt sich der Ansatz $k(x^2 - 1) + l(x + 1) + m \cdot 1 = x^2 + 3x - 4$ welcher auf ein Gleichungssystem für $k, l, m$ führt.

3. $\sin\left(x + \dfrac{\pi}{2}\right) = \sin x \cos \dfrac{\pi}{2} + \cos x \sin \dfrac{\pi}{2} = 0 \sin x + 1 \cos x$. Die Koordinatenspalte lautet also $\begin{pmatrix} 0 \\ 1 \end{pmatrix}$. Dies ist eine Schreibweise der bekannten Identität $\sin\left(x + \dfrac{\pi}{2}\right) = \cos x$.

4. a) Wegen Satz 2.4. genügt es, die lineare Unabhängigkeit von $\vec{b}_1'$, $\vec{b}_2'$, $\vec{b}_3'$ nach-   S. 50
zuweisen.
Der Ansatz $k_1\vec{b}_1' + k_2\vec{b}_2' + k_3\vec{b}_3' = \vec{o}$ läßt sich umformen in
$(-2k_1 + 3k_2)\vec{b}_1 + (k_1 + 2k_2)\vec{b}_2 - 2k_3\vec{b}_3 = \vec{o}$
Wegen der linearen Unabhängigkeit von $\vec{b}_1$, $\vec{b}_2$, $\vec{b}_3$ folgt das Gleichungssystem

$$-2k_1 + 3k_2 = 0$$
$$k_1 + 2k_2 = 0$$
$$k_3 = 0$$

mit der Lösung $k_1 = k_2 = k_3 = 0$

b) Der Ansatz $\vec{a} = x_1\vec{b}_1' + x_2\vec{b}_2' + x_3\vec{b}_3'$ schreibt sich bezüglich der Basis B als

$$\begin{pmatrix} 3 \\ 2 \\ 4 \end{pmatrix} = x_1 \begin{pmatrix} -2 \\ 1 \\ 0 \end{pmatrix} + x_2 \begin{pmatrix} 3 \\ 2 \\ 0 \end{pmatrix} + x_3 \begin{pmatrix} 0 \\ 0 \\ -2 \end{pmatrix}$$

mit den Lösungen $x_1 = 0$, $x_2 = 1$, $x_3 = -2$.

## 2.6.
S. 60

1. a) $\vec{v}_B = \begin{pmatrix} 2 \\ -1 \\ 0 \end{pmatrix}$    b) $\vec{v}_B = \frac{1}{17}\begin{pmatrix} 11 \\ 7 \\ -6 \end{pmatrix}$    c) $\vec{v}_B = \frac{1}{2}\begin{pmatrix} 2 \\ 1 \\ -2 \end{pmatrix}$

2. Die Vektoren sind
   a) linear unabhängig      b) linear abhängig
   c) linear abhängig      d) linear unabhängig

3. a) $x_1 = 2$, $x_2 = 0$, $x_3 = 1$
   b) Es existiert keine Lösung
   c) Es gibt unendlich viele Lösungen: $x_1 = 2 - k$, $x_2 = -3 - 3k$, $x_3 = k$
      mit $k \in \mathbb{R}$.*

4. a) keine Basis; $\vec{u}$ läßt sich nicht durch die Vektoren $\vec{v}_1$, $\vec{v}_2$, $\vec{v}_3$ linear kombinieren.
   b) keine Basis; $\vec{u}$ läßt sich folgendermaßen darstellen:
      $\vec{u} = (r-5)\vec{v}_1 + (-2r+3)\vec{v}_2 + r\vec{v}_3$ für beliebiges $r \in \mathbb{R}$.
   c) keine Basis; $\vec{u}$ läßt sich folgendermaßen darstellen:
      $\vec{u} = s\vec{v}_1 + (s-1)\vec{v}_2 + (1-2s)\vec{v}_3$ für beliebiges $s \in \mathbb{R}$.

5. Es handelt sich um eine Basis; $\vec{a}_B = \frac{1}{2}\begin{pmatrix} 1 \\ 1 \\ 2 \end{pmatrix}$, $\vec{b}_B' = \begin{pmatrix} -1 \\ 1 \\ -1 \end{pmatrix}$

S. 60  6. a) Für $k=2$ hat das Gleichungssystem keine Lösung. Für $k \neq 2$ lautet die Lösung

$$x_1 = \frac{3-2k}{4-2k}, \quad x_2 = \frac{-3}{4-2k}, \quad x_3 = \frac{1}{2-k}$$

b) Für $k=2$ sind die Spalten des Gleichungssystems $\vec{s}_1 = \begin{pmatrix} 2 \\ 0 \\ 1 \end{pmatrix}$, $\vec{s}_2 = \begin{pmatrix} 0 \\ 2 \\ 1 \end{pmatrix}$, $\vec{s}_3 = \begin{pmatrix} 1 \\ 3 \\ k \end{pmatrix}$ linear abhängig, andernfalls linear unabhängig, bilden also eine Basis des $\mathbb{R}^3$. Bezüglich dieser Basis hat der Vektor $\begin{pmatrix} 2 \\ 0 \\ 0 \end{pmatrix}$ die Koordinaten $x_1, x_2, x_3$.

7. Die Spalten des Gleichungssystems müssen linear unabhängig sein, also eine Basis des $\mathbb{R}^n$ bilden. Dann läßt sich die rechte Seite des Gleichungssystems eindeutig aus den Vektoren dieser Basis linear kombinieren.

S. 63  **2.6.3.**

b) Ein biologisches Problem

1. Matrix: Der Zielvektor $\begin{pmatrix} 0,8 \\ 0,1 \\ 0,1 \end{pmatrix}$ ergibt sich bei *beliebigem* Startvektor schon nach der ersten Iteration.

2. Matrix: Der Zielvektor $\begin{pmatrix} 0,700 \\ 0,182 \\ 0,118 \end{pmatrix}$ ergibt sich nach maximal 4 Iterationen.

3. Matrix: Der Zielvektor $\begin{pmatrix} 0,333 \\ 0,333 \\ 0,333 \end{pmatrix}$ erfordert bei Startvektor $\begin{pmatrix} 1 \\ 0 \\ 0 \end{pmatrix}$ 17 Iterationen.

S. 66  c) Ein Problem aus der Physik
Mögliche Wahl der Maschen:    $y_1$: 146;    $y_2$: 152;    $y_3$: 543

Gleichungssystem zur                $R_1(y_1+y_2) + R_4(y_1+y_3) + R_6 y_1 = e$
Bestimmung der                      $R_1(y_1+y_2) + R_2 y_2 \quad + R_5(y_2-y_3) = e$
Maschenumlaufströme:                $R_3 y_3 \quad + R_4(y_1+y_3) - R_5(y_2-y_3) = 0$

Unter Benützung der Angabe $e = 1\,V$, $R_i = 1\,\Omega$ ergeben sich als Lösungen $y_1 = y_2 = 0,25\,A$, $y_3 = 0\,A$ und damit die Zweigströme $I_1 = 0,5\,A$, $I_3 = 0\,A$, $I_2 = I_4 = I_5 = I_6 = 0,25\,A$.

**2.7.**  S. 73

**1.** a) Entwicklung nach der 3. Spalte: $D_1 = -\begin{vmatrix} 2 & 4 \\ -1 & 3 \end{vmatrix} = -10$

b) z.B. 1. Zeile: $D_1 = 2\begin{vmatrix} -2 & 1 \\ 3 & 0 \end{vmatrix} - 4\begin{vmatrix} 1 & 1 \\ -1 & 0 \end{vmatrix} = -6 - 4 = -10$

c) z.B. 1. Zeile - -2. Zeile: $-2\begin{vmatrix} 4 & 0 \\ 3 & 0 \end{vmatrix} + 4\begin{vmatrix} 2 & 0 \\ -1 & 0 \end{vmatrix} - 0\begin{vmatrix} 2 & 4 \\ -1 & 3 \end{vmatrix} = 0$

d) $D_2 = 2D_1 = -20$ (Satz 2.7. (1));  $D_3 = (-3)^3 D_1 = 270$ (Satz 2.7. (1));
$D_4 = -D_1$ (Satz 2.7. (4));  $D_5 = D_1$ (Satz 2.7. (3))

**2.** a) 0,   b) $-2$,   c) 0,   d) $-156$,   e) abc   S. 74

**3.** a) z.B. $\vec{s}_2 = \begin{pmatrix} 2 \\ 3 \\ 4 \end{pmatrix}$ oder $\vec{s}_2 = \begin{pmatrix} 0 \\ 0 \\ 0 \end{pmatrix}$   b) z.B. $\vec{s}_1 = \begin{pmatrix} 6 \\ 9 \\ 3 \end{pmatrix}$

c) z.B. $\vec{z}_3 = (\frac{1}{2}, \frac{3}{2}, 2)$

d) Der Wert der Determinante ist 1, unabhängig von den Leerstellen.

**4.** a) $D = \begin{vmatrix} 2 & -3 \\ 1 & -1 \end{vmatrix} = 1 \neq 0$   System eindeutig lösbar; $x_1 = 10$, $x_2 = 5$

b) $D = \begin{vmatrix} -2 & 1 \\ -4 & 2 \end{vmatrix} = 0$, $D_1 = \begin{vmatrix} 5 & 1 \\ 6 & 2 \end{vmatrix} = 4 \neq 0$   System nicht lösbar

c) $D = \begin{vmatrix} 1 & 2 \\ 2 & 4 \end{vmatrix} = 0$, $D_1 = \begin{vmatrix} 2 & 2 \\ 4 & 4 \end{vmatrix} = 0$, $D_2 = \begin{vmatrix} 1 & 2 \\ 2 & 4 \end{vmatrix} = 0$

System hat unendlich viele Lösungen $x_1 = 2 - 2r$, $x_2 = r$ mit $r \in \mathbb{R}$

d) $D = \begin{vmatrix} \frac{3}{4} & \frac{1}{3} \\ \frac{1}{2} & \frac{2}{9} \end{vmatrix} = 0$, $D_1 = \begin{vmatrix} \frac{2}{5} & \frac{1}{3} \\ \frac{4}{15} & \frac{2}{9} \end{vmatrix} = 0$, $D_2 = \begin{vmatrix} \frac{3}{4} & \frac{2}{5} \\ \frac{1}{2} & \frac{4}{15} \end{vmatrix} = 0$

System hat unendlich viele Lösungen $x_1 = \frac{8}{15} - \frac{4}{9}r$, $x_2 = r$ mit $r \in \mathbb{R}$

**5.** a) $D = \begin{vmatrix} 1 & 3 & 2 \\ 2 & 1 & 1 \\ 1 & -2 & -1 \end{vmatrix} = \begin{vmatrix} 1 & 3 & 2 \\ 0 & -5 & -3 \\ 0 & -5 & -3 \end{vmatrix} = 0$, $D_1 = \begin{vmatrix} 1 & 3 & 2 \\ 0 & 1 & 1 \\ 2 & -2 & -1 \end{vmatrix} = \begin{vmatrix} 1 & 3 & 2 \\ 0 & 1 & 1 \\ 0 & -8 & -5 \end{vmatrix} = 3 \neq 0$

System nicht lösbar

b) $D = \begin{vmatrix} 1 & 3 & 4 \\ 0 & 2 & 5 \\ 2 & 1 & 3 \end{vmatrix} = \begin{vmatrix} 1 & 3 & 4 \\ 0 & 2 & 5 \\ 0 & -5 & -5 \end{vmatrix} = 15 \neq 0$

System eindeutig lösbar; $x_1 = 1$, $x_2 = 3$, $x_3 = -1$

S. 74 5. c) $D = \begin{vmatrix} 1 & -1 & 0 \\ 1 & -1 & 1 \\ 1 & -1 & -1 \end{vmatrix} = 0$, $D_1 = \begin{vmatrix} 1 & -1 & 0 \\ 2 & -1 & 1 \\ 0 & -1 & -1 \end{vmatrix} = \begin{vmatrix} 1 & 0 & 0 \\ 2 & 1 & 1 \\ 0 & -1 & -1 \end{vmatrix} = 0$,

$D_2 = \begin{vmatrix} 1 & 1 & 0 \\ 1 & 2 & 1 \\ 1 & 0 & -1 \end{vmatrix} = \begin{vmatrix} 1 & 0 & 0 \\ 1 & 1 & 1 \\ 1 & -1 & -1 \end{vmatrix} = 0$, $D_3 = \begin{vmatrix} 1 & -1 & 1 \\ 1 & -1 & 2 \\ 1 & -1 & 0 \end{vmatrix} = 0$

System hat unendlich viele Lösungen $x_1 = r + 1$, $x_2 = r$, $x_3 = 1$ mit $r \in \mathbb{R}$.

6. a) $\begin{vmatrix} 2 & 1 & 1 \\ 0 & 2 & 0 \\ 8 & 3 & 4 \end{vmatrix} = 0$;  Vektoren linear abhängig  ($\vec{s}_1 = 2\vec{s}_3$)

b) $\begin{vmatrix} 1 & 0 & 3 \\ 3 & 2 & 4 \\ 2 & 2 & 7 \end{vmatrix} = \begin{vmatrix} 1 & 0 & 3 \\ 1 & 0 & -3 \\ 2 & 2 & 7 \end{vmatrix} = 12 \neq 0$;  Vektoren linear unabhängig

c) $\begin{vmatrix} 5 & -2 & 3 \\ \sqrt{2} & 3 & 1 \\ 1 & 0 & 2 \end{vmatrix} = \begin{vmatrix} 5 & -2 & -7 \\ \sqrt{2} & 3 & 1 - 2\sqrt{2} \\ 1 & 0 & 0 \end{vmatrix} = 4\sqrt{2} + 19 \neq 0$

Vektoren linear unabhängig

7. $\begin{vmatrix} 1 & r & 0 \\ 0 & 1 & 1 \\ 4r & 2r & r \end{vmatrix} = \begin{vmatrix} 1 & r & 0 \\ 0 & 0 & 1 \\ 4r & r & r \end{vmatrix} = 4r^2 - r \neq 0$,  also $r \neq 0$  und  $r \neq \frac{1}{4}$

8. $D = \begin{vmatrix} 1 & 0 & 2 \\ 1 & 3 & 1 \\ 2 & -3 & a \end{vmatrix} = \begin{vmatrix} 1 & 0 & 2 \\ 3 & 0 & 1+a \\ 2 & -3 & a \end{vmatrix} = 3(a-5)$

a) Für $a \neq 5$ ist $D \neq 0$; das System hat genau eine Lösung.

$\left( x_1 = 1 - \dfrac{2(b-2)}{a-5}, \quad x_2 = \dfrac{(b-2)(a-4)}{3(a-5)} + \dfrac{1}{3}, \quad x_3 = \dfrac{b-2}{a-5} \right)$

b) Für $a = 5$ untersuchen wir $D_1, D_2, D_3$

$D_1 = 6(2-b) \neq 0$  für  $b \neq 2$

Für $b \neq 2$ und $a = 5$ hat das System keine Lösung.

Für $b = 2$ und $a = 5$ sind auch $D_2$ und $D_3$ gleich 0 und das System hat unendlich viele Lösungen.  ($x_1 = 1 - 2r$, $x_2 = \frac{1}{3}(1+r)$, $x_3 = r$  mit  $r \in \mathbb{R}$)

9. $D = \begin{vmatrix} 2-t & 3 & 6 \\ 3 & 2-t & -6 \\ -6 & -6 & 11-t \end{vmatrix} = \begin{vmatrix} 2-t & 3 & 6 \\ 3 & 2-t & -6 \\ 0 & -2(t+1) & -(t+1) \end{vmatrix} = \begin{vmatrix} 2-t & -9 & 6 \\ 3 & 14-t & -6 \\ 0 & 0 & -(t+1) \end{vmatrix} =$

$= -(t+1)(t-11)(t-5)$

Für $t \in \mathbb{R} \setminus \{-1, 5, 11\}$ ist $D \neq 0$ und das System ist eindeutig lösbar.

$\left(\text{Die Cramersche Regel liefert}\quad x_1 = \frac{-(t-23)}{(t-5)(t-11)}, \quad x_2 = \frac{-(t+1)}{(t-5)(t-11)},\right.$  S. 74

$\left. x_3 = \frac{2(t+1)}{(t-5)(t-11)}\right)$

Für $t = -1$ sind $D_1 = D_2 = D_3 = 0$ und das System hat unendlich viele Lösungen.
($x_1 = r$, $x_2 = \frac{1}{3} - r$, $x_3 = 0$ mit $r \in \mathbb{R}$)
Für $t = 5$ oder $t = 11$ ist $D_1 \neq 0$ und das System hat keine Lösung.

10. $D = \begin{vmatrix} a & b \\ -b & a \end{vmatrix} = a^2 + b^2 \neq 0 \quad \text{für} \quad a, b \neq 0$

11. Für eine dreireihige Determinante $D$ gelte $D = \det(k\vec{u}, \vec{u}, \vec{v})$.

    a) Dann gilt $D = \det(k\vec{u} - k\vec{u}, \vec{u}, \vec{v}) = \det(\vec{o}, \vec{u}, \vec{v}) = 0$ unter Benutzung von (5) und (2).

    b) Dann gilt $D = k \cdot \det(\vec{u}, \vec{u}, \vec{v}) = -k \cdot \det(\vec{u}, \vec{u}, \vec{v})$ unter Benutzung von (1) und (4). Dies bedeutet $D = -D$ und damit $D = 0$.

    Für andere Spalten oder Zeilen verläuft der Nachweis analog.

### 3.1., 3.2.  S. 80

1. a)

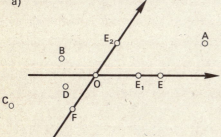

b) $\vec{AB} = \begin{pmatrix} -3 \\ -\frac{1}{2} \end{pmatrix}$; $\vec{CD} = \begin{pmatrix} 1 \\ \frac{2}{3} \end{pmatrix}$; $\vec{CF} = \begin{pmatrix} \frac{3}{2} \\ 0 \end{pmatrix}$

2. a)

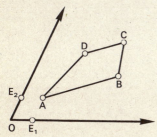

b) $\vec{AB} = \begin{pmatrix} 3 \\ 1 \end{pmatrix}$; $\vec{DC} = \begin{pmatrix} 1{,}5 \\ 0{,}5 \end{pmatrix}$ also $\vec{AB} = 2\vec{DC}$. Das Viereck ABCD ist ein Trapez.

c) $\vec{AC} = \begin{pmatrix} 2{,}5 \\ 2{,}5 \end{pmatrix}$; $\vec{BD} = \begin{pmatrix} -2 \\ 1 \end{pmatrix}$

S. 80  3. a)

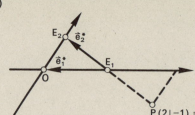

Die Gleichung $\overrightarrow{O^*P} = x_1\vec{e}_1^* + x_2\vec{e}_2^*$ lautet in Spaltendarstellung bezüglich der ursprünglichen Basis

$$\begin{pmatrix} 1 \\ -1 \end{pmatrix} = x_1 \begin{pmatrix} -1 \\ 0 \end{pmatrix} + x_2 \begin{pmatrix} -1 \\ 1 \end{pmatrix}.$$

Lösungen: $x_1 = 0$, $x_2 = -1$, also $P(0|-1)^*$.

b) $E_1(0|0)^*$,  $E_2(0|1)^*$

S. 83 | 3.3.

1. Es liegt kein Parallelogramm vor.

2. $D(0|0)$

3. a) Möglicher Ansatz: $\overrightarrow{AX} + \overrightarrow{XS} + \overrightarrow{SY} + \overrightarrow{YA} = \vec{o}$  mit  $\overrightarrow{XS} = k\overrightarrow{XC}$  und  $\overrightarrow{SY} = l\overrightarrow{BY}$.

Die sich ergebende Vektorgleichung $\left(-\dfrac{k}{3} - l + \dfrac{1}{3}\right)\vec{u} + \left(k + \dfrac{l}{3} - \dfrac{1}{3}\right)\vec{v} = \vec{o}$ führt aufgrund der linearen Unabhängigkeit von $\vec{u}, \vec{v}$ auf ein Gleichungssystem für $k, l$ mit den Lösungen $k = l = \dfrac{1}{4}$. Aus $\overrightarrow{AS} = \overrightarrow{AX} + \overrightarrow{XS} = \dfrac{1}{3}\overrightarrow{AB} + \dfrac{1}{4}\overrightarrow{XC}$ errechnet sich schließlich $\overrightarrow{AS} = \dfrac{1}{4}\vec{u} + \dfrac{1}{4}\vec{v}$.

b) $\overrightarrow{AM} = \overrightarrow{AB} + \dfrac{1}{2}\overrightarrow{BC} = \dfrac{1}{2}(\vec{u} + \vec{v}) = 2\overrightarrow{AS}$, also liegen A, S, M auf einer Geraden.

c) $S\left(\dfrac{1}{4}\Big|\dfrac{1}{4}\right)$

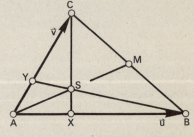

S. 84  4. a) $\overrightarrow{AC} = \overrightarrow{AD} + \overrightarrow{DC} = \vec{v} + \dfrac{1}{2}\vec{u}$

b) Ansatz $\overrightarrow{AB} + \overrightarrow{BP} + \overrightarrow{PA} = \vec{o}$ mit $\overrightarrow{AP} = k\overrightarrow{AD}$ und $\overrightarrow{BP} = l\overrightarrow{BC}$ liefert $k = l = 2$, also $\overrightarrow{AP} = 2\vec{v}$

c) Ansatz $\overrightarrow{AB} + \overrightarrow{BS} + \overrightarrow{SA} = \vec{o}$ mit $\overrightarrow{AS} = k\overrightarrow{AC}$ und $\overrightarrow{BS} = l\overrightarrow{BD}$ liefert $k = l = \dfrac{2}{3}$, also $\overrightarrow{AS} = \dfrac{1}{3}\vec{u} + \dfrac{2}{3}\vec{v}$

d) $P(0|2)$,  $S\left(\dfrac{1}{3}\Big|\dfrac{2}{3}\right)$

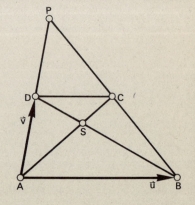

5. a) $\overrightarrow{AS} = \frac{1}{3}(\vec{u}+\vec{v}+\vec{w})$

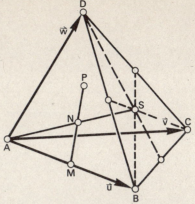

b) Da P in der Ebene ACD liegt, kann man ansetzen $\overrightarrow{AP} = r\overrightarrow{AC}+s\overrightarrow{AD}$. Ansatz $\overrightarrow{AM}+\overrightarrow{MP}+\overrightarrow{PA} = \vec{o}$ mit $\overrightarrow{MP} = t\overrightarrow{MN}$ liefert wegen der linearen Unabhängigkeit von $\vec{u}, \vec{v}, \vec{w}$ ein Gleichungssystem für r, s, t mit den Lösungen $r = s = \frac{1}{4}$, $t = \frac{3}{2}$.

c) $\overrightarrow{AS'} = \frac{1}{3}(\vec{u}+\vec{w})$

6. Ansatz $\overrightarrow{AB}+\overrightarrow{BS}+\overrightarrow{SA} = \vec{o}$ mit $\overrightarrow{BS} = k\overrightarrow{BH} = k(-\vec{u}+\vec{v}+\vec{w})$ und $\overrightarrow{AS} = l\overrightarrow{AG} = l(\vec{u}+\vec{v}+\vec{w})$ führt auf die Vektorgleichung $(1-k-l)\vec{u}+(k-l)\vec{v}+(k-l)\vec{w} = \vec{o}$. Wegen der linearen Unabhängigkeit von $\vec{u}, \vec{v}, \vec{w}$ erhält man ein Gleichungssystem für k, l mit den Lösungen $k = l = \frac{1}{2}$.

## 3.4.

S. 87

1. Zum Beispiel P(0|0), Q(4|3), R(2|2)

2. a) $\overrightarrow{AC} = \begin{pmatrix}1\\1\end{pmatrix}$, $\overrightarrow{AB} = \begin{pmatrix}-2\\-2\end{pmatrix}$, also $\overrightarrow{AC} = -\frac{1}{2}\overrightarrow{AB}$; $\overrightarrow{CB} = \begin{pmatrix}-3\\-3\end{pmatrix}$, also $\overrightarrow{AC} = -\frac{1}{3}\overrightarrow{CB}$

und $TV(ABC) = -\frac{1}{3}$

b) z.B. $t = 1$, $\vec{d} = \frac{1}{1+t}(\vec{a}+t\vec{b}) = \frac{1}{2}\left[\begin{pmatrix}2\\1\end{pmatrix}+\begin{pmatrix}0\\-1\end{pmatrix}\right] = \begin{pmatrix}1\\0\end{pmatrix}$

c) $t = \frac{1}{3}\left[\begin{pmatrix}2\\1\end{pmatrix}+2\begin{pmatrix}0\\-1\end{pmatrix}\right] = \frac{1}{3}\begin{pmatrix}2\\-1\end{pmatrix}$, also $T\left(\frac{2}{3}\Big|-\frac{1}{3}\right)$

3. a) $TV(ADP) = -2$; $TV(ACS) = 2$; $TV(BDS) = 2$

b) $\overrightarrow{MP} = \frac{3}{2}\overrightarrow{MN}$ bzw. $\overrightarrow{MN} = \frac{2}{3}\overrightarrow{MP}$, also $\overrightarrow{NP} = \frac{1}{3}\overrightarrow{MP}$ und hiermit $\overrightarrow{MN} = 2\overrightarrow{NP}$ bzw. $TV(MPN) = 2$.

4. a) $\overrightarrow{AF} = \frac{1}{2}\vec{v}$ und $\overrightarrow{EF} = \frac{1}{2}(\vec{v}-\vec{u})$ nach dem Strahlensatz oder mit Ansatz $\overrightarrow{AE}+\overrightarrow{EF}+\overrightarrow{FA} = \vec{o}$ mit $\overrightarrow{EF} = k\overrightarrow{BC}$ und $\overrightarrow{AF} = l\overrightarrow{AC}$.

b) Ansatz $\overrightarrow{AT}+\overrightarrow{TB}+\overrightarrow{BA} = \vec{o}$ mit $\overrightarrow{AT} = k\overrightarrow{AS}$ und $\overrightarrow{TB} = l\overrightarrow{CB}$. Die Lösungen des sich ergebenden Gleichungssystems sind $k = 2$ und $l = \frac{2}{3}$ woraus folgt $TV(BCT) = 2 = TV(EFS)$, was sich auch durch zweimalige Anwendung des Strahlensatzes zeigen läßt.

5. a) Mit $\vec{t} = \dfrac{1}{1+t}(\vec{a} + t\vec{b})$ erechnet sich für $t = \tfrac{1}{3}$ bzw. $t = -\tfrac{1}{3}$ sofort $T_i(4\,|\,2)$, $T_a(1\,|\,8)$

   b) $\overrightarrow{T_iA} = \begin{pmatrix}-1\\2\end{pmatrix}$, $\overrightarrow{AT_a} = \begin{pmatrix}-2\\4\end{pmatrix}$, also $TV(T_iT_aA) = \tfrac{1}{2}$

   $\overrightarrow{T_iB} = \begin{pmatrix}3\\-6\end{pmatrix}$, $\overrightarrow{BT_i} = \begin{pmatrix}-6\\12\end{pmatrix}$, also $TV(T_iT_aB) = -\tfrac{1}{2}$

   Die Strecke $[T_iT_a]$ wird von A, B ebenfalls harmonisch geteilt.

   c) Es gelte $\overrightarrow{AC} = t\overrightarrow{CB}$ und $\overrightarrow{AD} = -t\overrightarrow{DB}$.
   Der Ansatz $TV(CDA) = x$, also $\overrightarrow{CA} = x\overrightarrow{AD}$, liefert $-t\overrightarrow{CB} = -xt\overrightarrow{DB}$ bzw. $\overrightarrow{CB} = -x\overrightarrow{BD}$, d.h. $TV(CDB) = -x$ für $t \neq 0$.
   Die Punkte A, B und C, D teilen sich also wechselseitig harmonisch.

6. a) Es gelte $\overrightarrow{AB} = t\overrightarrow{AC}$ und $\overrightarrow{AC} = t\overrightarrow{CB}$.

   Mit $\overrightarrow{AB} = \overrightarrow{AC} + \overrightarrow{CB}$ folgt $t\overrightarrow{AC} = \overrightarrow{AC} + \tfrac{1}{t}\overrightarrow{AC}$, also $t = 1 + \tfrac{1}{t}$.

   Die Gleichung $t = 1 + \tfrac{1}{t}$ läßt sich umformen in $t = \dfrac{1}{t-1}$ bzw. in die quadratische

   Gleichung $t^2 - t - 1 = 0$ mit den Lösungen $t_{1,2} = \dfrac{1 \pm \sqrt{5}}{2}$.

   Wegen $t > 1$ folgt $t_s = \dfrac{1 + \sqrt{5}}{2}$.

   b) Mit $\overrightarrow{AC} = \overrightarrow{BD}$ und $\overrightarrow{AC} = t_s\overrightarrow{CB}$ folgt

   $\overrightarrow{AB} = \overrightarrow{AC} + \overrightarrow{CB} = \left(1 + \dfrac{1}{t_s}\right)\overrightarrow{AC} = t_s\overrightarrow{BD}$ (vgl. a))

   c) Mit $\overrightarrow{AE} = \overrightarrow{CB}$ und $\overrightarrow{AC} = t_s\overrightarrow{CB}$ folgt

   $\overrightarrow{AE} + \overrightarrow{EC} = \overrightarrow{AC} = t_s\overrightarrow{CB} = t_s\overrightarrow{AE}$, also $\overrightarrow{EC} = (t_s - 1)\overrightarrow{AE}$ bzw. $\overrightarrow{AE} = \dfrac{1}{t_s - 1}\overrightarrow{EC} = t_s\overrightarrow{EC}$
   (vgl. a)).

---

**S. 94**    **3.5.1.**

1. a) $\vec{x} = \begin{pmatrix}2\\1\end{pmatrix} + k\begin{pmatrix}-2\\-2\end{pmatrix}$    b) $\vec{x} = \begin{pmatrix}2\\1\end{pmatrix} + l\begin{pmatrix}1\\1\end{pmatrix}$; $\vec{x} = \begin{pmatrix}0\\-1\end{pmatrix} + m\begin{pmatrix}1\\1\end{pmatrix}$    c) $\vec{x} = r\begin{pmatrix}1\\1\end{pmatrix}$

2. a) $\vec{x} = k\begin{pmatrix}1\\3\end{pmatrix}$    b) $E \in g$; $F \notin g$; $G \notin g$; $H \in g$

   c) Nein. Richtig wäre der folgende Satz: Eine Gerade mit Parameterdarstellung $\vec{x} = \vec{a} + k\vec{u}$ ist genau dann Ursprungsgerade, wenn die Vektoren $\vec{a}$ und $\vec{u}$ linear abhängig sind.

3. a) $\vec{x} = \begin{pmatrix}4\\-2\\1\end{pmatrix} + k\begin{pmatrix}21\\-12\\4\end{pmatrix}$    b) z.B. $P(0\,|\,0\,|\,0)$    c) $Q \notin h$    d) $\vec{x} = l\begin{pmatrix}21\\-12\\4\end{pmatrix}$

4. a) $\vec{x} = \begin{pmatrix} 1 \\ 3 \\ 2 \end{pmatrix} + k \begin{pmatrix} 4 \\ -5 \\ 0 \end{pmatrix}$     b) $c_1 = 9$     c) $TV(ABC) = -2$     S. 95

5. a) $\vec{x} = \begin{pmatrix} \frac{1}{2} \\ \frac{1}{4} \end{pmatrix} + k \begin{pmatrix} -10 \\ 9 \end{pmatrix}$     b) $\vec{x} = l \begin{pmatrix} -10 \\ 9 \end{pmatrix}$

    c) g: $9x_1 + 10x_2 - 7 = 0$   bzw.   $\frac{9}{7}x_1 + \frac{10}{7}x_2 = 1$ mit den Achsenabschnitten $\frac{7}{9}$, $\frac{7}{10}$.
    p: $9x_1 + 10x_2 = 0$

6. a) $6x_1 - x_2 - 2 = 0$   bzw.   $3x_1 - \frac{x_2}{2} = 1$

   b) $6x_1 - x_2 - 23 = 0$   bzw.   $\frac{6}{23}x_1 - \frac{x_2}{23} = 1$

7. a) $x = \begin{pmatrix} -\frac{7}{2} \\ 0 \end{pmatrix} + k \begin{pmatrix} 3 \\ 2 \end{pmatrix}$     b) $3x_1 + 2x_2 + 4 = 0$   bzw.   $-\frac{3}{4}x_1 - \frac{1}{2}x_2 = 1$

### 3.5.2.
S. 103

1. a) $S_{12} = (\frac{9}{4}|-\frac{1}{2})$,   $S_{13} = (\frac{15}{7}|-\frac{5}{7})$,   $S_{23} = (2|0)$
   b) $S_{12} = (5|-2|10)$,   $g_1$ und $g_3$ windschief,   $g_2$ und $g_3$ parallel
   c) $S_{12} = (2|\frac{3}{2}|\frac{9}{2})$, $g_3$ ist windschief zu $g_1$ und zu $g_2$

2. g: $\vec{x} = \begin{pmatrix} 2 \\ -3 \\ 0 \end{pmatrix} + k \begin{pmatrix} 1 \\ 1 \\ 1 \end{pmatrix}$     a) z. B. p: $\vec{x} = r \begin{pmatrix} 1 \\ 1 \\ 1 \end{pmatrix}$     b) z. B. w: $\vec{x} = s \begin{pmatrix} 1 \\ 0 \\ 0 \end{pmatrix}$

3. Das von den beiden Geradengleichungen gebildete Gleichungssystem hat im Fall a) keine Lösung, im Fall b) unendlich viele Lösungen. Dies läßt sich auch direkt durch Vergleich der Koeffizienten der Gleichungen erkennen.

4. a) $\vec{x} = r \begin{pmatrix} 4 \\ 2 \\ -1 \end{pmatrix}$     b) $\vec{x} = s \begin{pmatrix} 2 \\ -1 \end{pmatrix}$     c) $5x_2 - 3x_1 = 0$

5. a) $S_{12} = (4|\frac{3}{2})$,    $g_1 \parallel g_3$,    $S_{23} = (4|0)$
   b) $S_{12} = (\frac{5}{2}|\frac{3}{2})$,    $g_1 \parallel g_3$,    $S_{23} = (\frac{3}{8}|-\frac{5}{8})$

6. Gleichung für k: $(1-k) + k - 1 = 0$. Also erfüllt der Ortsvektor $\vec{x}$ eines Punktes von h für jedes $k \in \mathbb{R}$ die Geradengleichung von g.

7. a) Die Richtungsvektoren der Geraden sowie der Differenzvektor der Antragsvektoren sind Vielfache des Vektors $\begin{pmatrix} 3 \\ 0 \\ -5 \end{pmatrix}$ woraus die lineare Abhängigkeit von je zwei dieser Vektoren folgt.

**S.103** b) $\begin{pmatrix} -2 \\ 1 \\ 2 \end{pmatrix} + k \begin{pmatrix} 3 \\ 0 \\ -5 \end{pmatrix} = \begin{pmatrix} 7 \\ 1 \\ -13 \end{pmatrix} + k \begin{pmatrix} -6 \\ 0 \\ 10 \end{pmatrix}$ liefert $k = 1$

8. Für $a = \frac{1}{2}$ sind die Geraden parallel, sonst immer windschief.

**S.108** | 3.5.3.

1. a) $\vec{x} = \begin{pmatrix} 6 \\ 0 \\ 0 \end{pmatrix} + k \begin{pmatrix} -3 \\ 1 \\ 0 \end{pmatrix} + l \begin{pmatrix} -3 \\ 0 \\ 2 \end{pmatrix}$; $2x_1 + 6x_2 + 3x_3 - 12 = 0$ bzw. $\frac{x_1}{6} + \frac{x_2}{2} + \frac{x_3}{4} = 1$

b) $\vec{x} = \begin{pmatrix} -2 \\ 4 \\ 4 \end{pmatrix} + k \begin{pmatrix} -1 \\ 1 \\ 1 \end{pmatrix} + l \begin{pmatrix} 1 \\ -2 \\ -2 \end{pmatrix}$; $x_2 - x_3 = 0$

c) $\vec{x} = \begin{pmatrix} 1 \\ 2 \\ -4 \end{pmatrix} + k \begin{pmatrix} 1 \\ 0 \\ 2 \end{pmatrix} + l \begin{pmatrix} 0 \\ -1 \\ 5 \end{pmatrix}$; $2x_1 - 5x_2 - x_3 + 4 = 0$ bzw. $-\frac{x_1}{2} + \frac{5}{4}x_2 + \frac{x_3}{4} = 1$

d) $\vec{x} = \begin{pmatrix} 0 \\ 4 \\ -5 \end{pmatrix} + k \begin{pmatrix} 1 \\ 0 \\ 2 \end{pmatrix} + l \begin{pmatrix} 1 \\ -1 \\ 2 \end{pmatrix}$; $2x_1 - x_3 - 5 = 0$

e) $\vec{x} = \begin{pmatrix} 1 \\ 2 \\ -1 \end{pmatrix} + k \begin{pmatrix} 1 \\ -2 \\ 1 \end{pmatrix} + l \begin{pmatrix} 1 \\ 1 \\ -2 \end{pmatrix}$; $x_1 + x_2 + x_3 - 2 = 0$ bzw. $\frac{x_1}{2} + \frac{x_2}{2} + \frac{x_3}{2} = 1$

f) Bei a) und b) muß sichergestellt sein, daß die drei Punkte nicht auf einer Geraden liegen; bei c) daß der Punkt P nicht auf der Geraden g liegt; bei d) und e) daß die Geraden sich schneiden bzw. echt parallel sind.

**S.109** 2. $E: \vec{x} = \begin{pmatrix} 6 \\ 9 \\ 4 \end{pmatrix} + k \begin{pmatrix} 3 \\ 2 \\ 1 \end{pmatrix} + l \begin{pmatrix} 0 \\ -5 \\ 2 \end{pmatrix}$ bzw. $-3x_1 + 2x_2 + 5x_3 - 20 = 0$; $P \notin E$, $Q \in E$

3. a) z.B. $\vec{x} = \begin{pmatrix} \frac{1}{2} \\ 0 \\ 0 \end{pmatrix} + k \begin{pmatrix} -1 \\ 2 \\ 0 \end{pmatrix} + l \begin{pmatrix} 1 \\ 0 \\ 2 \end{pmatrix}$ bzw. $\vec{x} = \begin{pmatrix} 0 \\ 1 \\ 0 \end{pmatrix} + k \begin{pmatrix} 0 \\ 1 \\ 1 \end{pmatrix} + l \begin{pmatrix} -1 \\ 2 \\ 0 \end{pmatrix}$

b) $F: 5x_1 + 6x_2 + 4x_3 - 20 = 0$, $G: 3x_1 + x_2 - 7 = 0$, $H: x_1 = 2$

4. $\vec{x} = \begin{pmatrix} 1 \\ 0 \\ 0 \end{pmatrix} + k \begin{pmatrix} 1 \\ -1 \\ 0 \end{pmatrix} + l \begin{pmatrix} 1 \\ 0 \\ -1 \end{pmatrix}$; $x_1 + x_2 + x_3 - 1 = 0$

5. Die Punkte liegen auf der Geraden $g: \vec{x} = \begin{pmatrix} 1 \\ 2 \\ -4 \end{pmatrix} + r \begin{pmatrix} 0 \\ 1 \\ 0 \end{pmatrix}$

## 3.5.4.   S. 114

1. a) $S(0|2|-2)$   b) $g \parallel E$   c) $S(-1|-1|-2)$   d) $g \parallel E$
   e) g liegt in $E$

2. a) $\vec{x} = r\begin{pmatrix} 1 \\ 1 \\ 2 \end{pmatrix} + s\begin{pmatrix} 1 \\ 0 \\ 0 \end{pmatrix}$   b) $\vec{x} = k\begin{pmatrix} 1 \\ 0 \\ -2 \end{pmatrix}$

3. a) $S_1 = (0|1|\frac{1}{2})$; $S_3 = (-\frac{1}{5}|1|0)$
   b) Die Gerade ist also parallel zur $x_1x_3$-Ebene

4. a) $g_1$ ist parallel zur $x_2x_3$-Ebene (es existiert kein Spurpunkt), $g_2$ liegt in der $x_1x_3$-Ebene (jeder Punkt von $g_2$ ist „Spurpunkt"), $g_3$ ist parallel zur $x_3$-Achse ($g_3$ ist parallel zu den beiden Koordinatenebenen die die $x_3$-Achse enthalten; einfacher ist es den Richtungsvektor zu betrachten).

   b) z. B. $\vec{x} = \begin{pmatrix} 0 \\ 0 \\ 1 \end{pmatrix} + k\begin{pmatrix} 1 \\ 1 \\ 0 \end{pmatrix}$   c) z. B. $\vec{x} = \begin{pmatrix} 1 \\ 0 \\ 0 \end{pmatrix} + k\begin{pmatrix} 0 \\ 1 \\ 0 \end{pmatrix}$

## 3.5.5.   S. 122

1. a) Schnittgerade g: $\vec{x} = \begin{pmatrix} -2 \\ -4 \\ 1 \end{pmatrix} + r\begin{pmatrix} 1 \\ 2 \\ 1 \end{pmatrix}$   b) $E_1 = E_2$

   c) Schnittgerade g: $\vec{x} = \begin{pmatrix} -3 \\ 4 \\ -7 \end{pmatrix} + r\begin{pmatrix} -4 \\ 1 \\ -9 \end{pmatrix}$   d) $E_1 \parallel E_2$

   e) Schnittgerade g: $\vec{x} = \begin{pmatrix} 1 \\ 0 \\ -1 \end{pmatrix} + r\begin{pmatrix} -2 \\ 2 \\ 1 \end{pmatrix}$   f) $E_1 \parallel E_2$

2. $E_1 \parallel E_2$; Schnittgeraden von je zwei der Ebenen: $g_{13}$: $\vec{x} = \begin{pmatrix} \frac{14}{5} \\ -1 \\ \frac{11}{5} \end{pmatrix} + m\begin{pmatrix} 1 \\ 1 \\ -1 \end{pmatrix}$
   $g_{23}$: $\vec{x} = \frac{1}{5}\begin{pmatrix} 21 \\ 13 \\ 4 \end{pmatrix} + n\begin{pmatrix} 1 \\ 1 \\ -1 \end{pmatrix}$; die drei Ebenen besitzen keinen gemeinsamen Punkt.

S.122 3.    z.B.    $E_1: x_1 + 2x_2 + 4 = 0$;    Schnittgerade mit $F: \vec{x} = \begin{pmatrix} -4 \\ 0 \\ 0 \end{pmatrix} + k \begin{pmatrix} -2 \\ 1 \\ 0 \end{pmatrix}$

        z.B.    $E_2: x_1 + 2x_2 - x_3 + 5 = 0$

4.   $E_1: \vec{x} = \begin{pmatrix} 0 \\ -5 \\ 0 \end{pmatrix} + k \begin{pmatrix} 1 \\ 5 \\ 0 \end{pmatrix} + l \begin{pmatrix} 0 \\ 0 \\ 1 \end{pmatrix}$;   $E_2: \vec{x} = r \begin{pmatrix} 1 \\ 1 \\ 2 \end{pmatrix} + s \begin{pmatrix} 1 \\ 0 \\ 1 \end{pmatrix}$

     Schnittpunkt $S(\frac{10}{7} | \frac{15}{7} | \frac{25}{7})$

5. a) $S_1(-4|0|0)$,   $S_2(0|-2|0)$,   $S_3(0|0|\frac{4}{3})$

   b) $s_1 = g(S_2, S_3)$;   $s_1: \vec{x} = \begin{pmatrix} 0 \\ -2 \\ 0 \end{pmatrix} + k \begin{pmatrix} 0 \\ 3 \\ 2 \end{pmatrix}$

      $s_2 = g(S_1, S_3)$;   $s_2: \vec{x} = \begin{pmatrix} -4 \\ 0 \\ 0 \end{pmatrix} + l \begin{pmatrix} 3 \\ 0 \\ 1 \end{pmatrix}$

      $s_3 = g(S_1, S_2)$;   $s_3: \vec{x} = \begin{pmatrix} -4 \\ 0 \\ 0 \end{pmatrix} + m \begin{pmatrix} 2 \\ -1 \\ 0 \end{pmatrix}$

   c) $S_1(\frac{3}{2}|0|0)$,   $S_2(0|-\frac{3}{2}|0)$,   $S_3(0|0|-3)$

     $s_1: \vec{x} = \begin{pmatrix} 0 \\ -\frac{3}{2} \\ 0 \end{pmatrix} + r \begin{pmatrix} 0 \\ 1 \\ -2 \end{pmatrix}$

     $s_2: \vec{x} = \begin{pmatrix} \frac{3}{2} \\ 0 \\ 0 \end{pmatrix} + s \begin{pmatrix} 1 \\ 0 \\ 2 \end{pmatrix}$

     $s_3: \vec{x} = \begin{pmatrix} \frac{3}{2} \\ 0 \\ 0 \end{pmatrix} + t \begin{pmatrix} 1 \\ 1 \\ 0 \end{pmatrix}$

S.123 6. a) $E_1$ enthält den Ursprung. $E_2$ ist parallel zur $x_2$-Achse.
         $E_3$ ist parallel zur $x_1 x_3$-Ebene. $E_4$ ist parallel zur $x_1 x_3$-Ebene.

    b) $x_3 = 1$

    c) $x_1 + x_2 + 1 = 0$

**3.5.7.**

Fig. a)

Fig. b)

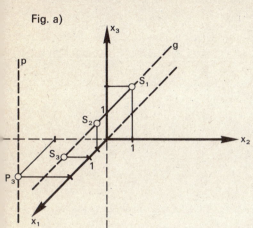
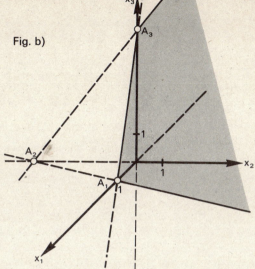

1. $S_1(0|1|2)$, $S_2(\frac{1}{2}|0|1)$, $S_3(1|-1|0)$ ; Fig. a)

2. Es existiert nur der Spurpunkt mit der $x_1x_2$-Ebene $P_3(2|-2|0)$; Fig. a). Die Gerade ist parallel zur $x_3$-Achse.

3. $A_1(1|0|0)$, $A_2(0|-4|0)$, $A_3(0|0|5)$ ; Fig. b)

4. Die Ebene ist parallel zur $x_1x_2$-Ebene. Es existiert nur der Achsenschnittpunkt $A_3(0|0|2)$. Die Spurgeraden mit der $x_1x_3$-Ebene und der $x_2x_3$-Ebene sind parallel zur $x_1$-Achse bzw. zur $x_2$-Achse. Fig. c).

Fig. c)

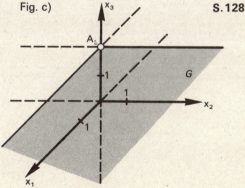

5. $S_1(0|\frac{8}{7}|\frac{15}{7})$, $S_3(\frac{4}{7}|\frac{12}{7}|0)$

$g: \vec{x} = \begin{pmatrix} 0 \\ \frac{8}{7} \\ \frac{15}{7} \end{pmatrix} + k \begin{pmatrix} 4 \\ 4 \\ -15 \end{pmatrix}$

**S. 128** | **3.5.8.**

Projektion in die $x_2x_3$-Ebene:
Augpunkt A(6|6|0)

P(0|2|−1)    P'(0|2|−1)
Q(2|2|−1)    Q'(0|0|−1,5)
R(2|4|−1)    R'(0|3|−1,5)
U(0|4|−1)    U'(0|4|−1)
V(0|2|1)     V'(0|2|1)
W(2|2|1)     W'(0|0|1,5)

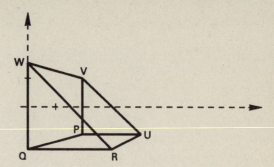

Da P, U, V in der $x_2x_3$-Ebene liegen, bleiben ihre Koordinaten unverändert.

**S. 134** | **3.6.**

**1.** a)

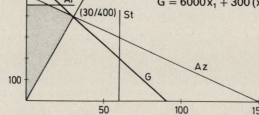

Restriktionen: $60x_1 + 18x_2 \leq 9000$ (Arbeitszeit)
$40x_1 \leq 3x_2$ (Futterbedarf)
$x_1 \leq 60$ (Stallungen)
$x_2 \leq 450$ (Anbaufläche)

Zielfunktion:
$G = 6000x_1 + 300(x_2 - \frac{40}{3}x_1) = 2000x_1 + 300x_2$

$x_1$: Stückzahl Vieh
$x_2$: Einheiten Getreide

Graphische Lösung: $x_1 = 30$, $x_2 = 400$, $G = 180000$

Lösung mittels Simplex-Verfahren:

| $x_1$ | $x_2$ | $y_1$ | $y_2$ | $y_3$ | $y_4$ | | |
|---|---|---|---|---|---|---|---|
| 60 | 18 | 1 | 0 | 0 | 0 | 9000 | Az |
| 40 | −3 | 0 | 1 | 0 | 0 | 0 | Fb |
| 1 | 0 | 0 | 0 | 1 | 0 | 60 | St |
| 0 | 1 | 0 | 0 | 0 | 1 | 450 | Af |
| 2000 | 300 | 0 | 0 | 0 | 0 | | G |
| 0 | 1 | $\frac{2}{45}$ | $-\frac{1}{15}$ | 0 | 0 | 400 | |
| 1 | 0 | $\frac{1}{300}$ | $\frac{1}{50}$ | 0 | 0 | 30 | |
| 0 | 0 | $-\frac{1}{300}$ | $-\frac{1}{50}$ | 1 | 0 | 30 | |
| 0 | 0 | $-\frac{2}{45}$ | $\frac{1}{15}$ | 0 | 1 | 50 | |
| 0 | 0 | −20 | −20 | 0 | 0 | G−180000 | |

$x_1 = 30$, $x_2 = 400$, $y_1 = y_2 = 0$, $y_3 = 30$, $y_4 = 50$, $G = 180000$

b) Neue Zielfunktion $G = 4500 x_1 + 300 (x_2 - \frac{40}{3} x_1) = 500 x_1 + 300 x_2$.    S.134

Als Endschema erhält man:

| 0 | 1 | $-\frac{4}{45}$ | 0 | 0 | 1 | 450 |
| 1 | 0 | $-\frac{1}{100}$ | 0 | 0 | $-\frac{3}{10}$ | 15 |
| 0 | 0 | $\frac{1}{200}$ | 0 | 1 | $\frac{3}{10}$ | 45 |
| 0 | 0 | $\frac{2}{3}$ | 1 | 0 | 15 | 750 |
| 0 | 0 | $-30$ | 0 | 0 | $-150$ | G−142500 |

$y_1 = y_4 = 0$,   $x_1 = 15$, $x_2 = 450$,   $y_2 = 750$, $y_3 = 45$,   $G = 142500$

c) Neue Zielfunktion $G = 2000 x_1 + 300 x_2 + 400 x_3$    ($x_3$ = Einheiten Brotgetreide)

Lösung mittels Simplex-Verfahren:

| $x_1$ | $x_2$ | $x_3$ | $y_1$ | $y_2$ | $y_3$ | $y_4$ | | |
|---|---|---|---|---|---|---|---|---|
| 60 | 18 | 18 | 1 | 0 | 0 | 0 | 9000 | Az |
| 40 | $-3$ | 0 | 0 | 1 | 0 | 0 | 0 | Fb |
| 1 | 0 | 0 | 0 | 0 | 1 | 0 | 60 | St |
| 0 | 1 | 1 | 0 | 0 | 0 | 1 | 450 | Af |
| 2000 | 300 | 400 | 0 | 0 | 0 | 0 | | G |
| 0 | 1 | 0 | $\frac{2}{9}$ | $-\frac{1}{3}$ | 0 | $-4$ | 200 | |
| 1 | 0 | 0 | $\frac{1}{60}$ | 0 | 0 | $-\frac{3}{10}$ | 15 | |
| 0 | 0 | 0 | $-\frac{1}{60}$ | 0 | 1 | $\frac{3}{10}$ | 45 | |
| 0 | 0 | 1 | $-\frac{2}{9}$ | $\frac{1}{3}$ | 0 | 5 | 250 | |
| 0 | 0 | 0 | $-\frac{100}{9}$ | $-\frac{100}{3}$ | 0 | $-200$ | G−190000 | |

$x_1 = 15$,   $x_2 = 200$,   $x_3 = 250$,   $y_1 = 45$,   $G = 190000$

2. a) $x_1$: Urlaubstage in der Großstadt, $x_2$: beim Baden, $x_3$: im Gebirge

| $x_1$ | $x_2$ | $x_3$ | $y_1$ | $y_2$ | | |
|---|---|---|---|---|---|---|
| 1 | 1 | 1 | 1 | 0 | 30 | (Urlaubsdauer) |
| 200 | 80 | 65 | 0 | 1 | 3000 | (Urlaubsbudget) |
| 4 | 2 | 1,5 | 0 | 0 | G | |
| 0 | 1 | $\frac{9}{8}$ | $\frac{5}{3}$ | $-\frac{1}{120}$ | 25 | |
| 1 | 0 | $-\frac{1}{8}$ | $-\frac{2}{3}$ | $\frac{1}{120}$ | 5 | |
| 0 | 0 | $-\frac{1}{4}$ | $-\frac{2}{3}$ | $-\frac{1}{60}$ | G−70 | |

also $x_1 = 5$,   $x_2 = 25$,   $x_3 = 0$   $G = 70$
(Urlaubsdauer und -budget werden voll ausgeschöpft.)

b) Restriktionen:   $x_1 + x_2 \leq 30$
                   $135 x_1 + 15 x_2 \leq 1050$

Zielfunktion: $G = 45 + 2{,}5 x_1 + 0{,}5 x_2$

Lösung wie in a).

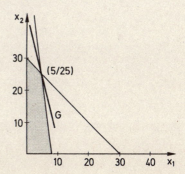

S.134 c) Weitere Restriktionen: $x_1 \leqq 3$

| $x_1$ | $x_2$ | $x_3$ | $y_1$ | $y_2$ | $y_3$ | |
|---|---|---|---|---|---|---|
| 1 | 1 | 1 | 1 | 0 | 0 | 30 |
| 200 | 80 | 65 | 0 | 1 | 0 | 3000 $\longrightarrow$ |
| 1 | 0 | 0 | 0 | 0 | 1 | 3 |
| 4 | 2 | 1,5 | 0 | 0 | 0 | G |
| 0 | 1 | 1 | 1 | 0 | −1 | 27 |
| 0 | 0 | −15 | −80 | 1 | −120 | 240 |
| 1 | 0 | 0 | 0 | 0 | 1 | 3 |
| 0 | 0 | −0,5 | −2 | 0 | −2 | G−66 |

also $x_1 = 3$, $x_2 = 27$, $x_3 = 0$, $G = 66$ (Das verminderte Urlaubsvergnügen wird durch eine zufriedene Ehefrau und durch eine Kosteneinsparung von DM 240,- aufgewogen.)

d)

| $x_1$ | $x_2$ | $x_3$ | $y_1$ | $y_2$ | $y_3$ | |
|---|---|---|---|---|---|---|
| 1 | 1 | 1 | 1 | 0 | 0 | 30 |
| 200 | 80 | 65 | 0 | 1 | 0 | 2500 $\longrightarrow$ |
| 1 | 0 | 0 | 0 | 0 | 1 | 3 |
| 4 | 2 | 1,5 | 0 | 0 | 0 | G |
| 0 | 0 | $\frac{1}{8}$ | $\frac{2}{3}$ | $-\frac{1}{120}$ | 1 | $\frac{13}{6}$ |
| 0 | 1 | $\frac{9}{8}$ | $\frac{5}{3}$ | $-\frac{1}{120}$ | 0 | $\frac{175}{6}$ |
| 1 | 0 | $-\frac{1}{8}$ | $-\frac{2}{3}$ | $\frac{1}{20}$ | 0 | $\frac{5}{6}$ |
| 0 | 0 | $-\frac{1}{4}$ | $-\frac{2}{3}$ | $-\frac{1}{60}$ | 0 | $G-61\frac{2}{3}$ |

also $x_1 = \frac{5}{6} \approx 1$, $x_2 = \frac{175}{6} \approx 29$, $x_3 = 0$. Dies liefert $G = 62$, aber Kosten von 2520 DM, die Näherung liegt also nicht im zulässigen Bereich! (Die optimale ganzzahlige Lösung ist $x_1 = 1$, $x_2 = 27$, $x_3 = 2$ mit $G = 61$ und Kosten von 2490 DM.)

e)

| 1 | 1 | 1 | 1 | 0 | 30 |
|---|---|---|---|---|---|
| 200 | 80 | 50 | 0 | 1 | 3000 $\longrightarrow$ |
| 4 | 2 | 1,5 | 0 | 1 | G |
| 0 | $\frac{4}{5}$ | 1 | $\frac{4}{3}$ | $-\frac{1}{150}$ | 20 |
| 1 | $\frac{1}{5}$ | 0 | $-\frac{1}{3}$ | $\frac{1}{150}$ | 10 |
| 0 | 0 | 0 | $-\frac{2}{3}$ | $-\frac{1}{60}$ | G−70 |

also $\begin{array}{l}\frac{4}{5}x_2 + x_3 = 20 \\ x_1 + \frac{1}{5}x_2 = 10\end{array}$ mit der Lösung $\begin{array}{l}x_1 = 10 - r \\ x_2 = \phantom{10-}5r \\ x_3 = 20 - 4r\end{array}$ $0 \leqq r \leqq 5$

Soll $x_2 \geqq 20$ sein, so kommen die Lösungen $x_1 = 6$, $x_2 = 20$, $x_3 = 4$ und $x_1 = 5$, $x_2 = 25$, $x_3 = 0$ in Frage, jeweils mit $G = 70$ und Kosten von 3000 DM.

f) −

## 4.1. S. 141

**1.** $\|\vec{x}\|_E = 13$;   $\|\vec{x}\|_S = 19$;   $\|\vec{x}\|_M = 12$

**2.** a) 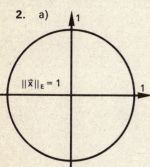   b) 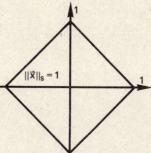   c)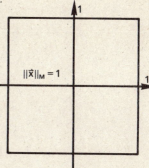

**3.** $\|\Delta 1\|_S = 12$   $\|\Delta 2\|_S = 10$   $\|\Delta 3\|_S = 8$
$\|\Delta 1\|_M = 3$   $\|\Delta 2\|_M = 5$   $\|\Delta 3\|_M = 4$

Welche Prognose „die beste" ist, hängt von der Fragestellung ab.

**4.**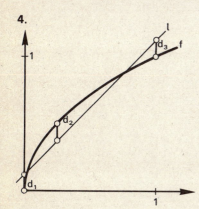

Untersucht wird die in [0, 1] stetige und differenzierbare Funktion $h = f - l$. Für $x = \frac{1}{4}$ hat h ein (einziges) relatives Maximum mit $h(\frac{1}{4}) = \frac{1}{8}$. Am Rande des Intervalls gilt $h(0) = h(1) = -\frac{1}{8}$. Der Wertebereich von h ist also $[-\frac{1}{8}, \frac{1}{8}]$ und damit $d = \|h\| = \frac{1}{8}$.

Um sich anschaulich klar zu machen, warum die vorliegenden Approximation im Sinne von Tschebyschew die beste ist, betrachte man die Auswirkungen einer Veränderung der Lage der Geraden auf die Strecken $d_1$, $d_2$, $d_3$ in der Figur.

## 4.2. S. 145

**1.** a) $\vec{a} * \vec{b} = 11$, $\vec{a} * \vec{c} = 0$,   $\vec{a} * (\vec{b} + \vec{c}) = 11 = \vec{a} * \vec{b} + \vec{a} * \vec{c}$
b) $\vec{a} * \vec{b} = 0$, $\vec{a} * \vec{c} = -11$,   $\vec{a} * (\vec{b} + \vec{c}) = -11 = \vec{a} * \vec{b} + \vec{a} * \vec{c}$

**2.** a) $\vec{a} * \vec{a} = 6$, $\vec{b} * \vec{b} = 21$,   $(\vec{a} + \vec{b}) * (\vec{a} - \vec{b}) = -15 = \vec{a} * \vec{a} - \vec{b} * \vec{b}$
b) $\vec{a} * \vec{b} = 5$, $\vec{a} * \vec{c} = 1$,   $\vec{a} * (\vec{b} + \vec{c}) = 6 = \vec{a} * \vec{b} + \vec{a} * \vec{c}$

**3.** $\vec{a} * \vec{c} = -1$, $\vec{b} * \vec{c} = 2$, $\vec{b} * \vec{d} = 2$, $\vec{c} * \vec{d} = 0$,   $(\vec{b} + \vec{c}) * \vec{d} = 2 = \vec{b} * \vec{d} + \vec{c} * \vec{d}$

**4.** $f * f = \frac{7}{3}$,   $f * g = -\frac{2}{3}$,   $g * g = \frac{1}{3}$

S. 150 | 4.3.

1. a) $|\vec{a}| = \sqrt{10}$, $|\vec{b}| = \sqrt{29}$, $|\vec{c}| = 2\sqrt{10}$
   $\sphericalangle(\vec{a}, \vec{b}) \approx 49{,}8°$, $\sphericalangle(\vec{a}, \vec{c}) = 90°$, $\sphericalangle(\vec{b}, \vec{c}) \approx 40{,}2°$
   
   b) $|\vec{a}| = \sqrt{13}$, $|\vec{b}| = \sqrt{13}$, $|\vec{c}| = 2\sqrt{17}$
   $\sphericalangle(\vec{a}, \vec{b}) = 90°$, $\sphericalangle(\vec{a}, \vec{c}) \approx 137{,}7°$, $\sphericalangle(\vec{b}, \vec{c}) \approx 47{,}7°$

2. a) $\cos\alpha = \dfrac{19}{\sqrt{35} \cdot \sqrt{21}}$   $\alpha \approx 45{,}5°$   b) $\cos\alpha = \dfrac{3 + \sqrt{3}}{2 \cdot \sqrt{6}}$, $\alpha = 15°$

3. $|\vec{v}| = 3$, $|\vec{w}| = 7$, $|\vec{v} + \vec{w}| = \sqrt{80}$, also $|\vec{v} + \vec{w}| < |\vec{v}| + |\vec{w}|$

4. a) z. B. $\vec{n}_1 = \begin{pmatrix} 1 \\ -1 \\ 0 \end{pmatrix}$   b) z. B. $\vec{n}_2 = \begin{pmatrix} 2 \\ -4 \\ -1 \end{pmatrix}$
   
   c) Wegen $\vec{n}_2 * \vec{u} = 0$ und $\vec{n}_2 * \vec{v} = 0$ gilt auch $\vec{n}_2 * (k\vec{u} + l\vec{v}) = k\vec{n}_2 * \vec{u} + l\vec{n}_2 * \vec{v} = 0$ für beliebige $k, l \in \mathbb{R}$. $\vec{n}_2$ ist also orthogonal zu jedem Vektor des von $\vec{u}$ und $\vec{v}$ aufgespannten Unterraumes.
   
   d) Ansatz mit Gleichungssystem: $3n_1 - n_2 + 2n_3 = 0$
   $-n_1 + n_2 + 4n_3 = 0$
   Lösungen: $n_1 = -3r$, $n_2 = -7r$, $n_3 = r$ mit $r \in \mathbb{R}$. Also z. B. $\vec{n}_3 = \begin{pmatrix} 3 \\ 7 \\ -1 \end{pmatrix}$

5. a) z. B. $a = 4$, $b = 1$   b) z. B. $a = 6$, $b = 1$   c) $r = -\frac{1}{4}$
   
   d) $\vec{x}$ ist für kein $r \in \mathbb{R}$ orthogonal zu $\vec{v}$.

S. 153 | 4.4.1.

1. Voraussetzung: $|\vec{a}| = |\vec{b}|$; $\vec{s} = \vec{a} + \frac{1}{2}\vec{c}$; $\vec{c} = \vec{b} - \vec{a}$
   Behauptung: $\vec{s} * \vec{c} = 0$
   Beweis: $\vec{s} * \vec{c} = (\vec{a} + \frac{1}{2}\vec{c}) * \vec{c} = \frac{1}{2}(\vec{a} + \vec{b}) * (\vec{b} - \vec{a}) =$
   $= \frac{1}{2}(\vec{b}^2 - \vec{a}^2) = 0$

2. $\cos\delta_1 = \dfrac{(-\vec{u}) * (\vec{v} - \vec{u})}{|-\vec{u}| \cdot |\vec{v} - \vec{u}|} = \dfrac{\vec{u}^2 - \vec{u} * \vec{v}}{|\vec{u}| \cdot |\vec{v} - \vec{u}|} = \dfrac{\vec{u} * (\vec{u} - \vec{v})}{|\vec{u}| \cdot |\vec{u} - \vec{v}|} = \cos\delta_2$,
   
   also $\delta_1 = \delta_2$, da $\delta_1, \delta_2 \in {]0, \pi[}$.

Für Aufgaben 3, 4, 5 gelte $|\vec{a}| = a$, $|\vec{b}| = b$, etc.

**3.**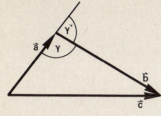

S. 153

$\vec{c} = \vec{a} + \vec{b}$
$c^2 = (\vec{a} + \vec{b})^2 = a^2 + b^2 + 2ab \cdot \cos\gamma''' =$
$= a^2 + b^2 - 2ab \cos\gamma''$

**4.** $0 = \vec{h} * (\vec{a} + \vec{b}) = \vec{h} * \vec{a} + \vec{h} * \vec{b} = \vec{h} * \vec{a} - \vec{h} * (-\vec{b}) = h \cdot a \cdot \cos\beta' - h \cdot b \cdot \cos\alpha'$

also $h \cdot a \cdot \cos\beta' = h \cdot b \cdot \cos\alpha'$ bzw. $\dfrac{a}{b} = \dfrac{\cos\alpha'}{\cos\beta'} = \dfrac{\sin\alpha}{\sin\beta}$

**5.**
a) $\vec{a} = \vec{p} - \vec{h}$;  $\vec{b} = \vec{q} + \vec{h}$
$\vec{a} * \vec{b} = (\vec{p} - \vec{h}) * (\vec{q} + \vec{h}) = \vec{p} * \vec{q} - \vec{h} * \vec{q} + \vec{p} * \vec{h} - \vec{h}^2 = \vec{p} * \vec{q} - \vec{h}^2$

b) Wegen $\vec{a} * \vec{b} = 0$ und $\measuredangle(\vec{p}, \vec{q}) = 0°$ folgt $h^2 = pq$ (Höhensatz)

c) $\vec{a} * \vec{c} = (\vec{p} - \vec{h}) * \vec{c} = \vec{p} * \vec{c} - \vec{h} * \vec{c} = \vec{p} * \vec{c}$

d) $\vec{a} + \vec{b} = \vec{c}$;  $\vec{a}^2 + \vec{a} * \vec{b} = \vec{a} * \vec{c} = \vec{p} * \vec{c}$ bzw. $\vec{a}^2 = \vec{p} * \vec{c}$

e) Wegen $\measuredangle(\vec{p}, \vec{c}) = 0°$ folgt $a^2 = pc$ (Kathetensatz)

**6.** a)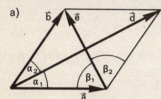

Voraussetzung: $|\vec{a}| = |\vec{b}|$; $\vec{d} = \vec{a} + \vec{b}$, $\vec{e} = \vec{b} - \vec{a}$
Behauptung: $\vec{d} * \vec{e} = 0$
Beweis: $\vec{d} * \vec{e} = (\vec{a} + \vec{b}) * (\vec{b} - \vec{a}) = \vec{b}^2 - \vec{a}^2 = 0$

b) $\cos\alpha_1 = \dfrac{\vec{a} * \vec{d}}{|\vec{a}||\vec{d}|} = \dfrac{\vec{a} * (\vec{a} + \vec{b})}{|\vec{a}||\vec{d}|} = \dfrac{\vec{a}^2 + \vec{a} * \vec{b}}{|\vec{a}||\vec{d}|} = \dfrac{\vec{b}^2 + \vec{b} * \vec{a}}{|\vec{b}||\vec{d}|} = \dfrac{\vec{b} * (\vec{b} + \vec{a})}{|\vec{b}||\vec{d}|} =$

$= \dfrac{\vec{b} * \vec{d}}{|\vec{b}||\vec{d}|} = \cos\alpha_2$

$\cos\beta_1 = \dfrac{-\vec{a} * \vec{e}}{|-\vec{a}||\vec{e}|} = \dfrac{-\vec{a} * (\vec{b} - \vec{a})}{|\vec{a}| \cdot |\vec{e}|} = \dfrac{\vec{a}^2 - \vec{a} * \vec{b}}{|\vec{a}| \cdot |\vec{e}|} = \dfrac{\vec{b}^2 - \vec{b} * \vec{a}}{|\vec{b}| \cdot |\vec{e}|} = \dfrac{\vec{b} * (\vec{b} - \vec{a})}{|\vec{b}| \cdot |\vec{e}|} =$

$= \dfrac{\vec{b} * \vec{e}}{|\vec{b}| \cdot |\vec{e}|} = \cos\beta_2$

c)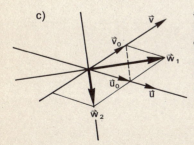

$\vec{w}_1$ und $\vec{w}_2$ sind die Diagonalenvektoren der von $\vec{u}^0$ und $\vec{v}^0$ aufgespannten Raute. Nach b) liegen $\vec{w}_1$ und $\vec{w}_2$ also in Richtung der Winkelhalbierenden zu den Vektoren $\vec{u}$ und $\vec{v}$. (Vgl. Figur.) Nach a) stehen diese Winkelhalbierenden aufeinander senkrecht.

S.153    7.   Es liegt eine Raute vor, da $\vec{AB} = \begin{pmatrix} 1 \\ -2 \end{pmatrix} = \vec{DC}$ und $|\vec{AB}| = \sqrt{5} = |\vec{BC}|$

     a) $\vec{d} = \vec{AC} = \begin{pmatrix} 3 \\ -1 \end{pmatrix}$,   $\vec{e} = \vec{BD} = \begin{pmatrix} 1 \\ 3 \end{pmatrix}$,   $\vec{d} * \vec{e} = 3 - 3 = 0$

     b) Winkel α zwischen $\vec{AB}$ und $\vec{AC}$: $\cos\alpha = \dfrac{3+2}{\sqrt{5} \cdot \sqrt{10}} = \dfrac{1}{2}\sqrt{2}$;   α = 45°

        Winkel β zwischen $\vec{BD}$ und $\vec{BA}$: $\cos\beta = \dfrac{-1+6}{\sqrt{5} \cdot \sqrt{10}} = \dfrac{1}{2}\sqrt{2}$;   β = 45°

     Die Raute ist also ein Quadrat, wie man auch direkt aus $\vec{AB} * \vec{AD} = 0$ zeigt.

S.155   **4.4.2.**

1.   a) Kreis, $M(-2|4)$, $r = 3$, $p(P, K) = -1$,

    b) Kreis, $M(-6|3)$, $r = 6$, $p(P, K) = 1$,

    c) Kreis, $M(0|0)$, $r = 2$, $p(P, K) = 0$,

    d) Parallelenpaar, $x_1 + x_2 = 4$, $x_1 + x_2 = -4$,

S.156   2.   a) Kreis für $k \in\ ]-\infty, 10[$, $M(3|-1)$, $r = \sqrt{10-k}$, $p(A, K) = k - 2$,
      A liegt innerhalb von $K$ für $k \in\ ]-\infty, 2[$,
      A liegt auf $K$ für $k = 2$,
      A liegt außerhalb von $K$ für $k \in\ ]2, 10[$,

     b) Kreis für $|k| > 3$, $k \in \mathbb{R}$; $M(-k|2)$, $r = \sqrt{k^2-9}$, $p(A, K) = 2k + 11$,
      A liegt innerhalb von $K$ für $k \in\ ]-\infty, -\frac{11}{2}[$,
      A liegt auf $K$ für $k = -\frac{11}{2}$,
      A liegt außerhalb von $K$ für $k \in\ (]-\frac{11}{2}, -3[\ \cup\ ]3, +\infty[)$,

     c) Kreis für $k \in \mathbb{R}$, $M(-4|0)$, $r = \sqrt{k^2+16}$, $p(A, K) = 10 - k^2$
      A liegt innerhalb von $K$ für $k \in \mathbb{R} \setminus\ ]-\sqrt{10}, \sqrt{10}[$,
      A liegt auf $K$ für $k \in \{-\sqrt{10}, \sqrt{10}\}$,
      A liegt außerhalb von $K$ für $k \in\ ]-\sqrt{10}, \sqrt{10}[$,

     d) Kreis für $k \in \mathbb{R}$, $M(-1|-k)$, $r = 1$, $p(A, K) = (k+1)^2 + 3$
      A liegt stets außerhalb von $K$.

3. Für die gegenseitige Lage zweier Kreise gibt es folgende Möglichkeiten:  S.156

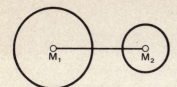

$|\overrightarrow{M_1M_2}| > r_1 + r_2$:
$K_1$ und $K_2$ schneiden sich nicht

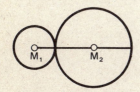

$|\overrightarrow{M_1M_2}| = r_1 + r_2$:
$K_1$ und $K_2$ berühren sich von außen

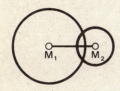

$|r_1 - r_2| < |\overrightarrow{M_1M_2}| < r_1 + r_2$:
$K_1$ und $K_2$ schneiden sich in zwei Punkten

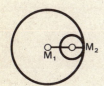

$|\overrightarrow{M_1M_2}| = |r_1 - r_2|$:
$K_1$ und $K_2$ berühren sich von innen

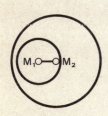

$|\overrightarrow{M_1M_2}| < |r_1 - r_2|$:
Ein Kreis liegt im Innern des anderen

$M_1 = M_2$:
Die beiden Kreise sind konzentrisch

a) $M_1(2|-3)$, $r_1 = 5$, $M_2(9|-3)$, $r_2 = 2$, $|\overrightarrow{M_1M_2}| = 7 = r_1 + r_2$,
$K_1$ und $K_2$ berühren sich von außen; den Berührpunkt erhält man als den Schnitt-

S. 156   punkt der beiden Kreise. Einfacher ist die Rechnung, wenn man den Berührpunkt als Schnittpunkt eines Kreises mit der Geraden $M_1M_2$ ermittelt. Dabei erhält man i. a. 2 Lösungen, von denen eine entfällt.   B(7|−3).

b) $M_1(1|-2)$, $r_1 = 3$, $M_2(-3|3)$, $r_2 = 2$, $|\overrightarrow{M_1M_2}| = \sqrt{41} > r_1 + r_2$
$K_1$ und $K_2$ schneiden sich nicht

c) $M_1(-1|-2)$, $r_1 = 5$, $M_2(-3|-2)$, $r_2 = 3$, $|\overrightarrow{M_1M_2}| = 2 = r_1 - r_2$,
$K_1$ und $K_2$ berühren sich von innen, Berührpunkt $B(-6|-2)$.

d) $M_1(4|3)$, $r_1 = 2$, $M_2(0|-1)$, $r_2 = 2\sqrt{5}$, $|\overrightarrow{M_1M_2}| = 4\sqrt{2}$,
$|r_2 - r_1| < |\overrightarrow{M_1M_2}| < r_1 + r_2$
$K_1$ und $K_2$ schneiden sich, $S_1(4|1)$, $S_2(2|3)$.

e) $M_1(-4|-4)$, $r_1 = 5$, $M_2(-6|-5)$, $r_2 = 2$, $|\overrightarrow{M_1M_2}| = \sqrt{5} < 3 = r_1 - r_2$
$K_2$ liegt innerhalb von $K_1$.

4. a) Kugel, $M(1|-1|0)$, $r = 3$

   b) Kugel, $M(-2|0|4)$, $r = 4$

   c) Kugel, $M(-1|0|3)$, $r = \sqrt{33}$

   d) keine Kugel, Gleichung wird von keinem Punkt des $\mathbb{R}^3$ erfüllt

   e) keine Kugel, Gleichung wird von keinem Punkt des $\mathbb{R}^3$ erfüllt

   f) Kugel, $M(-1|-\frac{3}{2}|-\frac{1}{2})$, $r = \sqrt{5}$.

5. $M(-2|0|0)$, $r = 3$,

   a) $p(P,K) = -3$, $P$ liegt innerhalb von $K$,
   $r_i = r - |\overrightarrow{MP}| = 3 - \sqrt{6}$, $K_i: (x_1+3)^2 + (x_2+1)^2 + (x_3-2)^2 = 15 - 6\sqrt{6}$

   b) $p(P,K) = 2$, $P$ liegt außerhalb von $K$,
   $r_a = |\overrightarrow{PM}| - r = 6$, $K_a: (x_1-5)^2 + (x_2-6)^2 + (x_3+6)^2 - 36 = 0$

   c) $p(P,K) = 0$, $P$ liegt auf $K$.

6. a) Kugel für $k \in ]-\infty, 2[$, $M(1|0|-1)$, $r = \sqrt{2-k}$, $p(A,K) = 3+k$,
   $A$ liegt innerhalb von $K$ für $k \in ]-\infty, -3[$,
   $A$ liegt auf $K$ für $k = -3$,
   $A$ liegt außerhalb von $K$ für $k \in ]-3, 2[$.

   b) Kugel für $k \in \mathbb{R}$, $M(k|2|0)$, $r = \sqrt{9+k^2}$, $p(A,K) = -2k-6$,
   $A$ liegt innerhalb von $K$ für $k \in ]-3, \infty[$,
   $A$ liegt auf $K$ für $k = -3$,
   $A$ liegt außerhalb von $K$ für $k \in ]-\infty, -3[$.

   c) Kugel für $|k| < 2\sqrt{5}$, $M(0|4|-2)$, $r = \sqrt{20-k^2}$, $p(A,K) = k^2-1$,
   $A$ liegt innerhalb von $K$ für $|k| < 1$,
   $A$ liegt auf $K$ für $|k| = 1$,
   $A$ liegt außerhalb von $K$ für $1 < |k| < 2\sqrt{5}$.

7. Apollonischer Kreis K: $(\vec{x} - \vec{m})^2 = r^2$ mit $\vec{m} = \dfrac{\vec{a} - t^2 \vec{b}}{1 - t^2}$    S.156

Aus der Geradengleichung g(A, B): $\vec{x} = \vec{a} + k(\vec{b} - \vec{a})$ folgt für $k = \dfrac{t^2}{t^2 - 1}$, daß $M \in g$.

Die beiden Teilpunkte $T_i$, $T_a$ mit $\vec{t_i} = \dfrac{1}{1+t}\vec{a} + \dfrac{t}{1+t}\vec{b}$ und $\vec{t_a} = \dfrac{1}{1-t}\vec{a} - \dfrac{t}{1-t}\vec{b}$, (vgl. Lehrbuch, S. 86)

haben den Mittelpunkt M mit $\vec{m} = \tfrac{1}{2}(\vec{t_i} + \vec{t_a}) = \dfrac{1}{1-t^2}\vec{a} - \dfrac{t^2}{1-t^2}\vec{b}$.

(Konstruiert werden also die harmonischen Teilpunkte $T_i$, $T_a$ zum Teilverhältnis t, um Mittelpunkt und Radius des Apollonischen Kreises zu gewinnen.)

## 4.5.
S.162

1. a) z.B. $\vec{b}_1^o = \dfrac{1}{3}\begin{pmatrix} 1 \\ 2 \\ 2 \end{pmatrix}$, $\vec{b}_2^o = \dfrac{\sqrt{5}}{5}\begin{pmatrix} 2 \\ -1 \\ 0 \end{pmatrix}$, $\vec{b}_3^o = \dfrac{\sqrt{5}}{15}\begin{pmatrix} 2 \\ 4 \\ -5 \end{pmatrix}$

b) z.B. $\vec{e}_1 = \dfrac{1}{3}\begin{pmatrix} 1 \\ 2 \\ 2 \end{pmatrix}$, ausgehend von der Basis $\left\{\begin{pmatrix} 1 \\ 2 \\ 2 \end{pmatrix}, \begin{pmatrix} 1 \\ 0 \\ 0 \end{pmatrix}, \begin{pmatrix} 0 \\ 0 \\ 1 \end{pmatrix}\right\}$ bildet man

$\vec{n}_2 = \begin{pmatrix} 1 \\ 0 \\ 0 \end{pmatrix} - \dfrac{1}{3} \cdot \dfrac{1}{3} \begin{pmatrix} 1 \\ 2 \\ 2 \end{pmatrix} = \dfrac{1}{9}\begin{pmatrix} 8 \\ -2 \\ -2 \end{pmatrix}$;    $\vec{e}_2 = \vec{n}_2^o = \dfrac{\sqrt{2}}{6}\begin{pmatrix} 4 \\ -1 \\ -1 \end{pmatrix}$;

$\vec{n}_3 = \begin{pmatrix} 0 \\ 0 \\ 1 \end{pmatrix} - \dfrac{2}{3} \cdot \dfrac{1}{3}\begin{pmatrix} 1 \\ 2 \\ 2 \end{pmatrix} + \dfrac{\sqrt{2}}{6} \cdot \dfrac{\sqrt{2}}{6}\begin{pmatrix} 4 \\ -1 \\ -1 \end{pmatrix} = \dfrac{1}{2}\begin{pmatrix} 0 \\ -1 \\ 1 \end{pmatrix}$,   $\vec{e}_3 = \vec{n}_3^o = \dfrac{\sqrt{2}}{2} \cdot \begin{pmatrix} 0 \\ -1 \\ 1 \end{pmatrix}$

2. a) $S_1: \begin{pmatrix} x_1 \\ x_2 \end{pmatrix} * \begin{pmatrix} y_1 \\ y_2 \end{pmatrix} = x_1 y_1 + 3 x_2 y_2 = y_1 x_1 + 3 y_2 x_2 = \begin{pmatrix} y_1 \\ y_2 \end{pmatrix} * \begin{pmatrix} x_1 \\ x_2 \end{pmatrix}$

$S_2: \left(k\begin{pmatrix} x_1 \\ x_2 \end{pmatrix}\right) * \begin{pmatrix} y_1 \\ y_2 \end{pmatrix} = \begin{pmatrix} kx_1 \\ kx_2 \end{pmatrix} * \begin{pmatrix} y_1 \\ y_2 \end{pmatrix} = kx_1 y_1 + 3kx_2 y_2 = k(x_1 y_1 + 3 x_2 y_2) =$

$= k \cdot \left(\begin{pmatrix} x_1 \\ x_2 \end{pmatrix} * \begin{pmatrix} y_1 \\ y_2 \end{pmatrix}\right)$

$S_3: \begin{pmatrix} x_1 \\ x_2 \end{pmatrix} * \left(\begin{pmatrix} y_1 \\ y_2 \end{pmatrix} + \begin{pmatrix} z_1 \\ z_2 \end{pmatrix}\right) = \begin{pmatrix} x_1 \\ x_2 \end{pmatrix} * \begin{pmatrix} y_1 + z_1 \\ y_2 + z_2 \end{pmatrix} = x_1(y_1 + z_1) + 3 x_2(y_2 + z_2)$

$= (x_1 y_1 + 3 x_2 y_2) + (x_1 z_1 + 3 x_2 z_2) = \begin{pmatrix} x_1 \\ x_2 \end{pmatrix} * \begin{pmatrix} y_1 \\ y_2 \end{pmatrix} + \begin{pmatrix} x_1 \\ x_2 \end{pmatrix} * \begin{pmatrix} z_1 \\ z_2 \end{pmatrix}$

$S_4: \begin{pmatrix} x_1 \\ x_2 \end{pmatrix} * \begin{pmatrix} x_1 \\ x_2 \end{pmatrix} = x_1^2 + 3 x_2^2 > 0$, falls nicht $x_1 = x_2 = 0$

S.162 2. b) $\vec{a} * \vec{b} = 1 \cdot 3 + 3 \cdot 1 \cdot 1 = 6$

c) $\sphericalangle (\vec{a}, \vec{b}) = 30°$

d) z.B. $\vec{e}_1 = \frac{1}{2}\begin{pmatrix}1\\1\end{pmatrix}$, da $|\vec{a}| = 2$; $\vec{e}_2 = \frac{\sqrt{3}}{6}\begin{pmatrix}3\\-1\end{pmatrix}$; $B = \{\vec{e}_1, \vec{e}_2\}$

e) $\vec{a}_B = \begin{pmatrix}2\\0\end{pmatrix}$; $\vec{b}_B = \begin{pmatrix}3\\\sqrt{3}\end{pmatrix}$; $\vec{a}_B \circledast \vec{b}_B = \vec{a} * \vec{b}$     $\circledast$ bedeute Standardskalarprodukt

3. a) Der Nachweis erfolgt analog zu Aufgabe 2a.

b) Die Vektoren der Basis sind Einheitsvektoren und paarweise orthogonal

c) $\vec{a} * \vec{b} = 3$

d) $\vec{a}_B = \begin{pmatrix}2\\\sqrt{2}\\\sqrt{3}\end{pmatrix}$, $\vec{b}_B = \begin{pmatrix}-1\\\sqrt{2}\\\sqrt{3}\end{pmatrix}$   $\vec{a}_B \circledast \vec{b}_B = 3 = \vec{a} * \vec{b}$

$\circledast$ bedeute Standardskalarprodukt

S.169   4.6.2.

1. a) $\vec{n} = r\begin{pmatrix}5\\9\\8\end{pmatrix}$, $r \in \mathbb{R}$;    b) $\vec{n} = s\begin{pmatrix}1\\1\\0\end{pmatrix}$, $s \in \mathbb{R}$;    c) $\vec{b} = t\begin{pmatrix}2\\1\\2\end{pmatrix}$, $t \in \mathbb{R}$

2. a) $A = \frac{1}{2}\begin{vmatrix}1 & -1\\2 & 3\end{vmatrix} = \frac{5}{2}$      b) $A = \frac{1}{2}|\vec{a} \times \vec{b}| = \frac{1}{2}\sqrt{30}$

3. a) Mit $\vec{u} = \overrightarrow{AB} = \begin{pmatrix}4\\2\\3\end{pmatrix}$, $\vec{v} = \overrightarrow{AC} = \begin{pmatrix}4\\1\\3\end{pmatrix}$, $\vec{w} = \overrightarrow{AD} = \begin{pmatrix}6\\6\\6\end{pmatrix}$, $\vec{u} \times \vec{v} = \begin{pmatrix}3\\0\\-4\end{pmatrix}$ errechnet man

$F(ABC) = \frac{1}{2}|\vec{u} \times \vec{v}| = 2,5$

b) $V = \frac{1}{6}|\det(\vec{u}, \vec{v}, \vec{w})| = 1$

c) Aus $V = \frac{1}{3}Fh$ folgt $h = 1,2$

4. $|\vec{F}| = q|\vec{v} \times \vec{B}| = q \, v \, B \cdot \sin 45° = 3,4 \cdot 10^{-18}$ N
(Ablenkung senkrecht zur $\vec{v}, \vec{B}$-Ebene)
Diese (kleine?) Kraft erteilt dem Elektron mit Masse $m \approx 10^{-30}$ kg eine Beschleunigung von $a = \frac{F}{m} \approx 3 \cdot 10^{12}$ m/s² !!

5. a) Man rechnet $(\vec{x} \times \vec{y}) * \vec{x}$ und $(\vec{x} \times \vec{y}) * \vec{y}$ aus:
$(\vec{x} \times \vec{y}) * \vec{x} = (x_2 y_3 - x_3 y_2)x_1 - (x_1 y_3 - x_3 y_1)x_2 + (x_1 y_2 - x_2 y_1)x_3 = 0$   und
$(\vec{x} \times \vec{y}) * \vec{y} = (x_2 y_3 - x_3 y_2)y_1 - (x_1 y_3 - x_3 y_1)y_2 + (x_1 y_2 - x_2 y_1)y_3 = 0$.

b) Aus dem Gesetz 7 folgt mit $\vec{x}_1 = \vec{x}_2 = \vec{x}$ und $\vec{y}_1 = \vec{y}_2 = \vec{y}$:
$(\vec{x} \times \vec{y})^2 = \vec{x}^2 \cdot \vec{y}^2 - (\vec{x} * \vec{y})^2 = |\vec{x}|^2|\vec{y}|^2 - |\vec{x}|^2|\vec{y}|^2 (\cos \sphericalangle (\vec{x}, \vec{y}))^2 =$
$= |\vec{x}|^2 \cdot |\vec{y}|^2 \cdot (1 - (\cos \sphericalangle (\vec{x}, \vec{y}))^2) = |\vec{x}|^2 \cdot |\vec{y}|^2 \cdot (\sin \sphericalangle (\vec{x}, \vec{y}))^2$,   also
$|\vec{x} \times \vec{y}| = |\vec{x}| \cdot |\vec{y}| \cdot |\sin \sphericalangle (\vec{x}, \vec{y})|$.

c) Beh.: $\vec{x}, \vec{y}$ linear unabhängig $\Leftrightarrow$ $\vec{x}, \vec{y}, \vec{x} \times \vec{y}$ ist Basis des $\mathbb{R}^3$.    S. 169

Beweis:

„$\Leftarrow$": Bilden die Vektoren $\vec{x}, \vec{y}, \vec{x} \times \vec{y}$ eine Basis, dann sind $\vec{x}, \vec{y}, \vec{x} \times \vec{y}$ linear unabhängig. Daraus folgt, daß auch $\vec{x}, \vec{y}$ linear unabhängig sind (Teilmenge, s. S. 41).

„$\Rightarrow$": $\vec{x}, \vec{y}$ seien linear unabhängig, also $\vec{x} \neq \vec{o}, \vec{y} \neq \vec{o}, \vec{x} \neq k\vec{y}$. Dann folgt aus $|\vec{x} \times \vec{y}| = |\vec{x}||\vec{y}| \cdot |\sin \sphericalangle (x, y)| \neq 0$, daß $\vec{x} \times \vec{y} \neq \vec{o}$. Aus der Linearkombination $r\vec{x} + s\vec{y} + t(\vec{x} \times \vec{y}) = \vec{o}$ erhält man durch Skalarproduktbildung mit $\vec{x} \times \vec{y}$ wegen $\vec{x} * (\vec{x} \times \vec{y}) = 0$ und $\vec{y} * (\vec{x} \times \vec{y}) = 0$: $t(\vec{x} \times \vec{y})^2 = 0$, also $t = 0$.

Nun folgt aber sofort $r = 0$ und $s = 0$, denn sonst wären $\vec{x}, \vec{y}$ linear abhängig.

$\vec{x}, \vec{y}, \vec{x} \times \vec{y}$ sind linear unabhängig und damit Basis des $\mathbb{R}^3$.

d) $\vec{e}_i \times \vec{e}_i = 0$ für $i = 1, 2, 3$; $\vec{e}_1 \times \vec{e}_2 = \vec{e}_3$, $\vec{e}_2 \times \vec{e}_3 = \vec{e}_1$, $\vec{e}_3 \times \vec{e}_1 = \vec{e}_2$

e) i)

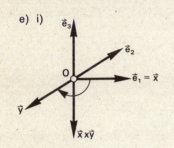

$$\vec{x} = \begin{pmatrix} 1 \\ 0 \\ 0 \end{pmatrix}, \quad \vec{y} = \begin{pmatrix} 0 \\ -1 \\ 0 \end{pmatrix}, \quad \vec{x} \times \vec{y} = \begin{pmatrix} 0 \\ 0 \\ -1 \end{pmatrix}$$

ii)
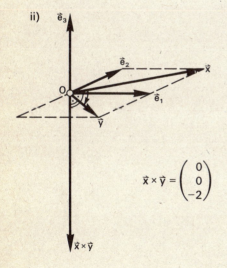

$$\vec{x} \times \vec{y} = \begin{pmatrix} 0 \\ 0 \\ -2 \end{pmatrix}$$

iii)
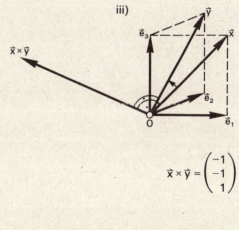

$$\vec{x} \times \vec{y} = \begin{pmatrix} -1 \\ -1 \\ 1 \end{pmatrix}$$

S. 171 | 4.6.3.

1. a) Mit $m = \frac{1}{2}(\vec{a}+\vec{b})$, also $M(5|-1)$ und $\overrightarrow{AB} \perp m_{AB}$ folgt
   $m_{AB}: (\vec{b}-\vec{a}) * (\vec{x}-\vec{m}) = 0$   bzw.   $4x_1 - 6x_2 - 26 = 0$

   b) $\overrightarrow{AB} \perp h_c$, also $h_c: (\vec{b}-\vec{a}) * (\vec{x}-\vec{c}) = 0$   bzw.   $6x_1 - x_2 - 24 = 0$
   analog errechnen sich   $h_a: 2x_1 - 5x_2 + 8 = 0$   und   $h_b: x_1 + x_2 - 8 = 0$

2. a) Die Gleichung läßt sich mittels quadratischer Ergänzung umformen in
   $(x_1 - 2)^2 + (x_2 - 1)^2 = 25$, also Kreis K mit $M(2|1)$, $r = 5$.

   b) Für die Potenz der Punkte bezüglich K errechnet sich
   $p(P, K) = 0$   und   $p(Q, K) = 100 > 0$.

   c) $t_P: \begin{pmatrix} 4 \\ 3 \end{pmatrix} * \left(x - \begin{pmatrix} 2 \\ 1 \end{pmatrix}\right) = 25$   bzw.   $4x_1 + 3x_2 - 36 = 0$

   d) Polare $p_Q: \begin{pmatrix} 11 \\ 2 \end{pmatrix} * \left(x - \begin{pmatrix} 2 \\ 1 \end{pmatrix}\right) = 25$   bzw.   $11x_1 + 2x_2 - 49 = 0$   oder

   $x = \begin{pmatrix} 3 \\ 8 \end{pmatrix} + k \begin{pmatrix} 2 \\ -11 \end{pmatrix}$

   $p_Q \cap K: \left(\begin{pmatrix} 1 \\ 7 \end{pmatrix} + k \begin{pmatrix} 2 \\ -11 \end{pmatrix}\right)^2 = 25$   liefert   $5k^2 - 6k + 1 = 0$   mit den Lösungen
   $k_1 = 1$ und $k_2 = \frac{1}{5}$.
   Dies ergibt die Berührpunkte $B_1(5|-3)$ und $B_2(\frac{17}{5}|\frac{29}{5})$, (Kontrolle: $B_1B_2 \perp QM$)
   mit den Tangenten   $t_1: x = \begin{pmatrix} 13 \\ 3 \end{pmatrix} + r \begin{pmatrix} 4 \\ 3 \end{pmatrix}$   und   $t_2: x = \begin{pmatrix} 13 \\ 3 \end{pmatrix} + s \begin{pmatrix} 24 \\ -7 \end{pmatrix}$.

3. $K: (x_1 + 6)^2 + (x_2 - 5)^2 = 169$, also $M(-6|5)$, $r = 13$.
   $P \in K$; Tangente $t: x_1 = 7$
   $Q \notin K$, Polare: $p: 7x_1 - 17x_2 - 42 = 0$, Berührpunkte $B_1(6|0)$, $B_2(-11|-7)$
   Tangenten: $t_1: 12x_1 - 5x_2 - 72 = 0$   und   $t_2: 5x_1 + 12x_2 + 139 = 0$

4. Der Schnitt der Geraden $g: \vec{x} = \vec{p} + k\vec{u}$ mit dem Kreis $K: (\vec{x}-\vec{m})^2 = r^2$ führt auf die
   Gleichung $(\vec{p} + k\vec{u} - \vec{m})^2 = r^2$ bzw. $(\vec{p}-\vec{m})^2 + 2k(\vec{p}-\vec{m})*\vec{u} + k^2\vec{u}^2 = r^2$.
   Wegen $P \in K$, also $(\vec{p}-\vec{m})^2 = r^2$ reduziert sich das auf $2k(\vec{p}-\vec{m})*\vec{u} + k^2\vec{u}^2 = 0$.
   Genau für $(\vec{p}-\vec{m})*\vec{u} = 0$ führt dies auf die einzige Lösung $k = 0$, also auf den einzigen Schnittpunkt P.

S. 175

5. a) Normalenform:           $2x_1 + 3x_2 + 4 = 0$
      Hessesche Normalform:   $-\frac{2}{\sqrt{13}}x_1 - \frac{3}{\sqrt{13}}x_2 - \frac{4}{\sqrt{13}} = 0$

   b) Normalenform:           $5x_1 + 12x_2 + 7 = 0$
      Hessesche Normalform:   $-\frac{5}{13}x_1 - \frac{12}{13}x_2 - \frac{7}{13} = 0$

   c) Normalenform:           $x_2 - 4 = 0$
      Hessesche Normalform:   $x_2 - 4 = 0$

   d) Normalenform:           $3x_1 + 5 = 0$
      Hessesche Normalform:   $-x_1 - \frac{5}{3} = 0$

6. a) Normalenform der Geraden $g_1$ (A, B): $x_1 + 7x_2 + 9 = 0$; $d(C, g_1) = \frac{5}{2}\sqrt{2}$   S.175
   Normalenform der Geraden $g_2$ (A, C): $4x_1 + 3x_2 + 11 = 0$; $d(B, g_2) = -5$
   Normalenform der Geraden $g_3$ (B, C): $3x_1 - 4x_2 - 23 = 0$; $d(A, g_3) = -5$

   Mit den üblichen Bezeichnungen im Dreieck gilt: $h_a = h_b = 5$; $h_c = \frac{5}{2}\sqrt{2}$

   Für die Dreiecksfläche A erhält man z. B. mit $g = |\overrightarrow{AB}| = 5\sqrt{2}$: $A = 12{,}5$.

   *Hinweis:* Wegen $|\overrightarrow{AC}| = |\overrightarrow{BC}| = 5$ und $|\overrightarrow{AB}| = 5\sqrt{2}$ ist das Dreieck gleichschenklig rechtwinklig.

   b) $g_1$ (A, B): $3x_1 - 2x_2 = 0$; $d(C, g_1) = -\frac{12}{13}\sqrt{13}$; $h_c = \frac{12}{13}\sqrt{13}$
      $g_2$ (A, C): $x_1 + 2 = 0$; $d(B, g_2) = -4$; $h_b = 4$
      $g_3$ (B, C): $x_2 - 3 = 0$; $d(A, g_3) = -6$; $h_a = 6$

   Dreiecksfläche $A = 12$.

   *Hinweis:* Wegen $|\overrightarrow{AC}|^2 + |\overrightarrow{BC}|^2 = |\overrightarrow{AB}|^2$ ist das Dreieck rechtwinklig.

7. a) Wegen $\vec{n}_h = \begin{pmatrix} 4 \\ 2 \end{pmatrix}$ folgt, daß die Richtungsvektoren der beiden Geraden parallel sind $\left(\text{z. B. } \vec{u}_h = \begin{pmatrix} 1 \\ -2 \end{pmatrix}, \vec{u}_g = \begin{pmatrix} 1 \\ -2 \end{pmatrix}\right)$. Da $A(2|3) \notin h$, sind g und h echt parallel.

   Eine andere Möglichkeit wäre die Berechnung gemeinsamer Punkte, die auf die Gleichung $0 \cdot k + 17 = 0$ führt.

   b) $d(g, h) = |d(A, h)|$ mit $A(2|3)$; $d(A, h) = -\frac{17}{10}\sqrt{5}$; $d(g, h) \approx 3{,}8$
   A liegt bezüglich h in derselben Halbebene wie O.

c)

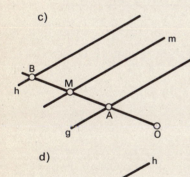

Man errechnet z. B. den Schnittpunkt B von g(O, A) und h. Die Mittelparallele m enthält den Mittelpunkt M von A und B und hat die Richtung von g.

Man erhält $B\left(-\frac{3}{7}\bigg|-\frac{9}{14}\right)$; $M\left(\frac{11}{14}\bigg|\frac{33}{28}\right)$;

$m: \vec{x} = \begin{pmatrix} \frac{11}{14} \\ \frac{33}{28} \end{pmatrix} + l\begin{pmatrix} 1 \\ -2 \end{pmatrix}$, $l \in \mathbb{R}$.

d)

Es ist $d(O, h) = -\frac{3}{10}\sqrt{5}$. Da $d(O, h)$ und $d(A, h)$ $(A(2|3))$ gleiches Vorzeichen haben, liegen g und O auf derselben Seite von h.
Weil $|d(A, h)| > |d(O, h)|$, liegt O zwischen g und h.
Nach diesen Überlegungen genügt es, einen Punkt P zu bestimmen, dessen Abstand $d(P, g) = -2$ ist. (P muß bezüglich g in derselben Halbebene liegen wie O.).

Die Bedingung $d(P, g) = \frac{2p_1 + p_2 - 7}{\sqrt{5}} = -2$ liefert

z.B. mit $p_2 = 7$: $p_1 = -\sqrt{5}$, also $P(-\sqrt{5}|7)$ und damit $g_1: \vec{x} = \begin{pmatrix} -\sqrt{5} \\ 7 \end{pmatrix} + r\begin{pmatrix} 1 \\ -2 \end{pmatrix}$, $r \in \mathbb{R}$.

S. 175 8. a)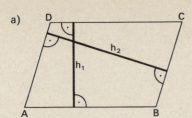

Es muß gelten $\overrightarrow{AD} = \overrightarrow{BC}$, also $D(5|7)$.
$h_1 = |d(AB, BC)|$.
z. B. $h_1 = |d(D, AB)| = \frac{6}{5}\sqrt{10}$.
$F = |\overrightarrow{AB}| \cdot h_1 = 2\sqrt{10} \cdot h_1 = 24$
$h_2 = |d(AD, BC)|$.
z. B. $h_2 = |d(A, BC)| = |-4\sqrt{2}| = 4\sqrt{2}$
$F = |\overrightarrow{BC}| \cdot h_2 = 3\sqrt{2} \cdot h_2 = 24$.

b) Mit denselben Bezeichnungen wie in Aufgabe 8a) erhält man:
$D(3|4)$; $h_1 = |d(D, AB)| = |-\frac{29}{5}| = 5{,}8$; $F = |\overrightarrow{AB}| \cdot h_1 = 5 \cdot 5{,}8 = 29$;
$h_2 = |d(A, BC)| = |-\frac{29}{34}\sqrt{34}|$; $F = |\overrightarrow{BC}| \cdot h_2 = \sqrt{34} \cdot h_2 = 29$.

9. Die Hesseschen Normalformen der Geraden g und h lauten:

$g: \dfrac{4x_1 + 3x_2 - 14}{5} = 0 \qquad h: \dfrac{-3x_1 + 4x_2 - 2}{5} = 0$

Setzt man einen beliebigen Punkt $P(1+r|-5+7r)$ der Geraden $w_1$, bzw. einen beliebigen Punkt $Q(2-7s|2+s)$ der Geraden $w_2$ in die Hesseschen Normalformen von g und h ein, so erhält man:
$d(P, g) = 5r - 5$, $\quad d(P, h) = 5r - 5$, $\quad$ also $\quad d(P, g) = d(P, h)$ bzw.
$d(Q, g) = -5s$, $\quad d(Q, h) = 5s$, $\quad$ also $\quad |d(Q, g)| = |d(Q, h)|$.
$w_1$ und $w_2$ sind die beiden Winkelhalbierenden der Geraden g und h.

10. Wir zeigen, daß der Kreismittelpunkt $M(7|5)$ von den drei Seiten des Dreiecks den gleichen Abstand $r = 4$ hat:
Für die Hesseschen Normalenformen und Abstände ergibt sich:
AB: $x_2 - 1 = 0$; $d(M, AB) = 4$
AC: $\frac{12}{13}x_1 - \frac{5}{13}x_2 - \frac{7}{13} = 0$; $d(M, AC) = 4$
BC: $\frac{4}{5}x_1 + \frac{3}{5}x_2 - \frac{63}{5} = 0$; $d(M, BC) = -4$

11. a) $m_{AB}: x_1 + 2x_2 - 7 = 0$ mit $M_{AB}(5|1) \in m_{AB}$ und $\overrightarrow{AB} \perp m_{AB}$
$m_{BC}: -7x_1 + x_2 + 19 = 0$ mit $M_{BC}(3{,}5|5{,}5) \in m_{AB}$ und $\overrightarrow{BC} \perp m_{BC}$

b) $m_{AB}$ und $m_{BC}$ schneiden sich in $M(3|2)$, $|\overrightarrow{AM}| = 5$, also ist die Gleichung des Umkreises K: $(\vec{x} - \binom{3}{2})^2 = 25$ bzw. $x_1^2 - 6x_1 + x_2^2 - 4x_2 - 12 = 0$.
(Kontrolle: $A \in K$, $B \in K$, $C \in K$)

S. 178 12. a) $d(P, E) = -1$ $\qquad$ b) $d(P, E) = -\frac{1}{2}\sqrt{6}$ $\qquad$ c) $|d(P, E)| = \sqrt{2}$

Parameterform: z. B. $E: \vec{x} = \begin{pmatrix} 12 \\ 0 \\ 0 \end{pmatrix} + r \begin{pmatrix} -9 \\ 2 \\ 2 \end{pmatrix} + s \begin{pmatrix} -3 \\ 1 \\ 0 \end{pmatrix}$, $r, s \in \mathbb{R}$

13. Normalenform: z. B. $E: 2x_1 + 6x_2 + 3x_3 - 24 = 0$

b) $d(Z, ) = 0$; $d(W, E) = -7$

c) Lot l: $\vec{x} = \begin{pmatrix} 10 \\ -6 \\ -3 \end{pmatrix} + r \begin{pmatrix} 2 \\ 6 \\ 3 \end{pmatrix}$, $r \in \mathbb{R}$; Lotfußpunkt $F(12|0|0) = A$.

14. Parameterform: z.B.  $E: \vec{x} = \begin{pmatrix} 0 \\ 5 \\ 4 \end{pmatrix} + k \begin{pmatrix} 1 \\ 1 \\ 2 \end{pmatrix} + l \begin{pmatrix} 3 \\ 3 \\ 2 \end{pmatrix}$, $k, l \in \mathbb{R}$;  S.178

   Normalenform: z.B.  $E: x_1 - x_2 + 5 = 0$.

   b) $n_2 = -1$, $n_3 = 0$, $\vec{n} = \begin{pmatrix} 1 \\ -1 \\ 0 \end{pmatrix}$.

   c) Hessesche Normalform: $E: \dfrac{x_1 - x_2 + 5}{-\sqrt{2}} = 0$; $d(Q, E) = -\sqrt{2}$.

15. a) $S(2|-1|-2)$;  S.179

    b) Ein Normalvektor $\vec{n}$ zu $\begin{pmatrix} 2 \\ -2 \\ 1 \end{pmatrix}$ und $\begin{pmatrix} 3 \\ 0 \\ -1 \end{pmatrix}$ ist z.B. $\vec{n} = \begin{pmatrix} 2 \\ 5 \\ 6 \end{pmatrix}$,

    Normalenform: z.B.  $E_1: 2x_1 + 5x_2 + 6x_3 + 13 = 0$; $d(A, E_1) = -\tfrac{4}{13}\sqrt{65}$.

    c) Der Richtungsvektor der Geraden h ist Normalenvektor der Ebene $E_2$.
    Normalenform: z.B.  $E_2: 3x_1 - x_3 - 8 = 0$.

    d) Der Schnittpunkt der Ebene $E_2$ mit h ist der gesuchte Punkt L.
    $L(2|-1|-2) = S$

16. a) Ein Normalenvektor der Ebene $E_1$ ist auch Normalenvektor der Ebene $E_2$, also $E_2: 3x_1 - 2x_2 + 6x_3 - 28 = 0$.

    b) $d(E_1, E_2) = d(P, E_1)$; $|d(E_1, E_2)| = |-6| = 6$.

    c) Es genügt zu zeigen, daß der Richtungsvektor $\vec{u}$ der Geraden g nicht orthogonal zum Normalvektor $\vec{n}$ der Ebene $E_1$ ist.

    Wegen $\vec{u} * \vec{n} = \begin{pmatrix} 3 \\ -3 \\ 1 \end{pmatrix} * \begin{pmatrix} 3 \\ -2 \\ 6 \end{pmatrix} = 21 \neq 0$ ist das der Fall.

    (Wäre $\vec{u} \perp \vec{n}$, so könnte mit Hilfe des Antragspunktes der Geraden g entschieden werden, ob g in $E_1$ oder in $E_2$ liegt oder echt parallel zu diesen beiden Ebenen ist).

17. a) Der Ortsvektor von A erfüllt die Geradengleichung für kein $r \in \mathbb{R}$.

    b) $E: x_1 - x_3 - 1 = 0$; $d(O, E) = -\tfrac{1}{2}\sqrt{2}$.

    c) Lotfußpunkt $F(0|-2|-1)$;  Lot $l: \vec{x} = \begin{pmatrix} 4 \\ 0 \\ 3 \end{pmatrix} + s \begin{pmatrix} 2 \\ 1 \\ 2 \end{pmatrix}$, $s \in \mathbb{R}$

**S. 179 18.** a) $S(-1|1|-2)$

b) $E_1:\ 2x_1 + x_2 - 2x_3 - 3 = 0$

c)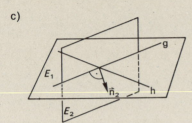

z. B.: Ein Normalenvektor $\vec{n}_2$ der Ebene $E_2$ läßt sich als Linearkombination der beiden Richtungsvektoren $\vec{u}_g$ und $\vec{u}_h$ darstellen. Außerdem muß $\vec{n}_2 \perp \vec{u}_g$ sein.

Man erhält z. B. $\vec{n}_2 = \begin{pmatrix} 4 \\ 2 \\ 5 \end{pmatrix}$ und damit $E_2:\ 4x_1 + 2x_2 + 5x_3 + 12 = 0$.

oder z. B.: $\vec{n}_2 \perp \vec{n}_1$ und $\vec{n}_2 \perp \vec{u}_g$ führt mit Hilfe des Vektorproduktes zu $\vec{n}_2 = \begin{pmatrix} 4 \\ 2 \\ 5 \end{pmatrix}$.

d) 1. Möglichkeit:

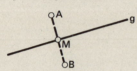

Man zeigt:
$\overrightarrow{AB} \perp \vec{u}_g$,
AB schneidet g (im Punkt $M(0|-1|-2)$),
$|\overrightarrow{AM}| = |\overrightarrow{BM}|$

2. Möglichkeit:

Man zeigt:
$\overrightarrow{AB} \perp \vec{u}_g$,
der Mittelpunkt $M(0|-1|-2)$ von A und B liegt auf g

**19.** a) Man zeigt entweder, daß $\vec{n} = \begin{pmatrix} 2 \\ -1 \\ 2 \end{pmatrix}$ orthogonal zu $\vec{u}_g = \begin{pmatrix} -2 \\ 10 \\ 7 \end{pmatrix}$ und $A(4|-7|3) \notin E$,

oder daß g und E keinen gemeinsamen Punkt haben. $d(g, E) = 3$.

b)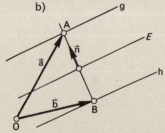

Es sei B der symmetrische Punkt zu A bezüglich $E$. Dann gilt: $\vec{b} = \vec{a} - 2d\vec{n}^\circ$, also $B(0|-5|-1)$. (Man beachte die Orientierung von $\vec{n}$.)

$h:\ \vec{x} = \begin{pmatrix} 0 \\ -5 \\ -1 \end{pmatrix} + r \begin{pmatrix} -2 \\ 10 \\ 7 \end{pmatrix}$, $r \in \mathbb{R}$.

c) $M(2|-6|1)$ ist der Mittelpunkt von A und B (Kontrolle: $M \in E$).

Mittelparallele $m:\ \vec{x} = \begin{pmatrix} 2 \\ -6 \\ 1 \end{pmatrix} + s \begin{pmatrix} -2 \\ 10 \\ 7 \end{pmatrix}$, $s \in \mathbb{R}$, (Kontrolle: $m \subset E$).

20.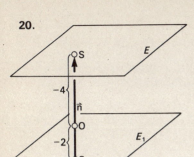
Da $E_1$ parallel zu $E$ ist, hat die Gleichung der Ebene $E_1$ die Form $x_1 + 2x_2 + 2x_3 + c = 0$. Wegen $d(O,E) = -4$ und $|d(E,E_1)| = 6$ ist $d(O,E_1) = -2$ (O liegt zwischen $E$ und $E_1$ und damit $c > 0$).

Aus $d(O,E_1) = -\frac{c}{3}$ folgt $c = 6$ und damit

$E_1: x_1 + 2x_2 + 2x_3 + 6 = 0$.

S.180

Andere Möglichkeit: Man bestimmt den Schnittpunkt S von $E$ mit der Geraden $\vec{x} = k\vec{n}$ ($S(\frac{4}{3}|\frac{8}{3}|\frac{8}{3})$) und erhält aus $\vec{s}_1 = \vec{s} - 6\vec{n}^0$ einen Punkt $S_1(-\frac{2}{3}|-\frac{4}{3}|-\frac{4}{3})$ der Ebene $E_1$.

21. a) Entweder man zeigt, daß $\vec{u}_k = \begin{pmatrix} -5 \\ 3 \\ -1 \end{pmatrix}$ orthogonal zu $\vec{n}_E = \begin{pmatrix} 1 \\ 1 \\ 2 \end{pmatrix}$ für alle $k \in \mathbb{R}$,

oder daß es nur für $k = 1$ gemeinsame Punkte (unabhängig vom Parameter r) gibt (vgl. b)).

b) Die Berechnung gemeinsamer Punkte liefert $k = 1$, d.h., für $k = 1$ liegt g in E, für $k \neq 1$ ist g echt parallel zu $E$.

22. Direkter Nachweis:

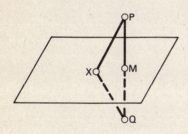

Man zeigt, daß für einen beliebigen Punkt $X(x_1\, x_2\, x_3)$ der Ebene gilt: $d(P,X) = d(Q,X)$.
Für die Koordinaten eines beliebigen Punktes X der Ebene erhält man aus der Ebenengleichung z.B. $x_1 = k$, $x_2 = l$, $x_3 = 2k - 6$, und damit $d(P,X) = d(Q,X) = \sqrt{5k^2 - 40k + 100 + l^2}$.

Indirekter Nachweis: Die Menge aller Punkte, die von P und Q den gleichen Abstand haben, ist die Ebene durch den Mittelpunkt von P und Q mit $\overrightarrow{PQ}$ als Normalenvektor. Für diese Ebene erhält man die Gleichung $2x_1 - x_3 - 6 = 0$.

23. $E: \vec{x} = \begin{pmatrix} 1 \\ 8 \\ 5 \end{pmatrix} + r \begin{pmatrix} 1 \\ -2 \\ 0 \end{pmatrix} + s \begin{pmatrix} 3 \\ 4 \\ 5 \end{pmatrix}$; $M(1|4|-3)$ (Druckfehler in der ersten Auflage des Lehrbuchs!)

führt auf die Hessesche Normalform $E: \frac{1}{3}(2x_1 + x_2 - 2x_3) = 0$ mit $d(M,E) = 4 = r$, also auf die Kugel $K: (\vec{x} - \vec{m})^2 = r^2$.

S.180 24. Die Kugelgleichung läßt sich umformen in K: $(x_1 + 3)^2 + (x_2 - 2)^2 + (x_3 - 4)^2 = 121$, also M$(-3|2|4)$ und r = 11.
$P_1(3|-4|11)$, $P_2(-9|-4|11)$, $Q_1(3|8|-3)$, $Q_2(3|-4|-3)$ liegen auf der Kugel.
Die Gleichung für die Tangentialebene $(\vec{p} - \vec{m}) * (\vec{x} - \vec{m}) = 0$ liefert:
$E_1$: $6x_1 - 6x_2 + 7x_3 - 119 = 0$   $E_2$: $6x_1 + 6x_2 - 7x_3 + 155 = 0$
$E_3$: $6x_1 + 6x_2 - 7x_3 - 87 = 0$    $E_4$: $6x_1 - 6x_2 - 7x_3 - 63 = 0$
Aus $E_2 \parallel E_3$ schließt man, daß $P_2$ und $Q_1$ gegenüberliegende Kugelpunkte sind, was sich mittels $|\overrightarrow{P_2Q_1}| = 22 = 2r$ bestätigt.

S.182  **4.6.4.**

1. a) Der Ortsvektor des Punktes A erfüllt die Geradengleichung für kein k ∈ ℝ.
   E: $2x_1 + 5x_2 - 4x_3 + 25 = 0$.

   b) B ist der Schnittpunkt der Ebene E aus Teilaufgabe a) mit der Geraden g (Begründung!). B$(4|-1|7)$.

   c) Für X ∈ g betrachtet man d(A, X) = $\sqrt{45k^2 - 90k + 81}$ in Abhängigkeit von k. d(A, X) wird minimal, wenn der Radikand r(k) minimal wird:
   $\frac{dr}{dk} = 90k - 90 = 0$ für k = 1. Es handelt sich um (das einzige) Minimum, da $\lim_{k \to \pm\infty} r(k) \to \infty$.
   Für k = 1 ergibt sich damit B$(4|-1|7)$ als der Punkt von g mit dem kürzesten Abstand zu A.

   d) $\vec{a}_1 = \vec{a} + 2\overrightarrow{AB}$;   $A_1(2|3|11)$;   d(A, $A_1$) = 12.

S.183 2. Verfahren: Ebene E durch A, orthogonal zu g, hat die Gleichung $x_1 + 2x_2 + 2x_3 - 13 = 0$. Der Schnittpunkt dieser Ebene E mit g ist L$(3|3|2)$. d(A, g) = d(A, L) = 3.

3. E: $12x_1 - 9x_2 + 16x_3 - 24 = 0$; S$(2|0|0)$; d(g, h) = d(A, S) = $\sqrt{26}$.

4. a) h: $\vec{x} = \begin{pmatrix} 4 \\ 0 \\ 3 \end{pmatrix} + l \begin{pmatrix} 1 \\ -4 \\ 1 \end{pmatrix}$, l ∈ ℝ;

   b) Ebene E durch B, orthogonal zu h; E: $x_1 - 4x_2 + x_3 - 7 = 0$; A ist der Schnittpunkt von E mit g: A$(0|-2|-1)$;

   Gleichung des Lotes l: $\vec{x} = \begin{pmatrix} 4 \\ 0 \\ 3 \end{pmatrix} + r \begin{pmatrix} 2 \\ 1 \\ 2 \end{pmatrix}$, r ∈ ℝ.

4. c) d(g, h) = d(A, B) = 6.

5. a) z.B. Nachweis der linearen Unabhängigkeit der Vektoren
   $\vec{u}_1 = \begin{pmatrix} -1 \\ 0 \\ 1 \end{pmatrix}$, $\vec{u}_2 = \begin{pmatrix} 2 \\ 1 \\ 1 \end{pmatrix}$, $\vec{a}_2 - \vec{a}_1 = \begin{pmatrix} -2 \\ 1 \\ 2 \end{pmatrix}$

   b) z.B. d(g, h) = $|\vec{n}^0 * (\vec{a}_2 - \vec{a}_1)|$ mit $\vec{n} = \begin{pmatrix} -1 \\ 3 \\ -1 \end{pmatrix}$ ($\vec{n} \perp \vec{u}_1$, $\vec{n} \perp \vec{u}_2$);
   d(g, h) = $\frac{3}{11}\sqrt{11}$.

6. a) z.B. Nachweis der linearen Unabhängigkeit der Vektoren    S.183

$$\vec{u}_1 = \begin{pmatrix} 1 \\ 1 \\ -1 \end{pmatrix}, \quad \vec{u}_2 = \begin{pmatrix} 1 \\ -2 \\ 5 \end{pmatrix}, \quad \vec{a}_2 - \vec{a}_1 = \begin{pmatrix} -1 \\ 5 \\ 1 \end{pmatrix}$$

b) Der Normalenvektor $\vec{n}$ dieser Ebene E ist orthogonal zu $\vec{u}_g$ und $\vec{u}_h$,

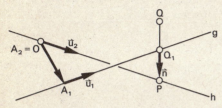

z.B. $\vec{n} = \begin{pmatrix} 1 \\ -2 \\ -1 \end{pmatrix}$. E enthält $A_1$;

$E: x_1 - 2x_2 - x_3 - 12 = 0$.

c) $d(h, E) = |d(O, E)| = |-2\sqrt{6}| = 2\sqrt{6}$

d) Vektorkette $OA_1Q_1PO$
(vgl. Lehrbuch S. 165):
$$\begin{pmatrix} 1 \\ -5 \\ -1 \end{pmatrix} + r \begin{pmatrix} 1 \\ 1 \\ -1 \end{pmatrix} + \frac{d}{\sqrt{6}} \begin{pmatrix} 1 \\ -2 \\ -1 \end{pmatrix} - s \begin{pmatrix} 1 \\ -2 \\ 5 \end{pmatrix} = \vec{o};$$

Das zugehörige Gleichungssystem hat die Lösung $r = 1$, $d = -2\sqrt{6}$, $s = 0$. Das ergibt $P(0|0|0)$, bzw. $Q_1(2|-4|-2)$.

e) $\vec{q} = \vec{p} + 2\overrightarrow{PQ_1}$ (vgl. Skizze), also $Q(4|-8|-4)$.

7. a) vgl. 5. a) oder 6. a)

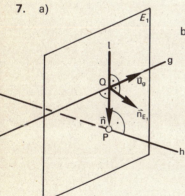

b) Der Richtungsvektor $\vec{n}$ des gemeinsamen Lotes muß orthogonal zu $\vec{u}_g$ und $\vec{u}_h$ sein, z.B. $\vec{n} = \begin{pmatrix} 1 \\ 1 \\ 1 \end{pmatrix}$; der Normalenvektor $\vec{n}_{E_1}$ der Ebene $E_1$ muß orthogonal zu $\vec{n}$ und $\vec{u}_g$ sein, z.B. $\vec{n}_{E_1} = \begin{pmatrix} -5 \\ 4 \\ 1 \end{pmatrix}$.

Damit erhält man $E_1: 5x_1 - 4x_2 - x_3 = 0$.

c) Die Berechnung gemeinsamer Punkte von g und $E_2$ führt auf eine allgemein gültige Gleichung. Die Berechnung gemeinsamer Punkte von h und $E_2$ führt auf eine nicht erfüllbare Gleichung.

d) $d(g, h) = 4\sqrt{3}$. (z.B. aus $E_1 \cap h = P$, $l \cap g = Q$, $d(g, h) = d(P, Q)$ oder aus der Formel $d(g, h) = |\vec{n}° * (\vec{a}_2 - \vec{a}_1)|$).

8. a) vgl. 5. a) oder 6. a)    b) z.B. $\vec{n} = \begin{pmatrix} -1 \\ -2 \\ 2 \end{pmatrix}$    S.184

S.184 8. c) Eine Gleichung der Trägergeraden l erhält man
z. B. über die Vektorkette

$$\begin{pmatrix} 3 \\ 7 \\ -3 \end{pmatrix} + r \begin{pmatrix} 2 \\ 1 \\ 2 \end{pmatrix} + m \begin{pmatrix} -1 \\ -2 \\ 2 \end{pmatrix} = \begin{pmatrix} -1 \\ -5 \\ 10 \end{pmatrix} + s \begin{pmatrix} 2 \\ 2 \\ 3 \end{pmatrix};$$

Das zugehörige Gleichungssystem hat die Lösung $r = 2$, $m = 6$, $s = 1$; damit erhält man

$$l: \vec{x} = \begin{pmatrix} 7 \\ 9 \\ 1 \end{pmatrix} + m \begin{pmatrix} -1 \\ -2 \\ 2 \end{pmatrix}, \; m \in \mathbb{R}$$

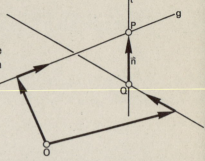

d) z. B.: $d(g, h) = d(P, Q)$, wobei P und Q die beiden Punkte auf den Geraden g und h sind, zwischen denen die kürzeste Entfernung besteht. Diese Punkte gehören zu den Parameterwerten $r = 2$ und $s = 1$ in Aufgabe c), also $P(7|9|1)$, $Q(1|-3|13)$. Daraus folgt $d(g, h) = 18$.

9. Die Vektoren $\vec{u}_1 = \begin{pmatrix} -2 \\ 5 \\ 0 \end{pmatrix}$, $\vec{u}_2 = \begin{pmatrix} 2 \\ 5 \\ a \end{pmatrix}$, $\vec{a}_2 - \vec{a}_1 = \begin{pmatrix} 0 \\ 0 \\ -2 \end{pmatrix}$ sind für alle $a \in \mathbb{R}$ linear unabhängig.

$d(g, h) = |\vec{n}^\circ * (\vec{a}_2 - \vec{a}_1)|$ mit $\vec{n} = \begin{pmatrix} 5a \\ 2a \\ -20 \end{pmatrix}$ ergibt $d(g, h) = \dfrac{40}{\sqrt{29a^2 + 400}}$

S.186  4.6.5.

a) Gleichungssystem  $22{,}5a + 10b = 22{,}5$
$\phantom{Gleichungssystem\ \ }10a + 5b = 10{,}5$

hieraus folgt $a = 0{,}6$, $b = 0{,}9$, also für die Ausgleichsgerade: $y = 0{,}6x + 0{,}9$
mit $d \approx 1{,}34$

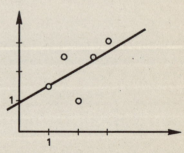

b) Gleichungssystem  $11a + 7b = 9$
$\phantom{Gleichungssystem\ \ }7a + 7b = 7$

hieraus folgt $a = b = \frac{1}{2}$, also $y = \frac{1}{2}(x + 1)$
mit $d = \sqrt{3}$

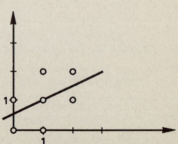

**4.7.**                                                                                                          S. 191

1. a) $\vec{AB} = \begin{pmatrix} -8 \\ 2 \end{pmatrix}$, $\vec{AC} = \begin{pmatrix} -4 \\ -3 \end{pmatrix}$, $\vec{BC} = \begin{pmatrix} 4 \\ -5 \end{pmatrix}$; α ≈ 50,9°, β ≈ 37,3°, γ ≈ 91,8°, A = 16.

   b) $\vec{AB} = \begin{pmatrix} -4 \\ 2 \end{pmatrix}$, $\vec{AC} = \begin{pmatrix} -6 \\ -2 \end{pmatrix}$, $\vec{BC} = \begin{pmatrix} -2 \\ -4 \end{pmatrix}$, α = 45°, β = 90°, γ = 45°, A = 10.

2. a) $|\vec{AB}| = |\vec{AC}| = |\vec{BC}| = |\vec{AD}| = |\vec{BD}| = |\vec{CD}| = 3\sqrt{2}$

   b) z.B. ∢ (AB, AD) = φ; cos φ = $\frac{1}{2}$; φ = 60°
   Tetraederseitenflächen sind gleichseitige Dreiecke.

   c) z.B.: α sei der Winkel zwischen der Kante AD und der Fläche ABC;

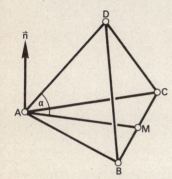

   1. Möglichkeit:

   $\cos α = \left| \dfrac{\vec{AD} * \vec{AM}}{|\vec{AD}| \cdot |\vec{AM}|} \right|$, wobei M $(\frac{5}{2}|-\frac{1}{2}|6)$ der

   Mittelpunkt von B und C ist: α ≈ 54,7°

   2. Möglichkeit:

   $\vec{n}$ sei der Normalenvektor zu $\vec{AB}$ und $\vec{AC}$,

   z.B. $\vec{n} = \begin{pmatrix} 1 \\ 1 \\ 1 \end{pmatrix}$: dann gilt $\sin φ = \left| \dfrac{\vec{n} * \vec{AD}}{|\vec{n}| \cdot |\vec{AD}|} \right|$

   d) z.B.: ε sei der Winkel zwischen den Seitenflächen ABC und ABD.

   Dann gilt: $\cos ε = \left| \dfrac{\vec{n}_1 * \vec{n}_2}{|\vec{n}_1| \cdot |\vec{n}_2|} \right|$, wobei $\vec{n}_1 = \begin{pmatrix} 1 \\ 1 \\ 1 \end{pmatrix}$ und $\vec{n}_2 = \begin{pmatrix} -5 \\ 1 \\ 1 \end{pmatrix}$

   Normalenvektoren dieser Seitenflächen sind: ε ≈ 70,5°.

   e) mit Spatvolumen:     V = $\frac{1}{6}$ det ($\vec{AB}$, $\vec{AC}$, $\vec{AD}$) = 9;

   ohne Spatvolumen:     V = $\frac{1}{3}$ G · h;  G = $\dfrac{|\vec{AB}|^2}{4}\sqrt{3} = \frac{9}{2}\sqrt{3}$;

   h ist z.B. der Abstand des Punktes D von der Ebene ABC, h = $2\sqrt{3}$; V = 9.

3. a) $\cos φ = \left| \dfrac{\vec{u}_g * \vec{u}_h}{|\vec{u}_g| \cdot |\vec{u}_h|} \right| = \dfrac{3}{\sqrt{15}}$; φ ≈ 39,2°.

   b) Es seien α, β, γ die Winkel zwischen der Geraden und der $x_2x_3$-, $x_1x_3$-, $x_1x_2$-Ebene. Mit den Normalenvektoren dieser Ebenen erhält man

   für g: $\sin α = \left| \dfrac{\vec{u}_g * \begin{pmatrix} 1 \\ 0 \\ 0 \end{pmatrix}}{|\vec{u}_g|} \right| = \frac{1}{3}\sqrt{3}$, also α ≈ 35,3°

   und analog β ≈ 35,3°;   γ ≈ 35,3°;   für h: α ≈ 26,6°;   β = 0°;   γ ≈ 63,4°.

S. 191 3. c) Für die Richtungsvektoren der Winkelhalbierenden gilt:

$$\vec{w}_{1,2} = \vec{u}_g^0 \pm \vec{u}_h^0, \quad \text{also} \quad \vec{w}_{1,2} = \frac{1}{\sqrt{15}} \begin{pmatrix} \sqrt{5} \pm \sqrt{3} \\ \sqrt{5} \\ \sqrt{5} \pm 2\sqrt{3} \end{pmatrix};$$

Mit dem Schnittpunkt S (4|6|4) erhält man

$$w_1: \vec{x} = \begin{pmatrix} 4 \\ 6 \\ 4 \end{pmatrix} + r \begin{pmatrix} \sqrt{5} + \sqrt{3} \\ \sqrt{5} \\ \sqrt{5} + 2\sqrt{3} \end{pmatrix}, \quad r \in \mathbb{R}; \quad w_2: \vec{x} = \begin{pmatrix} 4 \\ 6 \\ 4 \end{pmatrix} + s \begin{pmatrix} \sqrt{5} - \sqrt{3} \\ \sqrt{5} \\ \sqrt{5} - 2\sqrt{3} \end{pmatrix}, \quad s \in \mathbb{R}$$

d) Bei einer senkrechten Projektion in eine Koordinatenebene läßt sich die Projektion $\vec{u}'$ des Richtungsvektors $\vec{u}$ einer Geraden leicht angeben.
Für die Gerade g erhält man: $D_g$ (0|2|0) (aus $x_3 = 0 \Rightarrow k = -2$)

und $\vec{u}_g' = \begin{pmatrix} 1 \\ 1 \\ 0 \end{pmatrix}$, also $g': \vec{x} = \begin{pmatrix} 0 \\ 2 \\ 0 \end{pmatrix} + k' \begin{pmatrix} 1 \\ 1 \\ 0 \end{pmatrix}$, $k' \in \mathbb{R}$.

Für die Gerade h erhält man: $D_h$ (2|6|0) (aus $x_3 = 0 \Rightarrow l = -1$)

und $\vec{u}_h' = \begin{pmatrix} 1 \\ 0 \\ 0 \end{pmatrix}$, also $h': \vec{x} = \begin{pmatrix} 2 \\ 6 \\ 0 \end{pmatrix} + l' \begin{pmatrix} 1 \\ 0 \\ 0 \end{pmatrix}$, $l' \in \mathbb{R}$.

Für den Winkel zwischen g' und h' erhält man $\varphi = 45°$.

*Hinweis:* Zur Kontrolle bestimme man den Schnittpunkt S' von g' und h' und vergleiche mit der Projektion von S.

e) Ein Normalenvektor von *E* ist z. B. $\vec{n} = \begin{pmatrix} 2 \\ -1 \\ -1 \end{pmatrix}$. Man verwendet zur Winkelberechnung die Normalenvektoren der Koordinatenebenen und erhält für den Winkel zwischen

*E* und der $x_1 x_2$-Ebene: $\cos\alpha = \frac{1}{\sqrt{6}}$, $\alpha \approx 65{,}9°$

*E* und der $x_1 x_3$-Ebene: $\cos\beta = \frac{1}{\sqrt{6}}$, $\beta \approx 65{,}9°$

*E* und der $x_2 x_3$-Ebene: $\cos\gamma = \frac{2}{\sqrt{6}}$, $\gamma \approx 35{,}3°$.

4. Wegen $\vec{n}_E = \begin{pmatrix} 1 \\ 0 \\ 1 \end{pmatrix}$ ist *E* parallel zur $x_2$-Achse. Die Richtungsvektoren der Schnittgeraden $s_1$ und $s_2$ sind deshalb $\vec{u}_1 = \vec{u}_2 = \begin{pmatrix} 0 \\ 1 \\ 0 \end{pmatrix}$. Die Schnittpunkte von *E* mit der $x_1$-Achse, bzw. mit der $x_3$-Achse sind $S_1$ (6|0|0), bzw. $S_3$ (0|0|6).

$s_1: \vec{x} = \begin{pmatrix} 6 \\ 0 \\ 0 \end{pmatrix} + k \begin{pmatrix} 0 \\ 1 \\ 0 \end{pmatrix}, k \in \mathbb{R}; \quad s_2: \vec{x} = \begin{pmatrix} 0 \\ 0 \\ 6 \end{pmatrix} + l \begin{pmatrix} 0 \\ 1 \\ 0 \end{pmatrix}, l \in \mathbb{R}.$

S. 191

Die beiden Geraden sind echt parallel!

*Hinweis:* Da $E$ parallel zur $x_2$-Achse ist, müssen die Spurgeraden $s_1$ und $s_2$ parallel sein.

5. a) Winkelhalbierende des Winkels $\alpha$: $\vec{AB} = \begin{pmatrix} 0 \\ 8 \end{pmatrix}$, $\vec{AC} = \begin{pmatrix} -6 \\ 8 \end{pmatrix}$, $\vec{u}_\alpha = \vec{AB}° + \vec{AC}°$, S. 192

   $w_\alpha: \vec{x} = \begin{pmatrix} 3 \\ -6 \end{pmatrix} + k_1 \begin{pmatrix} -1 \\ 3 \end{pmatrix}, k_1 \in \mathbb{R};$

   Winkelhalbierende des Winkels $\beta$: $\vec{BC} = \begin{pmatrix} -6 \\ 0 \end{pmatrix}$, $\vec{BA} = \begin{pmatrix} 0 \\ -8 \end{pmatrix}$

   $\vec{u}_\beta = \vec{BC}° + \vec{BA}°, \quad w_\beta: \vec{x} = \begin{pmatrix} 3 \\ 2 \end{pmatrix} + k_2 \begin{pmatrix} 1 \\ 1 \end{pmatrix}, k_2 \in \mathbb{R};$

   Winkelhalbierende des Winkels $\gamma$: $\vec{CB} = \begin{pmatrix} 6 \\ 0 \end{pmatrix}$, $\vec{CA} = \begin{pmatrix} 6 \\ -8 \end{pmatrix}$

   $\vec{u}_\gamma = \vec{CB}° + \vec{CA}°, \quad w_\gamma: \vec{x} = \begin{pmatrix} -3 \\ 2 \end{pmatrix} + k_3 \begin{pmatrix} 2 \\ -1 \end{pmatrix}, k_3 \in \mathbb{R};$

   Man achte auf die Orientierung der Vektoren!

   b) Schnittpunkt von $w_\alpha$ und $w_\beta$ ist $R(1|0)$. $R$ erfüllt auch die Gleichung für $w_\gamma$.

   c) $d(R, AB) = d(R, AC) = d(R, BC) = -2$. $R$ ist der Inkreismittelpunkt des Dreiecks.
   (Da O im „Innern" des Dreiecks liegt (Skizze), haben alle Abstände auch gleiches Vorzeichen.)

   d) z. B.: Jeder Punkt von $w_\alpha$ hat von AB und AC den gleichen Abstand.

   Hessesche Normalform von AB: $x_1 - 3 = 0$,

   Hessesche Normalform von AC: $-\frac{4}{5}x_1 - \frac{3}{5}x_2 - \frac{6}{5} = 0$,

   Setzt man einen beliebigen Punkt P der Geraden $w_\alpha$ ein, so erhält man
   $d(P, AB) = -k_1, \quad d(P, AC) = -k_1$.

6. Die Winkelhalbierenden errechnen sich zu $w_\alpha: \vec{x} = r \begin{pmatrix} 4 \\ 1 \end{pmatrix}$ bzw. $w_\beta: \vec{x} = \begin{pmatrix} 21 \\ 0 \end{pmatrix} + s \begin{pmatrix} 2 \\ -1 \end{pmatrix}$, diese schneiden sich in $M(14|3,5)$.

   (Zur Kontrolle: $w_\gamma: \vec{x} = \begin{pmatrix} 15 \\ 8 \end{pmatrix} + t \begin{pmatrix} 2 \\ 9 \end{pmatrix}$ mit $M \in w_\gamma$.)

   Mit $d(M, AB) = 3,5$ folgt k: $(\vec{x} - \vec{m})^2 = 3,5^2$ bzw. $x_1^2 - 28x_1 + x_2^2 - 7x_2 + 196 = 0$.
   (Zur Kontrolle: $d(M, BC) = -3,5$, $d(M, AC) = 3,5$.)

S.192 7.    Es gilt $\vec{AB} = \vec{DC}$, $\vec{AD} = \vec{BC}$, $|\vec{AB}| = |\vec{AD}|$.

a) $\vec{AB}° + \vec{AD}° = \frac{1}{3}\begin{pmatrix} 3 \\ -1 \\ 0 \end{pmatrix} = \frac{1}{3}\vec{AC}$;   $\vec{BA}° + \vec{BC}° = \frac{1}{3}\begin{pmatrix} 1 \\ 3 \\ 4 \end{pmatrix} = \frac{1}{3}\vec{BD}$

b) $R(\frac{3}{2}|\frac{1}{2}|3)$;

Es müssen die Abstände des Punktes R von den Geraden $g(A, B)$, $g(D, C)$, $g(A, D)$, $g(B, C)$ im $\mathbb{R}^3$ bestimmt werden. Mit $E$ bezeichnen wir jeweils die Ebene durch R, die orthogonal zu g ist. L sei der Schnittpunkt der Ebene $E$ mit der Geraden g. Dann ist $d(R, g) = d(R, L)$.

$g(A, B)$: $\vec{x} = \begin{pmatrix} 0 \\ 1 \\ 3 \end{pmatrix} + k_1 \begin{pmatrix} 1 \\ -2 \\ -2 \end{pmatrix}$;   $E$: $x_1 - 2x_2 - 2x_3 + \frac{11}{2} = 0$;   $L(\frac{5}{18}|\frac{4}{9}|\frac{22}{9})$

$d(R, L) = \frac{1}{6}\sqrt{65}$

$g(D, C)$: $\vec{x} = \begin{pmatrix} 2 \\ 2 \\ 5 \end{pmatrix} + k_2 \begin{pmatrix} 1 \\ -2 \\ -2 \end{pmatrix}$;   $E$: $x_1 - 2x_2 - 2x_3 + \frac{11}{2} = 0$;   $L(\frac{49}{18}|\frac{5}{9}|\frac{32}{9})$

$d(R, L) = \frac{1}{6}\sqrt{65}$

$g(A, D)$: $\vec{x} = \begin{pmatrix} 0 \\ 1 \\ 3 \end{pmatrix} + k_3 \begin{pmatrix} 2 \\ 1 \\ 2 \end{pmatrix}$;   $E$: $2x_1 + x_2 + 2x_3 - \frac{19}{2} = 0$;   $L(\frac{5}{9}|\frac{23}{18}|\frac{32}{9})$

$d(R, L) = \frac{1}{6}\sqrt{65}$

$g(B, C)$: $\vec{x} = \begin{pmatrix} 1 \\ -1 \\ 1 \end{pmatrix} + k_4 \begin{pmatrix} 2 \\ 1 \\ 2 \end{pmatrix}$;   $E$: $2x_1 + x_2 + 2x_3 - \frac{19}{2} = 0$;   $L(\frac{22}{9}|-\frac{5}{18}|\frac{22}{9})$

$d(R, L) = \frac{1}{6}\sqrt{65}$     R ist der Inkreismittelpunkt der Raute.

8. a) Mit $\vec{n}_1 = \begin{pmatrix} 2 \\ -1 \\ 2 \end{pmatrix}$, $\vec{n}_2 = \begin{pmatrix} 6 \\ 6 \\ -7 \end{pmatrix}$ erhält man:

$\cos\varphi = \left|\frac{-8}{33}\right|$, $\varphi \approx 76°$;   $\vec{w}_1 = \vec{n}_1° + \vec{n}_2° = \frac{1}{33}\begin{pmatrix} 40 \\ 7 \\ 1 \end{pmatrix}$;   $\vec{w}_2 = \vec{n}_1° - \vec{n}_2° = \frac{1}{33}\begin{pmatrix} 4 \\ -29 \\ 43 \end{pmatrix}$;

der Punkt $S(-2|-1|-1)$ ist gemeinsamer Punkt beider Ebenen;

$W_1$: $40x_1 + 7x_2 + x_3 + 88 = 0$,    $W_2$: $4x_1 - 29x_2 + 43x_3 + 22 = 0$.

Für die oben gewählten Normalenvektoren ist $\vec{n}_1 * \vec{n}_2 = -8$, folglich ist $W_2$ die winkelhalbierende Ebene, welche den spitzen Winkel halbiert.

b) Mit $\vec{n}_1 = \begin{pmatrix} 4 \\ -1 \\ 0 \end{pmatrix}$, $\vec{n}_2 = \begin{pmatrix} 0 \\ 1 \\ 4 \end{pmatrix}$ erhält man: $\cos\varphi = |-\frac{1}{17}|$; $\varphi \approx 86{,}6°$

S.192

$\vec{w}_1 = \vec{n}_1° + \vec{n}_2° = \frac{1}{\sqrt{17}}\begin{pmatrix} 4 \\ 0 \\ 4 \end{pmatrix}$; $\vec{w}_2 = \vec{n}_1° - \vec{n}_2° = \frac{1}{\sqrt{17}}\begin{pmatrix} 4 \\ -2 \\ -4 \end{pmatrix}$;

der Punkt $S(-\frac{3}{8}|-\frac{1}{2}|1)$ ist gemeinsamer Punkt beider Ebenen;
$W_1: 8x_1 + 8x_3 - 5 = 0$; $W_2: 8x_1 - 4x_2 - 8x_3 + 9 = 0$

Für die oben gewählten Normalenvektoren ist $\vec{n}_1 * \vec{n}_2 = -1$, folglich ist $W_2$ die winkelhalbierende Ebene, welche den spitzen Winkel halbiert.

9. a) z.B. $E: \vec{x} = \begin{pmatrix} 0 \\ 0 \\ 10 \end{pmatrix} + r\begin{pmatrix} 5 \\ 4 \\ 0 \end{pmatrix} + s\begin{pmatrix} 1 \\ 0 \\ -2 \end{pmatrix}$, $r, s \in \mathbb{R}$ und $\begin{pmatrix} 5 \\ 4 \\ 0 \end{pmatrix}$, $\begin{pmatrix} 1 \\ 0 \\ -2 \end{pmatrix}$ linear unabhängig.

b) $S(2|-2|1)$; der Winkel zwischen g und E läßt sich auch ohne Kenntnis der orthogonalen Projektion berechnen: Mit dem Normalenvektor $\vec{n} = \begin{pmatrix} -4 \\ 5 \\ -2 \end{pmatrix}$ erhält man $\sin\varphi = \left|\frac{-20}{9\sqrt{5}}\right| = \frac{4}{9}\sqrt{5}$, $\varphi \approx 83{,}6°$.

Für die orthogonale Projektion h machen wir den Ansatz $\vec{x} = \vec{s} + l\vec{u}'$ mit $\vec{u}' = \vec{u} + r\vec{n}$.

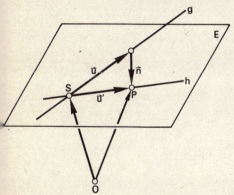

Damit erhält man $\vec{p} = \begin{pmatrix} 4 \\ -4 \\ 2 \end{pmatrix} + r\begin{pmatrix} -4 \\ 5 \\ -2 \end{pmatrix}$.

Da $P \in E$, erhält man durch Einsetzen von P in eine Normalenform von E (z.B. $-4x_1 + 5x_2 - 2x_3 + 20 = 0$) den Parameter $r = \frac{4}{9}$, also $P(\frac{20}{9}|-\frac{16}{9}|\frac{10}{9})$. Daraus ergibt sich dann h:

$\vec{x} = \begin{pmatrix} 2 \\ -2 \\ 1 \end{pmatrix} + l\begin{pmatrix} 2 \\ 2 \\ 1 \end{pmatrix}$, $l \in \mathbb{R}$.

Zur Kontrolle kann man nun den Winkel zwischen g und h berechnen.

10. a) vgl. Aufgabe 5. a) auf Seite 183.
b) $G(4|2|0)$, $H(2|6|0)$,
für g: $\sin\varphi = \frac{1}{3}\sqrt{3}$, $\varphi \approx 35{,}26°$; für h: $\sin\varphi = \frac{2}{5}\sqrt{5}$, $\varphi \approx 63{,}43°$

S. 192

c) $\vec{u}_g' = \begin{pmatrix} -1 \\ 1 \\ 0 \end{pmatrix}$,  $g': \vec{x} = \begin{pmatrix} 4 \\ 2 \\ 0 \end{pmatrix} + k' \begin{pmatrix} -1 \\ 1 \\ 0 \end{pmatrix}$,  $k' \in \mathbb{R}$,

$\vec{u}_h' = \begin{pmatrix} 1 \\ 0 \\ 0 \end{pmatrix}$,  $h': \vec{x} = \begin{pmatrix} 2 \\ 6 \\ 0 \end{pmatrix} + l' \begin{pmatrix} 1 \\ 0 \\ 0 \end{pmatrix}$,  $l' \in \mathbb{R}$.

Betrachtet man nur die $x_1 x_2$-Ebene als zweidimensionalen Unterraum des $\mathbb{R}^3$, kann man für die Projektionen auch parameterfreie Gleichungen angeben.

11. a) Es gilt $\angle(g, E) = 90° - \angle(\vec{u}, \vec{n}) = \varphi$ und man erhält $\sin \varphi = \dfrac{9}{\sqrt{17}\sqrt{6}}$ mit $\varphi \approx 63°$

b) Man errechnet sich den Schnittpunkt von g und E zu $S(3|-2|7)$.
Der Ansatz $\vec{u}' = \vec{u} + r\vec{n}$ (vgl. Fig. 4.33) führt mit $\vec{u}' * \vec{n} = 0$ auf $r = -\tfrac{3}{2}$ und damit

$\vec{u}' = \tfrac{1}{2} \begin{pmatrix} -1 \\ -3 \\ 2 \end{pmatrix}$

Hiermit ergibt sich für die orthogonale Projektion $g': \vec{x} = \begin{pmatrix} 3 \\ -2 \\ 7 \end{pmatrix} + r \begin{pmatrix} -1 \\ -3 \\ 2 \end{pmatrix}$,  $r \in \mathbb{R}$.

12. a) z.B. $s: \vec{x} = \begin{pmatrix} 3 \\ 2 \\ 3 \end{pmatrix} + r \begin{pmatrix} 0 \\ -1 \\ 1 \end{pmatrix}$,  $\vec{n}_1 = \begin{pmatrix} -4 \\ 1 \\ 1 \end{pmatrix}$,  $\vec{n}_2 = \begin{pmatrix} 5 \\ 1 \\ 1 \end{pmatrix}$,  $\varphi = \angle(\vec{n}_1, \vec{n}_2)$,

$\cos \varphi = -\tfrac{1}{3}\sqrt{6}$ also $\varphi \approx 145°$ bzw. $\varphi \approx 35°$.

b) $g_1: \vec{x} = \tfrac{7}{2} \begin{pmatrix} 1 \\ 1 \\ 1 \end{pmatrix} + p \begin{pmatrix} 1 \\ 2 \\ 2 \end{pmatrix}$;  $g_2: \vec{x} = \tfrac{20}{7} \begin{pmatrix} 1 \\ 1 \\ 1 \end{pmatrix} + q \begin{pmatrix} -2 \\ 5 \\ 5 \end{pmatrix}$

c) $S(3|\tfrac{5}{2}|\tfrac{5}{2})$, $\angle(g_1, g_2) = \varphi \approx 35°$. Da $g \perp s$, ist $\angle(g_1, g_2) = \angle(E_1, E_2)$.


GK 1984/III.

S. 198 1. a) Der Ansatz $A \in g$ führt auf $\sigma = -1$.

b) $h: \vec{x} = \begin{pmatrix} 0 \\ -2 \\ 10 \end{pmatrix} + \tau \begin{pmatrix} 3 \\ -2 \\ 6 \end{pmatrix}$.

Die Parallelität folgt aus der linearen Unabhängigkeit der Richtungsvektoren, mit $A \notin h$ folgt echte Parallelität.

c) Als zweiten Richtungsvektor der Ebene wählt man z.B. den Verbindungsvektor der Antragspunkte.

$E: \vec{x} = \begin{pmatrix} 0 \\ -2 \\ 10 \end{pmatrix} + r \begin{pmatrix} -3 \\ 2 \\ 6 \end{pmatrix} + s \begin{pmatrix} 2 \\ -6 \\ 3 \end{pmatrix}$.

Der Vektor $\vec{n} = \begin{pmatrix} 6 \\ 3 \\ 2 \end{pmatrix}$ steht senkrecht auf beiden Richtungsvektoren. Mit $B \in E$ folgt $E: 6x_1 + 3x_2 + 2x_3 - 14 = 0$.

d) Einsetzen der Koordinaten der Punkte P von F in die HNF von E liefert d (P, E) = −7 unabhängig von λ, μ. Also sind E und F parallel im Abstand 7.

2. a) $l: \vec{x} = \begin{pmatrix} 1 \\ 2 \\ 1 \end{pmatrix} + k \begin{pmatrix} 6 \\ 3 \\ 2 \end{pmatrix}$.

   Einsetzen der Koordinaten von l in eine Normalenform von F liefert k = −1 also D (−5 | −1 | −1).
   (Kontrolle: d (A, D) = d (E, F) = 7).
   Einfacher ist es mittels $\overrightarrow{AD} = -7\vec{n}°$ die Koordinaten von D zu errechnen. Hierbei ist allerdings die Orientierung von $\vec{n}°$ richtig zu wählen!

   b) Man erhält $\cos \varphi = \frac{1}{2}\sqrt{2}$ also $\varphi = 45°$.

3. Die Gleichung der $x_1 x_3$-Ebene lautet $x_2 = 0$. Dies liefert $\tau = -1$ in der Parametergleichung von h und damit T(−3 | 0 | 16). Aus TV (BCT) = $-\frac{1}{2}$ folgert man, daß B zwischen C und T liegt.

## GK 1988 / IV.

1. a) A, B, $T_t$ dürfen nicht auf einer Geraden liegen, also $\overrightarrow{AT_t} \ne k\overrightarrow{T_tB}$; dies gilt für $t \ne 1$.
   b) Mit t = 1 folgt $\overrightarrow{AT_1} = -\frac{4}{5}\overrightarrow{T_1B}$, also TV (ABT$_1$) = $-\frac{4}{5}$.
   $T_1$ liegt außerhalb [AB] auf der Seite von A.

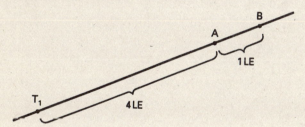

2. a) Mit $\vec{u} = \begin{pmatrix} -2 \\ 1 \\ 0 \end{pmatrix}$, $\vec{v} = \begin{pmatrix} 2 \\ 0 \\ 1 \end{pmatrix}$ gilt für $\vec{n} = \begin{pmatrix} 1 \\ 2 \\ -2 \end{pmatrix}$, daß $\vec{u} * \vec{n} = \vec{v} * \vec{n} = 0$.
   Wegen P(1 | −1 | 6) ∈ E folgt E: $x_1 + 2x_2 - 2x_3 + 13 = 0$. Aus $\overrightarrow{AB} = \vec{n}$ folgt g ⊥ E.

   b) Einsetzen der Koordinaten von Q in die Ebenengleichung liefert Q ∈ E.
   Da g ⊥ E folgt d(Q, g) = d(Q, S) = $3\sqrt{2}$, wobei S(−1 | 0 | 6) der Schnittpunkt von g und E ist.

3. a) Aus der Hesseschen Normalform von E: $\frac{1}{3}(-x_1 - 2x_2 + 2x_3 - 13) = 0$ folgt d(A, E) = −12, also Abstand 12.

   b) Mit $\overrightarrow{AA'} = -2d\vec{n}° = 24\vec{n}°$ folgt A'(−5 | −8 | 14). A' ∈ $E_1$ und $E_1 \parallel$ E liefert
   $E_1: x_1 + 2x_2 - 2x_3 + 49 = 0$
   „Eleganter": $E_1$ besteht aus allen Punkten X mit d(X, E) = +12, also
   $E_1: \frac{1}{3}(-x_1 - 2x_2 + 2x_3 - 13) = 12$.

**GK 1991/III.**

**S. 199  1.**  a) $P \notin g_1$, da $\begin{pmatrix} -3 \\ 5 \\ 3 \end{pmatrix} \neq \begin{pmatrix} 0 \\ 3 \\ 1 \end{pmatrix} + \sigma \begin{pmatrix} -2 \\ 2 \\ 1 \end{pmatrix}$.

$A_1(0|3|1)$ sei der Antragspunkt, $\vec{u}_1 = \begin{pmatrix} -2 \\ 2 \\ 1 \end{pmatrix}$ der Richtungsvektor von $g_1$.

Einen Normalenvektor $\vec{n}$ der Ebene E findet man mittels $\vec{n} * \vec{u}_1 = \vec{n} * \overrightarrow{A_1P} = 0$ zu

$\vec{n} = \begin{pmatrix} 2 \\ 1 \\ 2 \end{pmatrix}$. Mit $P \in E$ folgt $E: 2x_1 + x_2 + 2x_3 - 5 = 0$.

b) $g_1 \perp g_2$, da $\vec{u}_1 * \vec{u}_2 = 0$. Die Geraden sind windschief, da die Richtungsvektoren und der Verbindungsvektor der Antragspunkte linear unabhängig sind:

Im Schema $\begin{matrix} -2 & 1 & -2 \\ 2 & -1 & -1 \\ 1 & 4 & -2 \end{matrix}$ tritt beim Umrechnen keine Nullzeile auf.

c) Einsetzen der Ortsvektoren $\vec{x}$ von $g_2$ in die Gleichung von E liefert $\lambda = 1$, also $S(-1|1|3)$.

$\cos \varphi = \dfrac{\vec{n} * \vec{u}_2}{|\vec{n}| \cdot |\vec{u}_2|} = \tfrac{1}{2}\sqrt{2}$, also $\varphi = 45°$.

**2.**  a) Mit $R \in g_1$ gilt $R(-2\sigma|3+2\sigma|1+\sigma)$.

$QR \perp g_1$ liefert $\overrightarrow{QR} * \vec{u}_1 = \begin{pmatrix} 2-2\sigma \\ 1+2\sigma \\ 2+\sigma \end{pmatrix} * \begin{pmatrix} -2 \\ 2 \\ 1 \end{pmatrix} = 9\sigma = 0$, also $\sigma = 0$ und $R(0|3|1)$.

b)

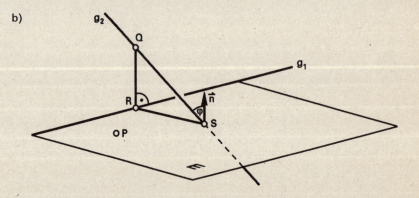

c) Mit $\overrightarrow{QR} * \overrightarrow{RS} = 0$ und $|\overrightarrow{QR}| = |\overrightarrow{RS}| = 3$ ist Dreieck QRS gleichschenklig rechtwinklig. $A = \tfrac{1}{2}|\overrightarrow{QR}| \cdot |\overrightarrow{RS}| = \tfrac{9}{2}$.

## GK 1992/III.

1. a) Wegen $\vec{AB} = \begin{pmatrix} -2 \\ -1 \\ 2 \end{pmatrix}$, $\vec{BC} = \begin{pmatrix} 2 \\ -2 \\ 1 \end{pmatrix}$ gilt $\vec{AB} \neq k\vec{BC}$. A, B, C liegen also nicht auf einer Geraden.   S. 199

   Für $\vec{n} = \begin{pmatrix} 1 \\ 2 \\ 2 \end{pmatrix}$ gilt $\vec{n} * \vec{AB} = \vec{n} * \vec{BC} = 0$ und mit $A \in E$ folgt schließlich

   $E: x_1 + 2x_2 + 2x_3 - 9 = 0$

   b) Einsetzen der Ortsvektoren $\vec{x}$ von g in die Gleichung von E liefert $\lambda = -\frac{3}{2}$, also $P(5|3,5|-1,5)$.

2. a) $\vec{AB} * \vec{BC} = 0$ und $|\vec{AB}| = |\vec{BC}| = 3$   S. 200

   b) $r = \frac{1}{2}|\vec{AC}| = \frac{3}{2}\sqrt{2}$ (Thaleskreis!)

   c) $\vec{d} = \vec{a} + \vec{BC}$, also $D(7|3|-2)$

3. F und G bestehen aus allen Punkten X, mit $d(X, E) = 6$ bzw. $d(X, E) = -6$.
   Mit Hilfe der Hesseschen Normalform von $E: \frac{1}{3}(x_1 + 2x_2 + 2x_3 - 9) = 0$ ergibt sich
   $F: \frac{1}{3}(x_1 + 2x_2 + 2x_3 - 9) = 6$   also   $x_1 + 2x_2 + 2x_3 - 27 = 0$
   $G: \frac{1}{3}(x_1 + 2x_2 + 2x_3 - 9) = -6$   also   $x_1 + 2x_2 + 2x_3 + 9 = 0$

4. Für die Grundfläche gilt $G_P = |\vec{AB}| \cdot |\vec{BC}| = 9$, aus $V_P = \frac{1}{3}G_P h$ folgt also $h = 6$.
   Die Spitzen $S_1$, $S_2$ sind also die Schnittpunkte der Geraden g mit den Ebenen F und G:
   $\lambda_F = 7,5$ liefert $S_1(23|12,5|-10,5)$, $\lambda_G = -10,5$ liefert $S_2(-13|-5,5|7,5)$.

## LK 1984/VI.

1. a) $E_a \cap s$ führt durch Einsetzen der Koordinaten von s in die Gleichung der $E_a$ auf eine allgemeingültige Gleichung für die Parameter $\lambda$ und $a$.

   b) $E_a \cap g$ liefert nach dem Verfahren von 1 a) den Parameterwert $a_0 = -4$ und damit $E_{a_0}: 5x_1 - x_3 - 25 = 0$.

   c) $E_a \cap g$ liefert für $a \neq -4$ wegen 1 b) eine unlösbare Gleichung für $\mu$.
   Die Parallelität von g und $E_a$ kann man auch zeigen, indem man errechnet, daß der Richtungsvektor von g und der Normalenvektor von $E_a$ senkrecht stehen. Der Antragspunkt $P(4|3|-5)$ von g liegt aber für $a \neq -4$ nicht in $E_a$, woraus folgt, daß g echt parallel zu $E_a$ für $a \neq a_0$.

2. Siehe Fig. unten

3. a) $E_0: -x_1 + 5x_3 - 19 = 0$.   $E_{-4}: 5x_1 - x_3 - 25 = 0$.
   Man erhält $|\cos \varphi| = \left|\frac{\vec{n}_0 * \vec{n}_{-4}}{|\vec{n}_0| \cdot |\vec{n}_{-4}|}\right| = \frac{10}{\sqrt{26}}$, also $\varphi \approx 67,3°$.

   b) Die Gleichungen der beiden winkelhalbierenden Ebenen erhält man durch Addition bzw. Subtraktion der Hesseschen Normalformen von $E_0$ und $E_{-4}$:

   $\frac{1}{\sqrt{26}}(-1 \pm 5)x_1 + (5 \mp 1)x_3 + (-19 \mp 25) = 0$

   Also $\overline{W}: x_1 + x_3 - 11 = 0$   bzw.   $W: x_1 - x_3 - 1 = 0$

S. 200  c) Der Ansatz $\vec{n}_w = \begin{pmatrix} 1 \\ 0 \\ -1 \end{pmatrix} = k \begin{pmatrix} a-1 \\ 0 \\ 5+a \end{pmatrix}$ liefert $k = -\frac{1}{3}$; $a = -2$. Einsetzen zeigt: $E_{-2} = W$.

Der Ansatz $\vec{n}_w = \begin{pmatrix} 1 \\ 0 \\ 1 \end{pmatrix} = k \begin{pmatrix} a-1 \\ 0 \\ 5+a \end{pmatrix}$ ergibt hingegen keine Lösung für $a$ und damit $\overline{W} \notin M$.

(Hinweis: $\overline{W}$ ergibt sich aus $E_a$ für $a \to \infty$).

d) P' sei der Spiegelpunkt von $P \in g$. Der Punkt L sei der Schnittpunkt der Lotgeraden $l$ von P auf W mit W.

Mit $l$: $\vec{x} = \begin{pmatrix} 4 \\ 3 \\ -5 \end{pmatrix} + r \begin{pmatrix} 1 \\ 0 \\ -1 \end{pmatrix}$ erhält man für $l \cap W$ den Parameterwert $r = -4$ und damit $L(0|3|-1)$. Aus $\vec{p}' = \vec{p} + 2\overrightarrow{PL}$ erhält man $P'(-4|3|3)$ und damit $g'$: $\vec{x} = \begin{pmatrix} -4 \\ 3 \\ 3 \end{pmatrix} + s \begin{pmatrix} 0 \\ 1 \\ 0 \end{pmatrix}$.

(Man veranschauliche sich den Sachverhalt anhand einer Skizze.)

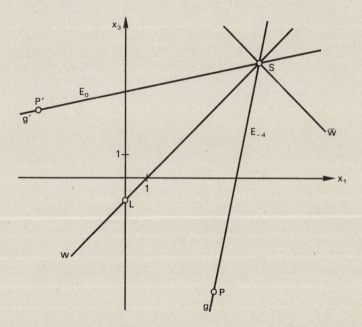

**LK 1981 / V.**

S. 201  1. a) Das Gleichungssystem $2x_1 - x_2 - 2x_3 - 3 = 0$ führt mit $x_1 = r$ auf das
$x_1 - 2x_2 + 2x_3 + 6 = 0$

Schema $\begin{array}{cc|c} -1 & -2 & 3-2r \\ -2 & 2 & -6-r \end{array}$, woraus sich errechnet $x_2 = 1 + r$

$x_3 = -2 + \frac{r}{2}$

Die Parameterdarstellung für die Ortsvektoren der gemeinsamen Punkte lautet also: S. 201

$x_1 = r$
$x_2 = 1 + r$   bzw.   $\vec{x} = \begin{pmatrix} 0 \\ 1 \\ -2 \end{pmatrix} + r \begin{pmatrix} 1 \\ 1 \\ \frac{1}{2} \end{pmatrix}$   oder   s: $\vec{x} = \begin{pmatrix} 0 \\ 1 \\ -2 \end{pmatrix} + k \begin{pmatrix} 2 \\ 2 \\ 1 \end{pmatrix}$
$x_3 = -2 + \frac{r}{2}$

b) $\cos \varphi = \vec{n}_1^\circ * \vec{n}_2^\circ = 0 \Rightarrow \varphi = 90°$

c)

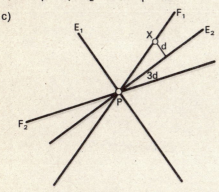

Hessesche Normalform von
$E_1$: $\frac{1}{3}(2x_1 - x_2 - 2x_3 - 3) = 0$
$E_2$: $\frac{1}{3}(-x_1 + 2x_2 - 2x_3 - 6) = 0$

Für einen beliebigen Punkt X der Ebene $F_1$ gilt $d(X, E_1) = 3d(X, E_2)$, also
$\frac{1}{3}(2x_1 - x_2 - 2x_3 - 3) = 3 \cdot \frac{1}{3}(-x_1 + 2x_2 - 2x_3 - 6)$

Hieraus ergibt sich durch Ordnen $5x_1 - 7x_2 + 4x_3 + 15 = 0$, die Gleichung der Ebene $F_1$. Analog ergibt sich aus $d(X, E_1) = -3d(X, E_2)$ die Gleichung der Ebene $F_2$: $x_1 - 5x_2 + 8x_3 + 21 = 0$

*Anmerkung:* Da $F_1$ bzw. $F_2$ die Gerade s enthält, genügt es, *einen* weiteren Punkt X zu bestimmen, der die Bedingung $d(X, E_1) = \pm 3d(X, E_2)$ erfüllt. Ist $P \in s$, so findet man X z. B. durch $\vec{PX} = 3\vec{n}_1^\circ \pm \vec{n}_2^\circ$, da $E_1$ senkrecht zu $E_2$.

Dies ergibt   $\vec{PX} = \frac{1}{3}\begin{pmatrix} -5 \\ 1 \\ 8 \end{pmatrix}$   bzw.   $\vec{PX} = \frac{1}{3}\begin{pmatrix} 7 \\ -5 \\ -4 \end{pmatrix}$   und damit

$F_1$: $\vec{x} = \begin{pmatrix} 0 \\ 1 \\ -2 \end{pmatrix} + k \begin{pmatrix} 2 \\ 2 \\ 1 \end{pmatrix} + l \begin{pmatrix} -5 \\ 1 \\ 8 \end{pmatrix}$   bzw.   $F_2$: $\vec{x} = \begin{pmatrix} 0 \\ 1 \\ -2 \end{pmatrix} + k \begin{pmatrix} 2 \\ 2 \\ 1 \end{pmatrix} + l \begin{pmatrix} 7 \\ -5 \\ -4 \end{pmatrix}$

2. a) $\sin \varepsilon = \vec{u}^\circ * \vec{n}_1^\circ = \frac{2}{3\sqrt{5}} \Rightarrow \varepsilon \approx 17{,}3°$

Einsetzen der Koordinaten von $\vec{x}$ in die Normalenform von $E_1$ liefert $4k - 2 - 2(-1 + k) - 3 = 0$ und damit $k = \frac{3}{2}$, also $S(3|2|\frac{1}{2})$.

b) Ansatz für g': $\vec{x} = \vec{s} + k\vec{u}'$ (vgl. S. 188 und Fig. 4.37 im Lehrbuch)
$\vec{u}'$ errechnet sich aus $\vec{u}' = \vec{u} + r\vec{p}$ und $\vec{u}' * \vec{n}_1 = 0$ (da g' in $E_1$ liegt).
Es folgt also $0 = \vec{u} * \vec{n}_1 + r\vec{p} * \vec{n}_1$ und hieraus $r = -\frac{1}{3}$, also

$\vec{u}' = \begin{pmatrix} 2 \\ 0 \\ 1 \end{pmatrix} - \frac{1}{3}\begin{pmatrix} 1 \\ 0 \\ -2 \end{pmatrix} = \frac{1}{3}\begin{pmatrix} 5 \\ 0 \\ 5 \end{pmatrix}$   und damit   g': $\vec{x} = \begin{pmatrix} 3 \\ 2 \\ \frac{1}{2} \end{pmatrix} + k \begin{pmatrix} 1 \\ 0 \\ 1 \end{pmatrix}$.

Benutzt wurde, daß S bei der Projektion Fixpunkt ist.

**LK 1988/V.**

S. 201 1. a) siehe Figur

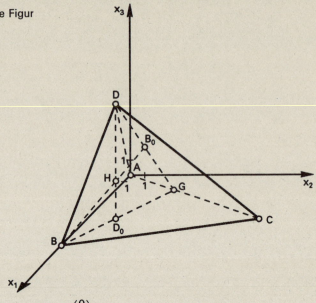

b) $E_1: x_3 = 0;\quad \vec{n}_1 = \begin{pmatrix} 0 \\ 0 \\ 1 \end{pmatrix};$

$E_2: -8x_1 + 4x_2 + 5x_3 = 0;\quad \vec{n}_2 = \begin{pmatrix} -8 \\ 4 \\ 5 \end{pmatrix}$

$\vec{n}_1 \neq k\vec{n}_2,\quad \det(\vec{n}_1, \vec{n}_2, \overrightarrow{BD}) = 0,$
also sind $\vec{n}_1, \vec{n}_2, \overrightarrow{BD}$ linear abhängig und dim $U = 2$.

2. a) $h_B: \vec{x} = \begin{pmatrix} 10 \\ 0 \\ 0 \end{pmatrix} + k \begin{pmatrix} -8 \\ 4 \\ 5 \end{pmatrix};$

$h_D: \vec{x} = \begin{pmatrix} 6 \\ 2 \\ 8 \end{pmatrix} + l \begin{pmatrix} 0 \\ 0 \\ 1 \end{pmatrix}$

$h_B \cap h_D$ liefert $H(6|2|2{,}5)$ für $k = \frac{1}{2}, l = -\frac{11}{2}$
$h_D \cap E_1$ liefert $D_0(6|2|0)$
für $l = -8$, was auch unmittelbar aus $\overrightarrow{HD_0} = r \cdot \vec{n}_1$ gefolgert werden kann.

b) Siehe Figur

c) $E_3: x_1 + 2x_2 - 10 = 0;\quad AC: \vec{x} = m \begin{pmatrix} 1 \\ 2 \\ 0 \end{pmatrix}$

$E_3 \cap AC$ liefert $G(2|4|0)$ für $m = 2$.

Hiermit errechnet sich $\overrightarrow{GH} * \overrightarrow{BD} = \begin{pmatrix} 4 \\ -2 \\ 2{,}5 \end{pmatrix} * \begin{pmatrix} -4 \\ 2 \\ 8 \end{pmatrix} = 0.$

Da H der Höhenschnittpunkt des Dreiecks BGD ist, folgt dieses Ergebnis auch ohne Rechnung.

**LK 1991 / V**

1. a) $A \in E_k$, da $12k - 12k + 8 = 8$ für alle $k \in \mathbb{R}$.     S. 202

   b) $S_{1k}\left(\frac{8}{k}\,|\,0\,|\,0\right)$; $\quad S_{2k}\left(0\,|\,-\frac{8}{k}\,|\,0\right)$; $\quad S_{3k}(0\,|\,0\,|\,8)$

   c) $E_k: x_1 - x_2 + \frac{x_3}{k} = \frac{8}{k}$ führt für $k \to \infty$ auf $F: x_1 - x_2 = 0$

   d) $\vec{n}_k * \vec{n}_{k^*} = \begin{pmatrix} k \\ -k \\ 1 \end{pmatrix} * \begin{pmatrix} k^* \\ -k^* \\ 1 \end{pmatrix} = 2kk^* + 1 = 0$, also $k^* = -\frac{1}{2k}$ für $k \neq 0$

   e)

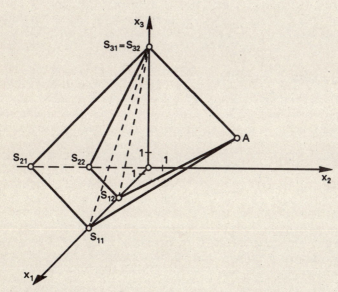

   f) $S_{3k}(0\,|\,0\,|\,8)$ unabhängig von k. Mit $\overrightarrow{S_{3k}A} = -\frac{3}{2}\overrightarrow{S_{1k}S_{2k}}$ ergibt sich ein Trapez $S_{1k}S_{2k}S_{3k}A$. (siehe Figur)

2. a) $V = |\frac{1}{6}\det(\vec{s}_{1k}, \vec{s}_{2k}, \vec{s}_{3k})| = \frac{256}{3k^2}$; dies folgt auch elementargeometrisch, wenn $OS_{1k}S_{2k}$ als Grundfläche mit $G = \frac{64}{2k^2}$ und $OS_{3k}$ als Höhe mit $h = 8$ aufgefaßt wird: $V = \frac{1}{3}Gh$

   b) Als Schnittpunkt der Symmetrieebenen der Eckpunkte der Pyramide ergibt sich $M_k\left(\frac{4}{k}\,\Big|\,-\frac{4}{k}\,\Big|\,4\right)$ (halbe Achsenabstände!) $r = |\overrightarrow{OM_k}| = \frac{4}{|k|}\sqrt{2 + k^2}$

# Wahrscheinlichkeitsrechnung und Statistik

## Wahrscheinlichkeitsrechnung und Statistik – Grundkurs

128 Seiten mit 50 Figuren, kart.
Bestell-Nr. 3491-7
**Lösungen** Bestell-Nr. 3492-5

## Wahrscheinlichkeitsrechnung und Statistik – Leistungskurs

272 Seiten mit zahlreichen teils farbigen Figuren, kart.
Bestell-Nr. 3532-8
**Lösungen** Bestell-Nr. 3533-6

**Autoren:** Jürgen Feuerpfeil, Franz Heigl

Die Verfasser haben sich im Rahmen der derzeit gültigen Lehrpläne auf die im Unterricht möglichen und sinnvollen Inhalte konzentriert. Dabei wurden die Unterrichtserfahrungen und Anregungen aus der Praxis besonders berücksichtigt. Jeder Band bietet reichliches, übersichtlich gegliedertes Aufgabenmaterial zu allen Abschnitten. Die Kombinatorik erwächst aus anschaulichen Beispielen.
Aktuelle Glücksspiele werden ausführlich behandelt und anhand von Musteraufgaben durchgerechnet.

## Das Testen von Hypothesen

von Waldemar Hofmann
**Lernprogramm** 188 Seiten mit 42 Figuren, kart.
Bestell-Nr. 3543-3

Das Testen von Hypothesen ist praktisch der krönende Abschluß des Unterrichts in der Stochastik. Mit diesem Stoffgebiet wird so ziemlich alles Wesentliche des Gelernten verwoben, verarbeitet und erfährt eine Anwendung auf Problemstellungen über ein sehr breites Spektrum. Insbesondere tritt nun das spielerische Element, das von der Kombinatorik her eingeflossen ist, stark in den Hintergrund zugunsten der Diskussion der Verwendbarkeit des Gelernten, der Beantwortbarkeit von wichtigen praktischen Fragen und der Beschränktheit der Aussagekraft. So ergibt sich zugleich der erste kleine Einblick in die Wissenschaft Statistik – verbunden mit der Erkenntnis, daß man erst am Anfang der Probleme steht – und die Motivation für mathematische Überlegungen, weil sie auch von praktischer Bedeutung sind. Dem Hypothesentesten kommt damit eine große Bedeutung im Rahmen des Unterrichts in einem Leistungskurs in Mathematik zu.

Bayerischer Schulbuch-Verlag · Hubertusstraße 4 · 80639 München

Bayerischer
Schulbuch-Verlag
München

**3861 0**